미분적분학

구기식 · 이영환 · 전태일 · 최병문 지음

敎友社

머리말

최근 급격하게 발전하고 있는 과학 기술은 인간에게 편리함을 제공하면서 새로운 문화를 창조하고 있습니다. 종교, 이념, 정치, 경제가 인간의 생활에 절대적이던 과거와 비교하여 보면 현대 사회는 과학기술에 의하여 생활 모습이 가장 많이 변하고 있습니다. 수학은 자연과학의 토대라는 점에서 볼 때 자연과학도들은 물론 인문 사회과학 분야에서 미래 사회를 움직여 나갈 학생들에게 가장 필요한 기본 학문 분야입니다. 그러나 이러한 현실과는 다르게 어렵고 난해하다는 수학에 대한 선입견 때문에 수학에 대한 거부감을 느끼는 학생들이 많이 있습니다. 그러므로 이공계학생은 물론 교양과정에 있는 많은 학생들이 수학에 이 책을 쓰게 되었습니다.

이 책은 수학의 입문이라고 할 수 있는 미분적분학을 다루었습니다. 미분적분학은 이공계 뿐만 아니라 경상계에서도 가장 활용성이 높은 학문 분야입니다. 미적분학이 존재하지 않았다면 수많은 이공계이론이 성립되지 못하였을 것입니다. 그러나 미분적분학을 깊이 학문적으로 접근하자면 사실 쉬운 학문 분야가 아닙니다. 이를 감안하여 본 교재는 약간의 논리적 결함에도 불구하고 엄밀한 정리의 증명이나 이론 전개 과정은 과감히 생략하고 학생들의 전공 분야에 직접 활용할 수 있도록 개념 소개와 실습 위주로 교재를 구성하였습니다.

본 교재는 가능하면 이론적 접근을 피하고 직관적으로 쉽게 이해할 수 있도록 개념과 정의를 소개한 다음 예제를 통해 복습하도록 구성하였습니다. 각 단원의 끝에 있는 실습문제는 강의 후 학생들이 직접 풀어서 제출하는 것이고, Homework는 말 그대로 과제입니다. 학생들이 교재의 내용을 파악한 후에 다양한 예제와 Homework, 그리고 연습문제를 통하여 미적분학 실습을 할 수 있을 것입니다. 따라서 이 책으로 공부하는 학생들은 난이도별로 구분되어 있는 각 절의 Homework와 연습문제를 충실하게 그리고 끈기있게 풀어서 미적분학에 대한 문제 해결 능력을 키워나갈 것을 권합니다.

본 교재가 미적분학 실습을 위하여 마련되었기에 용어와 구성 체계에 미흡함이 있을 수 있습니다. 점차적으로 내용을 가다듬어 충실히 발전시킬 것을 약속드립니다.

끝으로 이 책을 발간하도록 도움을 주신 교우사 편집부 여러분들께 감사드립니다.

2010년 2월

저자 일동

차 례

Chapter 3 미분법 / 53

Chapter 4 도함수의 응용 / 89

Chapter 5 부정적분과 적분법 / 129

Chapter 6 정적분 / 189

Chapter 7 정적분의 응용 / 233

Chapter 10 벡터와 입체 해석기하 / 337

Chapter 1 수와 함수

1.1 수와 집합

(1) 수의 정의

수를 명확하게 정의하는 것은 아주 어렵다. 따라서 직관적으로 개념만 살펴보자.

- 정수 $\mathbb{Z}$는 $\{0, \pm 1, \pm 2, \pm 3, \cdots\}$과 같은 수들이다.
- 유리수 $\mathbb{Q}$는 정수를 같은 크기로 나누어서 표현할 수 있는 수들이다.
- 무리수 $\mathbb{Q}^c$는 유리수 형태로 표현할 수 없는 수들이다.
- 유리수와 무리수를 모두 합쳐서 실수(real number)라고 부르며 $\mathbb{R}$로 나타낸다.
- 복소수 $\mathbb{C}$는, 제곱해서 -1이 되는 상상의 수 i와 실수를 이용하여, $a+bi$ 형태로 나타낼 수 있는 수이다.

예 1 3을 균등하게 2토막 내면 각각의 크기는 $\frac{3}{2}$이고, $\frac{1}{6}$은 1을 6개의 같은 크기로 나눈 수이다.

예 2 무리수는 $\sqrt{2}$, $\frac{1}{\sqrt{1.5}}$, π, e, $\sin 21°$, $\cdots$과 같은 수이며, 유한한 소수로 나타낼 수 없다는 특징을 가지고 있다.

(2) 수의 크기와 순서

실수는 크기, 양, 순서를 표현할 때 사용한다.

- $a < b$는, a가 b보다 '작다', '적다' 또는 '먼저이다'라는 뜻이다.
- 두 실수 a, b는 언제나 비교할 수 있다. 즉, $a = b$이거나 $a < b$ 또는 $a > b$이다.
- $a > 0$이면 a를 양수, $a < 0$이면 음수라고 한다.

정의 1.1 절대값

실수 a의 **절대값**(absolute nalue) $|a|$는 다음과 같이 정의한다.

$$|a| = \begin{cases} a, & a \geq 0 \text{ 일때} \\ -a, & a < 0 \text{ 일때} \end{cases}$$

절대값의 정의로부터 다음 사실이 성립함을 쉽게 알 수 있다.

- $|a| \geq 0,\ |-a| = |a|$
- $|ab| = |a||b|$
- $-|a| \leq a \leq |a|$

정리 1.1 *Theorem*

(a) $a > 0$일때 $|x| < a$는 $-a < x < a$와 동치이다.

(b) 임의의 실수 a, b에 대하여 $|a+b| \leq |a| + |b|$가 성립한다 (삼각부등식).

(3) 좌표계

좌표계는 직선, 평면, 공간에 있는 점, 선, 면과 같은 기하학적 대상들을 실수의 순서쌍과 그들 사이의 관계식으로 바꾸어 생각할 수 있게 한다.

- 적절한 방법을 사용하면 직선 위의 점들과 실수를 1-1로 대응시킬 수 있다.
- 실수를 모두 대응시킨 직선을 **수직선**(real number line)이라고 하고, $\mathbb{R}^1$으로 표현한다.
- 수 직선에서 0이 대응하는 점을 원점이라고 부른다.

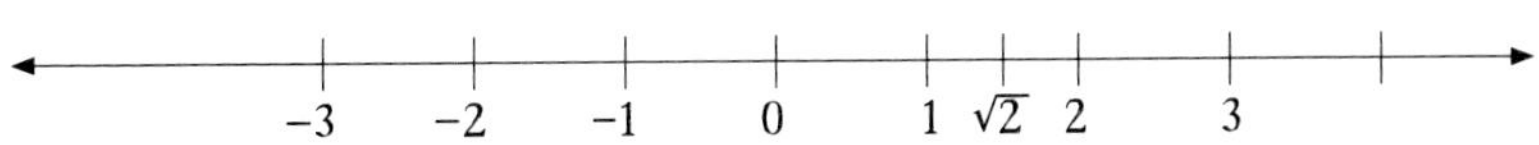

그림 1.1 수직선 $\mathbb{R}^1$

- 원점에서 직각으로 만나는 서로 다른 두 직선은, 평면 위의 모든 점들과 실수의 순서쌍 (x, y)들과 1-1로 대응시킬 수 있다.
- 이 경우 '**평면에 좌표계**가 도입되었다'고 하고 $\mathbb{R}^2$로 나타낸다.
- 원점에서 각각 직각으로 만나는 서로 다른 세 직선은, 공간위의 모든 점들과 실수의 순서쌍 (x, y, z)들과 1-1로 대응한다.
- 이 경우에는 '**공간에 좌표계**가 도입되었다'고 하며 $\mathbb{R}^3$로 나타낸다.

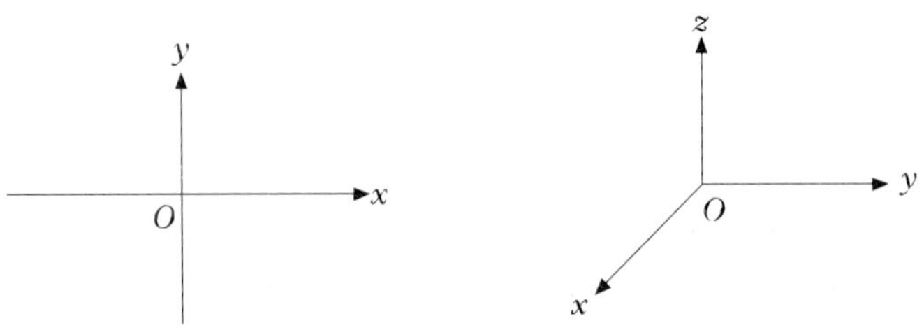

그림 1.2 좌표 평면 $\mathbb{R}^2$와 좌표 공간 $\mathbb{R}^3$

(4) 구간

두 실수 a, b에 대하여 다음과 같은 점들의 집합을 **구간**(interval)이라고 한다.

$$[a, b] = \{x \mid a \le x \le b\}$$

$$(a, b) = \{x \mid a < x < b\}$$

$$[a, b] = \{x \mid a \le x < b\}$$

$$[a, b] = \{x \mid a < x \le b\}$$

특히

- $[a, b]$를 **폐구간**(closed interval), (a, b)를 **개구간**(open interval)이라고 하고,
- $[a, b)$와 $(a, b]$는 **반개구간**(half-open interval)이라고 한다.
- 그리고 a, b들을 구간의 끝점이라고 한다.

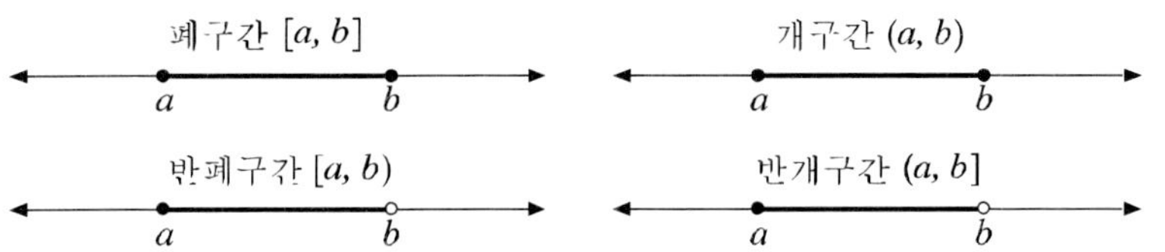

그림 1.3 구간

또한 실수 $a,\ b$에 대하여

$$(a,\ \infty)=\{x\mid a<x<\infty\}$$

$$[a,\ \infty)=\{x\mid a<x<\infty\}$$

$$(-\infty,\ b)=\{x\mid -\infty<x<b\}$$

$$(-\infty,\ b)=\{x\mid -\infty<x\le b\}$$

으로 정의하며 이들 구간을 **비유한 구간** (unbounded interval)이라고 부른다.

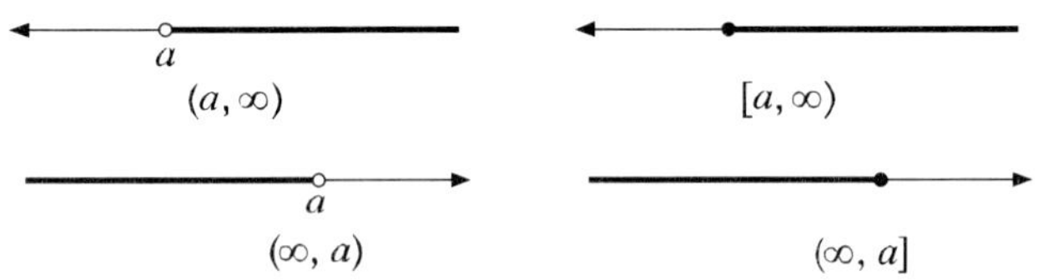

그림 1.4 비유한 구간

(5) 그래프

좌표평면이나 공간에서 일정한 규칙을 만족하는 점들의 집합을 **그래프**라고 한다.

- 좌표계가 도입된 평면 $\mathbb{R}^2$는 제1사분면, 제2사분면, 제3사분면, 제4사분면으로 나누어진다.
- 좌표계가 도입된 평면 $\mathbb{R}^2$에서 $x,\ y$에 관한 방정식을 만족하는 점 $(x,\ y)$들의 집합을 **그래프** (Graph)라고 한다.
- 즉, 그래프 $=\{(x,\ y)\mid F(x,\ y)=0\}$, 또는 $\{(x,\ y)\mid y=f(x)\}$

예 3 $x-2y-6=0$의 그래프는 $\left\{(x,\ y) \mid y=\dfrac{1}{2}x-3\right\}$이고, 이 관계식을 만족하는 점들의 집합을 평면 $\mathbb{R}^2$에 그리면 그림 1.5와 같다.

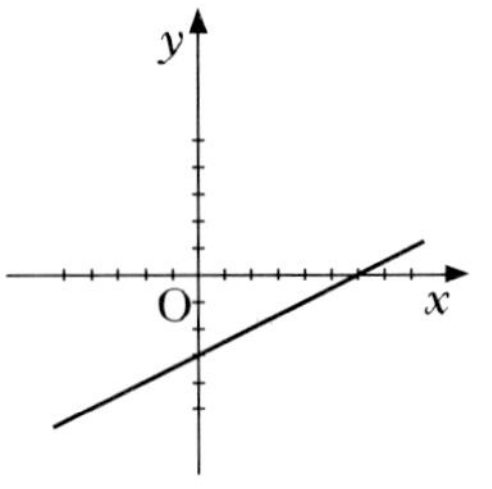

그림 1.5 $x-2y-6=0$

예 4 $x^2+y^2=9$의 그래프는 $\{(x,\ y) \mid x^2+y^2=9\}$이고, 이 점들을 $\mathbb{R}^2$에 그리면 그림 1.6과 같다.

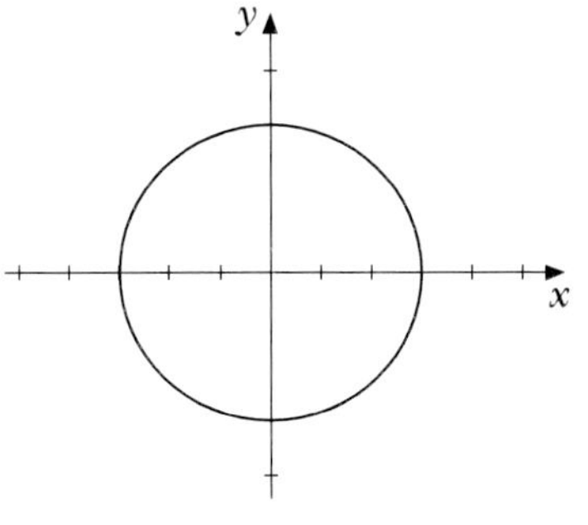

그림 1.6 $x^2+y^2=9$

1.2 함수

(1) 함수의 정의

집합 A의 모든 원소들을 집합 B의 원소에 각각 하나씩 대응시키는 규칙을 A에서 B로의 **함수** (function)라고 하고, $f: A \to B$로 나타낸다.

정의 1.2 함수의 정의

- A는 **정의역** (domain), B는 **공변역** (codomain)이라고 한다.
- A는 원소 x가 f에 의해 대응되는 B의 원소를 $f(x)$로 나타내고 x의 f**값** (value) 또는 **상** (image)이라고 한다.
- 정의역에 있는 모든 원소를 대응시킨 값들을 모두 모은 집합 $\{f(x) | x \in A\}$을 f의 **치역** (range)라고 한다.
- $f(x) = y$일때, 정의역의 원소 x를 독립변수, 공변역의 원소 y를 종속변수라고 한다. 즉 y는 x의 선택에 따라 값이 종속되는 변수이다.

- 이 책에서는 별도의 언급이 없으면 정의역과 공변역이 모두 실수 집합 $\mathbb{R}$ 이라 가정한다.
- 함수가 명확하게 정의되려면 정의역과 공변역 그리고 대응규칙이 필요하다.
- 정의역과 공변역이 모두 실수이어서 따로 정의할 필요가 없다면, 함수는 대응 규칙만으로 정의해도 상관없다.
- 따라서 간단하게 '$f(x) =$ 대응규칙'의 형태로 함수를 표현하기도 한다.

예 1 함수 f의 대응규칙이 'x를 $x^2 + 13$으로 대응한다'이면, $f(x) = x^2 + 13$ 또는 $y = x^2 + 13$으로 표현한다.

예 2 함수를 $f(h)=h-3$이라고 간단히 표현하면, 정의역과 공변역은 모두 실수 R이고 대응규칙은 '각각 원소는 그 원소에서 3을 뺀 실수로 대응한다'라는 의미이다.

- 독립변수를 x로, 종속변수를 y로 쓰는 것은 특별한 의미없이 습관적인 것이다.
- 종속변수가 시간(time)을 나타내는 수라면 t, 속도를 나타내면 v, 거리를 나타내면 S 등으로 쓰기도 한다.
- 대응 규칙만으로 함수를 표시했다면, 변수와 정의역, 공변역에 주의해야 한다.

예 3 치역은 함수의 대응 규칙에 따라 변할 수 있다. $f(V)=V^2+1$의 공변역은 R이고 치역은 $[1, \infty)$이다.

예 4 $y^2=9-x^2$은 함수의 대응규칙이 아니다. 이 규칙은 y를 기준으로 다시 쓰면 $y=\pm\sqrt{9-x^2}$인데, x값 하나에 대응하는 y값이 하나가 아니므로 함수가 아니다.

예 5 함수를 표하는 수식에서 독립변수와 종속변수는 잘 구별하여야 한다. 예를 들어 $f(h)=x^2+h^3$으로 표현한 함수에서 독립변수는 h이며 x는 단순한 상수이다.

(2) 함수의 그래프

함수를 그래프로 표현하면 대응규칙을 훨씬 더 직관적으로 이해할 수 있다.

정의 1.3

함수 $f : R \to R$에 대하여, 좌표평면 R^2에 있는 순서쌍들의 집합 $\{(x, y) \mid y = f(x),\ x \in R\}$을 함수 f의 **그래프**라고 한다.

예 6 좌표평면에서 중심이 원점이고 반지름이 1인 원은 방정식 $x^2 + y^2 = 1$의 그래프이다. 이 그래프는 함수 $y = \sqrt{1 - x^2}$와 함수 $y = -\sqrt{1 - x^2}$의 그래프를 합쳐 놓은 것과 같다.

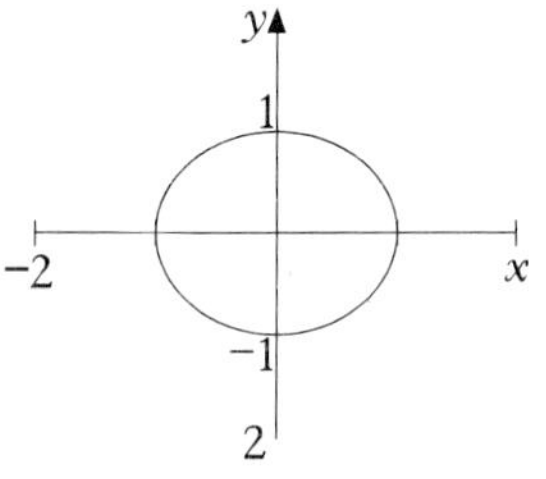

그림 1.7 $x^2 + y^2 = 1$

예 7 함수 f가 다음과 같이 구간별로 정의되어 있는 함수를 case 함수라 한다.

$$f(x) = \begin{cases} x^2, & x \ge 0 \\ -x, & x < 0 \end{cases}$$

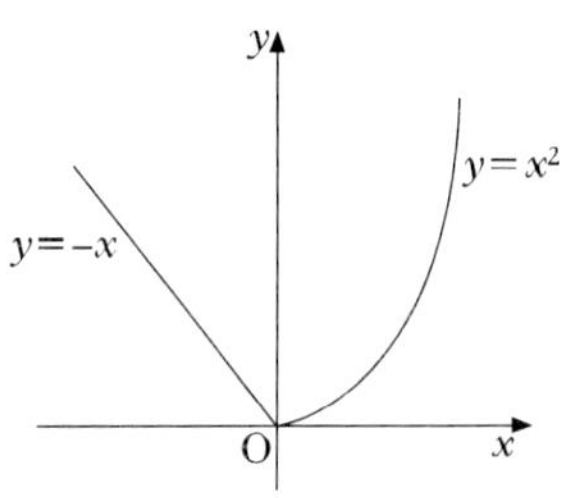

그림 1.8 case 함수

예 8 함수 $f(x) = x^2$의 그래프는 그림 1.9와 같다.

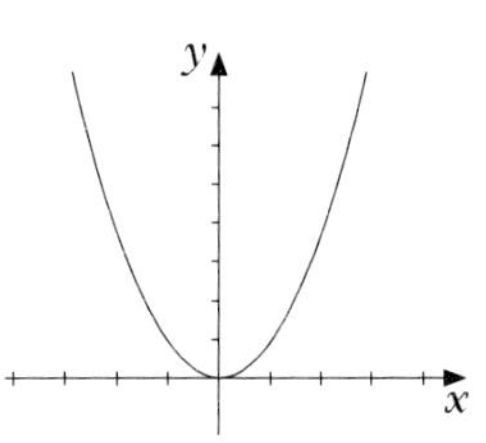

그림 1.9 $y = x^2$

(3) 함수의 연산

함수들에게 수와 같이 사칙연산을 적용하여 새로운 함수들을 만들어 낼 수 있다. 두 함수 f와 g로부터 새로 만들어 내는 함수 $f+g$, $f-g$, $f \cdot g$, f/g는 다음과 같이 정의한다.

정의 1.4

f의 정의역이 A이고 g의 정의역이 B일 때: $f+g$, $f-g$, $f \cdot g$의 정의역은 $A \cap B$이고, f/g의 정의역은 $A \cap B - \{x | g(x) = 0\}$이다.

각 함수들의 대응규칙은 다음과 같다.

$$(f+g)(x) = f(x) + g(x), \quad (f-g)(x) = f(x) - g(x)$$

$$(f \cdot g)(x) = f(x) \cdot g(x), \quad (f/g)(x) = \frac{f(x)}{g(x)}$$

예 9 함수 $f(x) = \sqrt{x}$ 와 $g(x) = \sqrt{4-x^2}$ 에서, f의 정의역은 $[0, \infty)$이고 g의 정의역은 $[-2, 2]$이다. 따라서 $f+g$의 정의역은 $[0, \infty) \cap [-2, 2] = [0. 2]$이고 대응규칙은 $(f+g)(x) = \sqrt{x} + \sqrt{4-x^2}$ 이다.

예를 들어 $(f+g)(1) = \sqrt{1} + \sqrt{4-1^2} = 1 + \sqrt{3}$ 이다.

예 1 $f(x) = x+5$이고, $g(x) = 4x^2+1$일때, $(f \cdot g)(x) = (x+5)(4x^2+1) = 4x^3 + 20x^2 - x - 5$이다. $f \cdot g$의 그래프는 그림 1.12와 같다.

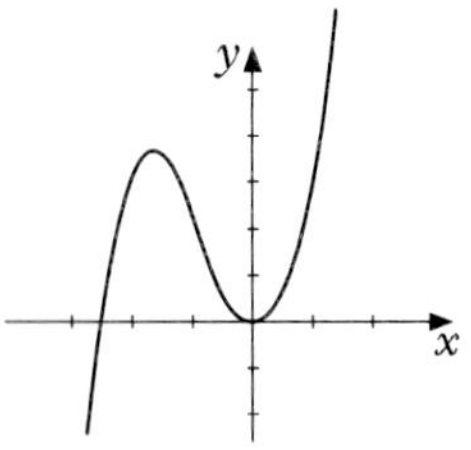

그림 1.10 $(f \cdot g)(x) = (x+5)(4x^2+1) = 4x^3 + 20x^2 - x - 5$

예 11 $f(x) = x + 5$이고, $g(x) = 4x^2 + 1$일때, $(f/g)(x) = (x+5)/(4x^2+1)$이고 정의역은 $g(x) \neq 0$인 집합 $R - \left\{\frac{1}{2}, -\frac{1}{2}\right\}$이다.

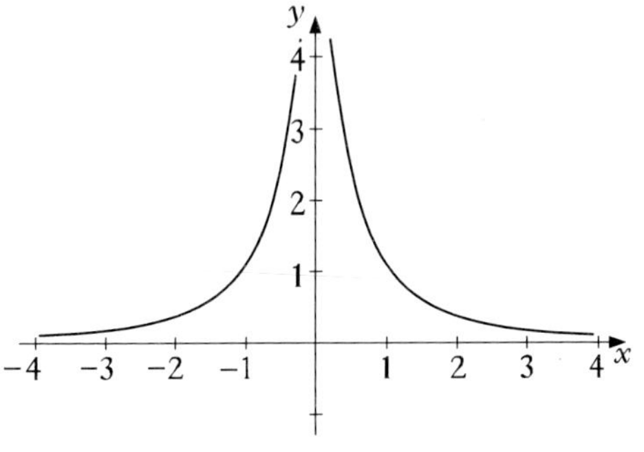

그림 1.11 $(f/g)(x) = (x+5)/(4x^2+1)$

1.2.1 예제

1. 다음 수들이 해당되는 것에 ○표 하여라.

	양 수	정 수	유리수	무리수
$\sqrt{3}-4$				
$e+3$				
$\cos\pi$				
$3\sqrt{5}+2$				
$e+\pi\cos\pi$				

풀이 1) $\sqrt{3}$은 약 1.732...인 무리수이다. 따라서 $\sqrt{3}-4<0$이므로 음수이고, 무리수에서 유리수를 빼어도 여전히 무리수이다.

2) $e=2.718...$은 무리수이다. 그러므로 $e+3$도 무리수이다.

3) $\cos\pi=-1$은 유리수이다.

2. 다음 수들을 간단히 정리하고, 큰 수부터 차례로 나열하라.

$$\frac{1}{\sqrt{3}-4},\quad 3(e-2),\quad \cos\pi+\sin\frac{\pi}{3},\quad (3\sqrt{5}+2)(\sqrt{5}-1),\quad \frac{\sqrt{2}+2}{3}$$

풀이 1) $\frac{1}{\sqrt{3}-4}=\frac{\sqrt{3}+4}{(\sqrt{3}-4)(\sqrt{3}+4)}=\frac{\sqrt{3}-4}{1}$인데, $\sqrt{3}+4=5.732...$이므로,

$\frac{1}{\sqrt{3}-4}=5.732...$

2) $e=2.718...$이므로 $e-2=0.718...$이고, $3(e-2)=2.154...$

3) $\cos\pi+\sin\frac{\pi}{3}=-1+\frac{\sqrt{3}}{2}=\frac{-2+\sqrt{3}}{2}=\frac{-0.286...}{2}=-0.143...$

4) $(3\sqrt{5}+2)(\sqrt{5}-1)=15+2\sqrt{5}-3\sqrt{5}-2=13-\sqrt{5}$

$=13-2.236...=-10.763...$

5) $\dfrac{3.414...}{3} = 1.198...$

따라서 가장 큰 수부터 나열하면,

$$3(e-2) > \frac{\sqrt{2}+2}{3} > \cos\pi + \sin\frac{\pi}{3} > \frac{1}{\sqrt{3}-4} > (3\sqrt{5}+2)(\sqrt{5}-1)$$

3. 다음 부등식을 만족하는 x들을 구하고 수직선 위에 구간 또는 점들로 표시하라.

1) $2x - 1 < 0$　　2) $2x^2 - x - 6 < 0$　　3) $\dfrac{x+2}{x-2} > 0$

풀이 1) $2x - 1 < 0 \Rightarrow 2x < 1 \Rightarrow x < \dfrac{1}{2}$

2) $2x^2 - x - 6 = (2x+3)(x-2) < 0 \Rightarrow -\dfrac{3}{2} < x < 2$

3) $\dfrac{x+2}{x-2} > 0 \Rightarrow x \neq 2$이고, $x > 2$ 또는 $x < -2$

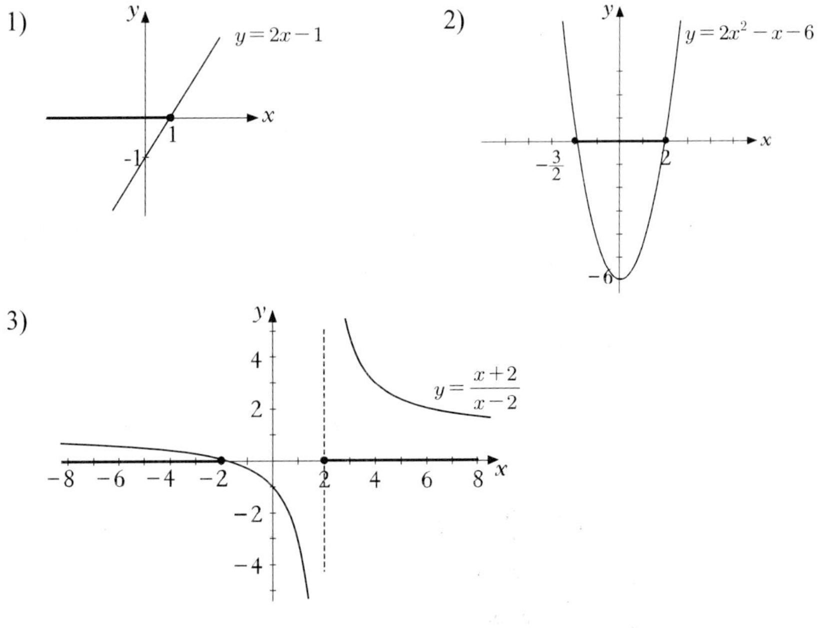

그림 1.12 문제 3

4. 다음식을 만족하는 x를 구하라.

1) $|x| = |1-x|$

2) $|2x| = |x+1|^2$

3) $|2x+4| < 3$

풀이 1) 먼저 절대값 기호 안에 있는 식들이 양수인 경우와 음수인 경우로 나누어 보면 4가지 경우로 생각할 수 있다.

① $x \geq 0$이고 $1-x \geq 0$

② $x \geq 0$이고 $1-x < 0$

③ $x < 0$이고 $1-x \geq 0$

④ $x < 0$이고 $1-x < 0$

각각의 경우에 주어진 식을 다시 정리하면,

① $x = 1-x \Rightarrow 2x = 1 \Rightarrow x = \frac{1}{2}$이고 이 값은 $x \geq 0$이고 $1-x \geq 0$를 만족한다.

② $x = -(1-x) \Rightarrow x = -1+x \Rightarrow 0-1$, 따라서 식을 만족하는 x는 없다.

③ $-x = 1-x \Rightarrow 0 = 1$, 역시 식을 만족하는 x는 없다.

④ $-x = -1+x \Rightarrow -1 = 2x \Rightarrow x = -\frac{1}{2}$

그러나 이 값은 $x < 0$이고 $1-x < 0$인 조건을 만족하지 않으므로 답이 아니다. 사실 이 조건을 만족하는 실수는 존재하지 않는다.

그러므로 $|x| = |1-x|$를 만족하는 답은 $x = \frac{1}{2}$뿐이다.

2) $|x+1|^2$은 언제나 양수이므로, $2x \geq 0$인 경우와 $2x < 0$인 경우만 생각하면 된다.

① $2x \geq 0$이면 주어진 식은 $2x = (x+1)^2 \Rightarrow x^2+1 = 0 \Rightarrow x = \pm i$ 이러한 실수는 존재하지 않는다.

② $2x < 0$이면 주어진 식은

$$-2x = (x+1)^2 \Rightarrow x^2+4x+1 = 0 \Rightarrow x = \frac{-4 \pm \sqrt{16-4}}{2} = \frac{-4 \pm 2\sqrt{3}}{2}$$

3) $2x+4 \geq 0$인 경우와 $2x+4<0$인 경우로 나누어 생각한다.

① $2x+4 \geq 0$이면 $x \geq -2$이고, 주어진 식을 정리하면

$2x+4<3 \Rightarrow 2x<-1 \Rightarrow x<-\frac{1}{2}$이다. 따라서 이 경우를 만족하는

실수는 $-2 \leq x<-\frac{1}{2}$이다.

② $2x+4<0$이면 $x<-2$이고, 주어진 식을 정리하면

$-2x-4<3 \Rightarrow -2x<7 \Rightarrow x>-\frac{1}{2}$이다. 따라서 이 경우를 만족하

는 실수는 $-\frac{7}{2}<x<-2$이다.

두 경우를 합쳐서 정리하면 3)의 식을 만족하는 실수는 $-\frac{7}{2}<x<-\frac{1}{2}$

인 구간이다.

5. 함수 $f(x)=2x^2-x+6$에 대하여 다음 함수값을 계산하라.

$$f(2),\quad f(\sqrt{2}),\quad f(x^2),\quad f\left(\frac{1}{h}\right)$$

풀이 1) $f(2)=2 \cdot 2^2-2+6=12$

2) $f(\sqrt{2})=2(\sqrt{2})^2-\sqrt{2}+6=10-\sqrt{2}$

3) $f(x^2)=2(x^2)^2-(x^2)+6=2x^4=x^2+6$

4) $f\left(\frac{1}{h}\right)=2\left(\frac{1}{h}\right)^2-\frac{1}{h}+6=\frac{2}{h^2}-\frac{1}{h}+6$

6. 다음 함수들의 정의역과 치역을 구하라.

1) $f(x)=\sqrt{2x-5}$

2) $g(v)=\dfrac{2}{3v-5}$

3) $f(t)=\tan x$

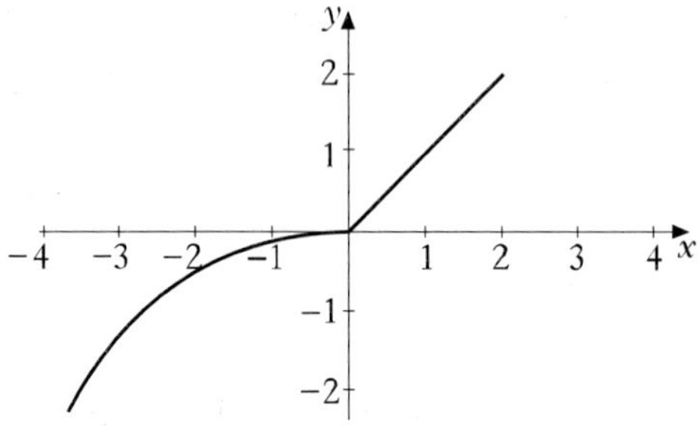

그림 1.13 f의 그래프

풀이 1) $\sqrt{\ }$ 속에 있는 $2x-5$가 항상 양수이어야 하므로 정의역은 $x>\frac{5}{2}$이고, 치역은 $[0,\ \infty)$이다.

2) 분모 $3v-5$가 0이 아니어야 한다. 따라서 정의역은 $R-\left\{\frac{5}{3}\right\}$, 치역은 $R-\{0\}$이다.

3) $f(t)$로 표현된 함수는 독립변수가 t이고 $\tan x$는 상수이다. 그러므로 이 함수는 상수함수이며, 정의역은 모든 실수 R, 치역은 상수값은 $\tan x$이다.

7. 함수 f가 다음과 같이 정의되어 있다.

$$f(x)=\begin{cases} x, & x \geq 0 \\ -4+\sqrt{16-x^2}, & -4 \leq x < 0 \end{cases}$$

1) f의 그래프를 그려라.

2) 정의역을 $[-2,\ 1]$로 제한할 때 f의 치역을 구하라.

3) $\left\{x \mid -\frac{1}{2}<f(x)<0\right\}$을 구하라.

풀이 1)

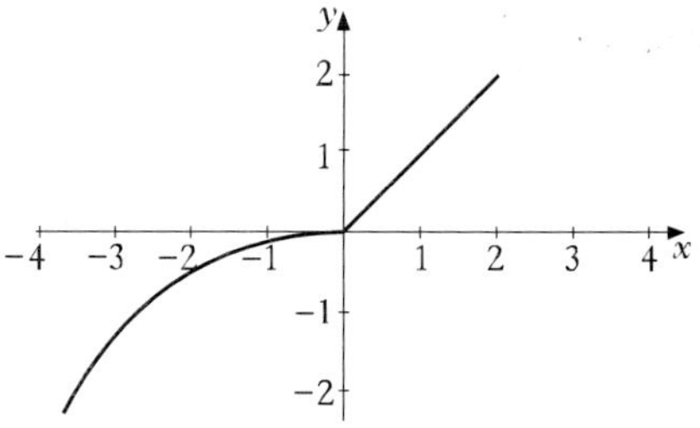

그림 1.14 f의 그래프

2) 그림에서 $f(-2)=-4+\sqrt{3}$ 이고, $f(1)=1$이다.

따라서 치역은 $-4+\sqrt{3}<f([-2,\ 1])<1$이다. 치역을 구하는 것은 정의역 내에서 최대, 최소값을 생각하여야 하므로 의외로 쉽지 않다.

이 문제의 경우는 그래프가 증가하고 있으므로 정의역의 양 끝점이 최소, 최대값이 된다.

3) $f(a)=-\dfrac{1}{2}$인 a를 구하면, $a=\pm\dfrac{\sqrt{25}}{2}$이다. 그런데 함수값이 음수인 정의역은 $-4\le x<0$이므로 $a=-\dfrac{\sqrt{25}}{2}$이다.

$f(b)=0$인 b를 구하면, $b=0$이다.

8. 다음 함수의 그래프를 그려라.

1) $f(x)=\dfrac{3}{x}+5$

2) $f(x)=\dfrac{x+1}{x-1}$

3) $f(x)=x^2+4x+2$

4) $f(x)=(x-1)^3$

풀이 1) $f(x)=\dfrac{3}{x}$의 그래프를 그린 다음, y축을 따라 5만큼 이동한다.

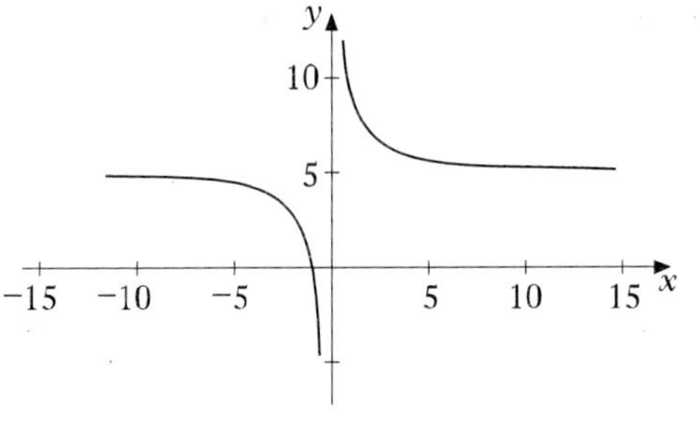

그림 1.15 $f(x)=\dfrac{3}{x}+5$

2) $f(x)=\dfrac{x+1}{x-1}=\dfrac{x-1+2}{x-1}=1+\dfrac{2}{x-1}$이므로 $y=\dfrac{2}{x}$의 그래프를 x축으로 1, y축을 따라 1만큼 평행이동 한다.

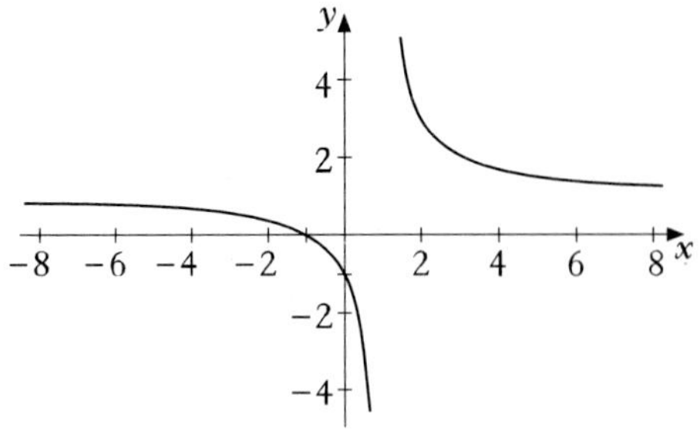

그림 1.16 $f(x)=\dfrac{x+1}{x-1}$

3) 포물선이다.

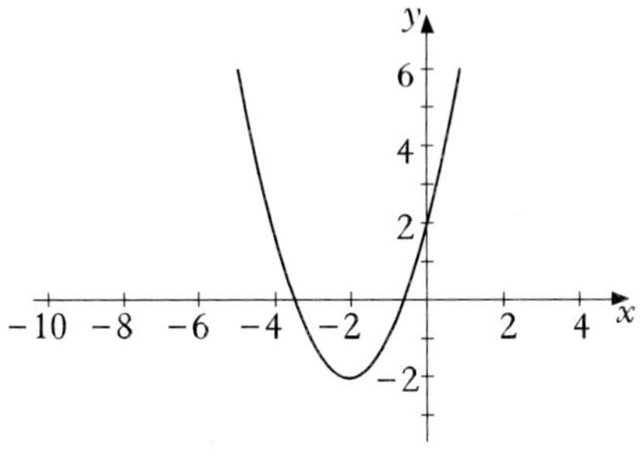

그림 1.17 $f(x)=x^2+4x-2$

4) 3차함수의 그래프는 $y=x^3$이 기본형이다.

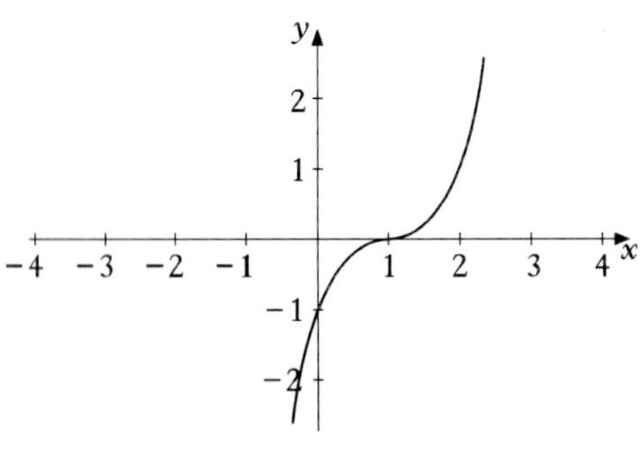

그림 1.18 $f(x)=(x-1)^3$

1.2.2 실습문제

1. 다음 수들이 해당되는 것에 O표 하여라.

	양수	정수	유리수	무리수
$\sqrt{3}-4$				
$\pi+\pi\cos\pi$				
e^2+3				
$\cos 35°$				
$3\sqrt{4}+3$				
$\tan\frac{\pi}{2}$				

2. 다음 수들을 간단히 정리하고, 큰 수부터 차례로 나열하라

$$\frac{\sqrt{2}+1}{\sqrt{3}+1},\ 3,\ \cos(-\pi)+\sin\frac{\pi}{6},\ \frac{\sqrt{2}+2}{3}\cdot\frac{\sqrt{2}-2}{3}$$

3. 다음 부등식을 만족하는 x들을 구하고 수직선 위에 구간 또는 점들로 표시하라.

1) $3<2-5x$

2) $4x^2-12x+8>-1$

3) $\frac{(x+2)(x+1)}{x-3}>0$

4. 다음식을 만족하는 x를 구하라.

1) $|2x|=|5-2x|$

2) $|x|<x$

3) $|x^2-2x+1|<3$

5. 함수 $f(x)=4x^2+2x+3$에 대하여 다음 함수값을 계산하라.

$$f(4),\quad f(-\sqrt{3}),\quad f(V),\quad f\left(\frac{t}{2}\right)$$

6. 다음 함수들의 정의역과 치역을 구하라.

1) $f(x)=\sqrt[4]{x-7}$

2) $h(v)=(3v+75)^{\frac{1}{2}}$

3) $f(t)=\log x+2t^2$

7. 함수 f가 다음과 같이 정의되어 있다.

$$f(x)=\begin{cases} x^2, & x \geq 0 \\ -\sqrt{9-x^2}, & -4 \leq x < 0 \end{cases}$$

1) f의 그래프를 그려라.

2) 정의역을 $[-1,\ 1]$로 제한할 때 f의 치역을 구하라.

3) $\{x \mid -1 < f(x) < 1\}$을 구하라.

8. 다음 함수의 그래프를 그려라.

1) $f(x)=\dfrac{x+5}{x-5}$

2) $f(x)=-x^2+2x+5$

3) $f(x)=2\tan x+2$

1.2.3 Homework

1. $x^2 \le 25$이면 $x \le 5$이 성립하는가?

2. $0 < a < b$라면 $a < \sqrt{ab} < \frac{a+b}{2}$가 성립함을 보여라.

   (hint ; $\left(\sqrt{\frac{b}{2}} - \sqrt{\frac{a}{2}}\right)^2 > 0$임을 이용하라.)

3. $\sqrt{2}$가 무리수임을 증명하라.

4. 임의의 실수 a, b에 대하여 $|a+b| \le |a| + |b|$이 항상 성립함을 보여라.

5. 다음 함수들의 그래프를 그려라.

1) $y = \sin x$

2) $y = \cos x$

3) $y = \tan x$

4) $y = \csc x$

5) $y = \sec x$

6) $y = \cot x$

6. 다음 함수의 그래프를 그려라.

1) $y = \frac{2}{5}\sqrt{25 - x^2}$

2) $y = -\frac{2}{5}\sqrt{25 - x^2}$

1.3 합성함수와 역함수

(1) 함수의 합성

함수 f에 의해 대응한 값을 다시 다른 함수 g로 대응시키는 함수를 f와 g의 **합성함수**(composite function)라고 한다.

정의 1.5

f와 g의 합성함수(composite function) $g \circ f$의 대응규칙은

$$(g \circ f)(x) = g(f(x))$$

이다.

합성함수 $g \circ f$의 정의역은, f의 정의역에 속하는 수 x로서 $f(x)$값이 다시 g의 정의역에 속하는 수 x들의 집합이다.

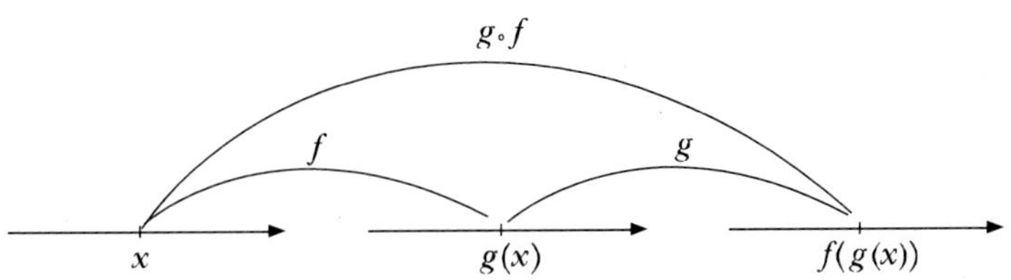

그림 1.19 $g \circ f(x) = g(f(x))$

- 함수의 합성은 일반적으로 교환법칙이 성립하지 않는다. 즉, $f \circ g \neq g \circ f$ 이다.

예 1 $f(x)=x^2+1$, $g(x)=2x$일때, $f \circ g(x)=f(2x)=(2x)^2+1=4x^2+1$이지만 $f \circ g(x)=g(x^2+1)=2(x^2+1)=2x^2+2$이므로 $f \circ g$와 $g \circ f$는 같은 함수가 아니다.

(2) 역함수

두 함수 f, g를 합성하였을 때 $f \circ g$와 $g \circ f$가 항등함수 I인 경우가 있다. 항등함수란 모든 실수 x에 대하여 $I(x)=x$인 함수를 말한다.

예 2 $f(x)=\dfrac{1}{4x+3}$이고 $f(x)=4x-12$라고 하면,

$$(f \circ g)(x)=f(4x-12)=\frac{1}{4}(4x-12)+3=x$$

$$(g \circ f)(x)=g\left(\frac{1}{4}x+3\right)=4\left(\frac{1}{4}x+3\right)-12=x$$

이다.

정의 1.6

> 두 함수 f, g를 합성하였을 때 $f \circ g$와 $g \circ f$가 항등함수 I이면 g를 f의 **역함수**, f를 g의 역함수라고 하고, 각각 f^{-1}, g^{-1}로 나타낸다.

모든 함수가 역함수를 가지는 것은 아니다. 함수 f가 역함수 f^{-1}를 가지려면 반드시 1-1대응함수이어야 한다.

정의 1.7

> 함수 $f: A \to B$가, 치역과 공변역이 같으면서, 서로 다른 원소를 반드시 서로 다른 원소로 대응시키면 **1-1 대응함수**라고 한다.
>
> 즉, $\{f(x)|x \in A\}=B$이고, $x_1 \neq x_2$일 때 반드시 $f(x_1) \neq f(x_2)$이면 f는 1-1대응함수이다.

역함수를 구하는 기계적인 방법은 아주 간단하다.

- $y=f(x)$의 역함수 f^{-1}를 구하려면, x와 y를 서로 바꾸어 쓴 다음 y에 관해 정리한다.

예 3 $f(x)=\frac{1}{4}x+3$이라고 하자. f^{-1}를 구하기 위해, 우선 $y=\frac{1}{4}x+3$라고 쓴 다음 x와 y를 바꾸어 쓴다. $x=\frac{1}{4}y+3$이 식을 y에 관해 간단히 정리하면

$$y=4x-12=f^{-1}(x)$$

이다.

- 역함수 $y=f^{-1}(x)$의 그래프는 $y=f(x)$의 그래프와, 직선 $y=x$에 대하여 대칭이다.

예 4 $f(x)=x^2-2$의 역함수 $f^{-1}(x)=\sqrt{x+2}$ 그래프는 다음과 같다.

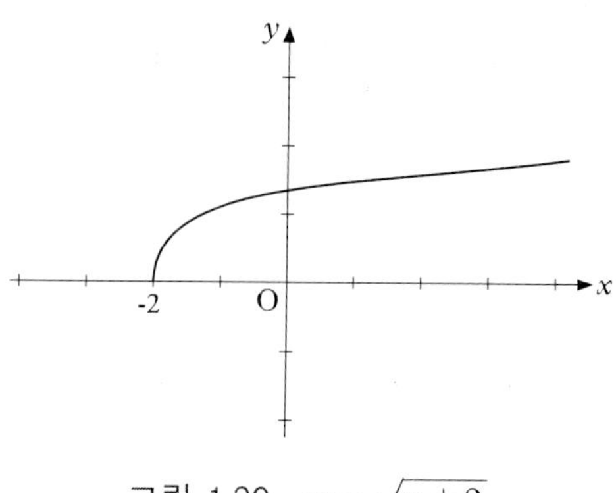

그림 1.20 $y=\sqrt{x+2}$

1.4 역 삼각함수

직각삼각형에서 빗변과 밑변, 높이 사이의 비례를 나타내는 함수들을 삼각함수라고 하며, 그림 1.22에서 사잇각을 x라고 하면 삼각함수들은

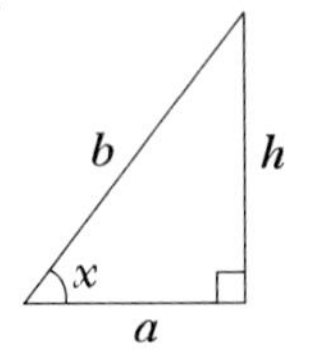

그림 1.21 직각삼각형과 삼각함수

$$\sin x = \frac{h}{b},\quad \cos x = \frac{a}{b},\quad \tan x = \frac{h}{a}$$

와 같이 정의한다.

일반적으로 삼각함수는 일대일 대응함수가 아니다. 그러므로 역함수를 바로 생각할 수 없다.

함수 $y = \sin x$는 아래 그림에 보듯이 일대일 대응함수가 아니지만 $f(x) = \sin x$의 정의역을 $\left[-\frac{\pi}{2}, \frac{\pi}{2}\right]$로 제한하여 주면 일대일 대응함수가 되므로 역함수를 정의할 수 있다.

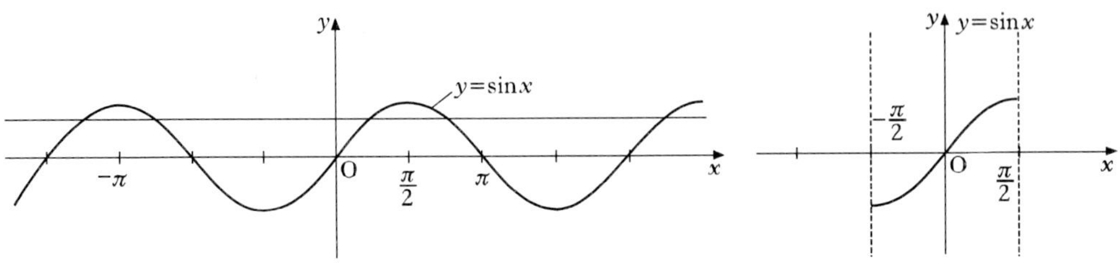

그림 1.22 삼각함수의 그래프

- 제한된 구간 $\left[-\frac{\pi}{2}, \frac{\pi}{2}\right]$에서 $f(x) = \sin x$의 역함수를 $\sin^{-1} x$라 하고 arc sin x라 읽는다.
- 역함수의 정의에 따라

$$y = \sin^{-1} x \quad \Leftrightarrow \quad x = \sin y \text{ 이고 } -\frac{\pi}{2} \le y \le \frac{\pi}{2}$$

이다.

예 1 $\sin^{-1}1$값을 구하여 보자. $\sin^{-1}1=y$라 하면 정의에 따라 $\sin y=1$이므로 이러한 y값을 $\left[-\frac{\pi}{2},\ \frac{\pi}{2}\right]$에서 찾으면 $y=\frac{\pi}{2}$이다.

• 같은 방법으로 $\cos x$와 $\tan x$의 역함수를 $\cos^{-1}x$, $\tan^{-1}x$라 쓰고 이들 함수의 치역은 각각 $[0,\ \pi]$와 $\left(-\frac{\pi}{2},\ \frac{\pi}{2}\right)$로 약속한다.

예 2 $\cos^{-1}\frac{1}{2}=y$라 하면 $\cos y=\frac{1}{2}$이고 이를 만족하는 y값을 $[0,\ \pi]$에서 찾으면 $y=\frac{\pi}{3}$이다. 같은 방법으로 $\tan^{-1}(-1)$은 $-\frac{\pi}{4}$임을 알 수 있다.

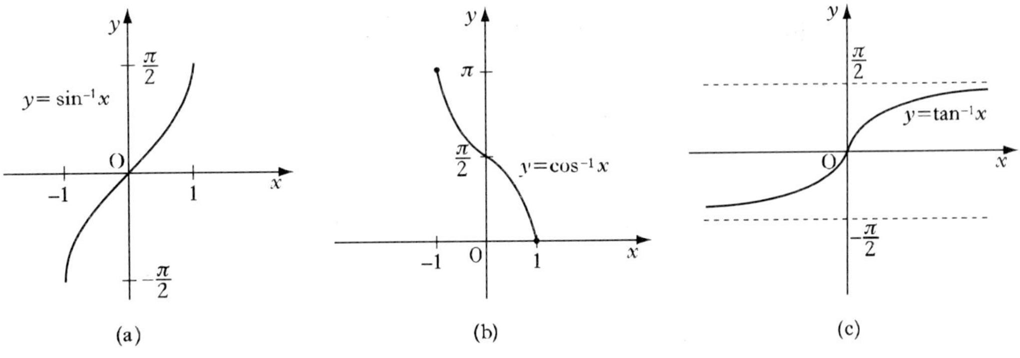

그림 1.23 역삼각함수의 그래프

1.4.1 예 제

1. $f(x)=\sqrt{x-1}$ **와** $g(x)=\dfrac{1}{x}$ **일 때,**

1) $g\circ f$와 $f\circ g$의 정의역을 각각 구하고

2) $g(f(5))$와 $f(g(\frac{1}{4}))$를 구하라.

풀이 1) f의 정의역은 $[1,\ \infty)$이고, g의 정의역은 $R-\{0\}$이다.

따라서 $g\circ f$의 정의역은 f의 정의역에 속하는 수로서, f함수값이 0이 안되게 하는 수들의 집합이다. 즉, $g\circ f$의 정의역은

$[1,\ \infty)\cap\{x|\sqrt{x-1}\neq 0\}=[1,\ \infty)\cap(R-\{1\})=(1,\ \infty)$이다.

마찬가지로 $f\circ g$의 정의역은 g의 정의역에 속하는 수로서, g함수값이 $[1,\ \infty)$에 들어가도록 하는 실수들의 집합 $(0,\ 1]$이다. 그러므로 $f\circ g$의 정의역은 $(R-\{0\})\cap(0,\ 1]=(0,\ 1]$이다.

2) 이제 함수값 $g(f(5))$과 $f\left(g\left(\dfrac{1}{4}\right)\right)$를 구하여 보자.

$$g(f(x))=g(\sqrt{x-1})=\frac{1}{\sqrt{x-1}}$$

이므로

$$g(f(5))=\frac{1}{\sqrt{5-1}}=\frac{1}{\sqrt{4}}=\frac{1}{2}$$

이다. 그리고

$$f(g(x))=f\left(\frac{1}{x}\right)=\sqrt{\frac{1}{x}-1}$$

이므로

$$f\left(g\left(\frac{1}{4}\right)\right)=\sqrt{4-1}=\sqrt{3}$$

이다.

2. $f(x)=\dfrac{x}{x+1}$**,** $g(x)=x^{10}$**,** $h(x)=x+3$**일 때** $(f\circ g\circ h)(x)$**를 구하라.**

풀이
$$\begin{aligned}(f\circ g\circ h)(x)&=f(g\circ h)(x)\\&=f(g(h)(x))\\&=f(g(x+3))\\&=f((x+3)^{10})=\frac{(x+3)^{10}}{(x+3)^{10}+1}\end{aligned}$$

이다.

3. $h(x)=(1-3x)^{\frac{2}{3}}$**를 두 함수** f**와** g**의 합성함수** $g\circ f$**로 나타내어라.**

풀이 먼저 $f(x)=1-3x$라고 하면

$$h(x)=(f(x))^{\frac{2}{3}}$$

이다. 다시 $g(x)=x^{\frac{2}{3}}$라고 하면

$$h(x)=(f(x))^{\frac{2}{3}}=g(f(x))$$

이다.

4. 다음 함수들의 역함수를 구하고 정의역과 치역을 계산하라.

1) $f(x)=3x+1$

2) $f(t)=\sqrt{1-t^2}$ (단, 정의역은 $0<t<1$)

3) $y=\dfrac{x+1}{x-2}$

4) $y=x^2+3x+3$

풀이 1) $f(x)=3x+1$를 $y=3x+1$로 고친 다음 x와 y를 바꾸어 쓰면, $x=3x+1$ 이다.

이 식을 y에 관하여 정리하면 $y=\dfrac{1}{3}x-\dfrac{1}{3}$이므로 역함수는

$$f^{-1}(x) = \frac{1}{3}x - \frac{1}{3}$$

정의역과 치역은 모두 $\mathbb{R}$이다.

2) $f(t) = \sqrt{1-t^2}$를 $y = \sqrt{1-t^2}$ 고치면 정의역과 치역은 각각 $0 < y < 1,\ 0 < t < 1$이다

역함수를 구하기 위해 t와 y를 바꾸어 쓰면, $t = \sqrt{1-y^2}$이고, 정의역은 다시 $0 < t < 1$이고 치역은 $0 < y < 1$이다.

이 식을 y에 관하여 정리하면

$$1 - y^2 = t^2 \Rightarrow y^2 = 1 - t^2 \Rightarrow y = \pm\sqrt{1-t^2}$$

인데 $0 < y < 1$이려면 $y = \sqrt{1-t^2}$이어야 한다.

따라서 $f^{-1}(t) = \sqrt{1-t^2}$

3) $y = \dfrac{x+1}{x-2}$에서 정의역과 치역은 각각 $\mathbb{R} - \{2\}$, $\mathbb{R} - \{1\}$이다.

역함수를 구하기 위해 x와 y를 바꾸어 쓰면, $x = \dfrac{y+1}{y-2}$이고, 정의역과 치역은 $\mathbb{R} - \{1\}$, $\mathbb{R} - \{2\}$로 바뀐다.

이 식을 y에 관하여 정리하면

$$x = 1 + \frac{3}{y-2}$$

$$\Rightarrow\ x - 1 = \frac{3}{y-2}$$

$$\Rightarrow\ y - 2 = \frac{3}{x-1}$$

$$\Rightarrow\ y = \frac{3}{x-1} + 2$$

5. $\cos^{-1}\dfrac{1}{2}$, $\tan^{-1}0$, $\sin^{-1}\dfrac{1}{2}$**를 구하라.**

풀이 1) $\cos^{-1}x$의 치역은 $[0, \pi]$이고, $\cos 60° = \cos\dfrac{\pi}{3} = \dfrac{1}{2}$이므로 $\cos^{-1}\dfrac{1}{2} = \dfrac{\pi}{3}$

2) $\tan^{-1}x$의 치역은 $\left(-\dfrac{\pi}{2}, \dfrac{\pi}{2}\right)$이고, $\tan 0° = \tan 0 = 0$이므로 $\tan^{-1}0 = 0$

3) $\sin^{-1}x$의 치역은 $\left[-\dfrac{\pi}{2}, \dfrac{\pi}{2}\right]$이고, $\sin 30° = \sin\dfrac{\pi}{6} = \dfrac{1}{2}$이므로

$\sin^{-1}\dfrac{1}{2} = \dfrac{\pi}{6}$

6. $\cos(\tan^{-1}x)$**를 간단히 표현하라.**

풀이 그림과 같은 직각 삼각형을 생각하고, $\tan^{-1}x = \theta$라고 하면 빗변의 길이는 $\sqrt{x^2+1}$이다. 따라서 $\cos(\tan^{-1}x) = \cos\theta = \dfrac{1}{\sqrt{x^2+1}}$

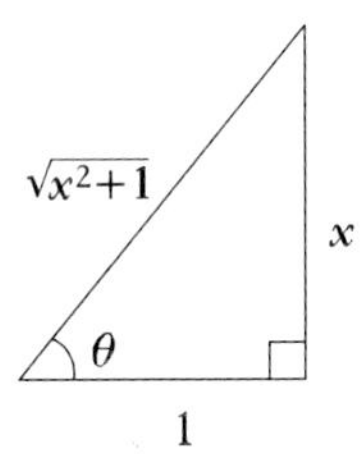

그림 1.24 직각삼각형

7. $\tan^{-1}\dfrac{4}{3} + \tan^{-1}\dfrac{4}{3} = \dfrac{\pi}{2}$**임을 보여라.**

풀이 그림과 같은 직각 삼각형을 생각하자. 사잇각을 각각 α, β라고 하면,

$\tan^{-1}\dfrac{4}{3} + \tan^{-1}\dfrac{4}{3} = \alpha + \beta = \dfrac{\pi}{2}$이다 $\left(-\dfrac{\pi}{2} < \alpha,\ \beta < \dfrac{\pi}{2}\right)$.

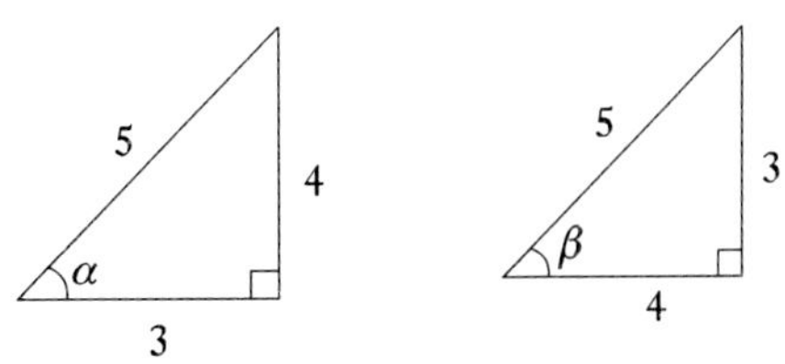

그림 1.25 직각삼각형 2

1.4.2 실습문제

1. 다음에 주어진 경우에 $g \circ f$와 $f \circ g$를 구하고 그 정의역을 구하여라.
   1) $f(x) = 1 - x$, $g(x) = 2x + 5$
   2) $f(x) = \sqrt{x}$, $g(x) = \dfrac{1}{x+1}$
   3) $f(x) = \sqrt{x^2 + 3}$, $g(x) = \sqrt{x^2 - 4}$

2. $f(x0 = 2x^2 + x - 4$이고 $g(x) = 3 - x^2$일 때 다음 함수값을 구하여라.
   1) $f(g(1))$
   2) $g(f(0))$

3. $h(x) = \sqrt{x-3}$를 두 함수 f와 g의 합성함수 $g \circ f$로 나타내어라.

4. 다음 함수들의 역함수를 구하고 정의역과 치역을 계산하라.
   1) $f(x) = x^5$
   2) $f(t) = \sqrt{4-t}$
   3) $g(t) = \sqrt{3-2t}$
   4) $g(t) = \dfrac{3t+5}{t-4}$

5. 다음 각 값을 구하여라.

1) $\cos^{-1}(-1)$

2) $\tan^{-1}\sqrt{3}$

6. $\sin(\tan^{-1}x)$를 간단히 표현하라.

7. 다음 항등식을 증명하여라.

1) $\sin^{-1}x+\cos^{-1}x=\dfrac{\pi}{2}$

2) $\tan^{-1}x+\cot^{-1}x=\dfrac{\pi}{2}$

1.4.3 Homework

1. $h(x)=\dfrac{1}{(x^2+1)^2+3}$를 두 함수 f와 g의 합성함수 $g \circ f$로 나타내어라.

2. 함수 f의 정의역이 $[0,\ 4]$일 때 $g(x0=f(x+3)$일 때 함수 g의 정의역을 구하라.

3. $f(x)=\dfrac{1}{1-x}$일 때 $(f \circ f \circ f)(x)=x$임을 보이고, 정의역과 치역을 구하라.

4. f가 모든 실수 x에 대하여 $f(x+a)=f(x)$인 성질을 가지고 있으면 주기가 a인 주기함수라고 한다. 이러한 주기함수는 역함수를 가지려면 정의역을 어떻게 정의하여야 하는가?

5. 다음 각 값을 구하여라.

1) $\tan^{-1}\left(\tan\frac{4\pi}{3}\right)$

2) $\sin^{-1}\left(\sin\frac{5\pi}{4}\right)$

6. $\alpha=\sin^{-1}\frac{1}{2}$일 때 $\sec\alpha$와 $\tan\alpha$를 구하라.

Chapter

2 극한과 연속

2.1 함수의 극한

2.1 함수의 극한

(1) 극한의 개념

함수 $y=f(x)$는 독립변수 x에 의해 종속변수 y의 값이 결정된다. 함수에 따라 다르지만 대부분의 함수들은 x가 일정한 범위내에서 변하면 y값도 일정한 범위 안에서 움직인다. 그리고 x가 특정한 값 a에 한없이 가깝게 접근하면 함수값 y도 특정한 값 L에 한없이 가깝게 접근하는 경우가 많다.

함수의 극한은 다음과 같이 세가지 경우로 나누어 생각한다.

1. $\lim_{x \to a} f(x) = L$
2. $\lim_{x \to a} f(x) = \pm\infty$
3. $\lim_{x \to \pm\infty} f(x) = L$

정의 2.1

함수 $y=f(x)$에서, x가 $x \neq a$이면서 a에 한없이 가까이 접근할 때 함수값 $f(x)$가 $f(x)=L$이거나 L에 한없이 가깝게 접근하면, $x \to a$일 때, $f(x)$의 **극한값**이 L이라고 한다. 이때 간단히 기호로 다음과 같이 표시한다.

$$\lim_{x \to a} f(x) = L$$

- 극한을 정의할 때 $x=a$의 경우는 생각하지 않는다. 중요한 것은 x가 a근처에 있을 때 함수값 $f(x)$가 어떻게 정의되는가이다.
- $f(x) \neq L$이거나 심지어 정의되어 있지 않아도 무방하다.
- 극한에 대한 정의로서 위의 정의는 수학적으로 불완전하다. 엄밀하게 정의하려면 ϵ, δ의 개념을 사용하는데, 상당한 논리적 사고가 요구된다.
- 함수 f가 $x=a$에서 연속인 경우에는 극한값이 $x=a$에서의 함수값과 같다. 즉 $\lim_{x \to a} f(x) = f(a)$

예 1 $f(x)=x^2+3$인 함수가 $x=2$근방에서 어떻게 변화하는지 살펴보자.

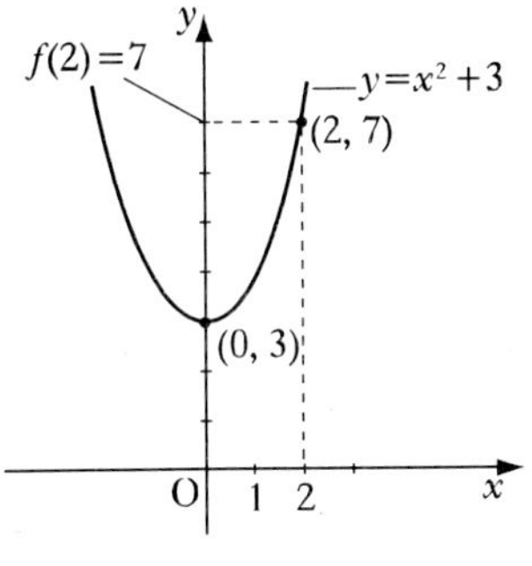

그림 2.1 극한

$x>2$	$f(x)=x^2+3$	$x<2$	$f(x)=x^2+3$
3	12	1	4
2.5	9.25	1.5	5.25
2.3	8.29	1.7	5.89
2.1	7.41	1.9	6.61
2.05	7.2025	1.95	6.8025
2.01	7.0401	1.99	6.9601
2.001	7.004001	1.999	6.996001
2.0001	7.00040001	1.9999	6.99960001

예 2 다음 세 가지 경우에 극한값은 모두 $\lim_{x \to a} f(x) = L$이다.

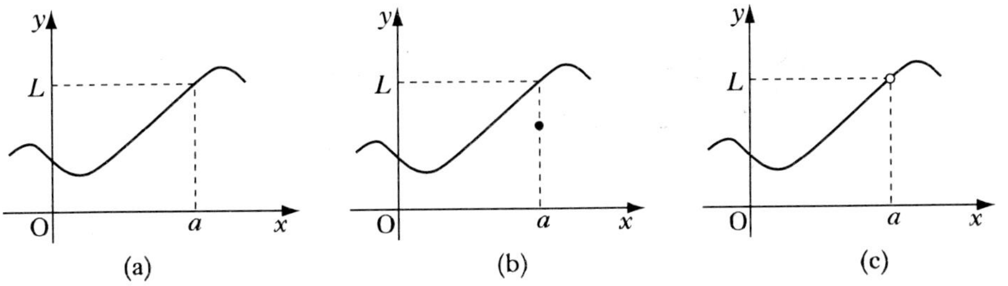

그림 2.2 극한

• x가 상수 a를 기준으로 오른쪽에서 접근할 때와 왼쪽에서 접근할 때의 극한값이 서로 일치하지 않을 수도 있다.

정의 2.2

함수 $y=f(x)$에서, x가 $x<a$이면서 a에 한없이 가까이 접근할 때, 함수값 $f(x)$가 L이거나 L에 한없이 가깝게 접근하면, L을 $f(x)$의 **좌극한값**이라고 하며 다음과 같이 표시한다.

$$\lim_{x \to a^-} f(x) = L$$

반대로, x가 $x>a$이면서 a에 한없이 가까이 접근할 때, 함수값 $f(x)$가 L이거나 L에 한없이 가깝게 접근하면, L을 $f(x)$의 **우극한값**이라고 하며 다음과 같이 표시한다.

$$\lim_{x \to a^+} f(x) = L$$

예 3 함수 g의 그래프가 다음 그림과 같을 때, $x=2$ 근처에서의 극한값을 생각해 보자.

풀이 x가 2보다 큰 상태에서 2에 가까이 접근하면 함수값은 점점 작아져서 2로 접근한다. 그러므로 $\lim_{x \to 2^-} g(x) = 2$이다. 그러나 x가 2보다 작은 상태에서 2에 가까이 접근하면 함수값은 1로 접근한다. 즉, $\lim_{x \to 2^+} g(x) = 1$이다.

따라서 함수 g는 $x=2$에서 좌극한과 우극한이 일치하지 않으므로 극한값이 존재하지 않는다.

정리 2.1 *Theorem*

좌극한값과 우극한값이 서로 같을 때만 극한값이 존재한다. 즉,

$$\lim_{x \to a} f(x) = L \Leftrightarrow \lim_{x \to a^-} f(x) = L \text{ 그리고 } \lim_{x \to a^+} f(x) = L$$

x가 특정한 값에 접근할 때 함수의 절대값이 무한히 커져버리는 함수들도 있다. 이런 경우 함수값이 ∞ 또는 $-\infty$로 발산한다고 한다.

정의 2.3

함수 $y = f(x)$에서, x가 a에 한없이 가까이 접근할 때, 함수값 $f(x)$가 무한히 커지면, $f(x)$의 극한값은 ∞라고 하며 다음과 같이 표시한다.

$$\lim_{x \to a} f(x) = \infty$$

반대로, x가 a에 한없이 가까이 접근할 때, 함수값 $f(x)$가 0보다 작은 음수이면서 절대값이 무한히 커지면, $f(x)$의 극한값은 $-\infty$라고 하며 다음과 같이 표시한다.

$$\lim_{x \to a} f(x) = -\infty$$

예 4 함수 $f(x) = \dfrac{1}{x^2}$에서 $\lim_{x \to 0} \dfrac{1}{x^2} = \infty$이다.

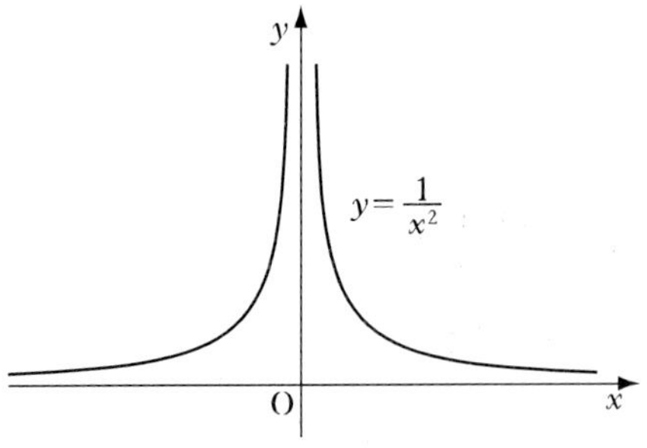

그림 2.3

정의 2.4

함수 $y=f(x)$에서, $x \to \infty$ 함수값 $f(x)$가 특정한 값 L에 접근하면, $x \to \infty$일 때, $f(x)$의 극한값은 L라고 하며 다음과 같이 표시한다.

$$\lim_{x \to \infty} f(x) = L$$

마찬가지로 $x \to -\infty$일 때 함수값 $f(x)$가 특정한 값 L에 접근하면, $x \to -\infty$일 때, $f(x)$의 극한값은 L이라고 하며 다음과 같이 표시한다.

$$\lim_{x \to -\infty} f(x) = L$$

예 5 함수 $f(x) = \dfrac{1}{x^2}$에서 $\displaystyle\lim_{x \to \infty} \frac{1}{x^2} = 0$이다.(그림 2-3 참고)

(2) 극한값에 관한 정리

복잡한 형태를 가진 함수의 극한값은 다음 정리를 활용하면 쉽게 계산할 수 있다.

정리 2.2 *Theorem*

c가 상수이고 $\displaystyle\lim_{x \to a} f(x) = L$, $\displaystyle\lim_{x \to a} g(x) = M$ 이라고 하자.

1) $\displaystyle\lim_{x \to a} c = c$, $\displaystyle\lim_{x \to a} x = a$

2) $\displaystyle\lim_{x \to a} [f(x) \pm g(x)] = L \pm M$

3) $\displaystyle\lim_{x \to a} cf(x) = cL$

4) $\displaystyle\lim_{x \to a} f(x)g(x) = LM$

5) $\displaystyle\lim_{x \to a} \frac{f(x)}{g(x)} = \frac{L}{M}$, (단 $\displaystyle\lim_{x \to a} g(x) \neq 0$)

6) $\displaystyle\lim_{x \to a} \sqrt{f(x)} = \sqrt{L}$ (단 $f(x) > 0$)

삼각함수의 미분을 위해 다음 정리가 필요하다.

정리 2.3 협공법 정리 *Theorem*

세 함수 f, g, h가 $x=a$를 포함하는 구간 안에서 $f(x) \le g(x) \le h(x)$이고, $\lim_{x\to a} f(x) = L = \lim_{x\to a} h(x)$이면,

$$\lim_{x\to a} g(x) = L$$

정리 2.4 *Theorem*

θ가 래디안으로 표현된 각일 때,

$$\lim_{\theta\to 0} \frac{\sin\theta}{\theta} = 1$$

(3) 함수의 연속

극한의 개념을 이용하여 함수의 연속을 정의할 수 있다.

정의 2.5

함수 f가

$$\lim_{x\to a} f(x) = f(a)$$

일때 $x=a$에서 **연속**이라고 한다.

함수가 어떤 점 a에서 연속이라는 것은 그래프가 그 점에서 끊어져 있지 않다는 의미이다. 위 정의를 다시 말하면,

1) 함수의 극한값 $\lim_{x\to a} f(x) = L$이 존재하고,

2) $x=a$에서 함수값 $f(a)$가 존재하며
3) $f(a)=L$이라는 의미이다.

정리 2.5 *Theorem*

함수 f, g가 $x=a$에서 연속이면,
1) $f+g,\ fg$도 연속이다.
2) $g(a)\neq 0$이면 $\dfrac{f}{g}$도 연속이다.에서 함수값 $f(a)$가 존재하며
3) f가 $x=g(a)$에서 연속이면 합성함수 $f\circ g$도 연속이다.

함수 f가 $x=a$에서 연속이면 $\lim_{x\to a} f(x)=f(\lim_{x\to a} x)$로서, 'lim'가 함수의 바깥과 속을 자유롭게 이동한다. 즉,

$$\lim_{x\to a} f(x)g(x)=\lim_{x\to a} f(x)\lim_{x\to a} g(x)=f(a)g(a)$$

$$\lim_{x\to a}\frac{f(x)}{g(x)}=\frac{\lim_{x\to a} f(x)}{\lim_{x\to a} g(x)}=\frac{f(a)}{g(a)}$$

$$\lim_{x\to a}(f\circ g)(x)=\lim_{x\to a} f(g(x)=f\left(\lim_{x\to a} g(x)\right)=f(g(a))$$

따라서 f와 g가 $x=a$에서 연속이면 $fg,\ f/g,\ f\circ g$도 $x=a$에서 연속이다.

2.1.1 예 제

1. 다음 그림 2.4와 같은 그래프를 가지는 함수 g에 대하여 각각의 극한값을 구하라.

1) $\lim_{x\to1} g(x)$

2) $\lim_{x\to2} g(x)$

3) $\lim_{x\to0} g(x)$

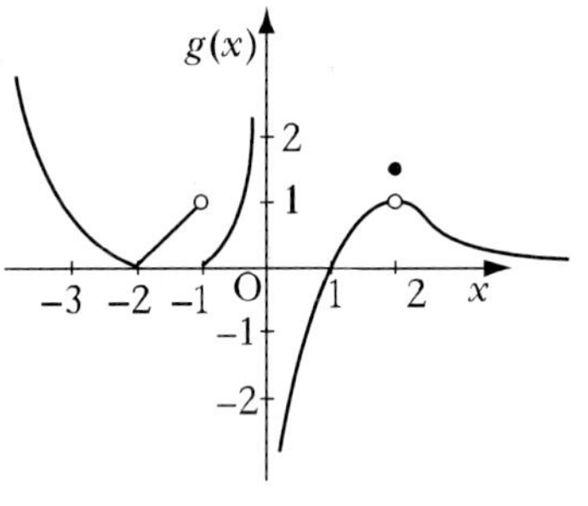

그림 2.4 함수 $y = g(x)$

풀이 1) $x=1$ 근처에서, $x \to 1^-$이면 함수값은 $g(x) < 0$인 상태로 점점 커지면서 0에 가까워지고 $x \to 1^+$이면 $g(x) > 0$인 상태로 작아지면서 0에 가까워진다. 따라서 $\lim_{x\to1} g(x) = 0$

2) $x=2$ 근방에서, $x \to -2^-$이면 $g(x)$는 커지면서 1에 가까워진다. 그리고 $x \to -2^+$이면 $g(x)$는 역시 커지면서 1에 가까워진다. 그러므로 $\lim_{x\to2} g(x) = 1$이다. 이때 $x=2$에서 $g(x)$의 함수값은 $g(2) = 1.5 \neq 1$이지만 함수값이 극한값과 같아지지 않는다.

3) $\lim_{x\to0^-} g(x) = \infty$이고, $\lim_{x\to0^+} g(x) = -\infty$이어서 좌극한과 우극한이 일치하지 않으므로 극한값 $\lim_{x\to0} g(x)$는 존재하지 않는다.

2. 다음 극한값을 구하라.

1) $\lim_{x \to 5^-} \frac{6}{x-5}$

2) $\lim_{x \to 5^+} \frac{6}{x-5}$

3) $\lim_{x \to -2^-} \frac{x-1}{x(x+2)^2}$

풀이 1) $x < 5$이면 $\frac{6}{x-5} < 0$이다. 따라서 $\lim_{x \to -5^-} \frac{6}{x-5} = -\infty$

2) $x < 5$이면 $\frac{6}{x-5} > 0$이다. 따라서 $\lim_{x \to -5^-} \frac{6}{x-5} = -\infty$

3) $x < -2$이면 $x+2 < 0$이지만 $(x+2)^2$은 항상 0보다 크다. 한편 $x \to -2^-$ 일 때 $x(x+2)^2$은 0보다 작으면서 $x(x+2)^2 \to 0$이고, $(x-1) \to -3$이므로

$$\lim_{x \to -5^-} \frac{x-1}{x(x+2)^2} = -\infty$$

3. 다음 극한값을 구하라.

1) $\lim_{x \to 2} \frac{x^2-4}{x-2}$

2) $\lim_{x \to \infty} \frac{3x-x^2}{5-x+2x^2}$

3) $\lim_{x \to \infty} \frac{\sqrt{x^2+x+1}}{\sqrt{x}}$

4) $\lim_{x \to -\infty} \frac{\sqrt{x^2+x+1}}{\sqrt{x}}$

5) $\lim_{x \to 0} \frac{|x|}{x}$

6) $\lim_{t \to 0} t \sin \frac{1}{t}$

풀이 1) $x \neq 2$이면 $(x-2) \neq 0$이다. 따라서 $\frac{x^2-4}{x-2}=\frac{(x+2)(x-2)}{x-2}=(x+2)$으로 정리할 수 있다. 그러므로 $\lim_{x\to 2}\frac{x^2-4}{x-2}=\lim_{x\to 2}(x+2)=4$이다.

2) $\frac{3x-x^2}{5-x+2x^2}$의 분자, 분모를 x^2로 나누면 $\frac{3x-x^2}{5-x+2x^2}=\frac{\frac{3}{x}-1}{\frac{5}{x^2}-\frac{1}{x}+2}$이고, $\lim_{x\to\infty}\frac{3x-x^2}{5-x+2x^2}=-\frac{1}{2}$이다.

3) $\frac{\sqrt{x^2+x+1}}{\sqrt{x}}=\sqrt{\frac{x^{2+x+1}}{x}}=\sqrt{x+1+\frac{1}{x}}$이다.

따라서 $\lim_{x\to\infty}\frac{\sqrt{x^2+x+1}}{\sqrt{x}}=\lim_{x\to\infty}\sqrt{x+1+\frac{1}{x}}=\infty$

4) $x<0$이면 $\sqrt{x}$는 정의하지 않는다. 따라서 $\lim_{x\to-\infty}\frac{\sqrt{x^2+x+1}}{\sqrt{x}}$는 존재하지 않는다.

5) $x<0$이면 $|x|=-x$이고 $\lim_{x\to 0^-}\frac{|x|}{x}=\frac{-x}{x}=-1$

한편 $x>0$이면 $|x|=x$이고 $\lim_{x\to 0^+}\frac{|x|}{x}=\frac{x}{x}=1$

좌극한값과 우극한값이 서로 같지 않으므로 극한값은 존재하지 않는다.

6) $t\to 0$이면 $\frac{1}{t}\to\infty$이다. 그리고 t값에 관계없이 항상 $-1\leq\sin\frac{1}{t}\leq 1$이 성립한다.

그러므로 $\lim_{t\to 0}t\sin\frac{1}{t}=\lim_{\frac{1}{t}\to\infty}\frac{\sin\frac{1}{t}}{\frac{1}{t}}=0$

4. 함수 $f(x)=|3x-1|$은 $x=\frac{1}{3}$에서 연속인가?

풀이 $x=\frac{1}{3}$에서, 함수값 $f\left(\frac{1}{3}\right)=0$이다. 그리고

$$\lim_{x\to\frac{1}{3}^+}|3x-1|=\lim_{x\to\frac{1}{3}^+}(3x-1)=0$$

$$\lim_{x\to\frac{1}{3}^-}|3x-1|=\lim_{x+>\frac{1}{3}^-}(-3x+1)=0$$

이므로 함수의 극한값도 0이다. 따라서 함수 $f(x)=|3x-1|$은 $x=\frac{1}{3}$에서 연속이다.

5. 함수 $f(x)=\frac{x^2-1}{x+1}$은 $x=-1$에서 연속인가?

풀이 $x\to-1$일때 $f(x)=\frac{x^2-1}{x+1}$의 극한값은

$\lim_{x\to-1}\frac{x^2-1}{x+1}=\lim_{x\to-1}\frac{(x+1)(x-1)}{x+1}=\lim_{x\to-1}(x-1)=2$이다.

그러나 $f(x)=\frac{x^2-1}{x+1}$은 $x=-1$에서 분모가 0이므로 함수값이 정의되지 않는다. 즉, 함수 $f(x)$는 $x=-1$에서 함수값이 존재하지 않으므로 연속이 아니다.

6. 함수 $F(v)=\frac{4v^2-25}{2v+5}$는 $v=-\frac{5}{2}$에서 함수값이 정의되어 있지 않다.

함수 F가 $v=-\frac{5}{2}$에서 연속이려면 $F\left(-\frac{5}{2}\right)$을 얼마로 정의하여야 하는가?

풀이 $\lim_{v\to-\frac{5}{2}}\frac{4v^2-25}{2v+5}=\lim_{v\to-\frac{5}{2}}\frac{(2v+5)(2v-5)}{2v+5}=\lim_{v\to-\frac{5}{2}}(2v-5)=-10$이다. 함수 F가 $v=-\frac{5}{2}$에서 연속이려면 함수값과 극한값이 일치하여야 하므로 $F\left(-\frac{5}{2}\right)=-10$으로 정의하여야 한다.

2.1.2 실습문제

1. 다음 그림과 같은 그래프를 가지는 함수 f에 대하여 각각의 극한값을 구하라.

1) $\lim_{x\to 3} f(x)$

2) $\lim_{x\to 7} f(x)$

3) $\lim_{x\to -9^-} f(x)$

4) $\lim_{x\to -9^+} f(x)$

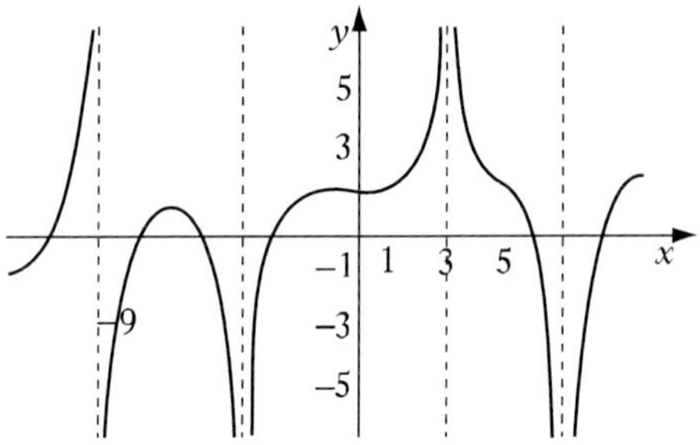

그림 2.5 함수 $y=f(x)$

2. 다음 극한값을 구하라.

1) $\lim_{x\to 4}(5x^2-2x+3)$

2) $\lim_{x\to -1}\frac{x-2}{x^2+4x-3}$

3) $\lim_{x\to -1}\sqrt{x^3+2x+7}$

4) $\lim_{x\to 0}\frac{\sqrt{2-x}-\sqrt{2}}{x}$

3. 다음 극한값을 구하라.

1) $\lim_{x\to\infty} \frac{3-3x+x^2}{7+4x-5x^2}$

2) $\lim_{x\to\infty} \frac{5x^3-6x^2+10}{7x(x^2+9)}$

3) $\lim_{x\to 0} |x|$

4) $\lim_{x\to 4} \frac{|x+4|}{x+4}$

4. 주어진 값에서 함수가 연속인가?

1) $f(x) = |x-4|,\ x=4$

2) $f(x) = \frac{x+1}{2x^2-1},\ x=4$

5. 함수 $F(v) = \frac{v^2-v}{v^2-1}$는 $v=1$에서 함수값이 정의되어 있지 않다. 함수 F가 $v=1$에서 연속이려면 $F(1)$을 얼마로 정의하여야 하는가?

2.1.3 Homework

1. 다음 극한값을 구하여라.

1) $\lim_{x \to \pi^-} \csc x$

2) $\lim_{x \to -3} \dfrac{x^2 - x - 12}{x + 3}$

3) $\lim_{x \to 0} \dfrac{x}{\sqrt{1 + 3x} - 1}$

4) $\lim_{x \to -\infty} \dfrac{\sqrt{9x^2 + 16}}{2x - 10}$

2. $\lim_{x \to 0} x^2 \sin \dfrac{1}{x} = 0$임을 보여라.

3. $\lim_{x \to -2} \dfrac{3x^2 + ax + a + 3}{x^2 + x - 2}$의 극한값이 존재하는 수 a가 존재하는가? 만약 존재한다면 a의 값과 극한값을 구하여라.

4. $g(x) = \begin{cases} x, & x < 0 \\ x^2, & 0 \le x \le 1 \\ x^3, & x > 1 \end{cases}$가 $(-\infty, \infty)$에서 연속임을 보여라.

Chapter 3 미분법

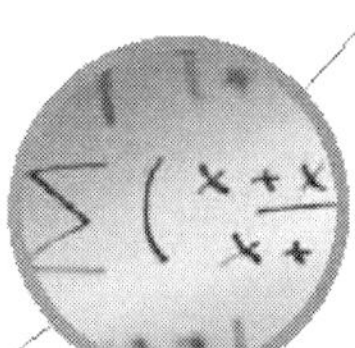

3.1 접선과 변화율

(1) 접선

정의 3.1

함수 $y=f(x)$의 그래프에 속하는 한 점 $P(a,\ b)$에 접하는 직선을 **접선**이라고 하며, 기울기는

$$m=\lim_{x\to a}\frac{f(x)-f(a)}{x-a}$$

이다.

- 기울기를 구하는 극한값이 존재하지 않으면 접선도 존재하지 않는다.
- 점 $P(a,\ b)$를 지나는 접선의 방정식은 $y-b=m(x-a)$이다.
- 접선의 기하학적 의미는 그림 3.1과 같다.
- 접선이 존재한다는 것은 그 점에서 그래프가 뾰족하거나 끊어져 있지 않은 부드러운 곡선이라는 의미이다.

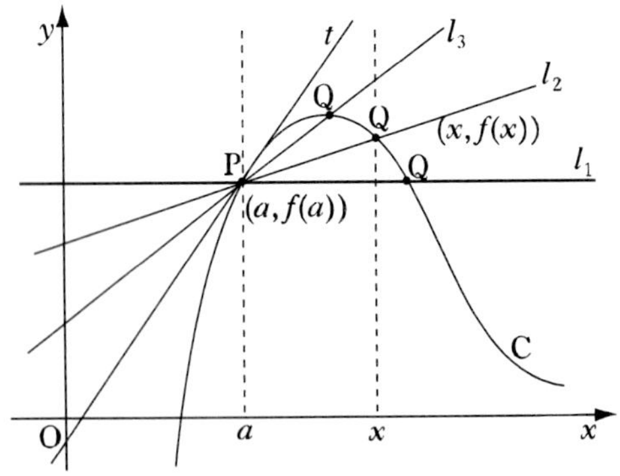

그림 3.1 점 $P(a,\ b)$에서의 접선

(2) 속도, 가속도, 변화율

직선을 따라 움직이고 있는 상태의 물체는 시간 t가 흐름에 따라 움직인 거리 S도 늘어난다. 거리와 시간 사이의 관계를 적절한 함수 $S=f(t)$로 나타낼 수 있다고 하자.

어느 한 순간 t에서 시작하여 $t+h$까지 h만큼 시간이 지났다면, 물체는 $f(t+h)-f(t)$ 만큼 움직였을 것이다. 이때,

정의 3.2

1) $\dfrac{f(t+h)-f(t)}{h}$를 **평균속도**라고 한다.

2) $\lim_{h\to 0}\dfrac{f(t+h)-f(t)}{h}=v(t)$를 t에서의 **순간속도** 또는 **속도**라고 한다.

예 1 지상에서 자유낙하하는 물체가 시간이 변화함에 따라 낙하하는 거리는, 실험에 의해 t에 관한 함수 $S=\dfrac{1}{2}9.8t^2$로 나타낼 수 있다. 낙하를 시작한지 5초 후에,

1) 5초동안 물체가 낙하한 전체 거리는 $S=S(5)=4.9\times 5^2=122.5$이고

2) 떨어지기 시작한 물체는 속도가 점점 증가하여, 5초 후에

$$\lim_{h\to 0}\frac{4.9(5+h)^2-4.9(5)^2}{h}=\lim_{h\to 0}9.8\times 5=49=v(5)$$

만큼의 속도를 내게 된다.

예 2 시간, 거리, 속도 등을 표현할 때는 적절한 단위를 표시하여야 혼란이 없다. 예1)을 단위를 사용하여 다시 표현하면,

1) 5초동안 물체가 낙하한 전체 거리는 $S=4.9(\mathrm{m/sec^2})\times(5\mathrm{sec^2})=122.5\mathrm{m}$ 이고

2) 5초 후의 순간속도는 $9.8(\mathrm{m/sec^2})\times(5\mathrm{sec^2})=49(\mathrm{m/sec})$이다.

3) 속도를 나타내는 단위는 $\mathrm{m/sec}$이고, $9.8(\mathrm{m/sec^2})$는 가속도를 의미하는 상수값이다.

자유 낙하를 하는 물체와 같이 속도도 시간의 변화에 따른 함수 $v=v(t)$로 표현되므로, 어느 한 순간에서 속도의 변화율을 생각할 수 있다.

정의 3.3

$a=a(t)=\lim_{h\to 0}\frac{v(t+h)-v(t)}{h}$를 t에서의 **가속도**라고 한다.

3.2 도함수와 미분법

(1) 미분계수, 도함수

정의 3.4

함수 $y=f(x)$에서 극한값

$$\lim_{h\to 0}\frac{f(a+h)-f(a)}{h}$$

가 존재하면, 이 극한값을 함수 f의 $x=a$에서의 **미분계수**라고 하고 $f'(a)$로 나타낸다. 즉,

$$f'(a)=\lim_{h\to 0}\frac{f(a+h)-f(a)}{h}$$

정의 3.5

함수 $y=f(x)$에 대하여, 각각의 점 x를 그 점의 미분계수 $f'(x)$로 대응시키는 함수를 f로부터 유도된 함수 f' 또는 간단히 '**도함수** f''라고 한다. 즉,

$$f'(x)=\lim_{h\to 0}\frac{f(x+h)-f(x)}{h}$$

- 도함수의 정의에서 h는 독립변수 x의 변화율을, $f(x+h)-f(x)$는 종속변수 y의 변화율을 각각 의미한다.
- x의 변화율을 Δx, y의 변화율을 Δy로 바꾸어 쓰면, 도함수는

$$f'(x)=\lim_{\Delta x\to 0}\frac{\Delta y}{\Delta x}$$

이다.

- 미분의 개념을 동시에 생각해 낸 라이프니치와 뉴튼은 함수를 각각

$$f'(x)=\lim_{h\to 0}\frac{f(x+h)-f(x)}{h}$$

$$\frac{dy}{dx}=\lim_{\Delta x\to 0}\frac{\Delta y}{\Delta x}$$

으로 표현하였다.

- f'는 f로부터 유도된 도함수, $\frac{dy}{dx}$는 변화율의 극한값이라는 의미를 강조한 표현이다.

정의 3.6

함수 $y=f(x)$가 정의역내에 있는 모든 독립변수 x에 대하여 미분계수를 가지면 **미분가능하다**고 한다.

정리 3.1 Theorem

함수 f가 한 점 $x=a$에서 미분가능하면 f는 그 점에서 연속이다.

- 함수가 미분가능하면 그래프가 꺾여있거나 끊어져 있지 않고 매끄러운 곡선 형태를 가진다.

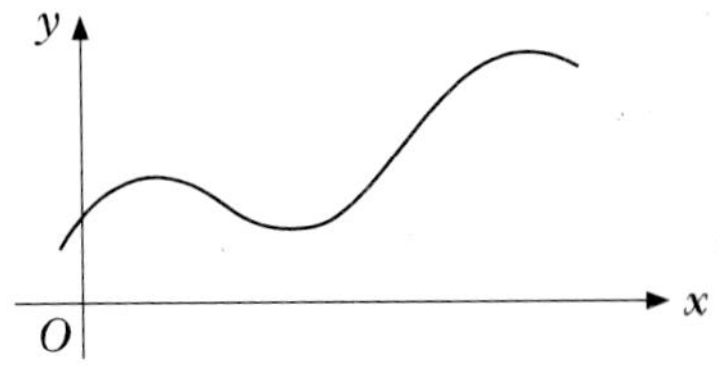

그림 3.2 미분가능한 곡선

정리 3.2 *Theorem*

두 함수 f, g가 미분가능하면,

1) kf도 미분가능하고 $(kf)' = kf'$이다.

2) $f+g$도 미분가능하고 $(f+g)' = f' + g'$이다.

3) fg도 미분가능하고 $(fg)' = f'g + fg'$ **[라이프니치 공식]**이다.

4) $\dfrac{f}{g}$도 미분가능하고 $\left(\dfrac{f}{g}\right)' = \dfrac{f'g - fg'}{g^2}$이다.

(2) 다항식함수의 도함수

함수 f가 간단한 다항식 함수일 때 미분공식은 다음과 같다.

정리 3.3 *Theorem*

1) 상수 c를 미분하면 0이다. 즉, $c' = 0$

2) $n \neq 0$이면 $(x^n)' = nx^{n-1}$이다.

예 1 $f(x) = x^{100} + 2x^{10} - 5$이면 $f'(x) = 100x^{99} + 20x^9$이다.

(3) 삼각함수의 도함수

삼각함수는 독립변수 x가 라디안(radian)으로 표시되어 있어야 도함수를 간단하게 구할 수 있다.

정리 3.4 삼각함수의 미분공식 *Theorem*

1) $\dfrac{d}{dx}\sin x = \cos x$	2) $\dfrac{d}{dx}\cos x = -\sin x$
3) $\dfrac{d}{dx}\tan x = \sec^2 x$	4) $\dfrac{d}{dx}\cot x = -\csc^2 x$
5) $\dfrac{d}{dx}\sec x = \sec x \tan x$	6) $\dfrac{d}{dx}\csc x = -\csc x \cot x$

예 2 $f(x) = 5\tan x - \cot x$이면 $f'(x) = \sec^2 x - (-\csc^2 x) = \dfrac{1}{\cos^2 x} + \dfrac{1}{\sin^2 x}$ 이다.

(4) 지수함수와 로그함수의 도함수

- 자연대수 e는 $2.718\cdots$인 무리수이다.
- $e = \lim\limits_{t \to 0}(1+t)^{\frac{1}{t}} = e = \lim\limits_{t \to \infty}\left(1 + \dfrac{1}{t}\right)^t$
- 지수함수와 로그함수는 서로 역함수인 관계를 가진다.
- 로그함수에서 밑이 e인 경우엔 밑을 생략한다.

정리 3.5 로그함수와 지수함수의 미분공식 *Theorem*

1) $\dfrac{d}{dx}\log_a x = \dfrac{1}{x}\log_a e$	2) $\dfrac{d}{dx}\log_a x = \dfrac{1}{x}\log e = \dfrac{1}{x}$
3) $\dfrac{d}{dx}a^x = a^x \log a$	4) $\dfrac{d}{dx}e^x = e^x \log e = e^x$

예 3 $(\log_{10} x + 10^x)' = \dfrac{1}{x}\log_{10} e + 10^x \log 10$이다.

3.2.1 예제

(1) 접선과 변화율

1. 포물선 $y=x^2$의 점 $P(-1,\ 1)$에서 접선의 방정식을 구하여라.

풀이 접선의 기울기 m은

$$\begin{aligned}\lim_{x\to -1}\frac{f(x)-f(-1)}{x-0} &= \lim_{x\to -1}\frac{x^2-(-1)^2}{x+1}\\ &= \lim_{x\to -1}\frac{(x+1)(x-1)}{x+1}\\ &= \lim_{x\to -1}(x-1)\\ &=-2\end{aligned}$$

이다. 기울기가 -2이고 점$(-1,\ 1)$을 지나는 직선이 접선이므로 접선의 방정식은 $y-1=-2(x-(-1))$, 즉 $y=-2x-1$이다.

2. 점 $(3,\ 1)$에서 쌍곡선 $y=\dfrac{3}{x}$의 접선의 방정식을 구하여라.

풀이 $y=\dfrac{3}{x}$로 놓는다. 그러면 $(3,\ 1)$에서 접선의 기울기는

$$\begin{aligned}m &= \lim_{h\to 0}\frac{f(3+h)-f(3)}{h}\\ &= \lim_{h\to 0}\frac{\dfrac{3}{3+h}-1}{h}=\lim_{h\to 0}\frac{\dfrac{3-(3+h)}{3+h}}{h}\\ &= \lim_{h\to 0}\frac{-h}{h(3+h)}=\lim_{h\to 0}-\frac{1}{3+h}\\ &=-\frac{1}{3}\end{aligned}$$

3. 곡선 $f(x)=|x|$ 위의 점 $(0, 0)$에서는 접선이 존재하지 않음을 보여라.

풀이 접선이 존재한다면 기울기 m은 $\lim_{x\to 0^+}\dfrac{|x|-0}{x-0}$이다.

그러나 우극한은 $\lim_{x\to 0^+}\dfrac{|x|-0}{x-0}=\lim_{x\to 0^+}\dfrac{x-0}{x-0}=1$이고

좌극한은 $\lim_{x\to 0^-}\dfrac{|x|-0}{x-0}=\lim_{x\to 0^-}\dfrac{-x-0}{x-0}=-1$이므로

극한값이 존재하지 않는다. 즉, 접선이 기울기 m을 결정할 수가 없으므로 접선은 존재하지 않는다.

4. $f(x)=x^{\frac{1}{3}}$이라고 하자. $(0, 0)$에서 접선을 구하여라.

풀이 우선 $f(x)$는 $x=0$에서 연속이다. 그리고

$$\lim_{x\to 0}\frac{f(x)-0}{x-0}=\lim_{x\to 0}\frac{x^{\frac{1}{3}}}{x}$$

$$\lim_{x\to 0}\frac{1}{x^{\frac{2}{3}}}$$

$$=\infty$$

이므로 접선은 기울기가 ∞인 y축이다.

5. 지상 450m 높이의 꼭대기에서 공을 떨어뜨린다고 하자.
(단 운동방정식은 $s=f(t)=4.9t^2$을 사용한다.)

1) 5초 후의 공의 속도를 구하여라.

2) 그 공이 땅에 떨어질 때 얼마나 빨리 움직이고 있는지 구하여라.

풀이 속도 $v(a)$를 계산하여 보기로 한다.

$$v(a) = \lim_{h \to 0} \frac{f(a+h) - f(a)}{h}$$

$$= \lim_{h \to 0} \frac{4.9(a^2 + 2ah + h^2 - a^2)}{h}$$

$$= \lim_{h \to 0} \frac{4.9(a^2 + 2ah + h^2 - a^2)}{h}$$

$$= \lim_{h \to 0} \frac{4.9(2ah + h^2)}{h}$$

$$= \lim_{h \to 0} 4.9(2a + h)$$

$$= 9.8a$$

1) 5초 후의 속도는 $v(5) = (9.8)(5) = 49\text{m/sec}$이다.

2) 탑이 지상에서 450m 높이에 있기 때문에 그 공은 $s(t_1) = 450$을 만족하며 t_1에서 땅에 떨어진다. 즉, $4.9t_1^2 = 450$이므로 $t_1 = \sqrt{\frac{450}{4.9}} \approx 9.6$이다. 그러므로 공이 땅에 떨어질 때 공의 속도는

$$v(t_1) = 9.8t_1 = \sqrt{\frac{450}{4.9}} \approx 94\text{m/sec}$$

이다.

6. $f(x) = x^2 - 8x + 1$의 $x = 3$에서 미분계수를 구하여라.

풀이 정의에 의하여 $x = 3$에서의 미분계수는

$$f'(3) = \lim_{h \to 0} \frac{f(3+h) - f(3)}{h}$$

$$= \lim_{h \to 0} \frac{(3+h)^2 - 8(3+h) + 1 - 3^2 + 8.3 + 1}{h}$$

$$= \lim_{h \to 0} \frac{h^2 - 2h}{h}$$

$$= \lim_{h \to 0} (h - 2) = -2$$

(2) 도함수와 미분법

7. $f(x)=\dfrac{1-x}{2+x}$ **일때, 도함수의 정의에 의해** $f'(x)$**를 구하고, 도함수의 정의역을 말하라.**

풀이

$$f'(x)=\lim_{h\to 0}\frac{f(x+h)-f(x)}{h}$$

$$=\lim_{h\to 0}\frac{\dfrac{1-(x+h)}{2+(x+h)}=\dfrac{1-x}{2+x}}{h}$$

$$=\lim_{h\to 0}\frac{(1-x-h)(2+x)-(1-x)(2+x+h)}{h(2+x+h)(2+x)}$$

$$=\lim_{h\to 0}\frac{(2-x-2h-x^2-xh)-(2-x+h-x^2-xh)}{h(2+x+h)(2+x)}$$

$$=\lim_{h\to 0}\frac{-3h}{h(2+x+h)(2+x)}$$

$$=\lim_{h\to 0}\frac{-3}{(2+x+h)(2=x)}$$

$$=-\frac{3}{(2+x)^2}$$

이때 $f'(x)$의 정의역은 $x\neq -1$인 모든 실수이다.

8. $y=x^3-7x^2+4+\dfrac{1}{x^2}$ **에서** $\dfrac{dy}{dx}$**를 구하여라.**

풀이

$$\frac{dy}{dx}=\frac{d(x^3)}{dx}+\frac{d(-7x^2)}{dx}+\frac{d}{dx}(4)+\frac{d}{dx}(x^{-2})$$

$$=3x^2-14x+0-2\cdot x^{-3}$$

$$=3x^2-14x-\frac{2}{x^3}$$

9. $f(x)=(x^2+1)(x^3-1)$**의 도함수를 구하여라.**

풀이 $f(x)=(x^2+1)'(x^3-1)+(x^2+1)(x^3-1)'$

$$=2x(x^3-1)+(x^2+1)3x^2$$

$$=5x^4+3x^2-2x$$

10. $y=\dfrac{6x+1}{3x^2+2}$**에서** $\dfrac{dy}{dx}$**를 구하여라.**

풀이 $$\frac{dy}{dx}=\frac{(6x+1)'(3x^2+2)-(6x+1)(3x^2+2)'}{(3x^2+2)^2}$$

$$=\frac{6(3x+2)-(6x+1)\cdot 6x}{(3x^2+2)^2}$$

$$=-\frac{6(x+1)(3x-2)}{(3x^2+2)^2}$$

11. $y=x^2\cos x$**를 미분하여라.**

풀이 Leibniz의 공식을 이용하면

$$y'=(x^2)'\cos x+x^2(\cos x)'$$

$$=2x\cos x+x^2(-\sin x)$$

12. $f(x)=\dfrac{\sec x}{1+\tan x}$**를 미분하여라.**

풀이 나눗셈의 법칙과 등식 $\tan^2+1=\sec^2 x$를 이용하면

$$f'(x)=\frac{(1+\tan x)(\sec x)'-\sec x(1+\tan x)'}{(1+\tan x)^2}$$

$$=\frac{(1+\tan x)\sec x\tan x-\sec x\cdot\sec^2 x}{(1+\tan x)^2}$$

$$=\frac{\sec x(\tan x+\tan^2 x-\sec^2 x)}{(1+\tan x)^2}$$

$$=\frac{\sec x(\tan x-1)}{(1+\tan x)^2}$$

13. 다음 함수를 미분하여라.

1) $f(x) = \log x^2 + 10^x$

2) $f(x) = \dfrac{1}{\log x} + 10e^x$

풀이 1) $f'(x) = \dfrac{1}{x^2} \cdot (2x) + 10^x \log 10 = \dfrac{2}{x} + 10^x \log 10$

2) $f'(x) = -\dfrac{1}{(\log x)^2}(\log x)' + (10e^x)' = \dfrac{1}{(\log x)^2}\dfrac{1}{x} + 10e^x$

14. 다음과 같이 정의된 함수 $f(x)$는 $x=0$에서 연속이고 미분가능한가?

$$f(x) = \begin{cases} x \sin \dfrac{1}{x}, & x \neq 0 \\ 0, & x = 0 \end{cases}$$

풀이 $x \neq 0$인 경우 $\lim_{x \to 0} x \sin \dfrac{1}{x} = 0$이고, 이는 $x=0$에서의 함수값 $f(0)$와 일치한다. 따라서 $x=0$에서 $f(x)$는 연속이다.

$$\begin{aligned} f'(0) &= \lim_{\Delta x \to 0} \frac{f(0+\Delta x) - f(0)}{\Delta x} \\ &= \lim_{\Delta x \to 0} \frac{1}{\Delta x}\left(\Delta x \sin \frac{1}{\Delta x} - 0\right) \\ &= \lim_{\Delta x \to 0} \sin \frac{1}{\Delta x} \end{aligned}$$

이지만 $\lim_{\Delta x \to 0} x \sin \dfrac{1}{\Delta x}$은 유한확정값을 갖지 못한다.

따라서 미분계수 $f'(0)$은 존재하지 않고 $x=0$에서 미분불가능이다.

3.2.2 실습문제

1. 포물선 $y = x^2 + 2x$ 에서

1) 점 $(-3, 3)$에서의 접선의 기울기를 구하여라.

2) 1)에서 접선의 방정식을 구하여라.

3) 포물선과 접선의 그래프를 그려라.

2. 곡선 $y = x^3$ 에서

1) 점 $(-1, -1)$에서의 접선의 기울기를 구하여라.

2) 1)에서 접선의 방정식을 구하여라.

3) 곡선과 접선의 그래프를 그려라.

3. 주어진 점에서 주어진 곡선의 접선의 방정식을 구하여라.

1) $y = 1 - 2x - 3x^2$, $(-2, -7)$

2) $y = \dfrac{1}{\sqrt{x}}$, $(1, 1)$

3) $y = \dfrac{1}{x^2}$, $(-2, \dfrac{1}{4})$

4) $y = \dfrac{x}{1-x}$, $(0, 0)$

4. 공을 10m/sec의 속도로 공중에 던졌을 때 t초 후 공의 높이는

$$f(t) = 10t - 10t^2$$

으로 주어진다. $t=2$일 때의 속도는 얼마인가?

5. 화살이 58m/sec의 속도로 달에서 위쪽 방향으로 쏘아졌다면 t초 후 화살의 높이는 $h = 58t - 0.8t^2\text{m}$로 주어진다.

1) 1초 후의 화살의 속도를 구하여라.

2) $t=a$일 때 화살의 속도를 구하여라.

3) 화살이 달의 표면에 떨어지는 것은 언제인가?

4) 화살이 달의 표면에 떨어질 때의 속도는 얼마인가?

6. 직선 위를 움직이는 물체의 변위는 운동방정식 $s = t^3 + 6t + 2(m)$로 주어진다. 여기서 t의 단위는 초이다. 시간 $t=a$, $t=1$, $t=2$ 그리고 $t=3$일때 그 물체의 속도를 구하여라.

7. 다음 함수의 $x=1$에서 미분계수를 구하여라.

1) $f(x) = x^3 + 21x + 100$

2) $g(x) = x^{1957} - 1958$

3) $s(t) = t^2 - \frac{1}{2}gt$

8. 다음 함수의 f'를 구하여라.

1) $h(x) = \dfrac{x-1}{x+1}$

2) $A(t) = \sqrt{t}\,(t^2 + \sqrt{t})$

3) $g(t) = \dfrac{1}{t} + \dfrac{1}{t^2} + \dfrac{1}{t^3}$

4) $f(x) = \sqrt{x} + \sqrt{x}$

9. 다음 식을 미분하여라.

1) $y = x^2 \sin x$

2) $y = e^x \cos x$

3) $y = \dfrac{x}{\cos x}$

4) $y = \sec x \tan x$

10. 다음 식을 미분하여라.

1) $f(x) = \log \dfrac{1-\log x}{1+\log x}$

2) $f(x) = \log|x^3 - x^2|$

3) $f(t) = e^t \log t$

4) $f(x) = x^{e^x}$

3.2.3 Homework

1. 1) $x=a$인 점에서 곡선 $y=\dfrac{2}{x+3}$의 접선의 기울기를 구하여라.

2) x좌표가 다음과 같이 주어진 점에서 접선의 기울기를 구하여라.

① -1

② 0

③ 1

2. 직선 위를 움직이는 물체의 위치가 $s=t^2-8t+18$로 주어진다고 하자. 여기서 t의 단위는 초이다.

1) 다음 시간 구간 동안의 평균속도를 구하여라.

① [3, 4]

② [3.5, 4]

③ [4, 5]

④ [4, 4.5]

2) $t=4$일 때 순간속도를 구하여라.

3. 1990년부터 1996년까지 어느 도시의 인구 P(단위는 천명)가 다음 표에 주어져 있다.

1) 평균증가율을 구하여라.

① 1992년부터 1996년까지

② 1992년부터 1995년까지

③ 1992년부터 1994년까지

④ 1992년부터 1993년까지

2) 연도와 인구수의 관계를 나타내는 함수를 추정하여 수식으로 표현하라.

3) 접선의 기울기를 측정함으로써 1992년의 순간증가율을 구하여라.

년	1990	1991	1992	1993	1994	1995	1996
P(단위 1000명)	105	110	117	126	137	150	164

4. 다음 함수를 미분하여라.

1) $G(y)=(y^2+1)(4y+1)$

2) $f(u)=\dfrac{u^2-1}{u^2+1}$

3) $g(r)=\dfrac{2}{\sqrt{r^5}}$

4) $u(s)=\dfrac{1}{s+\dfrac{1}{s}}$

5. 곡선 $y=x\sqrt{x}$ 에서 직선 $3x-y+6=0$에 평행한 접선을 갖는 점을 구하여라.

6. 곡선 $y=x^3-x^2-x+1$ 위의 어떤 점에서 접선이 수평이 되는가?

7. 곡선 $y=\dfrac{x}{x+1}$에 접하고 점 $(1,\ 2)$를 지나는 접선은 몇 개 존재하는가? 이 접선들은 곡선 위의 어떤 점에서 만나는가?

8. $f(2)=4,\ g(2)=-1,\ g'(2)=5$일 때 다음을 구하여라.

1) $(f+2g')(2)$

2) $(fg')(2)$

3) $\left(\dfrac{f}{g}\right)'(2)$

4) $\left(\dfrac{g}{f-g}\right)'(2)$

9. 다음 식을 미분하여라.

1) $y=\dfrac{\sec x}{1+\sec x}$

2) $y=\dfrac{1+\sin x}{\cos x}$

10. 다음 식을 미분하여라.

1) $y=\log\sqrt{\dfrac{3x+2}{3x-2}}$

2) $y=\log|\tan 2x|$

3) $y=\left(\dfrac{16}{10}\right)^{x}+x^{\frac{16}{10}}$

4) $y=x^{\frac{1}{x}}$

11. 다음에서 f'를 구하고 f'의 정의역을 구하여라.

1) $f(x) = \log(x+1)$

2) $f(x) = \log\dfrac{1}{1+x^2}$

3) $f(x) = \sqrt{3-2^x}$

4) $f(x) = \cos(e^x)$

12. $y = \log(\log x)$에서 $(e,\ 0)$에서 접선의 방정식을 구하여라.

13. $x^y = y^x$일 때 $\dfrac{dy}{dx}$를 구하여라.

3.3 합성함수와 역함수의 미분

(1) 합성함수 미분법

다항식 함수, 삼각함수, 지수함수 등 여러 가지 형태의 함수들이 복합되어 있는 함수들은 합성함수 형태로 바꾸어 생각하면 쉽게 미분할 수 있다.

정리 3.6 합성함수 미분법 Theorem

$y=(f\circ g)(x)=f(g(x))$라고 하자.

1) $g(x)=u$라고 하면 $y=f(u)$이고, $y'=\dfrac{dy}{dx}=\dfrac{dy}{du}\dfrac{du}{dx}=f'(u)g'(x)$이다.

2) 즉, $g(x)$를 u로 놓은 다음, f를 u에 관하여 미분하고 g는 x에 관하여 미분하여 서로 곱하면, f를 x에 관하여 미분한 결과를 얻는다.

3) 이 과정을 간단히 줄여서 $(f\circ g)'(x)=f'(g(x))g'(x)$라고도 표현한다.

예 1 $y=(x^2+1)^{30}$를 x에 관하여 미분하여 보자.

풀이 합성함수 미분을 생각하지 않는다면 $(x^2+1)^{30}$을 전개하여 60차 다항식 함수를 미분하여야 한다. 하지만 합성함수 미분법으로 간단히 도함수를 구할 수 있다.

먼저 $(x^2+1)=u$로 바꾸면 $y=u^{30}$이다. 그리고 $\dfrac{dy}{dx}=30u^{29}$이고,

$\dfrac{du}{dx}=2x$이다.

그러므로 $\dfrac{dy}{dx}=\dfrac{dy}{du}\dfrac{du}{dx}=30u^{29}2x$인데, $u=(x^2+1)$이므로

$$((x^2+1)^{30})'=\frac{dy}{dx}=30u^{29}2x=60(x^2+1)^{29}x$$

이다.

정리 3.7 연쇄법칙 *Theorem*

미분하려는 함수가 더 복잡하여 $y=(f\circ g\circ h)(x)=f(g(h(x)))$인 경우도 합성함수 미분법을 여러차례 적용하면 도함수를 구할 수 있다.

즉, $y=f(u)$, $u=g(t)$, $t=h(x)$라고 하면

$$\frac{dy}{dx}=\frac{dy}{du}\frac{du}{dt}\frac{dt}{dx}$$

예 2 $f(x)=\sin(\cos x^3-1))$를 미분하여 보자.

풀이 $x^3-1=h$, $\cos h=u$, $f(x)=\sin u$로 생각한다.

$\frac{df(x)}{dx}=\frac{df(x)}{du}\frac{du}{dh}\frac{dh}{dx}$이므로,

$$\frac{df(x)}{dx}=\cos u(-\sin h)\,3x^2$$

$$=\cos(\cos h)(-\sin(x^3-1))\,3x^2$$

$$=-3x^2\cos(\cos(x^3-1))\sin(x^3-1)$$

(2) 음함수의 미분

함수의 대응규칙을 표현하는 일반적인 방법은 $y=f(x)$와 같이 독립변수 y를 종속변수 x의 다양한 변화로 설명하는 것이다.

그러나 필요에 따라 $x^2+y^2=1$, $xy=1$, $\sin x+1=0$과 같이 나타내는 것이 더 직관적이고 편리할 때가 있다. 이러한 표현을 음함수로 나타내었다고 한다.

음함수로 표현된 함수를 미분한다는 것은 $\frac{dy}{dx}=y'$를 구한다는 뜻이다.

음함수는 합성함수 미분법을 적용하면 쉽게 구할 수 있다.

1. $y=f(x)$라고 생각한다.
2. 함수방정식을 그대로 놓은 상태에서 각 항마다 x로 표현한 부분은 x에 관하여 미분하고, y로 표현한 부분은 먼저 y에 관해 미분한 다음 y'를 곱한다.
3. x와 y가 섞여 있으면 함수곱의 미분법(라이프니치 공식)을 적용한다.
4. 가능하면 $y'=F(x,\ y)$ 형태로 정리한다.
5. 함수가 음함수로 표현되어 있었으므로 도함수도 음함수로 표현되는 것이 일반적이다.

예 3 $x^2+y^2=25$에서 y'를 구하여 보자.

풀이 양변을 x에 관하여 미분하면, $2x+2yy'=0$이다. 이 식을 $y'=F(x,\ y)$ 형태로 정리하면

$$y'=-\frac{2x}{2y}=\frac{x}{y}$$

(3) 역함수의 미분

함수 f의 역함수 f^{-1}도 음함수 또는 합성함수로 바꾸어 생각하면 간단하게 도함수를 구할 수 있다.

1. $y=f^{-1}(x)$을 $x=f(y)$로 바꾸어 생각한다.
2. 양변은 x에 관하여 미분한다.
3. $y'=F(x)$ 형태로 정리한다.

예 4 $y=\sin^{-1}x$의 도함수를 구하라.

풀이 $x=\sin y$로 바꾼 다음 양변을 x에 관하여 미분하면, $1=(\cos y)y'$이다. 이 식을 다시 정리하여 도함수

$$y' = \frac{1}{\cos y} = \frac{1}{\cos(\sin^{-1} x)}$$

를 얻는다.

정리 3.8 역삼각함수의 도함수 *Theorem*

1) $\dfrac{d}{dx}\sin^{-1}x = \dfrac{1}{\sqrt{1-x^2}}$ 2) $\dfrac{d}{dx}\cos^{-1}x = -\dfrac{1}{\sqrt{1-x^2}}$

3) $\dfrac{d}{dx}\tan^{-1}x = \dfrac{1}{1+x^2}$ 4) $\dfrac{d}{dx}\cot^{-1}x = -\dfrac{1}{1+x^2}$

5) $\dfrac{d}{dx}\mathrm{sen}^{-1}x = \dfrac{1}{x\sqrt{x^2-1}}$ 6) $\dfrac{d}{dx}\csc^{-1}x = -\dfrac{1}{x\sqrt{x^2-1}}$

(4) 고계도함수

함수 f의 도함수 f'가 역시 미분가능하면 도함수를 미분한 함수 $(f')' = f''$를 생각할 수 있다. 마찬가지로 f''도 미분가능하면 $(f'')' = f'''$를 계산할 수 있으며, 일반적으로 함수 f가 계속 미분가능하여 n번 미분하였다면 간단히 $f^{(n)}$로 나타낸다.

정의 3.7

1) $(f')'$는 간단하게 f''로 표시하며, f의 **2계 도함수**라고 한다.

2) $f^{(n)}$를 f의 n**계 도함수**라고 한다.

3) $f^{(n)}$는 $\dfrac{d^n}{d^n x}f$ 또는 $D^n f$로 쓰기도 한다.

예 5 1) $(\cos 2x)'' = (-2\sin 2x)' = -4\cos 2x$

2) $(x^3+2x)''' = (3x^2+2)'' = (6x)' = 6$

3.3.1 예제

(1) 합성함수 미분

1. $y=(x+1)^{100}$**를 미분하여라.**

풀이 $u=g(x)=x+1,\ y=f(u)=u^{100}$으로 놓으면

$$f'(u)=\frac{dy}{du}=100u^{99},\ g'(x)=\frac{du}{dx}=1$$

이므로

$$y'=F'(x)=100u^{99}\cdot 1=100(x+1)^{99}$$

2. $u=2x^2-1$**일 때,** $y=u^3+u^2=1$**이라고 하자.** $\left.\frac{dy}{dx}\right|_{x=2}$**를 구하여라.**

풀이 합성함수 미분법을 사용하면, $\frac{dy}{dx}=\frac{dy}{du}\frac{du}{dx}=(3u^2+2u)(4x)$이고, $x=2$,

$u=2(2)^2-1=7$이므로

$$\left.\frac{dy}{dx}\right|_{x=2}=(3\cdot 7^2+2\cdot 7)(4\cdot 2)=161\cdot 8=1288$$

3. $y=(2x+1)^5(x^3-x+1)^4$**를 미분하여라.**

풀이 합성함수미분법을 이용하기 전에 먼저 곱셈공식을 이용해야 한다.

$$\frac{dy}{dx}=(2x+1)^5\frac{d}{dx}(x^3-x+1)^4+(x^3-x+1)^4\frac{d}{dx}(2x+1)^5$$

$$=(2x+1)^5\cdot 4(x^3-x+1)^3\frac{d}{dx}(x^3-x+1)$$

$$+(x^3-x+1)^4\cdot 5(2x+1)^4\frac{d}{dx}(2x+1)$$

$$=4(2x+1)^5(x^3-x+1)^3(3x^2-1)+5(x^3-x+1)^4(2x+1)^4\cdot 2$$

이고, 이것을 인수분해하면

$$\frac{dy}{dx}=2(2x+1)^4(x^3-x+1)^3(17x^3+6x^2-9x+3)$$

4. $y=\sin(x^5)$**과** $y=\cos^4 x$**를 미분하여라.**

풀이 우선 $y=\sin(x^5)$의 경우는 $u=g(x)=x^5$, $y=\sin u$로 놓으면,

$$y'=\frac{dy}{dx}=\frac{dy}{du}\cdot\frac{du}{dx}=\cos u\cdot(5x^4)=5x^4\cdot\cos(x^5)$$

그리고 $y=\cos^4 x$의 경우는 $y=(\cos x)^4$이라는 뜻이므로

$u=\cos x$, $y=u^4$으로 놓으면

$$y'=4u^3\cdot(-\sin x)=-4\cos^3 x\cdot\sin x$$

5. $f(x)=\sin(\cos(\tan x))$**를 미분하여라.**

풀이 $y=f(x)=\sin u$, $u=\cos t$, $t=\tan x$라고 하면

$$f'(x)=\frac{dy}{dx}=\frac{dy}{du}\frac{du}{dt}\frac{dt}{dx}$$

$$=\cos u(-\sin t)\sec^2 x=\cos(\cos(\tan x))(-\sin(\tan x))\sec^2 x$$

6. $x^3+y^3=6xy$**를 미분하여라.**

풀이 각 항을 x에 관해 미분하면 $3x^2+3y^2y'=6x'y+6x(y)'$이므로

$3x^2+3y^2y'=6y+6xy'$이다. 이를 정리하면 $y'=\dfrac{2y-x^2}{y^2-2x}$

7. 곡선 $x^2+xy+y^2=7$ 위의 점 $(1,\ 2)$에서의 접선의 방정식을 구하여라.

풀이 방정식의 양변을 x에 관해 미분하면 $2x+\left(x\dfrac{dy}{dx}+y\right)+2y\dfrac{dy}{dx}=0$이므로,

$(x+2y)\dfrac{dy}{dx}=-(2x+y)$이다.

$x+2y\neq 0$이면, $\dfrac{dy}{dx}=-\dfrac{2x+y}{x+2y}$이다.

따라서 점 $(1,\ 2)$에서의 미분계수는 $\left.\dfrac{dy}{dx}\right|_{(1,\ 2)}=-\dfrac{4}{5}$이고, 그러므로 구하는 접선의 방정식은

$$y=-\frac{4}{5}(x-2)+1=-\frac{4}{5}x+\frac{13}{5}$$

이다.

8. n이 양의 정수일 때 $x^{\frac{1}{n}}$의 도함수를 구하여라.

풀이 $y=x^{\frac{1}{n}}$이라고 하면 $x=y^n$이다.
따라서

$$\frac{dy}{dx}=\frac{1}{\dfrac{dx}{dy}}=\frac{1}{\dfrac{dx}{dy}(y^n)}=\frac{1}{ny^n-1}$$

$$=\frac{1}{n\left(x^{\frac{1}{n}}\right)^{n-1}}=\frac{1}{n}x^{\frac{1}{n}-1}$$

(2) 역함수 미분

9. $y=\sin^{-1}2x$ **일 때** $\dfrac{dy}{dx}$ **를 구하여라.**

풀이 $y=\sin^{-1}u$, $u=2x$라 하고 합성함수의 미분법을 이용하면

$$\frac{dy}{dx}=\frac{dy}{du}\frac{du}{dx}$$

$$=(\sin^{-1}u)'(2x)'$$

$$=\frac{1}{\sqrt{1-u^2}}\cdot 2=\frac{2}{\sqrt{1-4x^2}}$$

이다.

10. $y=\tan^{-1}\dfrac{2x}{1-x^2}$ **일때** $\dfrac{dy}{dx}$ **를 구하여라.**

풀이 $$\frac{dy}{dx}=\frac{1}{1+\left(\dfrac{2x}{1-x^2}\right)}\cdot\left(\frac{2x}{1-x^2}\right)'$$

$$=\frac{(1-x^2)^2}{(1+x^2)^2}\cdot\frac{2\cdot(1-x^2)-2x(-2x)}{(1-x^2)^2}$$

$$=\frac{2}{1+x^2}$$

11. $y=x^3-6x^2$ **의 3계 도함수를 구하여라.**

풀이 $$y'=3x^2-12x$$

$$y''=6x-12$$

$$y'''=6$$

12. $f(x)=\dfrac{1}{x}$ **일때** $f^{(n)}(x)$**를 구하여라.**

풀이 $f(x)=\dfrac{1}{x}=x^{-1}$

$$f'(x)=-x^{2}=\frac{-1}{x^{2}}$$

$$f''(x)=(-2)(-1)x^{-3}=\frac{2}{x^{3}}$$

$$f'''(x)=-3\cdot 2\cdot 1\cdot x^{4}$$

$$f^{(4)}(x)=4\cdot 3\cdot 2\cdot 1\cdot x^{5}$$

$$f^{(5)}(x)=-5\cdot 4\cdot 3\cdot 2\cdot 1\cdot x^{6}=-5!x^{-6}$$

$$\vdots$$

$$f^{(n)}(x)=(-1)^{n}n(n-1)(n-2)\cdots 2\cdot 1\cdot x^{-1(n+1)}$$

또는 $f^{(n)}(x)=\dfrac{(-1)^{n}n!}{x^{n}+1}$이다.

13. 어떤 물체의 운동방정식이 $s=2t^{3}-5t^{2}+4$**라고 하자. 2초 후의 가속도는 얼마인가?**

풀이 가속도는 속도의 순간 변화율을 의미하므로 $s=s(t)$의 t에 관한 2계 도함수로 나타낼 수 있다.

$$s''(t)=(2t^{3}-5t^{2}+4)''=(6t^{2}-10t)'$$

$$=12t-10$$

이므로 $s''(2)=14h$이다.

14. $x^3+y^3=1$**에서** y''**를 구하여라.**

풀이 음함수 미분법을 적용하면

$$3x^2+3y^2 \cdot y'=0 \tag{3.1}$$

이고 다시 정리하면

$$y'=-\frac{x^2}{y^2} \tag{3.2}$$

이다.

다시 식(3.1)에 음함수 미분법을 적용하면 $6x+6y \cdot y' \cdot y'+3y^2 \cdot y''=0$이고 $y''=\frac{-2x-2y(y')^2}{y^2}$이다. 여기에 식 (3.2)를 대입하면 y''를 구할 수 있다.

$$y''=\frac{-2x-2y(-\frac{x^2}{y^2})^2}{y^2}=\frac{-2x-2x^4y}{y^6}$$

15. $f(x)=\sin x$**의 5계 도함수** $f^{(5)}(x)$**를 구하여라.**

풀이 $f'(x)=\cos x$, $f''(x)=-\sin x$, $f'''(x)=-\cos x$, $f^{(4)}(x)=\sin x$이므로

$f^{(5)}(x)=\cos x$

3.3.2 실습문제

1. 다음 함수를 미분하여라.

1) $f(x) = (4-3x^2)^{400}$

2) $f(x) = \left(\dfrac{x-1}{x+1}\right)^3$

3) $f(t) = \sin 5t$

4) $f(t) = \cos^{-3} t$

5) $g(x) = \tan^6 x$

6) $g(x) = \sec^{-5} x$

7) $f(x) = \cos(\sin x)$

2. $u = 3x+1$일 때, $y = u^{\frac{1}{2}}$이라고 하자. $\left.\dfrac{dy}{dx}\right|_{x=1}$를 구하여라.

1) $x^2 - xy + y^3 = 8$

2) $x^4 + y^4 = 16$

3) $\sqrt{xy} - 2x = \sqrt{y}$

4) $x\cos y + y\cos x = 1$

5) $y = \sec^{-1}\dfrac{1}{4}x$

6) $y = (\sin^{-1} 4x)^2$

3. 음함수의 미분법을 이용하여 $\dfrac{dy}{dx}$를 구하여라.

4. 다음 그래프의 주어진 점에서 접선의 방정식을 구하여라.

1) $y^2 = x^3(2-x)$, $(1,\ 1)$

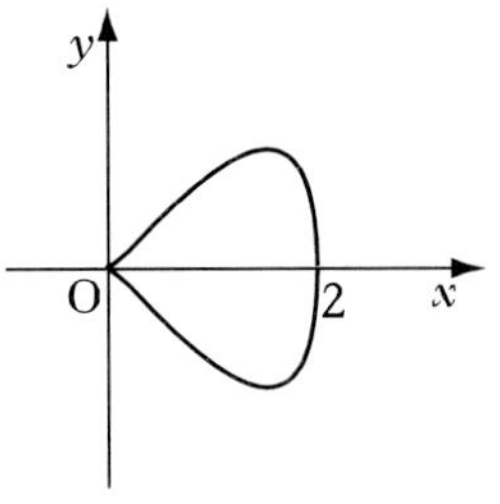

그림 3.3 $y^2 = x^3(2-x)$

2) $x^{\frac{2}{3}} + y^{\frac{2}{3}} = 4$, $(2^{\frac{3}{2}},\ 2^{\frac{3}{2}})$

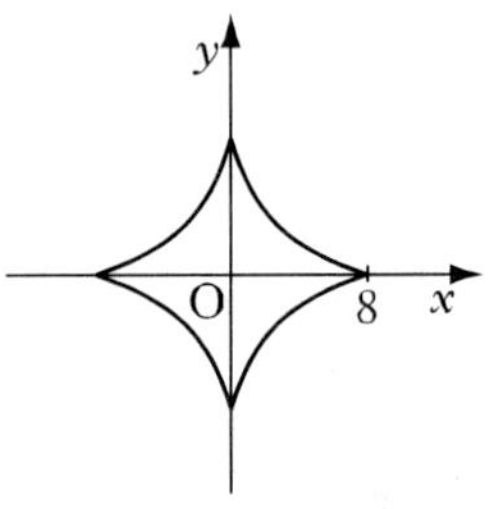

그림 3.4 $x^{\frac{2}{3}} + y^{\frac{2}{3}} = 4$

5. 다음 함수의 2계 도함수를 구하여라.

1) $f(x) = x^4 = 3x^2 + 1$

2) $h(r) = \sqrt{r^2 + 1}$

3) $f(x) = \dfrac{x}{1-x}$

4) $y = x^{\pi}$

6. $f(x) = \tan x$의 n계 도함수를 구하여라.

3.3.3 Homework

1. 다음 함수를 미분하여라.

   1) $g(x)=(\tan x-\cot x)^{-\frac{1}{3}}$

   2) $f(x)=\tan(\csc x)$

   3) $f(x)=\sqrt{x^2+\dfrac{1}{x^2}}$

   4) $f(x)=\dfrac{\sqrt{x^2-1}}{x}$

   5) $f(x)=\dfrac{1}{x\sqrt{5-2x}}$

   6) $f(x)=\dfrac{(x^2+1)^2}{(x^4+1)^4}$

2. 곡선 $y=\tan\left(\dfrac{\pi x^2}{4}\right)$의 점 $(1,\ 1)$에서 접선의 방정식을 구하여라.

3. 곡선 $f(x)=\dfrac{|x|}{\sqrt{2-x^2}}$의 점 $(1,\ 1)$에서 접선의 방정식을 구하여라.

4. $f(x)=2\sin x+\sin^2 x$에서 수평접선을 가지는 점을 모두 구하여라.

5. $f(x)=\sin x+\cos x$에서 수평접선을 가지는 점을 모두 구하여라.

6. 진동하는 현 위의 물체의 이동은 $s(t)=10+\frac{1}{4}\sin(10\pi t)$으로 주어진다. t초 후 물체의 속도를 구하여라. (s와 t의 단위는 각각 cm, 초이다.)

7. $\frac{d\sin x^\circ}{dx}=\frac{\pi}{180}\cos x^\circ$임을 보여라.

8. 음함수의 미분법을 이용하여 $\frac{dy}{dx}$를 구하여라.

1) $\sqrt{x+y}+\sqrt{xy}=6$

2) $x\sin y+\cos 2y=\cos y$

3) $x\sqrt{1+y}+y\sqrt{1+2x}=2x$

4) $\cos(x-y)=y\sin x$

5) $xy=\cot(xy)$

6) $(x^2+y^2)=ax^2y$

7) $y=\csc^{-1}(x^2+1)$

8) $y=x\tan^{-1}\frac{1}{2}x$

9. 다음 그래프의 주어진 점에서 접선의 방정식을 구하여라.

1) $2(x^2+y^2)^2 = 25(x^2-y^2)$, $(x,\ y)=(3,\ 1)$

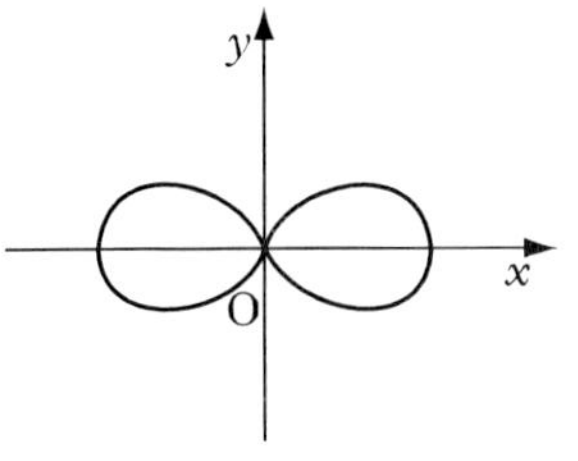

그림 3.5 $2(x^2+y^2)^2 = 25(x^2-y^2)$

2) $x^2y^2 = (y+1)^2(4-y^2)$, $(x,\ y)=(0,\ 2)$

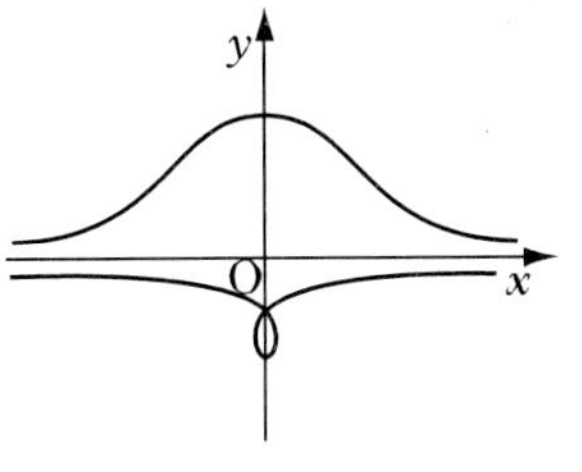

그림 3.6 $x^2y^2 = (y+1)^2(4-y^2)$

10. 중심이 y축 위에 있고 반지름이 1인 원이 포물선 $y=2x^2$의 안쪽에서 접하고 있다. 이때 접하는 점의 좌표를 구하여라.

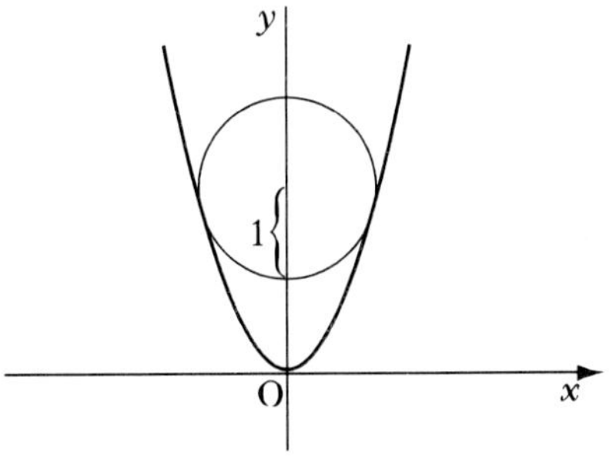

그림 3.7 포물선에 접하는 원

11. 다음 함수의 2계 도함수를 구하여라.

1) $f(t) = t^{10} - 2t^8 + t^4 - 8$

2) $G(s) = \sqrt{s} + \sqrt{s}$

3) $g(s) = s^2 \cos s$

4) $H(t) = \tan^3(2t-1)$

12. $F(x) = f(x)g(x)$이고 f와 g는 각각 3계 도함수를 갖는다. $F'''(x)$를 구하여라.

13. 물체의 운동속도 v와 운동거리 s가 $v = \sqrt{2gs + c}$ (g, c는 상수)의 관계를 가진다면 가속도가 일정함을 보여라.

Chapter

4 도함수의 응용

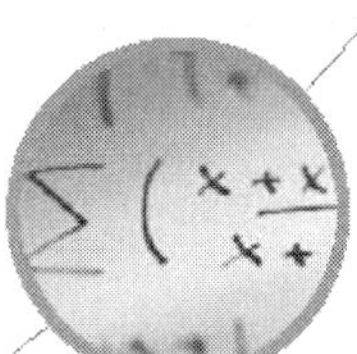

4.1 미분

(1) 미분

미분은 함수에서 독립변수 x가 매우 적게 Δx만큼 변화할 때 종속변수 y의 미세한 변화량 Δy를 의미한다.

- $\lim_{\Delta x \to 0} \frac{\Delta y}{\Delta x} \to f'(x)$이므로, $\frac{\Delta y}{\Delta x} - f'(x) = \epsilon$는 매우 작은 값으로 0에 가까워진다.
- $\frac{\Delta y}{\Delta x} = f'(x) + \epsilon$에서 ϵ를 무시하면 $\frac{\Delta y}{\Delta x} \approx f'(x)$이다.

정의 4.1

근사식 $\Delta y \approx \Delta x y'(x)$에서 오른쪽 $\Delta x f'(x)$를 y의 미분이라고 하고, dy로 나타낸다.

(2) 근사값

미분의 정의를 사용하면 함수의 근사값을 계산할 수 있다.

- $dy = f'(x)\Delta x$
- $dx = (x)'\Delta x = \Delta x$을 생각하면, $dy = f'(x)dx$이다.
- 미분을 고려하면 $f'(x) = \frac{dy}{dx} = \frac{y\text{의 증가분}}{x\text{의 증가분}}$이다.
- 특히 $f(x + \Delta x) \fallingdotseq f(x) + dy$이다.

예 1 $\sqrt{2.001}$ 의 근사값을 구하여 보자.

풀이 함수 $y=\sqrt{x}$ 를 생각하고 미분 dy를 계산하면 $dy=\frac{1}{2\sqrt{x}}dx$이다.

$x=2$를 기준으로 $dx=0.001$이라고 놓으면,

$$dy=\frac{1}{2\sqrt{2}}\times 0.001 \fallingdotseq \frac{0.001}{2\times 1.414} \fallingdotseq 0.00035$$

이다. 따라서

$$\begin{aligned}\sqrt{2.001} &= \sqrt{2+0.001}\\ &= \sqrt{2}+dy\\ &\fallingdotseq 1.414+0.00035\\ &\fallingdotseq 1.41435\end{aligned}$$

4.2 함수의 극값

(1) 극점과 임계점

정리 4.1 극점과 임계점 *Theorem*

연속인 함수 $y=f(x)$가 점 $x=a$근방에서

1) 0에 아주 가까운 모든 h에 대하여, $f(a)>f(a+h)$이면 f는 a에서 **극대값** $f(a)$를 갖는다고 한다.
2) 0에 아주 가까운 모든 h에 대하여, $f(a)<f(a+h)$이면 f는 a에서 **극소값** $f(a)$를 갖는다고 한다.
3) 극대값과 극소값을 **극값**이라고 한다.
4) 특히 $f(x+\Delta x)\fallingdotseq f(x)+dy$이다.

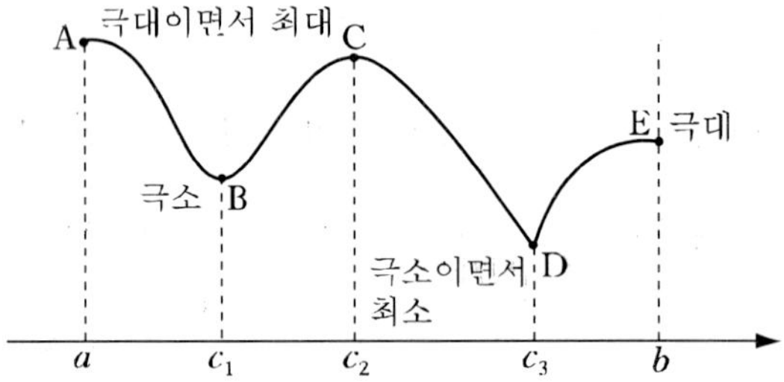

그림 4.1 극대값과 극소값

정리 4.2 *Theorem*

> 함수 $y=f(x)$가 개구간 $(a,\ b)$에서 연속이고, 개구간 내의 점 c에서 극값을 가지고 있다면, $f'(c)=0$이거나 $f'(c)$가 존재하지 않는다.

함수 f의 극값을 찾으려면 먼저 $f'(c)=0$이거나 $f'(c)$가 존재하지 않는 점을 찾아야 한다.

정의 4.2

> $f'(c)=0$이거나 $f'(c)$가 존재하지 않는 점을 임계점이라고 한다.

예 1 $f(x)=2x^3-3x^2-12x+1$의 극값을 구하자.

풀이 $f'(x)=6x^2=6x-12=6(x+1)(x-2)$이고, $f'(x)=0$이거나 $f'(x)$가 존재하지 않는 점을 찾으면 $x=-1.2$이다.

$x=-1$근처의 함수값을 비교해 보면, $f(-1)=8$이고 $f(-1.5)=5.5$, $f(-0.5)=6$ 이어서 모두 $f(-1)$보다 작으므로 $y=f(x)$는 $x=-1$에서 극대값 8을 갖는다.

마찬가지로 $x=2$근방에서 함수값들을 비교하여 보면 $y=f(x)$는 $x=2$에서 극소값 -19를 갖는다.

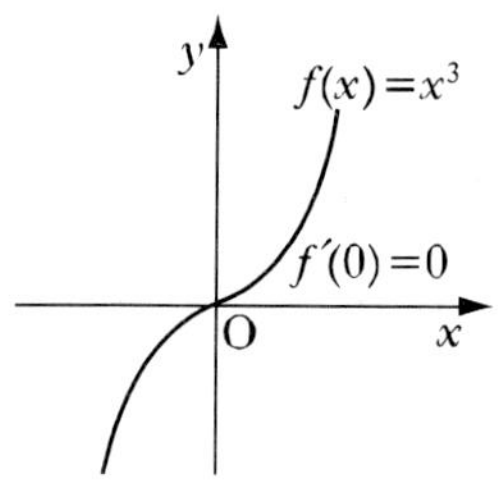

그리 4.2 $f(x)=2x^3-3x^2-12x+1$

(3) 평균값 정리

연속이면서 미분가능한 함수 f를 유한한 구간으로 좁혀서 생각하면, 그 구간에서의 평균변화율과 접선의 기울기가 같아지는 점이 반드시 존재한다.

정리 4.3 평균값의 정리 *Theorem*

함수 $y=f(x)$가 폐구간 $[a,\ b]$에서 연속이고 개구간 $(a,\ b)$에서 미분가능하면,

$$\frac{f(b)-f(a)}{b-a}=f'(c)$$

인 점 c가 구간 $(a,\ b)$ 사이에 반드시 존재한다.

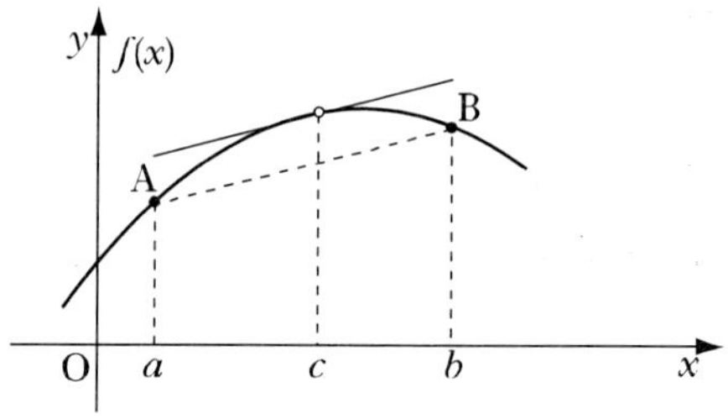

그림 4.3 평균값의 정리

정리 4.4 Roolle의 정리 *Theorem*

함수 $y=f(x)$가 개구간 $(a,\ b)$에서 연속이고, 개구간 내의 점 c에서 극값을 가지고 있으며, 특히 $f(a)=f(b)$이면 $f'(c)=0$인 점 c가 구간 $(a,\ b)$ 사이에 반드시 존재한다.

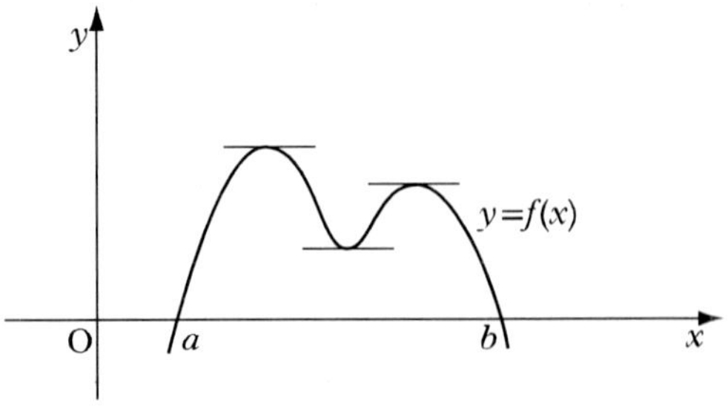

그림 4.4 Rolle의 정리

- 구간 $(a,\ b)$내의 모든 점 x에서 $f'(x)=0$이면 함수 f는 그 구간에서 상수함수이다.
- 구간 $(a,\ b)$내의 모든 점 x에서 $f'(x)=g'(x)$이면 두 함수는 상수만큼만 차이가 난다. 즉, $f(x)=g(x)+c$

(3) 증가함수, 감소함수

미분계수는 접선의 기울기를 나타내므로 곡선의 증가, 감소를 판단하는데 도움을 준다. 또한 임계점에서 함수가 극대값 또는 극소값을 가지는지도 쉽게 알 수 있게 한다.

정의 4.3

함수 f가 구간 $[a,\ b]$내에서 $x_1 < x_2$인 두 점 $x_1,\ x_2$에 대하여

1) $f(x_1) < f(x_2)$이면 f는 구간내에서 **증가**한다고 하며,

2) $f(x_1) > f(x_2)$이면 f는 구간내에서 **감소**한다고 한다.

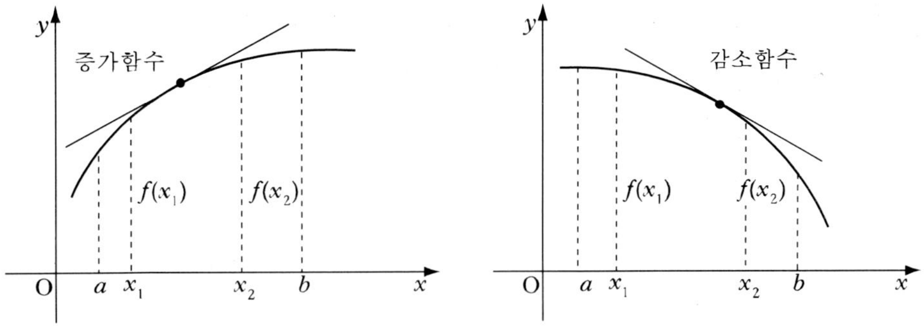

그림 4.5 증가함수와 감소함수

정리 4.5 *Theorem*

함수 $y=f(x)$가 폐구간 $[a, b]$에서 연속이고 개구간 (a, b)에서 미분가능하다고 하자.

1) (a, b)내의 모든 점 x에서 $f'(x)>0$이면 f는 그 구간에서 증가함수이다.

2) (a, b)내의 모든 점 x에서 $f'(x)<0$이면 f는 그 구간에서 감소함수이다.

(4) 극값의 판정

정리 4.6 극값의 판정 *Theorem*

함수 $y=f(x)$가 폐구간 $[a, b]$에서 연속이고 점 $x=c$가 임계점이라고 하자.

- x가 c를 지나면서 $f'(x)$의 부호가 $+$에서 $-$로 변화하면 $f(c)$는 f의 극대값이다.
- x가 c를 지나면서 $f'(x)$의 부호가 $-$에서 $+$로 변화하면 $f(c)$는 f의 극소값이다.
- x가 c를 지나면서 $f'(x)$의 부호가 변화하지 않으면 $f(c)$는 f의 극값이 아니다.

예 2 $f(x)=3x^4-8x^3-6x^2+12$의 극값을 구하고 대략적인 그래프를 그려보자.

풀이 $f'(x)=x(x-1)^2$이어서 미분계수는 항상 존재하므로, 임계점은 $f'(x)=0$인 점으로 $x=0,\ 1$이다.

따라서 다음 표와 같이 함수의 증가, 감소를 알 수 있다.

x	$x<0$	0	$0<x<1$	1	$1<x$
$f'(x)$	$-$	0	$+$	0	$+$
$f(x)$	감소↘	$-$	증가↗	$-$	증가↗

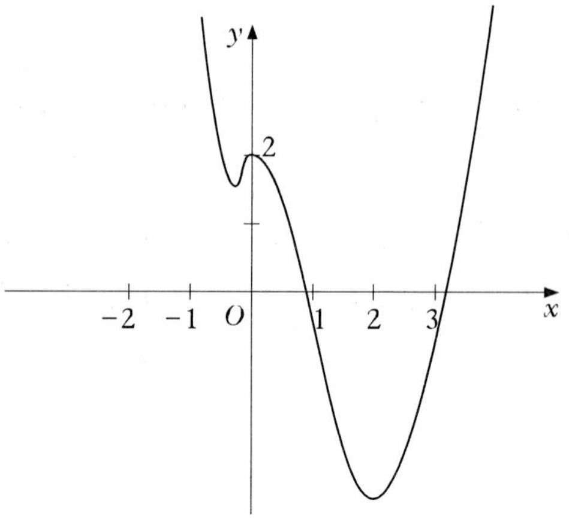

그림 4.6 $f(x)=3x^4-8x^3-6x^2+12$

4.2.1 예제

(1) 미분과 근사값

1. 1) $y=\sqrt{x}$ 일 때 미분 dy를 구하여라.

2) $y=\tan x$ 일때 미분 dy를 구하여라.

풀이 1) $dy=\dfrac{1}{2\sqrt{x}}dy$

2) $dy=\sec^2 x dx$

'미분하라'라는 용어는 $\dfrac{dy}{dx}$를 구하는 것을 의미하고 '미분을 구하여라'라는 용어는 dy를 구하는 것으로 정의되었음에 유의하자.

2. 미분을 이용하여 $x=1.997$ 일때 $y=x^4-2x^3+9x+7$ 이 근사값을 구하여라.

풀이 우선 $dy=f'(x)dx=(4x^3-6x^2+9)dx$ 이다.

여기서 $x=2$로 택하면 $dx=\Delta x=-0.003$ 이므로

$dy=(32-24+9)(-0.003)=-0.051$ 이며,

$x=2$ 일때 $y=25$ 이므로 $x=1.997$ 에서 y의 근사값은

$f(2)+dy+25-0.051=21.949$ 이다.

3. 미분을 이용하여 $\cos 31°$ 의 근사값을 구하여라.

풀이 $y=\cos x$ 라 하면 $dy=-\sin x dx$ 이다.

여기서 $x=30°=\dfrac{\pi}{6}$ 로 택하면 $dx=\Delta x=1°=0.0175$ 이다. 여기서

$$y=\cos\frac{\pi}{6}=\frac{\sqrt{3}}{2}=0.8660$$

$$dy=-\left(\sin\frac{\pi}{6}\right)\cdot(0.0175)=-\frac{1}{2}(0.0175)=-0.0087$$

이다. 따라서 $\cos 31°$ 의 근사값은 $y+dy=0.8660-0.0087=0.8573$

(2) 함수의 극값

4. 함수 $f(x)=x^{\frac{3}{5}}(4-x)$의 임계점을 구하여라.

풀이 $f'(x)=\frac{3}{5}x^{-\frac{2}{5}}(4-x)+x^{\frac{3}{5}}(-1)=\frac{12-8x}{5x^{\frac{2}{5}}}$이다. 그러므로 $12-8x=0$, 즉 $x=\frac{3}{2}$이면 $f'(x)=0$이고 $x=0$일 때 $f'(x)$가 존재하지 않는다. 따라서 임계점은 $\frac{3}{2}$와 0이다.

5. 함수 $f(x)=x^3-3x^2+1$의 구간 $\left[-\frac{1}{2},\ 4\right]$에서의 최대값과 최소값을 구하여라.

풀이 우선 $f'(x)=3x^2-6x=3x(x-2)$로부터 f의 임계점은 $f'(x)=0$, 즉 $x=0$과 $x=2$이다. (단 $f'(x)$가 존재하지 않는 점은 존재하지 않는다.)
따라서 이들 임계점에서의 함수 값들과 구간의 양 끝점에서의 함수값들 $f\left(-\frac{1}{2}\right)=\frac{1}{8}$, $f(2)=-3$, $f(4)=17$로부터 최대값 17과 최소값 -3을 얻는다.
참고로 f의 그래프는 그림 4.3과 같다.

6. 풀이 함수 $f(x)=x^3-4x$는 모든 $x(-\infty<x<\infty)$에 대해 연속이고 미분가능하다. 만일 $a=-2$, $b=2$를 취하면 $f(-2)=f(2)=0$이므로 Rolle의 정리의 가정을 만족하고 따라서 $f'(x)=3x^2-4$는 -2와 3사이의 적어도 한 값에서 0이어야 한다. 따라서 $3x^2-4=0$에서 $x=c_1=-\frac{2\sqrt{3}}{3}$과 $x=x_2=+\frac{2\sqrt{3}}{3}$를 얻을 수 있다.

7. **풀이** $f(x)=x^3$, $a=-2$, $b=+2$라 놓으면

$f'(x)=3x^2$, $f'(c)=3c^2 f(b)=2^3=8$, $f(a)=(-2)^3=-8$이다. 따라서

$$f'(c)=\frac{f(b)-f(a)}{b-a}=\frac{8-(-8)}{2-(-2)}=4$$

$$3c^2=4,\ c=\frac{2}{3}\sqrt{3}$$

곡선 $y=x^3$에 접선이 $A(-2,\ -8)$과 $B(2,\ 8)$을 연결한 현에 평행하게 하는 두 개의 c값이 $a=-2$와 $b=2$사이에 존재한다 (그림 4.7 참고).

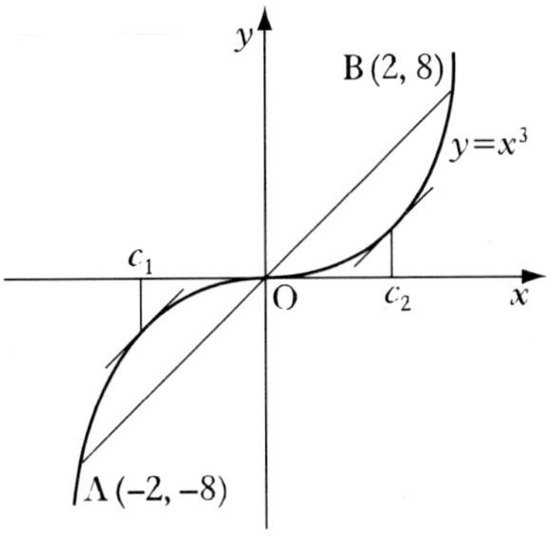

그림 4.7 미분적분학

8. 임의의 두 수 a, b에 대하여 $|\sin b-\sin a|\le|b-a|$임을 보여라.

풀이 임의의 두 수 a, $b(a<b)$에 대하여 함수 $f(x)=\sin x$와 구간 $[a,\ b]$에 평균값의 정리를 적용시켜보자. 그러면

$$\left|\frac{f(b)-f(a)}{b-a}\right|=\left|\frac{\sin b-\sin a}{b-a}\right|=|f'(c)|=|\cos c|$$

인 c가 a와 b사이에 존재한다. 그런데 항상 $|f'(x)|=|\cos x|\le 1$이므로

$$\left|\frac{\sin b-\sin a}{b-a}\right|\le 1$$

즉, 다음 식을 얻는다.

$$|\sin b-\sin a|\le|b-a|$$

9. 어떤 물체가 위치함수 $s=f(t)$를 갖고 하나의 직선을 따라 움직일 때 $t=a$와 $t=b$ 사이에서 물체의 평균속도는

$$\frac{f(b)-f(a)}{b-a}$$

이고 $t=c$에서의 속도는 $f'(c)$이다. 그래서 평균값 정리는 a와 b사이의 어떤 시각 $t=c$가 평균속도와 같음을 말해주고 있다.

예를 들어, 만약 자동차가 두 시간동안 180km를 달렸다면 속도계기는 적어도 한번은 90km/h를 나타내어야만 한다.

10. $f(x)=s(1-x)^{\frac{2}{5}}$의 극값들을 구하고 그 그래프를 그려라.

풀이 $f'(x)=(1-x)^{\frac{2}{5}}+xcdot\frac{2}{5}(1-x)^{-\frac{3}{5}}(-1)=\dfrac{5-7x}{5(1-x)^{\frac{3}{5}}}$

이므로 $f'(x)=0$으로부터 $x=\frac{5}{7}$ 그리고 $x=1$에서 $f'(x)$는 존재하지 않는다는 사실로부터 임계점 $\frac{5}{7}$와 1을 얻는다.

위 임계점에 대하여 다음 표를 구할 수 있다.

x	$x<\frac{5}{7}$	$\frac{5}{7}$	$\frac{5}{7}<x<1$	1	$1<x$
$f'(x)$	$+$		$-$		$+$
$f(x)$	증가		감소		증가

따라서 위 정리로부터 f는 $\frac{5}{7}$에서 극대값을 갖고, 극대값은 $f\left(\frac{5}{7}\right)=\frac{5}{7}\left(\frac{2}{7}\right)^{\frac{2}{5}}$이다. 또한 f는 1에서 극소값을 갖고, 극소값은 $f(1)=0$이다.

11. $x>0$**이고** $n>1$**일 때 부등식** $(1+x)^n > 1+nx$**를 증명하여라.**

풀이 $f(x)=(1+x)^n-(1+nx)$라 하자.

$$f'(x)=n(1+x)^{n-1}-n$$

$$=[n(1+x)^{n-1}-1]$$

여기서 $x>0$이고 $n-1>0$이므로 $(1+x)^{n-1}>1$이다. 따라서 $f'(x)>0$이다.

그러므로 f는 $[0,\ \infty)$에서 증가한다.

특히 $0<x$일 때 $f(0)<f(x)$이고 $f(0)=0$이므로 $0<(1+x)^n-(1+nx)$

따라서 $x>0$일 때 $(1+x)^n>(1+nx)$이 성립한다.

4.2.2 실습문제

1. 다음에서 주어진 값에 대한 Δy와 dy를 구하여라.

1) $y = x^4 - \frac{1}{2}x^2$; $x = 2$, $\Delta x = 0.1$

2) $y = \frac{1}{x}$; $x = 2$, $\Delta x = -0.1$

3) $y = (x+1)^3$; $x = 3$, $\Delta x = 0.003$

2. 미분을 이용하여 다음의 근사값을 구하여라.

1) $\sqrt{27}$

2) $\sqrt{61}$

3) $\sqrt{83.7}$

4) $\sin 32°$

3. 다음 각 함수의 임계점을 구하여라.

1) $f(x) = 2x - 3x^2$

2) $f(x) = x^3 - 3x + 1$

3) $f(x) = \sqrt{x}$

4) $f(x) = |x+1|$

4. 주어진 구간에서 f의 최대값과 최소값을 구하여라.

1) $f(x)=x^2-2x+2,\ [0,\ 3]$

2) $f(x)=x^2+\dfrac{2}{x},\ \left[\dfrac{1}{2},\ 2\right]$

3) $f(x)=\dfrac{x}{x+1},\ [1,\ 2]$

4) $f(x)=x-2\cos x,\ [-\pi,\ \pi]$

5. 주어진 함수에서 Rolle의 정리를 만족하는 수 c를 모두 구하여라.

1) $f(x)=x^3-x,\ [-1,\ 1]$

2) $f(x)=x^3+x^2-2x+1,\ [-2,\ 0]$

3) $f(x)=\cos 2x,\ [0,\ \pi]$

4) $f(x)=\sin x+\cos x,\ [0,\ 2\pi]$

6. 다음 주어진 함수에 대하여 주어진 구간에서 평균값 정리가 성립하면 점 c를 찾고, 성립하지 않는다면 그 이유를 말하여라.

1) $f(x)=x^3+x-4,\ [-1,\ 2]$

2) $f(x)=8x^3+18x^2+3x-7,\ [-2,\ 1]$

3) $f(x)=\dfrac{x+1}{x-1},\ [0,\ 2]$

4) $f(x)=\dfrac{x+1}{x-1},\ [2,\ 3]$

5) $f(x)=x+\dfrac{1}{x},\ \left[-1,\ \dfrac{1}{2}\right]$

6) $f(x)=x+\dfrac{1}{x},\ \left[\dfrac{1}{2},\ \dfrac{3}{2}\right]$

7. 주어진 함수의 극대 및 극소값, 그리고 최대 및 최소값을 구하고 그래프를 그려라.

1) $f(x) = 2x^2 - 3x + 7,\ [2,\ 4]$

2) $f(x) = x + \sqrt{1-x},\ [0,\ 1]$

3) $f(x) = x + \frac{1}{x},\ \left[\frac{1}{2},\ 3\right]$

4) $f(x) = \sin x - \cos x,\ \left[-\frac{\pi}{2},\ \frac{\pi}{2}\right]$

8. 다음에 주어진 부등식을 증명하여라.

1) $2\sqrt{x} > 3 - \frac{1}{x},\ (x > 1)$

2) $\cos x > 1 - \frac{x^2}{2},\ (x > 0)$

3) $\tan x > x,\ (0 < x < \frac{\pi}{2})$

4.2.3 Homework

1. 미분을 이용하여 다음의 근사값을 구하여라.

   1) $\log(10.2)$ (단 $\log 10 \approx 2.303$)

   2) $\sin^{-1} 0.48$

2. x^{α}의 미분을 구하고, 다음 식을 유도하여라. $h \approx 0$일 때

   1) $(1+h)^n \approx 1+nh$

   2) $\dfrac{1}{(1+h)^n} \approx 1-nh$

   3) $\sqrt{1+h} \approx 1+\dfrac{h}{n}$

3. 다음 각 함수의 임계점을 구하여라.

   1) $g(t)=\sqrt{t}\,(1-t)$

   2) $g(\theta)=\sin^2 2\theta$

4. $f(x)=x^3+ax^2+bx,\ f(1)=-3$일때 $x=1$에서 임계점을 갖도록 a와 b의 값을 구하여라.

5. $f(x)=e^x$이고 h가 숫자 0에 가까운 수일 때 $h<e^h-1<he^h$가 성립함을 보여라.

6. $f(x)=\sin^{-1}x$이고 h가 숫자 0에 가까운 수일 때 $h<\sin^{-1}h<\dfrac{h}{\sqrt{1-h}}$가 성립함을 보여라.

7. f가 $[a, b]$에서 연속이고 (a, b)에서 미분가능하며 $f(a) < f(b)$가 성립할 때 $f'(x)$는 a와 b사이의 어떤 점에서 양이 됨을 보여라.

8. 방정식 $x^5 + 10x + 3 = 0$은 정확히 하나의 실근을 가짐을 보여라.

9. 방정식 $x^4 + 4x + 5 = 0$은 많아야 두 개의 실근을 가짐을 보여라.

10. 두 달리기 선수가 동시에 출발하여 동시에 골인하였다. 그들이 경기를 하는 어떤 순간에 같은 속도로 달렸음을 보여라.(힌트: g와 h를 두 선수의 위치함수라 하고 $f(t) = g(t) - h(t)$를 선택하여라.)

11. 다음과 같이 정의된 함수 f의 극대값과 극소값들을 구하여라.

$$f(x) = \begin{cases} x - 39, & x \le -4 \\ x^3 + 3x^2 - 9x, & -4 < x < 3 \\ 30 - x, & x \ge 3 \end{cases}$$

12. 구간 I에서 f와 g가 양함수이고 증가함수이면 $f + g$와 fg도 증가함수임을 보여라.

13. 정리 4.7을 증명하여라.

4.3 곡선의 변곡점과 극값 판정

1차 도함수를 이용하면 함수의 증가, 감소를 알 수 있으며, 2차 도함수를 이용하면 곡선의 볼록, 오목 상태를 알 수 있다.

(1) 곡선의 오목, 볼록

정의 4.4

함수 f의 그래프가 구간 I에서

1) 항상 접선보다 위에 놓여 있을 때 함수 f는 I에서 **오목**(concave upward)이라고 하고,

2) 항상 접선보다 밑에 놓여 있을 때 함수 f는 구간 I에서 **볼록**(concave downward)하다고 한다.

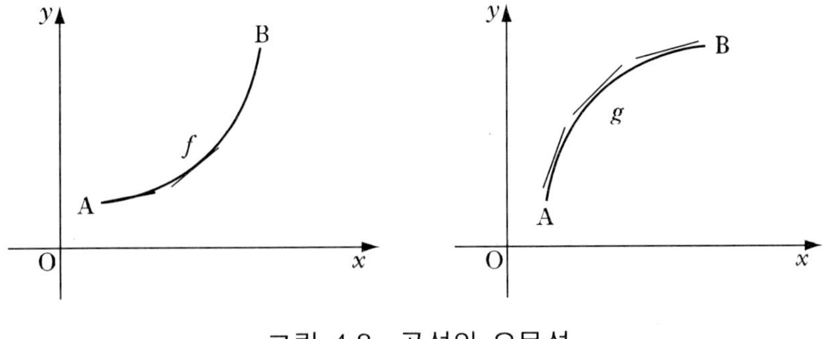

그림 4.8 곡선의 오목성

정리 4.7 볼록, 오목의 판정법 *Theorem*

f가 구간 I에서 두 번 미분가능하다고 하자.

1) 모든 $x \in I$에 대해 $f''(x) > 0$이면 f의 그래프는 I에서 볼록하다.

2) 모든 $x \in I$에 대해 $f''(x) > 0$이면 f의 그래프는 I에서 오목하다.

정의 4.5

함수 f의 그래프가 점 P에서 곡선의 볼록성과 오목성이 변할 때, 점 P를 f의 **변곡점**이라 한다.

예 1 곡선 $f(x) = x^2$은 $f'(x) = 2x$, $f''(x) = 2 > 0$이므로 전 구간 $(-\infty, \infty)$에서 오목이다.

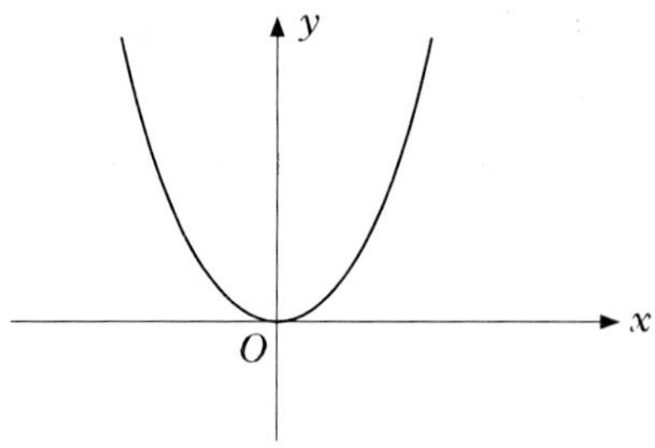

그림 4.9 $y = x^2$

예 2 곡선 $y = \frac{1}{3}x^3 - x^2 + 2$가 오목인 구간과 볼록인 구간, 그리고 변곡점을 구하여 보자.

풀이 $f(x) = \frac{1}{3}x^3 - x^2 + 2$이면, $f'(x) = x^2 - 2x$, $f''(x) = 2x - 2$이다.

$x = 0$일때 $f''(0) = 0$이고

$x < 1$일때 $f''(x) < 0$이므로 곡선은 볼록하고

$x>1$일때 $f''(x)>0$이므로 이 구간에서 곡선은 오목하다.

따라서 $x=0$일 때, 즉 $(0,\ 2)$가 곡선의 오목, 볼록 상태가 변하는 변곡점이다.

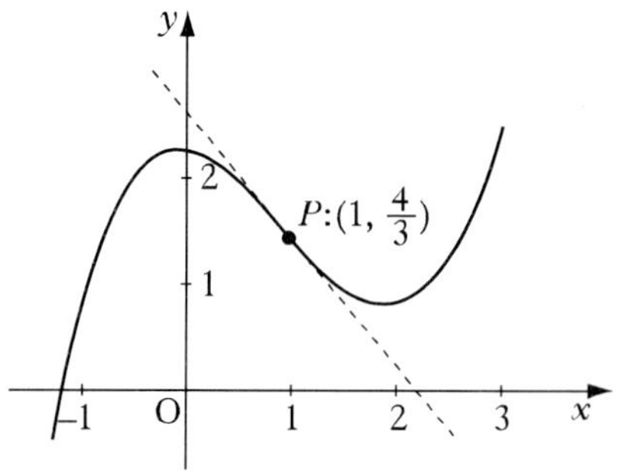

그림 4.10 $y=\frac{1}{3}x^3-x^2+2$

- 일반적으로 함수 $y=f(x)$에서 $f''(x)=0$인 점은 변곡점일 가능성이 크다.
- 하지만 $f''(x)=0$인 점이라도 변곡점이 아닌 경우도 있고, 또한 변곡점은 이차도함수가 정의되지 않는 점에서 존재할 수도 있다.

정리 4.8 고계 도함수를 이용한 극값의 판정 *Theorem*

함수 f가 $x=c$를 포함하는 개구간 I에서 연속이라고 하고 $f'(x)$, $f''(x)$가 존재한다고 하자.

1) $f'(c)=0$이고 $f''(c)>0$이면 f는 $x=c$에서 극소값을 갖는다.

2) $f'(c)=0$이고 $f''(c)<0$이면 f는 $x=c$에서 극대값을 갖는다.

4.4 최대, 최소값 구하기

자연과학, 공학 등의 분야에서 어떤 변화량의 최대값과 최소값을 결정해야 되는 문제를 많이 다룬다. 이러한 문제는 다음과 같은 절차로 계산한다.

함수 $f(x)$의 임계점이라 함은 $f'(x)$, $f''(x)$가 0인 점 또는 존재하지 않는 점을 의미한다.

(1) 최대, 최소값 구하기

1. 최대값 또는 최소값을 구할 양을 K를 단 하나의 독립변수 x의 함수 $K=f(x)$로 나타낸다. 이때 정의역은 x가 움직일 수 있는 값의 범위이다.
2. 정의역 양 끝점에서의 함수값을 각각 구한다.
3. 정의역 내에서 $K=f(x)$의 임계점을 찾은 다음, 극값 판정법을 이용하여 극대와 극소를 판정한다.
4. 양 끝점에서의 함수값들과 극대, 극소값들 가운데 가장 큰 값이 최대값이고, 가장 작은 값이 최소값이다.

예 1 합이 100이고 곱이 최대가 되는 두 양수를 구하여 보자.

풀이 1) 두 양수를 x, y라고 하면 $x+y=100$이고, 두 수의 곱 $K=xy=x(100-x)$를 최대로 하는 x를 구한다. 이때 정의역은 x가 가질 수 있는 범위인 $0<x<100$이다.

2) 정의역 양 끝점에서의 함수값은 각각 $f(0)=0$, $f(1000)=0$이다.

3) $K=x(100-x)$의 임계점을 구한다.

$K'=-2x-100=-2(x-50)$이고, $K'=0$인 임계점은 $x=50$이다. 극대, 극소 판정에 의해 이 점은 극대점이고, 극대값은

$K]_{x=50} = 50(100-50) = 2500$이다.

4) 0, 0, 2500 가운데 가장 큰 값은 2500이고 가장 작은 값은 0이다. 따라서 $x=50$일 때 K의 최대값은 2500이다.

5) 구하는 두 수는 각각 $x=50$, $y=50$이다.

4.5 부정형과 L'Hospital의 법칙

정리 4.9 L'Hospital의 법칙 *Theorem*

a를 포함하는 개구간 I에서 f와 g가 미분가능하고 $g'(x) \neq 0$이라고 하자. 이때,

$$\lim_{x\to a} f(x) = 0,\ \lim_{x\to a} g(x) = 0$$

이거나

$$\lim_{x\to a} f(x) = \pm\infty,\ \lim_{x\to a} g(x) = \pm\infty$$

이면

$$\lim_{x\to a} \frac{f(x)}{g(x)} = \lim_{x\to a} \frac{f'(x)}{g'(x)}$$

이다.

- 이 경우에 $\lim_{x\to a} \frac{f(x)}{g(x)}$는 각각 $\frac{0}{0}$, $\frac{\infty}{\infty}$ **형태의 부정형**이라고 부른다.
- 위 정리는 한 방향에서의 극한과 ∞, $-\infty$에서의 극한에 대하여도 역시 성립한다. 즉 $x \to a$ 대신 $x \to a^+$, $x \to a^-$, $x \to \infty$ 또는 $x \to -\infty$인 경우에도 이 정리는 성립한다.

예 1 $\lim_{x\to\infty}\frac{2x+1}{x+1}$은 $\frac{\infty}{\infty}$형태의 부정형이다. 따라서 분자와 분모를 미분하여 극한값을 구하면,

$$\lim_{x\to\infty}\frac{2x+1}{x+1}=\lim_{x\to\infty}\frac{2}{1}=2$$

이다.

예 2 $\lim_{x\to 0}\frac{2x-1}{x}$은 $\frac{0}{0}$형태의 부정형이다. 따라서

$$\lim_{x\to 0}\frac{2x-1}{x}=\lim_{x\to 0}\frac{2^x\log 2}{x}=\log 2$$

(1) 다양한 형태의 부정형

위 정리와 같은 분수 형태가 아니더라도, 극한값을 한번에 구하기 어려운 여러 형태의 부정형들이 있다. 이러한 부정형의 극한값들은, 적당히 식을 변형하여 L'Hospital의 법칙을 적용하면 구할 수 있다.

1) [$0\cdot\infty$ 부정형] $\lim_{x\to a}f(x)=0$이고 $\lim_{x\to a}g(x)=\infty$일 때, $\lim_{x\to a}f(x)\cdot g(x)$형태

2) [0^0 부정형] $\lim_{x\to a}f(x)=0$이고 $\lim_{x\to a}g(x)=0$일 때, $\lim_{x\to a}[f(x)]^{g(x)}$형태

3) [∞^0 부정형] $\lim_{x\to a}f(x)=\infty$이고 $\lim_{x\to a}g(x)=0$일 때, $\lim_{x\to a}[f(x)]^{g(x)}$형태

4) [1^∞ 부정형] $\lim_{x\to a}f(x)=1$이고 $\lim_{x\to a}g(x)=\infty$일 때, $\lim_{x\to a}[f(x)]^{g(x)}$형태

5) [$\infty-\infty$ 부정형] $\lim_{x\to a}f(x)=\infty$이고 $\lim_{x\to a}g(x)=\infty$일 때, $\lim_{x\to a}[f(x)-g(x)]$ 형태

(2) 여러 가지 부정형 극한값 구하기

1) [$0 \cdot \infty$ 부정형] $\lim_{x \to a} f(x) \cdot g(x) = \lim_{x \to a} \frac{f(x)}{1/g(x)}$ 으로 바꾸면 $\frac{0}{0}$ 형태로 변한다.

2) [0^0 부정형] $\lim_{x \to a} \log[f(x)]^{g(x)} = \lim_{x \to a} \frac{g(x)}{1/\log f(x)}$ 으로 바꾸면 $\frac{\infty}{\infty}$ 형태로 변한다.

3) [∞^0 부정형] $\lim_{x \to a} \log[f(x)]^{g(x)} = \lim_{x \to a} \frac{g(x)}{1/\log f(x)}$ 으로 바꾸면 $\frac{0}{0}$ 형태로 변한다.

4) [1^∞ 부정형] $\lim_{x \to a} \log[f(x)]^{g(x)} = \lim_{x \to a} \frac{g(x)}{1/\log f(x)}$ 으로 바꾸면 $\frac{\infty}{\infty}$ 형태로 변한다.

5) [$\infty - \infty$ 부정형] 적당한 분수로 바꾼 다음 통분하여 $\frac{0}{0}$, $\frac{\infty}{\infty}$ 형태로 유도한다.

예 3 [0, ∞ 부정형] $\lim_{x \to 0^+} x \log x$를 구하여라.

$\lim_{x \to 0^+} x = 0$, $\lim_{x \to 0^+} x \log x = -\infty$ 이므로 $0 \cdot \infty$ 형의 부정형이 된다. 따라서 위 식을

$$\lim_{x \to 0^+} x \log x = \lim_{x \to 0^+} \frac{\log x}{\frac{1}{x}}$$

로 바꾸면 $\frac{\infty}{\infty}$ 형의 부정형이 되므로 L'Hospital의 법칙을 이용할 수 있게 된다. 즉,

$$\lim_{x \to 0^+} \frac{\log x}{\frac{1}{x}} = \lim_{x \to 0^+} \frac{\frac{1}{x}}{-\frac{1}{x^2}} = \lim_{x \to 0^+} (-x) = 0$$

예 4 [0^0 부정형] $\lim_{x \to 0^+} x^x$를 구하여라.

$\lim_{x \to 0^+} x^x$은 0^0부정형이다. 이제 $y = x^x$이라 하고 양변의 자연로그를 취하면

$$\log y = x \log x$$

가 되고 이 함수는 $x \to 0$일 때 $0 \cdot \infty$부정형이 된다. 따라서

$$\lim_{x\to 0^+}\log y=\lim_{x\to 0^+}x\log x=\lim_{x\to 0^+}\frac{\log x}{\frac{1}{x}}=\lim_{x\to 0^+}\frac{\frac{1}{x}}{-\frac{1}{x^2}}=\lim_{x\to 0^+}-x=0$$

이다. 따라서

$$\lim_{x\to 0^+}y=1$$

예 5 [1^∞ 부정형] $\lim_{x\to 0}(1+x)^{\frac{1}{x}}$를 구하여라.

$\lim_{x\to 0}(1+x)=1$, $\lim_{x\to 0}\frac{1}{x}$이므로 주어진 함수는 ∞형의 부정형이 된다. 이제

$$y=(1+x)^{\frac{1}{x}}$$

이라고 하고 양변의 자연로그를 취하면

$$\ln y=\log(1+y)^{\frac{1}{x}}=\frac{\log(1+x)}{x}$$

가 되고 이 함수는 $x\to 0$일 때 $\frac{0}{0}$형의 부정형이 된다. 따라서 L'Hospital의 법칙에 의하여

$$\lim_{x\to 0}\log y=\lim_{x\to 0}\frac{\log(1+x)}{x}=\lim_{x\to 0}\frac{1}{1+x}=1$$

이다. 그런데 이는 $\log y$의 극한이므로 y의 극한을 구하기 위하여 $y=e^{\ln y}$를 사용하면

$$\lim_{x\to 0}(1+x)^{\frac{1}{x}}=\lim_{x\to 0}y=\lim_{x\to 0}e^{\log y}=e^1=e$$

예 6 [∞^0 부정형] $\lim_{x\to 0}\left(\frac{1}{x}\right)^x$를 구하여라.

$y=\left(\frac{1}{x}\right)^x$이라고 하고, 양변에 자연로그를 취하면 $\log y=x\log\left(\frac{1}{x}\right)=\frac{\log\left(\frac{1}{x}\right)}{\frac{1}{x}}$

이다. 분자, 분모를 미분하여 극한값을 구하면

$$\lim_{x\to 0}\log y = \lim_{x\to 0}\frac{x\dfrac{1}{-x^2}}{-\dfrac{1}{x^2}} = 0$$

따라서

$$\lim_{x\to 0} y = \lim_{x\to 0} e^{\log y} = e^0 = 1$$

예 7 [$\infty - \infty$ 부정형] $\displaystyle\lim_{x\to\left(\frac{\pi}{2}\right)^-}(\sec x - \tan x)$

$$\lim_{x\to\left(\frac{\pi}{2}\right)^-}(\sec x - \tan x) = \lim_{x\to\left(\frac{\pi}{2}\right)^-}\left(\frac{1}{\cos x} - \frac{\sin x}{\cos x}\right)$$

$$= \lim_{x\to\left(\frac{\pi}{2}\right)^-}\left(\frac{1-\sin x}{\cos x}\right) \quad \left(\frac{0}{0}\text{부정형}\right)$$

$$= \lim_{x\to\left(\frac{\pi}{2}\right)^-}\frac{\cos x}{-\sin x} = 0$$

4.5.1 예제

(1) 곡선의 오목, 볼록

1. 1) 곡선 $y=x^4$에서 $x=0$이 변곡점인가?

2) 곡선 $y=f(x)=x^{\frac{1}{3}}$에서 $x=0$이 변곡점인가?

풀이 1) $x=0$에서 곡선 $y=x^4$의 1차 도함수는 $f'(x)=4x^3$이고, $f'(-1)=-1<0$, $f'(10=1>0$이므로 곡선 $y=x^4$는 $x=0$을 기준으로 감소한 후 증가한다. 한편 $f''(x)=12x^2$이고, 모든 구간에서 항상 양수값을 가지므로 곡선은 언제나 오목한 상태로 변하지 않는다.

따라서 비록 $f''(0)=0$일지라도 원점은 변곡점이 아니다.

2) 곡선 $y=f(x)=x^{\frac{1}{3}}$의 1차, 2차 도함수는 각각

$$f'(x)=\frac{1}{3}x^{\frac{2}{3}}$$

$$f''(x)=-\frac{2}{9}x^{\frac{5}{3}}$$

이다. 따라서

$x<0$;　$f''(x)>0$이어서 오목하고

$x>0$;　$f''(x)<0$이고 볼록

이므로 $(0,\ 0)$은 변곡점이다. 그러나 $x=0$에서 $f'(x)$, $f''(x)$는 존재하지 않는다.

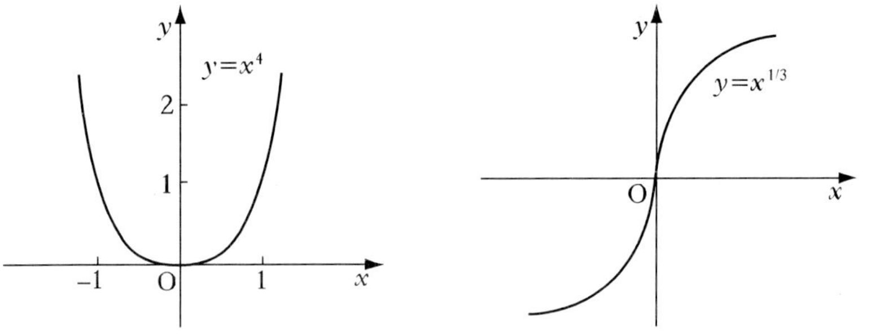

그림 4.11 $y=x^4$과 $y=x^{\frac{1}{3}}$

2. 곡선의 오목, 볼록 판정법을 이용하여, 함수 $f(x)=x^3-3x+1$의 극대, 극소점을 구하라.

풀이 $f'(x)=3x^2-3=0$이므로, $f'(x)=0$인 임계점은 $x=1$과 -1임을 알 수 있다. 또한 $f''(x)=6x$인데,

$$f''(1)=6>0\text{이고, } f''(-1)=-6<0$$

이므로 $x=1$에서 곡선은 볼록하여 극대점을 갖고, $x=-1$에서 오목하며 극소점을 갖는다.

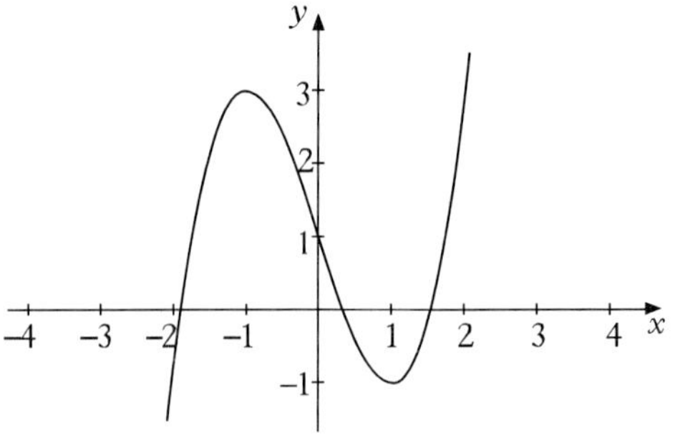

그림 4.12 $f(x)=x^3-3x+1$

3. 곡선 $y = x^4 - 4x^3$의 그래프를 그려라.

풀이 $f(x) = x^4 - 4x^3$이라 하고

$$f'(x) = 4x^3 - 12x^2 = 0$$

으로부터 임계값 $x = 0$과 $x = 3$을 얻는다. 2계 도함수 판정법을 이용하면,

$$f''(x) = 12x^2 - 24x$$

이므로

$$f''(0) = 0,\ f''(3) = 36 > 0$$

이다.

따라서 $x = 3$에서 극소값 $f(3) = -27$을 갖는다. 그러나 $f''(0) = 0$이므로 이차도함수를 이용하여서 $x = 0$에서의 극값을 가지는지 판단할 수 없다. 함수의 증감과 오목성을 판정하기 위하여 다음과 같은 표를 이용하기로 한다.

x	$x < 0$	0	$0 < x < 2$	2	$2 < x < 3$	3	$x > 0$
$f'(x)$	$-$	0	$-$	$-$	$-$	0	$+$
$f''(x)$	$+$	0	$-$	$+$	$+$	$+$	$+$
$f(x)$	감소, 오목		감소, 볼록		감소, 오목		증가, 오목

따라서 점 $(0, 0)$과 $(2, -16)$은 변곡점이 된다. 위 사실로부터 다음과 같은 $f(x)$의 그래프를 그릴 수 있다 (그림 4.13).

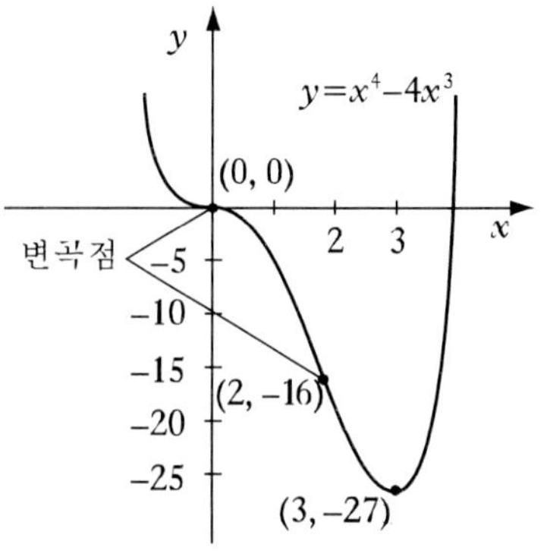

그림 4.13 $y = x^4 - 4x^3$의 그래프

4. 함수 $f(x)=x^{\frac{2}{3}}(6-x)^{\frac{1}{3}}$의 그래프를 그려라.

풀이 일차, 이차 도함수는 다음과 같다.

$$f'(x)=\frac{4-x}{x^{\frac{1}{3}}}(6-x)^{\frac{2}{3}}$$

$$f''(x)=\frac{-8}{x^{\frac{4}{3}}}(6-x)^{\frac{5}{3}}$$

$x=4$일 때 $f'(x)=0$이고, $x=0$ 또는 $x=6$일 때 $f'(x)$가 존재하지 않으므로 $x=0,\ 4,\ 6$에서 임계점이 된다.

그래프의 개형을 구하기 위하여 다음 표를 작성하도록 한다.

x	$x<0$	0	$0<x<4$	4	$4<x<6$	6	$x>6$
$f'(x)$	$-$		$+$		$-$		$-$
$f''(x)$	$+$		$+$		$-$		$-$
$f(x)$	감소, 오목		증가, 오목		감소, 볼록		감소, 볼록

따라서 점 (6, 0)이 유일한 변곡점이며 그래프는 다음과 같다.

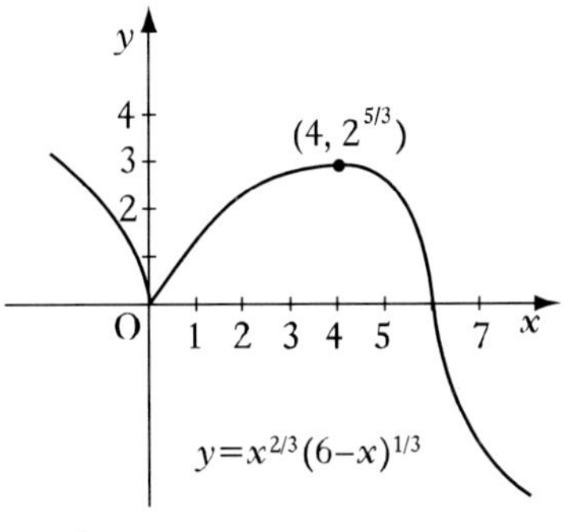

그림 4.14 $f(x)=x^{\frac{2}{3}}(6-x)^{\frac{1}{3}}$

(2) 최대, 최소값 구하기

5. 직선 $x+2y=5$ 위의 점들 중에서 원점과 가장 가까운 점을 구하여라.

풀이 한 점 $(x,\ y)$와 원점과의 거리는 $d=\sqrt{d^2+y^2}$ 이다.

$(x,\ y)$가 직선 $x+2y=5$ 위의 점이라면 $x=5-2y$를 만족하므로 이로부터

$$d=\sqrt{5y^2-20y+25}$$

를 얻을 수 있다.

d^2이 최소가 될 때 d도 역시 최소값을 가지므로 계산을 편리하게 하기 위해

$$d^2=f(y)=5y^2-20y+25$$

의 최소값을 구하자.

$$f'(y)=10y-20$$

이고

$y>2$이면 $f'(y)>0$, $y<2$이면 $f'(y)<0$이므로

$f(y)$는 $y=2$에서 극소값이자 최소값이다.

따라서 구하는 점은 $x=5-2.2=1$로부터 $(1,\ 2)$를 얻고, 이때의 거리는 $d=\sqrt{5}$가 된다.

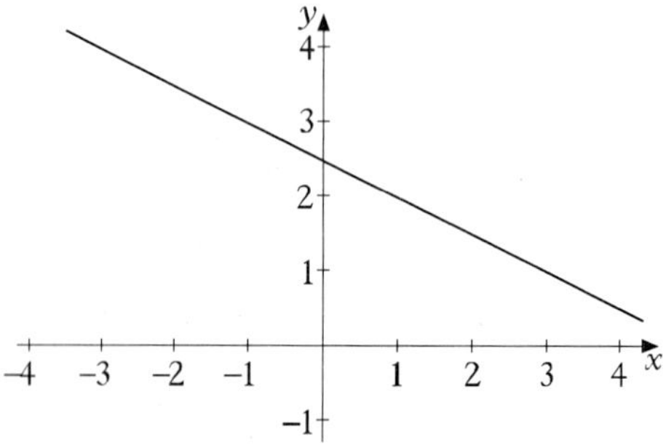

그림 4.15 $x+2y=5$

6. 농부가 2400m의 철조망을 가지고 곧게 흐르는 강을 경계로 하는 직사각형 모양의 밭에 울타리를 치고자 한다. 그는 강쪽에는 울타리를 치지 않으려 하는데 이때 최대의 면적을 가질 수 있는 밭의 면적은 얼마인가?

풀 이 x와 y를 가로와 세로의 길이로 갖는 직사각형의 면적 A를 최대로 하고자 하는 문제이다. 우선 면적 A는

$$A = xy$$

로 나타내어지면 2400m의 철조망이라는 사실로부터

$$2x + y = 2400$$

을 얻고, 이로부터

$$A = x(400 - 2x) = 2400x - 2x^2$$

을 얻는다(단 $A \geq 0$이라는 사실로부터 $0 \leq x \leq 1200$임을 주목하기 바란다.)

$$A' = 2400 - 4x = 0$$

으로부터 임계값 $x = 600$을 얻는다. 따라서 A의 최대값은 이 임계값과 구간의 양끝점에서 얻어지게 된다. 따라서

$$A(0) = 0,\ A(600) = 720{,}000,\ A(1200) = 0$$

이므로 $x = 600(\mathrm{m})$일때 최대면적 $720{,}000(\mathrm{m}^2)$을 얻을 수 있다.

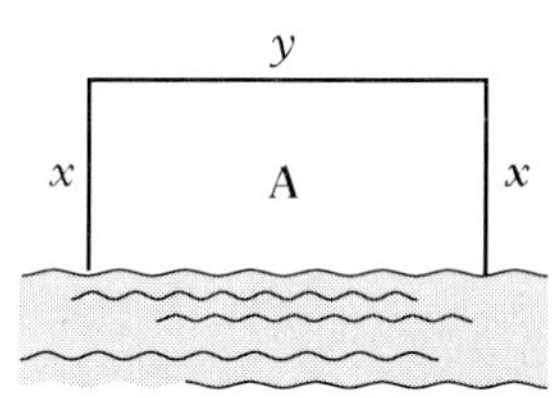

그림 4.16 강물과 철조망

(3) L'Hospital 법칙

7. $\lim\limits_{x \to 0} \dfrac{\sin x - x}{x^3}$**를 구하여라.**

풀 이 L'Hospital 법칙에 의하여

$$\lim_{x \to 0} \frac{\sin x - x}{x^3} = \lim_{x \to 0} \frac{\cos x - 1}{3x^2}$$

이다. 그러나 $\dfrac{\cos x - 1}{3x^2}$은 $x \to 0$일때 다시 $\dfrac{0}{0}$형의 부정형이 되므로 다시

L'Hospital 법칙을 이용하면

$$\lim_{x\to 0}\frac{\cos x-1}{3x^2}=\lim_{x\to 0}\frac{\sin x}{6x}$$

이다. 다시 $\frac{0}{0}$형의 부정형이므로 L'Hospital 법칙을 다시 한번 이용하여

$$\lim_{x\to 0}\frac{\sin x}{6x}=\lim_{x\to 0}\frac{\cos x}{6x}=-\frac{1}{6}$$

을 얻을 수 있다.

8. $\lim_{x\to\frac{\pi}{2}}(\tan x\log\sin x)$**를 구하여라.**

풀이 위 형태는 $0\cdot\infty$형의 부정형이다. 그러나 함수를 $\frac{\log\sin x}{\cot x}$로 변형하면 $\frac{0}{0}$형의 부정형이 되므로 L'Hospital의 법칙을 적용할 수 있다.

$$\lim_{x\to\frac{\pi}{2}}(\tan x\log\sin x)=\lim_{x\to\frac{\pi}{2}}\frac{\log\sin x}{\cot x}=\lim_{x\to\frac{\pi}{2}}\frac{\cos x\sin x}{-\csc^2 x}$$

$$=\lim_{x\to\frac{\pi}{2}}(-\cos x\sin x)=0$$

9. $\lim_{x\to\infty}\frac{x^2+2x+1}{x+1}$**은** $\frac{\infty}{\infty}$**형의 부정형이다. 따라서**

풀이 $\lim_{x\to\infty}\frac{x^2+2x+1}{x+1}=\lim_{x\to\infty}\frac{2x+1}{1}=\infty$

이다.

10. $\lim_{x\to\infty} \frac{e^x}{x^2}$ **의 극한값을 구하라.**

풀이 $\lim_{x\to\infty} \frac{e^x}{x^2}$는 $\frac{\infty}{\infty}$형의 부정형이다. 따라서

$$\lim_{x\to\infty} \frac{e^x}{x^2} = \lim_{x\to\infty} \frac{e^x}{2x}$$

인데 다시 $\frac{\infty}{\infty}$형의 부정형이므로 L'Hospital의 법칙을 다시 한번 적용하면

$$\lim_{x\to\infty} \frac{e^x}{2x} = \lim_{x\to\infty} \frac{e^x}{2} = \infty$$

이다.

11. $\lim_{x\to 0^+} (1+\sin 4x)^{\cot x}$ **를 계산하여라.**

풀이 $x \to 0^+$이면 $1+\sin 4x \to 1$, $\cot x \to \infty$이므로 준 식은 1^∞형의 부정형이다.

$$y = (1+\sin 4x)^{\cot x}$$

라고 놓고 양변에 자연로그를 취하면

$$\log y = \log[(1+\sin 4x)^{\cot x}] = \cot x \log(1+\sin 4x)$$

이다. 이 식에 L'Hospital의 법칙을 적용하면

$$\lim_{x\to 0^+} \log y = \lim_{x\to 0^+} \frac{\log(1+\sin 4x)}{\tan x}$$

$$= \lim_{x\to 0^+} \frac{\frac{4\cos 4x}{1+\sin 4x}}{\sec^2 x} = 4$$

이다. $y = e^{\log y}$이므로

$$\lim_{x\to 0^+} (1+\sin 4x)^{\cot x} = \lim_{x\to 0^+} y = \lim_{x\to 0^+} e^{\log y} = e^4$$

4.5.2 실습문제

1. 다음 주어진 곡선의 오목성을 조사하고 변곡점을 구하여라.
   1) $y = x^3 - 3x^2 + 3x - 3$
   2) $y = (x^2 - 1)^3$
   3) $t = t + \cos t$

2. 이차도함수를 이용한 극값의 판정법을 이용하여 다음 곡선의 극값을 구하여라.
   1) $y = x^3 - 4x$
   2) $y = x^4 - 18x^2 + 1$

3. 다음 곡선의 그래프를 그려라.
   1) $f(x) = x\sqrt{x+1}$
   2) $h(t) = t + \cos t$

4. 포물선 $y^2 = 2x$ 위에서 점 $(1,\ 4)$에 가장 가까운 점을 구하여라.

5. 제1사분면에서 최소면적의 삼각형을 만들면서 점 $(3,\ 5)$를 지나는 직선의 방정식을 구하여라.

6. 직사각기둥 모양의 대들보의 강도는 그 폭과 깊이의 제곱에 비례한다. 지름이 10 인 통나무를 잘라서 만들 수 있는 초대강도의 대들보의 치수를 구하여라.

7. 다음 극한값을 구하여라.

1) $\lim_{x \to 0} \frac{e^x -}{\sin x}$

2) $\lim_{x \to 0} \frac{\sqrt{x} - \sqrt{a}}{x - a}$

3) $\lim_{x \to 0} \frac{\sin 3x}{\sin 2x}$

4) $\lim_{x \to \infty} xe^{-x}$

5) $\lim_{x \to \infty} (x - \sqrt{x^2 - 1})$

6) $\lim_{x \to 0} (\sin x)^x$

4.5.3 Homework

1. 다음 함수의 오목성을 조사하고 그래프를 그려라.

   1) $y=(x+4)^{\frac{3}{2}}+3$

   2) $y=2x+\dfrac{1}{3x}$

2. $g(x)=x|x|$는 $(0,\ 0)$에서 변곡점을 가지나 $g''(0)$은 존재하지 않음을 보여라.

3. $y=x^2+\dfrac{a}{x}$가 $x=1$에서 변곡점을 갖도록 a값을 결정하여라.

4. 반지름이 10인 원에 내접하는 직사각형들 중에서 최대 면적을 갖는 직사각형을 구하여라.

5. 기름 1l를 담을 캔을 만들려고 한다. 캔을 만드는 재료를 최소로 하는 치수를 구하여라.

6. 오전 10시에 배 A가 배 B의 동쪽 60km 지점에 있다. A는 시속 20km로 서쪽으로 가고 있고, B는 시속 30km로 동남쪽으로 가고 있다. 이 두 배 사이의 거리가 가장 가까운 시간을 구하여라.

7. 다음 극한값을 구하여라.

1) $\lim_{x\to 0}\frac{\tan^{-1}(2x)}{3x}$

2) $\lim_{x\to\infty}\left(1+\frac{1}{x}\right)^{x^2}$

3) $\lim_{x\to 0}\sqrt{x}\log x$

4) $\lim_{x\to 0}\frac{6^x-2^x}{x}$

8. f'이 연속일 때 다음이 성립함을 보여라.

$$\lim_{h\to 0}\frac{f(x+h)-f(x-h)}{2h}=f'(x)$$

9. 임의의 양의 정수 n에 대하여 $\lim_{x\to\infty}\frac{e^x}{x^n}=\infty$임을 보여라.

Chapter

5 부정적분과 적분법

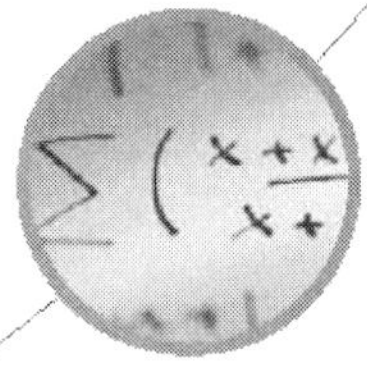

5.1 부정적분

(1) 원시함수

함수 $F(x)$를 미분하여 $f(x)$가 되면, $F(x)$를 $f(x)$의 **원시함수**라고 한다.
함수 $f(x)$의 원시함수는 여러 개 일 수 있다. 예를 들어 $F(x)=x^2$, $G(x)=x^2+3$, $H(x)=x^2+C$ (C는 상수)는 모두 $f(x)=2x$의 원시함수이다.

- $F(x)$가 $f(x)$의 원시함수이면 $F(x)+C$도 원시함수이다.

예 1 함수 $F(x)=3x^2$을 미분하면 $f(x)=6x$이므로, $F(x)=3x^2$는 $f(x)=6x$의 원시함수이다.

예 2 $F(x)=e^x+1$, 또는 $G(x)=e^x+31$를 미분하면 모두 $f(x)=e^x$이다. 즉, $F(x)$와 $G(x)$는 모두 $f(x)$의 원시함수이다.

(2) 부정적분

정의 5.1

$f(x)$의 원시함수를 $f(x)$의 **부정적분**이라 하고, $f(x)$의 모든 원시함수들을 $\int f(x)dx$로 나타낸다. 즉, $F(x)$가 $f(x)$의 한 원시함수이면

$$\int f(x)dx = F(x)+C, \quad C\text{는 상수}$$

- $\int$를 적분기호, $f(x)$를 피적분함수, x를 적분변수라고 한다.

- $f(x)$의 원시함수를 구하는 것을, $f(x)$를 적분한다고 하거나 $f(x)$의 적분을 구한다고 한다.
- 부정적분은 나중에 공부할 정적분과 매우 밀접한 관계가 있다.
- $\int t(x)dx$에서, $\int$ 기호는 'SUM'이라는 의미에서 S를 길게 늘여서 표시한 것이고, dx는 x의 작은 변화량을 뜻한다.

부정적분과 미분과정을 함께 생각해 보면 다음과 같은 식을 얻을 수 있다.

- 적분을 한 다음에 미분하기 : $\frac{d}{dx}\int f(x)dx = f(x)$
- 미분을 먼저 한 다음에 적분하기 : $\int \left[\frac{d}{dx}f(x)\right]dx = f(x) + C$

$$F(x) \underset{\text{부정적분}}{\overset{\text{미분}}{\rightleftarrows}} f(x)$$

그림 5.1 미분과 부정적분

정리 5.1 *Theorem*

두 함수 f와 g의 부정적분이 존재한다면, 다음이 성립한다.

1) $\int kf(x)dx = k\int f(x)dx$ (k는 상수)

2) $\int [f(x) + g(x)]dx = \int f(x)dx + \int g(x)dx$

예 3 1) $\int 5x^2 dx = 5\int x^2 dx$

2) $\int (7x^2 + \sin x)dx = \int 7x^2 dx + \int \sin x dx$

적분은 미분의 역산이므로 간단한 부정적분은 우리가 이미 배운 미분의 공식으로부터 구할 수 있다. 자주 이용되는 적분공식은 다음과 같다.

정리 5.2 간단한 적분공식 *Theorem*

1) $\int x^a dx = \frac{x^{a+1}}{a+1} + C \quad (a \neq -1)$

2) $\int \frac{1}{x} dx = \ln|x| + C$

3) $\int \frac{f'(x)}{f(x)} dx = \ln|f(x)| + C$

4) $\int e^x dx = e^x + C$

5) $\int \sin x dx = -\cos x + C$

6) $\int \cos x dx = \sin x + C$

7) $\int \frac{1}{\sqrt{1-x^2}} dx = \sin^{-1} x + C$

8) $\int \frac{1}{1+x^2} dx = \tan^{-1} x + C$

9) $\int \frac{1}{|x|\sqrt{x^2-1}} dx = \sec^{-1} x + C$

예 4

$$\begin{aligned}\int (2\sin x + \cos x)dx &= 2\int \sin x dx + \int \cos x dx \\ &= 2(-\cos x) + C_1 + \sin x + C_2 \\ &= 2(-\cos x) + \sin x + C \quad (C = C_1 + C_2) \\ &= -2\cos x + \sin x + C\end{aligned}$$

$$\int\left(\frac{1}{t^2}+\sqrt{t}\right)dt=\int(t^{-2}+t^{\frac{1}{2}})dt$$
$$=\int t^{-2}dt+\int t^{\frac{1}{2}}dt$$
$$=\frac{t^{-2+1}}{-2+1}+C_1+\frac{t^{\frac{1}{2}+1}}{\frac{1}{2}+1}+C_2$$
$$=-t^{-1}+\frac{2}{3}t^{\frac{3}{2}}+C$$
$$=-\frac{1}{t}+\frac{2}{3}t\sqrt{t}+C$$

$$\int\frac{x^2}{x^2+1}dx=\int\frac{x^2+1-1}{x^2+1}dx$$
$$=\int\left(\frac{x^2+1}{x^2+1}-\frac{1}{x^2+1}\right)dx$$
$$=\int\left(1-\frac{1}{x^2+1}\right)dx$$
$$=x-\tan^{-1}x+C$$

위의 적분공식에 해당하지 않는 함수들의 부정적분은 쉽게 구할 수 없는 경우가 많다. 그 이유는 다음과 같다.

- 함수 $f(x)$가 다항식함수, 지수함수, 삼각함수와 같은 간단한 기초함수라고 해도 부정적분이 항상 기초함수가 되는 것은 아니다.
- 미분에서는 함수 형태가 크게 변하지 않으면 미분결과도 큰 변화가 없지만, 부정적분의 경우에는 그렇지 않다.

예 5 함수 $f(x)=e^{x^2}$는 간단한 기초함수이지만, 부정적분 $\int e^{x^2}dx$는 기초함수 형태로 간단히 표현하기가 어렵다.

5.2 치환적분법

적분변수 x를 적당한 함수 $x=\phi(t)$로 치환하면 적분을 쉽게 할 수 있는 경우가 많다.

정리 5.3 *Theorem*

> 적분변수 x를 적당한 미분가능함수 $x=\phi(t)$로 바꾸면
> $$\int f(x)dx=\int f(x)\phi'(t)dt=\int f(\phi(t))\phi'(t)dt$$

예 1 $\int x(x^2+1)^3dx$를 구하여 보자.

풀이 $x^2+1=t$로 치환한다. 양변을 x에 관해 미분하면

$$\frac{dt}{dx}=2x,\ \text{또는}\ dt=2xdx$$

이고,

$$\int x(x^2+1)^3dx=\frac{1}{2}\int(x^2+1)^3 2xdx=\frac{1}{2}\int t^3dt=\frac{1}{8}t^4+C$$

$$=\frac{1}{8}(x^2+1)^4+C$$

치환적분법은 치환할 대상을 잘 찾아내는 것이 중요하다. 따라서 처음에는 쉽지 않게 느껴질 수 있으나 반복해서 문제를 풀다보면 익숙해진다.

(1) 치환적분 순서

1. 적분해야 할 함수 $f(x)$를 이루고 있는 요소 가운데 미분 가능한 것을 찾는다.
2. 그 요소를 $t=\phi(x)$로 놓고 양변을 x에 관해 미분한다.
3. 미분한 결과를 $dt=h(x)dx$ 형태로 정리한 다음, $\int f(x)dx$에 있는지 살펴본다.
4. dt로 치환할 수 있는 요소를 발견하면 치환적분법이 가능하다.
5. 발견할 수 없으면 미분가능한 다른 요소를 찾는다.

예 2 $\int \frac{e^{3x}}{5+2e^{3x}}$를 구하여 보자.

풀이 $t=5+2e^{3x}$로 치환하면, $\frac{dt}{dx}=6e^{3x}$이고 $dt=6e^{3x}dx$이다.

$$\int \frac{e^{3x}}{5+2e^{3x}}dx=\frac{1}{6}\int \frac{6e^{3x}dx}{5+2e^{3x}}$$

$$=\frac{1}{6}\int \frac{1}{t}dt=\frac{1}{6}\ln|t|+C$$

$$=\frac{1}{6}\ln|5+2e^{3x}|+C$$

예 3 $\int \frac{2z}{\sqrt{x^2+1}}dz$를 계산하라.

풀이 1) $u=z^2+1$라고 치환하면 $du=2zdz$이다.

$$\int \frac{2zdz}{\sqrt{x^2+1}}=\int \frac{du}{u^{\frac{1}{3}}}=\int u^{\frac{1}{3}}du=\frac{u^{\frac{2}{3}}}{\frac{2}{3}}+C$$

$$=\frac{3}{2}u^{\frac{2}{3}}+C=\frac{3}{2}(z^2+1)^{\frac{2}{3}}+C$$

2) $u = \sqrt{z^2+1}$로 치환하면 $u^3 = z^2+1$이고 $3u^2du = 2zdz$이다.

$$\int \frac{2zdz}{\sqrt{x^2+1}} = \int \frac{3u^2du}{u} = 3\int udu$$

$$= 3 \cdot \frac{u^2}{2} + C = \frac{3}{2}(z^2+1)^{\frac{2}{3}} + C$$

(2) 간단한 분수함수 적분

예 4 $\int \frac{f'(x)}{f(x)}dx = \ln|f(x)| + C$ 임을 보여라.

풀이 $f(x) = t$라고 치환하면 $f'(x)dx = dt$이다. 따라서 주어진 식은

$$\int \frac{1}{t}dt = \ln|t| + C = \ln f(x) + C$$

이다.

위의 예제로부터 다음과 같은 간단한 적분공식을 얻을 수 있다.

$$\int \tan x dx = \int \frac{\sin x}{\cos x}dx = -\ln|\cos x| + C$$

$$\int \cot x dx = \int \frac{\cos x}{\sin x}dx = -\ln|\sin x| + C$$

(3) 2차 분수함수 적분

예 5 $\int \frac{1}{2x^2+2x+3}dx$를 구하여라.

풀이 분모를 완전제곱꼴로 고치면

$$2x^2 2x + 3 = 2\left(x^2 + x + \frac{3}{2}\right) = 2\left[\left(x + \frac{1}{2}\right)^2 + \frac{5}{4}\right]$$

이다. $x+\frac{1}{2}=t$라고 놓으면 $x=t-\frac{1}{2}$, $dx=dt$이므로

$$\int\frac{1}{2x^2+2x+3}dx=\frac{1}{2}\int\frac{1}{\left(x+\frac{1}{2}\right)^2+\left(\frac{\sqrt{5}}{2}\right)^2}dx$$

$$=\frac{1}{2}\int\frac{1}{t^2+\left(\frac{\sqrt{5}}{2}\right)^2}dt$$

$$=\frac{1}{2}\int\left(\frac{2}{\sqrt{5}}\right)\frac{1}{\left(\frac{2}{\sqrt{5}}t\right)^2+1}dt$$

여기서 $\frac{2}{\sqrt{5}}t=\theta$라고 하고 다시 치환하면 $dt=\frac{\sqrt{5}}{2}d\theta$이므로 위 식은

$$\frac{1}{2}\left(\frac{2}{\sqrt{5}}\right)^2\int\frac{1}{\theta^2+1}\cdot\frac{\sqrt{5}}{2}d\theta=\frac{1}{\sqrt{5}}\tan^{-1}\theta+C$$

$$=\frac{1}{\sqrt{5}}\tan^{-1}\frac{2}{\sqrt{5}}t+C$$

$$=\frac{1}{\sqrt{5}}\tan^{-1}\frac{2}{\sqrt{5}}\left(x+\frac{1}{2}\right)+C$$

이다.

예 6 $\int\frac{3x-1}{2x^2+2x+3}dx$를 구하여라.

풀이 $(2x^2+2x+3)'=4x+2$이므로 분자를 $4x+2$를 포함한 식으로 나타내면

$$3x-1=\frac{3}{4}(4x+2)-\frac{5}{2}$$

이다. 그러면

$$\int\frac{3x-1}{2x^2+2x+3}dx=\frac{3}{4}\int\frac{4x+2}{2x^2+2x+3}dx-\frac{5}{2}\int\frac{1}{2x^2+2x+3}dx$$

$$=\frac{3}{4}\ln|2x^2+2x+3|-\frac{\sqrt{5}}{2}\tan^{-1}\frac{2x+1}{\sqrt{5}}+C$$

5.2.1 예제

1. $\int 8\sqrt[3]{x}\,dx$의 부정적분을 구하여라.

풀이 $$\int 8\sqrt[3]{x}\,dx = 8\int \sqrt[3]{x}\,dx = 8\int x^{\frac{1}{3}} = 8\frac{x^{\frac{1}{3}+1}}{\frac{1}{3}+1} + C$$

$$= 8 \cdot \frac{3}{4}x^{\frac{4}{3}} + C = 6x^{\frac{4}{3}} + C = 6x^3\sqrt{x} + C$$

2. $\int (3\cos x + \sqrt{x})dx$의 부정적분을 구하여라.

풀이 $$\int (3\cos x + \sqrt{x})dx = 3\int \cos x dx + \int \sqrt{x}\,dx = 3\int \cos x dx + \int x^{\frac{1}{2}}dx$$

$$= 3\mathrm{s\,i\,n}x + C_1 + \frac{x^{\frac{1}{2}+1}}{\frac{1}{2}+1} + C_2$$

$$= 3\mathrm{s\,i\,n}x + \frac{2}{3}x^{\frac{3}{2}} + C$$

3. $\int \sqrt{3x+1}\,dx$를 구하여라.

풀이 $t = 3x+1$이라 놓자. 그러면 $dt = 3dx$이다. 그러므로

$$\int\sqrt{3x+1}\,dx=\frac{1}{3}\int\sqrt{3x+13}\,dx=\frac{1}{3}\int\sqrt{t}\,dt$$

$$=\frac{1}{3}\int t^{\frac{1}{2}}dt=\frac{1}{3}\cdot\frac{t^{\frac{1}{2}+1}}{\frac{1}{2}+1}+C$$

$$=\frac{1}{3}\cdot\frac{2}{3}t^{\frac{3}{2}}+C=\frac{2}{9}t^{\frac{3}{2}}+C$$

$$=\frac{2}{9}(3x+1)^{\frac{3}{2}}+C$$

4. $\int x(x^2+2)^3dx$를 구하여라.

풀이 $t=x^2+2$라 놓자. 그러면 $dt=2xdx$이다. 그러므로

$$\int x(x^2+2)^3dx=\frac{1}{2}\int(x^2+2)^3\cdot 2xdx=\frac{1}{2}\int t^3dt$$

$$=\frac{1}{8}t^4+C=\frac{1}{8}(x^2+2)^4+C$$

5. $\int\frac{1}{5-2x}dx$를 구하여라.

풀이 $t=5-2x$라 놓자. 그러면 $dt=-2dx$이다. 그러므로

$$\int\frac{1}{5-2x}dx=-\frac{1}{2}\int\frac{-2}{5-2x}dx=-\frac{1}{2}\int\frac{1}{t}dt$$

$$=-\frac{1}{2}ln|t|+C=-\frac{1}{2}ln|5-2x|+C$$

6. $\int\cos^3\theta\sin\theta d\theta$를 구하여라.

풀이 $t=\cos\theta$라 놓자. 그러면 $dt=-\sin\theta d\theta$이다. 그러므로

$$\int\cos^3\theta\sin\theta d\theta=-\int\cos^3\theta(-\sin\theta)d\theta=-\int t^3dt$$

$$=-\frac{1}{4}t^4+C=-\frac{1}{4}cos^4\theta+C$$

7. $\int \frac{\ln x}{x} dx$를 구하여라.

풀이 $t=\ln x$라 놓자. 그러면 $dt=\frac{1}{x}dx$이다. 그러므로

$$\int \frac{\ln x}{x} dx=\int \ln x \cdot \frac{1}{x} dx=\int t dt=\frac{1}{2}t^2+C$$

$$=\frac{1}{2}(\ln x)^2+C$$

8. $\int 5^{3x} dx$를 구하여라.

풀이 $t=3x$라 치환하면 $dt=3dx$이므로

$$\int 5^{3x} dx=\frac{1}{3}\int 5^t dt=\frac{5^t}{3\ln 5}+C=\frac{5^{3x}}{3\ln 5}+C$$

일반적으로 $\int f(x)dx=F(x)+C$이라고 할 때 $\int f(ax+b)dx$, $(a\neq 0)$은, $ax+b=t$의 치환에 의하여 $dt=adx$이므로

$$\int f(ax+b)dx=\frac{1}{a}\int f(d)dt=\frac{1}{a}F(t)+C$$

즉,

$$\int f(ax+b)dx=\frac{1}{a}F(ax+b)+C$$

이다. 예를 들어

$$\int (2x+1)^{100} dx=\frac{1}{2}\cdot\frac{(2x+1)^{101}}{101}+C=\frac{(2x+1)^{101}}{202}+C$$

이다.

9. $\int \sin x \cos^3 x dx$를 구하여라.

풀이 $t=\cos x$라 치환하면 $dt=-\sin x dx$이므로

$$\int \sin x \cos^3 x dx=-\int t^3 dt=-\frac{1}{4}t^4+C=-\frac{1}{4}cos^4 x+C$$

이다.

5.2.2 실습문제

1. 다음 부정적분을 구하여라.

1) $\int \sqrt{5y+4}\,dy$

2) $\int x(x^3+5)^4 dx$

3) $\int \frac{1}{(5-2x)^2}dx$

4) $\int \tan\frac{1}{2}x\sec^2\frac{1}{2}x dx$

5) $\int 4^{2x}dx$

6) $\int \sqrt{4-9x^2}\,dx$

7) $\int \frac{dx}{3-x^2}$

8) $\int (9-t^2)^{3/2}dt$

9) $\int \frac{ds}{s^4-1}$

10) $\int \frac{e^x dx}{1+5e^x}$

11) $\int \frac{du}{u^3}$

12) $\int \frac{dy}{3+\cos y}$

13) $\int \sin^5 2t dt$

14) $\int \frac{5dx}{\sqrt{1-x^2}}$

15) $\int \frac{6dx}{|x|\sqrt{x^2-1}}$

16) $\int 5e^{2u}du$

2. 다음 부정적분을 구하여라.

1) $\int \frac{(1+\sqrt{3}x)^2}{\sqrt{x}}dx$

2) $\int \left(\frac{\sqrt{x}}{2}+\frac{2}{\sqrt{x}}\right)dx$

3) $\int \left(8y-\frac{2}{y^{\frac{1}{4}}}\right)dy$

4) $\int \frac{t\sqrt{t}+\sqrt{t}}{t^2}dt$

5) $\int (1+3u)^5 3du$

6) $\int e^{\sin\theta}\cos\theta d\theta$

7) $\int \sin 2y dy$

8) $\int \frac{1}{\sqrt{1-9t^2}}dt$

9) $\int (1-y^2)y dy$

10) $\int \sin 3\theta d\theta$

11) $\int e^{2x}dx$

12) $\int \frac{ds}{\sqrt{s}(1+\sqrt{s})^3}$

13) $\int \frac{x}{1+x^4}dx$

14) $\int \frac{\ln 3t}{t}dt$

15) $\int e^x \sin e^x dx$

5.2.3 Homework

1. 다음 부정적분을 구하여라.

1) $\int \frac{x^2}{\sqrt{x^3}-1}dx$　　2) $\int \frac{\tan^{-1}x}{1+x^2}dx$

3) $\int e^{3x}dx$　　4) $\int \sqrt{10^{3x}}\,dx$

5) $\int x^{-2}e^{\frac{1}{x}}dx$　　6) $\int 3^x e^x dx$

7) $\int \frac{1}{x^2}sin\frac{\pi}{x}dx$　　8) $\int \sin^3\theta\cos^3\theta d\theta$

9) $\int \sin^3 y dy$　　10) $\int (\sec\theta - \tan\theta)d\theta$

11) $\int \frac{\sin\theta}{\cos^2\theta}d\theta$　　12) $\int \frac{dx}{\sqrt{2x+5}}$

13) $\int \frac{2x+3}{x^2+3x+5)^4}dx$　　14) $\int \frac{\cos(\ln t)dt}{t}$

15) $\int \frac{ydy}{1+y}$　　16) $\int^3 \sqrt{1+u^2}\,udu$

2. 다음 부정적분을 구하여라.

1) $\int \sin\frac{\theta}{x}dx$　　2) $\int \left(-\frac{\sec^2 x}{3}\right)dx$

3) $\int (2\cos 2x - 3\sin 3x)dx$　　4) $\int (1+\tan^2\theta)d\theta$

5) $\int \cot^2 x dx$　　6) $\int \frac{x^3}{1+x^4}dx$

7) $\int \frac{e^x}{1+e^x}dx$　　8) $\int \frac{\sin\theta}{1+\cos\theta}d\theta$

9) $\int \frac{1+2y}{y+y^2}dy$

10) $\int \frac{1+2u}{1+u^2}du$

11) $\int (t^2+3)^2 dt$

12) $\int (1+e^t)^2 dt$

13) $\int \left(\sqrt{u}-\frac{2}{u}+\frac{u}{2}\right)du$

14) $\int \frac{1}{\sqrt{1-9x^2}}dx$

15) $\int \frac{tdt}{\sqrt{2-5t^2}}$

16) $\int \frac{\sin(\ln y)}{y}dy$

3. $f''(x)=3x+2$**일 때** $f(x)$**를 구하여라.**

4. $f''(x)=\frac{x^4+1}{x^3}$**일 때** $f(x)$**를 구하여라.**

5.3 부분적분법

다음과 같은 관계식을 이용하는 적분법을 **부분적분법**(integration by parts)이라고 한다.

정리 5.4 *Theorem*

두 함수 $f(x)$와 $g(x)$가 모두 x에 관하여 미분가능하면

$$\int f'(x)g(x)dx = f(x)g(x) - \int f(x)g'(x)dx$$

이다. 특히 $f'(x)=1$인 경우는 다음과 같다.

$$\int g(x)dx = xg(x) - \int xg'(x)dx$$

증명 $\frac{d}{dx}\{f(x)\cdot g(x)\} = f'(x)g(x) + f(x)g'(x)$

이므로 양변을 x에 관하여 적분하면

$$f(x)\cdot g(x) = \int f'(x)g(x)dx + \int f(x)g'(x)dx$$

를 얻는다. 이를 다시 고쳐쓰면

$$\int f'(x)g(x)dx = f(x)g(x) - \int f(x)g'(x)dx$$

예 1 $\int \tan^{-1}x dx$를 구하여라.

풀이 $f(x)=\tan^{-1}x,\quad g'(x)=1$로 놓으면

$$f'(x) = \frac{1}{1+x^2},\quad g(x)=x$$

이므로 부분적분 공식에 의해

$$\int \tan^{-1}x dx = x\tan^{-1}x - \int \frac{x}{1+x^2}dx$$

$$= x\tan^{-1}x - \frac{1}{2}ln(1+x^2) + C$$

예 2 $\int x\cos x dx$를 계산하여라.

풀이 $f(x)=x$, $g'(x)=\sin x$라고 하면 $f'(x)=1$, $g(x)=-\cos x$이다.

$$\int x\cos x dx = x\sin x - \int \sin x dx$$

(1) 부분적분의 반복적용

어떤 경우는 다음의 예제처럼 적분을 구하기 위하여 부분적분을 반복해서 사용한다.

예 3 $\int x^2\cos x dx$를 구하여라.

풀이 $f(x)=x^2$, $g'(x)=\cos x$라고 하면

$$f'(x)=2x, \quad g(x)=\sin x$$

이다. 따라서 부분적분법을 이용하면

$$\int x^2\cos x dx = x^2\sin x - \int 2x\sin x dx \tag{5.1}$$

이고, 여기서 $\int x\sin x dx$를 구하기 위하여 다시 한번 더 부분적분을 시행한다.

$u(x)=x$, $v'(x)=\sin x$라고 하면

$u'(x)=1$, $v(x)=-\cos x$

이므로

$$\int x\sin x dx = -x\cos x + \int \cos x dx = -x\cos x + \sin x + C \tag{5.2}$$

이다. 식 (5.2)를 식 (5.1)에 대입하면 구하는 부정적분은 다음과 같이 된다.

$$\int x^2\cos x dx = x^2\sin x + 2x\cos x - 2\sin x + C$$

예 4 $I_n = \int \cos^n x dx$(n은 양의 정수)의 점화공식을 구하여라.

풀이 $\cos^n x = \cos^{n-1} x \cdot \cos x$로 생각하고

$f(x) = \cos^{n-1} x, \quad g'(x) = \cos x$라고 하면

$f' = (n-1)\cos^{n-2} x(-\sin x), \quad g = \sin x$

이다. 따라서,

$$\begin{aligned} I_n &= \cos^{n-1} x \sin x + (n-1)\int \sin^2 x \cos^{n-2} x dx \\ &= \cos^{n-1} x \sin x + (n-1)\int (1-\cos^2 x)\cos^{n-2} x dx \\ &= \cos^{n-1} x \sin x + (n-1)\int \cos^{n-2} x dx - (n-1)\int \cos^n x dx \\ &= \cos^{n-1} x \sin x + (n-1) I_{n-2} - (n-1) I_n \end{aligned}$$

이 식을 다시 정리하면

$$I_n = \frac{\cos^{n-1} x \sin x}{n} + \frac{n-1}{n} I_{n-2}$$

을 얻을 수 있다.

예 5 $\int \cos^4 x dx$를 구하라.

풀이

$$\begin{aligned} \int \cos^4 x dx = I_4 &= \frac{\cos^3 x \sin x}{4} + \frac{3}{4} I_2 \\ &= \frac{\cos^3 x \sin x}{4} + \frac{3}{4}\left(\frac{\cos x \sin x}{2} + \frac{1}{2} I_0\right) \\ &= \frac{\cos^3 x \sin x}{4} + \frac{3}{4}\left(\frac{\cos x \sin x}{2} + \frac{1}{2}\int dx\right) \\ &= \frac{1}{4} cos^3 x \sin x + \frac{3}{8} cos x \sin x + \frac{1}{2} x + C \end{aligned}$$

5.4 삼각치환법

피적분함수가 $\sqrt{a^2-x^2}$, $\sqrt{a^2+x^2}$, 또는 $\sqrt{x^2-a^2}$을 포함할 때는 다음과 같이 삼각함수로 치환하면 편리하다.

$\sqrt{a^2-x^2}$를 포함하면 $x=a\sin\theta,\quad \left(-\frac{\pi}{2}\le\theta\le\frac{\pi}{2}\right)$

$\sqrt{a^2+x^2}$를 포함하면 $x=a\tan\theta,\quad \left(-\frac{\pi}{2}<\theta<\frac{\pi}{2}\right)$

$\sqrt{x^2-a^2}$를 포함하면 $x=a\sec\theta,\quad \left(-\frac{\pi}{2}<\theta<\frac{\pi}{2}\right)$

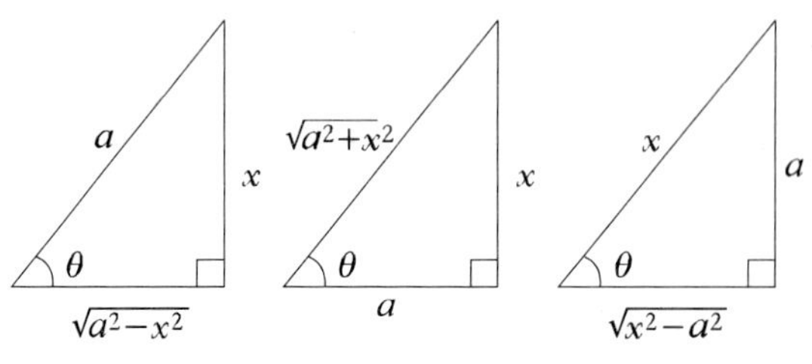

$x=a\sin\theta$ $\quad$ $x=a\tan\theta$ $\quad$ $x=a\sec\theta$

그림 5.1 $\sqrt{a^2-x^2}=a\cos\theta$

예 1 $\int\frac{\sqrt{a^2-x^2}}{x^2}dx\ (a>0)$를 구하여라.

풀이 $x=a\sin\theta$라고 치환하면

$\sqrt{a^2-x^2}=a\cos\theta,\quad dx=a\cos\theta d\theta$

이다. 따라서

$$\int \frac{\sqrt{a^2-x^2}}{x^2}dx = \int \frac{a\cos\theta}{\sin^2\theta} \cdot a\cos\theta d\theta = \int \frac{a^2\cos^2\theta}{\sin^2\theta}d\theta$$

$$= a^2 \int \cot^2\theta d\theta = a^2 \int (\csc^2\theta - 1)d\theta$$

$$= -a^2\cot\theta - a^2\theta + C$$

이다. 그런데 그림 5.2에서 $\cot\theta = \dfrac{\sqrt{a^2-x^2}}{x}$ 이므로

$$\int \frac{\sqrt{a^2-x^2}}{x^2}dx = -\frac{\sqrt{a^2-x^2}}{x} - \sin^{-1}\frac{x}{a} + C$$

5.4.1 예제

(1) 부분적분법

1. $\int xe^{2x}dx$ **의 부정적분을 구하여라.**

풀이 $f(x)=x,\ g'(x)=e^{2x}$ 라고 하자. 그러면

$$f'(x)=1,\quad g(x)=\frac{1}{2}e^{2x}$$

이므로 부정적분법 공식 (정리 5.4)를 이용하여

$$\begin{aligned}\int xe^{2x}dx &= x\cdot\frac{1}{2}e^{2x}-\int 1\cdot\frac{1}{2}e^{2x}dx\\ &=\frac{1}{2}xe^{2x}-\frac{1}{2}\int e^{2x}dx\\ &=\frac{1}{2}xe^{2x}-\frac{1}{2}\cdot\frac{1}{2}e^{2x}+C\\ &=\frac{1}{2}e^{2x}\left(x-\frac{1}{2}\right)+C\end{aligned}$$

가 성립한다.

2. $\int x\ln x dx$ **의 부정적분을 구하여라.**

풀이 $f(x)=\ln x,\ g'(x)=x$ 라고 놓자. 그러면

$$f'(x)=\frac{1}{x},\quad g(x)=\frac{1}{2}x^2$$

이므로 부정적분법 공식 (정리 5.4)를 이용하여

$$\begin{aligned}\int x\ln x dx=\int(\ln x)x dx &= (\ln x)\frac{1}{2}x^2-\int\frac{1}{x}\cdot\frac{1}{2}x^2dx\\ &=\frac{1}{2}x^2\cdot\ln x-\frac{1}{2}\int x dx=\frac{1}{2}x^2\ln x-\frac{1}{4}x^2+C\end{aligned}$$

3. $\int x \sin 2x dx$ **의 부정적분을 구하여라.**

풀이 우선 이 문제를 풀기 전에 다음의 사실에 주의하기로 하자.

$$\sin^2 x = \frac{1-\cos 2x}{2}$$

$$\int \sin^2 x dx = xover2 - \frac{\sin 2x}{4} + C \tag{5.3}$$

다시 원래 문제로 돌아가서 $f(x)=x$, $g'(x)=\sin 2x$라고 하자. 그러면

$$f'(x)=1, \quad g(x) = -\frac{1}{2}cos2x$$

이므로 부정적분법 공식 (정리 5.4)를 이용하여

$$\int x\sin 2x dx = x\left(-\frac{1}{2}cos2x\right) - \int\left(-\frac{1}{2}cos2x\right)dx$$

$$= -\frac{1}{2}x\cos 2x + \int \frac{\cos 2x}{2}dx$$

$$= -\frac{x}{2}cos2x + \int\left(\frac{1}{2} - \sin^2 x\right)dx$$

$$= -\frac{x}{2}cos2x + \frac{1}{2}x - \int \sin^2 x dx$$

$$= -\frac{x}{2}cos2x + \frac{x}{2} - \left(\frac{x}{2} - \frac{\sin 2x}{4}\right) + C((3)\text{을 이용})$$

$$= -\frac{x}{2}cos2x + \frac{\sin 2x}{4} + C$$

4. $\int x^2 e^x dx$ **의 부정적분을 구하여라.**

풀이 $f(x)=x^2$, $g'(x)=e^x$라고 놓자. 그러면

$$f'(x)=2x, \quad g(x)=e^x$$

이므로 부정적분법 공식 (정리 5.4)를 이용하여

$$\int x^2 e^x dx = x^2 e^x - \int (2x) \cdot e^x dx \tag{5.4}$$

$$= x^2 e^x - 2\int x e^x dx$$

한편 맨 마지막 항의 $\int xe^x dx$를 따로 구해보면

$$\int xe^x dx$$

에 다시 한 번 부분적분법을 적용해서 구할 수 있다. 그래서

$$u(x) = x, \quad v'(x) = e^x$$

라고 놓으면 $u'(x) = 1$이고 $v(x) = e^x$가 된다. 따라서

$$\int xe^x dx = xe^x - \int 1 \cdot e^x dx$$

$$= xe^x - e^x + C$$

이다. 이 식을 위의 (5.4) 식에 대입하면,

$$\int x^2 e^x dx = x^2 e^x - 2(xe^x - e^x) + C$$

$$= x^2 e^x - 2xe^x + 2e^x + C$$

가 성립된다.

5. $\int \sin^n x dx$의 점화식을 구하라.

풀이 $\int \sin^n x dx = \int \sin^{n-1} x \sin x \, ds$이다. 오른 쪽 식에서

$u = \sin^{n-1} x, \qquad dv = \sin x \, dx$로 놓으면

$du = (n-1)\sin^{n-2} x \cos x \, dx, \qquad v = -\cos x$이다. 따라서

$$\begin{aligned}\int \sin^n x \, dx &= \int \sin^{n-1} x \sin x \, dx = \int u \, dv = uv - \int v \, du \\ &= \sin^{n-1} x(-\cos x) - \int (-\cos x)(n-1)\int \sin^{n-2} x \cos^2 x \, dx \\ &= -\sin^{n-1} x \cos x + (n-1)\int \sin^{n-2} x \cos^2 x \, dx \\ &= -\sin^{n-1} x \cos x + (n-1)\int \sin^{n-2} x(1-\sin^2 x) dx \\ &= -\sin^{n-1} x \cos x + (n-1)\int \sin^{n-2} x \, dx - (n-1)\int \sin^n x \, dx\end{aligned}$$

이고, 오른 쪽 식의 마지막 항을 왼 쪽으로 넘기면

$$n\int \sin^n x\,dx = -\sin^{n-1}x\cos x + (n-1)\int \sin^{n-2}x\,dx$$

이고, 양 쪽을 n으로 나누어서 다음과 같은 점화식을 얻는다.

$$n\int \sin^n x\,dx = -\frac{1}{n}\sin^{n-1}x\cos x + \frac{n-1}{n}\int \sin^{n-2}x\,dx$$

6. $\int \frac{1}{x^2\sqrt{4+x^2}}dx$**를 구하여라.**

풀이 $x = 2\tan\theta$라 놓으면

$dx = 2\sec^2\theta,\quad \sqrt{4+x^2} = 2\sec\theta$

이다. 따라서

$$\begin{aligned}\int \frac{1}{x^2\sqrt{4+x^2}}dx &= \int \frac{2\sec^2\theta}{(4\tan^2\theta)(2\sec\theta)}d\theta \\ &= \frac{1}{4}\int \frac{\sec\theta}{\tan^2\theta}d\theta \\ &= \frac{1}{4}\int \frac{\cos\theta}{\sin^2\theta}d\theta \\ &= -\frac{1}{4\sin\theta} + C \ (u = \sin\theta\text{에 의한 치환에 의하여}) \\ &= -\frac{\sqrt{4+x^2}}{4x} + C\end{aligned}$$

(2) 삼각치환법

7. $\int \frac{1}{a^2+x^2}dx\,(a>0)$**를 구하여라.**

풀이 $x = a\tan\theta$라 하면 $dx = a\sec^2\theta d\theta$이며

$$a^2 + x^2 = a^2(1+\tan^2\theta) = a^2\sec^2\theta$$

에서

$$\int \frac{1}{a^2+x^2}dx = \int \frac{1}{a^2\sec^2\theta} \cdot a\sec^2\theta d\theta = \frac{1}{a}\int d\theta = \frac{1}{a}\theta + C$$

를 얻는다. 따라서

$$\int \frac{1}{a^2+x^2}dx = \frac{1}{a}tan^{-1}\frac{x}{a} + C$$

이다.

8. $\int \frac{\sqrt{16-x^2}}{x^2}dx$을 구하여라.

풀이 $x = 4\sin\theta$라 하면 $\theta = \sin^{-1}\frac{x}{4}$이고 $\sin^{-1}$의 범위에 의해 $\cos\theta \geq 0$이고

$$\sqrt{16-x^2} = 4\cos\theta, \quad dx = 4\cos\theta d\theta$$

이다. 따라서

$$\int \frac{\sqrt{16-x^2}}{x^2}dx = \int \frac{\sqrt{1-\sin^2\theta}}{\sin^2\theta} \cdot \cos\theta d\theta = \int \frac{\cos^2\theta}{\sin^2\theta}d\theta$$

$$= \int \cot^2\theta d\theta = \int (\csc^2\theta - 1)d\theta$$

$$= -\cot\theta - \theta + C$$

그림 5.1을 참조하면 $\cot\theta = \frac{\sqrt{16-x^2}}{x}$이다. 여기서 그림의 $a = 4$이다.

그러므로 구하는 적분은 다음과 같다.

$$\int \frac{\sqrt{16-x^2}}{x^2}dx = -\frac{\sqrt{16-x^2}}{x} - \sin^{-1}\frac{x}{4} + C$$

9. $\int x^3\sqrt{16-x^2}\,dx$를 구하여라.

풀이 $x = 4\sin\theta$라고 놓자. 그러면 $dx = 4\cos\theta d\theta$. 그러므로

$$\int x^3\sqrt{16-x^2}\,dx = \int (4\sin\theta)^3\sqrt{16-4(\sin\theta)^2}\,4\cos\theta d\theta \tag{5.5}$$

$$= 4^4\int \sin^3\theta\sqrt{16-16\sin^2\theta}\,cos\theta d\theta$$

$$= 4^5\int \sin^3\theta\sqrt{1-\sin^2\theta}\,cos\theta d\theta$$

$$= 4^5\int \sin^3\theta\cos^2\theta d\theta$$

$$= 4^5\int \sin^2\theta\cos^2\theta\sin\theta d\theta$$

$$= 4^5\int (1-\cos^2\theta)\cos^2\theta\sin\theta d\theta$$

$$= 4^5\int (1-y^2)y^2(-dy)(y=\cos\theta\text{로 치환})$$

$$= 4^5\int (y^4-y^2)dy$$

$$= 4^5\left(\frac{y^5}{5}-\frac{y^3}{3}\right)+C$$

$$= 4^5\left(\frac{\cos^5\theta}{5}-\frac{\cos^3\theta}{3}\right)+C$$

이것을 다시 x에 관한 식으로 표현하려면 $\cos\theta$를 x에 관한 식으로 표현해야 된다. 그림 5.1에서 $a=4$, $x=4\sin\theta$이므로 $\sin\theta=\frac{x}{4}$가 된다. 한편

$$\cos\theta=\frac{\sqrt{16-x^2}}{4}$$

가 된다. 따라서 식 (1)은

$$r^5\left[\frac{1}{5}(\sqrt{16-x^2})^5-\frac{1}{3}\left(\frac{\sqrt{16-x^2}}{4}\right)^3\right]+C$$

$$=\frac{(\sqrt{16-x^2})^5}{5}-16\frac{\sqrt{(16-x^2)^3}}{3}+C$$

가 된다.

10. $\int \sqrt{1+x^2}\,dx$를 구하여라.

풀이 그림 5.2에서 밑변의 길이가 1인 삼각형을 생각해 보자.

이것을 참조하면 $\sec\theta = \sqrt{1+\tan^2\theta}$ 이므로

$$x = \tan\theta, \quad dx = \sec^2\theta d\theta$$

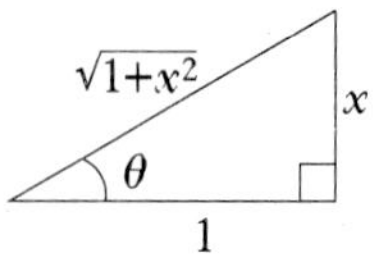

그림 5.2 $x = \tan\theta$

가 된다. 그래서

$$\int \sqrt{1+x^2}\,dx = \int \sec\theta\sec^2\theta d\theta = \int \sec^3\theta d\theta \tag{5.6}$$

이다. 여기서 $\int \sec^3\theta d\theta$를 구하지는 않겠지만 앞에서 배운 부분적분법을 활용하면 일반적으로

$$\int \sec^n\theta d\theta = \frac{\sec^{n-2}\theta\tan\theta}{n-1} + \frac{n-2}{n-1}\int \sec^{n-2}\theta d\theta \tag{5.7}$$

가 성립된다. 따라서 (5.6)은

$$\int \sec^3\theta d\theta = \frac{\sec\theta\tan\theta}{2} + \frac{1}{2}\ln|\sec\theta + \tan\theta| + C$$

에 의해

$$\int \sqrt{1+x^2}\,dx = \frac{\sec\theta\tan\theta}{2} + \frac{1}{2}\ln|\sec\theta + \tan\theta| + C$$

가 성립된다. 이제 이 식을 x에 관해 풀어쓰면 된다. $\sec\theta = \sqrt{1+\tan^2\theta}$ 를 이용해서 $x = \tan\theta$를 적용하면

$$\sec\theta = \sqrt{1+x^2}$$

이다. 따라서

$$\int \sqrt{1+x^2}\,dx = \frac{x\sqrt{1+x^2}}{2} + \frac{1}{2}\ln\left(\sqrt{1+x^2} + x\right) + C$$

5.4.2 실습문제

1. 다음을 구하여라.

1) $\int \frac{dx}{\sqrt{9+x^2}}$

2) $\int \frac{1}{(4-x^2)^{3/2}}dx$

3) $\int \frac{\sqrt{25-y^2}}{y}dy$

4) $\int \frac{1}{t^2\sqrt{1-t^2}}dt$

5) $\int 3\sqrt{u^2+1}\,du$

6) $\int \frac{\sqrt{\theta^3+9}}{\theta}d\theta$

7) $\int \sqrt{1+\theta^2}\,d\theta$

8) $\int \sqrt{4-u^2}\,du$

9) $\int \frac{x^2dx}{\sqrt{x^2-16}}$

10) $\int x^2\sqrt{2x+1}\,dx$

11) $\int \frac{dx}{\sqrt{x}+3}$

12) $\int \frac{xdx}{\sqrt{x}+3}$

13) $\int \frac{\sqrt{2u+1}}{u}dy$

14) $\int t^2\sqrt{2t+1}\,dt$

15) $\int \frac{dt}{\sqrt{25t^2-16}}$

2. 다음 부정적분을 구하여라.

1) $\int xe^{3x}dx$

2) $\int x\sin x dx$

3) $\int e^{x}\cos x dx$

4) $\int \sin^{-1}x dx$

5) $\int x\ln 3x dx$

6) $\int x^2e^{-x}dx$

7) $\int (t+3)e^{-t}dt$

8) $\int u\sin 2u du$

9) $\int y\ln 3y dy$

10) $\int x^2\ln x dx$

11) $\int e^{\theta}\sin\theta d\theta$

12) $\int \frac{\ln(1+x^{2})}{x^2}dx$

13) $\int (2x+1)\ln x dx$

5.4.3 Homework

1. 다음 부정적분을 구하여라.

1) $\int (x+3)e^{x}dx$

2) $\int x\cos 2x dx$

3) $\int (2x+1)\ln x dx$

4) $\int x\tan^{-1}x dx$

5) $\int y^{2}\sqrt{1-y}\,dy$

6) $\int e^{-2\theta}\sin 3\theta d\theta$

7) $\int \frac{t^{2}}{\sqrt{1+t}}dt$

8) $\int t^{3}\ln t dt$

9) $\int xe^{2x}dx$

10) $\int (t+3)\cos 2t dt$

11) $\int (2u+1)\ln u du$

12) $\int x^{2}e^{2x}dx$

13) $\int \sin^{-1}x dx$

2. 다음 부정적분을 구하여라.

1) $\int \frac{1}{x^2 - 4x + 13} dx$

2) $\int \frac{1}{(9 + x^2)^2} dx$

3) $\int \sqrt{y^2 + 4y}\, dy$

4) $\int \sqrt{2t - t^2}\, dt$

5) $\int \theta^3 \sqrt{\theta^2 - 9}\, d\theta$

6) $\int \sqrt{16 - x^2}\, dx$

7) $\int \sqrt{3 - u^2}\, du$

8) $\int \frac{x^2 dx}{\sqrt{25 - x^2}}$

9) $\int x^3 \sqrt{3x + 2}\, dx$

10) $\int x(3x + 2)^{5/3} dx$

11) $\int \frac{\sqrt{x} + 3}{\sqrt{x} - 2} dx$

12) $\int \frac{dx}{(x - 2)\sqrt{x + 2}}$

13) $\int \sqrt{x^2 - 36}\, dx$

5.5 유리함수 적분법

유리함수란 두 다항식의 분수 형태로 표시된 함수를 말한다. 일반적으로 유리함수는 직접 적분을 하기는 어렵고, 분모가 1차 또는 2차 다항식이고, 분자가 상수인 분수식의 합으로 분해하면 적분할 수 있다.

예 1 $\int \frac{5x-10}{x^2-3x-4}dx$ 을 계산하자.

풀이 $\frac{5x-10}{x^2-3x-4} = \frac{2}{x-4} + \frac{3}{x+1}$ 이므로

$$\int \frac{5x-10}{x^2-3x-4}dx = \int \frac{2}{x-4}dx + \int \frac{3}{x+1}dx$$

$$= 2\ln|x-4| + 3\ln|x+1| + C$$

(1) 부분분수 분해법

1. 유리함수 $\frac{J(x)}{I(x)}$ 에서 분자 $J(x)$의 차수가 분모 $I(x)$의 차수보다 작다고 가정한다. (만약에 분자의 차수가 더 크면 분자를 분모로 나누어 $L(x) + \frac{K(x)}{I(x)}$ 형태로 고친다.)
2. 유리함수 $\frac{J(x)}{I(x)}$ 의 분모를 1차식과 2차식들의 곱으로 인수분해한다. (우선 $I(x) = (x+a)^m(x^2+bc+c)^n$ 라고 가정하자.)
3. 유리함수 $\frac{J(x)}{I(x)}$ 를

$$\frac{J(x)}{I(x)} = \frac{A}{x+a} + \frac{B}{(x+a)^2} + \cdots \frac{C}{(x+a)^m}$$

$$+ \frac{Dx+E}{x^2+bx+c} + \frac{Fx+G}{(x^2+bc+c)^2} + \cdots + \frac{Hx+M}{(x^2+bc+c)^n}$$

으로 놓는다.
4. 오른쪽 분수식들을 통분하여 하나의 분수식으로 정리한다.
5. 왼쪽 분수식의 분자 $J(x)$와 오른쪽 분수식의 분자를 비교하여 상수 A, B, C, D, $\cdots$ 들을 결정한다.

예 2 $\dfrac{5x-10}{x^2-x-4}$를 부분분수로 분해하여 보자.

풀이 1. 분자 $5x-10$의 차수 1은 분모 x^2-3x-4의 차수 2보다 작다.

2. 분모를 인수분해하면 $x^2-3x-4=(x-4)(x+1)$이다.

3. $\dfrac{5x-10}{x^2-3x-4}=\dfrac{A}{x-4}+\dfrac{B}{x+1}$로 놓는다.

4. 오른쪽 항을 통분하여 다시 정리하면 $\dfrac{(A+B)x+(A-4B)}{(x-4)(x+1)}$이다.

5. $\dfrac{5x-10}{x^2-3x-4}=\dfrac{(A+B)x+(A-4B)}{(x-4)(x+1)}$를 비교하면, $A=2$, $B+3$ 임을 알 수 있다. 따라서 유리함수는

$$\frac{5x-10}{x^2-3x-4}=\frac{2}{x-4}+\frac{3}{x+1}$$

로 분해된다.

- 다항식은 언제나 1차와 2차 다항식들의 곱으로 인수분해할 수 있다는 것이 이론적으로 알려져 있다.
- 분모가 여러 종류의 1차 다항식과 2차 다항식들의 곱으로 이루어져 있어도 부분분수로 분해할 수 있다.
- 분모가 2차 다항식인 부분분수는 곧바로 적분을 할 수는 없고 약간의 계산 과정이 더 필요하다.

예 3 $\displaystyle\int\frac{3x^3+x}{x^2+3x+5}dx$를 계산하라.

풀이 1) 분자의 차수가 분모의 차수보다 크기 때문에 나눗셈을 계산하여

$$\frac{3x^3+x}{x^2+3x+5}=(3x-9)+\frac{13x+45}{x^2+3x+5}$$

으로 고친다. 이 때 분모는 더 이상 인수분해되지 않는다.

$$\int \frac{3x^3+x}{x^2+3x+5}dx = \int (3x-9)dx + \int \frac{13x+45}{x^2+3x+5}dx$$

$$= \frac{3}{2}x^2 - 9x + \int \frac{13x+45}{x^2+3x+5}dx$$

$$= \frac{3}{2}x^2 - 9x + I_1$$

에서 I_1만 계산하기 위해 치환적분법을 사용한다.

2) 분모를 $x^2+3x+5=t$로 놓으면 $2x+3=\frac{dt}{dx}$이다.

$$I_1 = \int \frac{13x+45}{x^2+3x+5}dx = \int \frac{13x+45}{x^2+3x+5}dx$$

$$= \int \frac{\frac{13}{2}(2x+3) - \frac{51}{2}}{x^2+3x+5}dx$$

$$= \frac{13}{2}\int \frac{(2x+3)}{x^2+3x+5}dx - \frac{51}{2}\int \frac{1}{x^2+3x+5}dx$$

$$= \frac{13}{2} ln(x^2+3x+f5) - \frac{51}{2}I_2$$

3) 마지막으로 I_2를 계산하는 과정에서 삼각치환법을 이용한다.

$$I_2 = \int \frac{1}{x^2+3x+5}dx = \int \frac{1}{x^2+3x+\frac{9}{4}+\frac{11}{4}}dx$$

$$= \int \frac{1}{\left(x+\frac{3}{2}\right)^2 + \left(\frac{\sqrt{11}}{2}\right)^2}dx$$

$$= \frac{2}{\sqrt{11}} tan^{-1}\frac{2x+3}{\sqrt{11}} + C$$

4) 1), 2), 3)을 종합하여

$$\int \frac{3x^3+x}{x^2+3x+5}dx = \frac{3}{2}x^2 - 9x + I_1$$

$$= \frac{3}{2}x^2 - 9x + \frac{13}{2}\ln(x^2+3x+5) - \frac{51}{2}I_2$$

$$= \frac{3}{2}x^2 - 9x + \frac{13}{2}\ln(x^2+3x+5) - \frac{51}{2}$$

$$\left[\frac{2}{\sqrt{11}}\tan^{-1}\frac{2x+3}{\sqrt{11}}\right] + C$$

5.6 삼각함수의 거듭제곱에 대한 적분

이 절에서는 $\int \sin^m x\cos^n x dx$, $\sin mx\cos nx dx$, $\int \tan^m x\sec^n x dx$와 같은 형태를 적분하는 방법에 대하여 알아본다.

(1) 삼각함수의 배각 공식

- $\cos 2x = 1 - 2\sin^2 x = 2\cos^2 x - 1$
- $\sin^2 x = \frac{1-\cos 2x}{2}$, $\cos^2 x = \frac{1+\cos 2x}{2}$

(2) $\int \sin^m x\cos^n x dx$ 형태

m과 n이 양의 정수일 때 $\int \sin^m x\cos^n x dx$는 m과 n이 홀수인지 짝수인지에 따라 구하는 방법이 달라진다.

(1) n이 홀수인 경우

① $\cos^n x = \cos^{n-1} x \cdot \cos x$로 표시한다.

② $n-1$이 짝수이므로 $\cos^2 x = 1 - \sin^2 x$를 적용한다.

③ $u = \sin x$로 치환한다.

(2) m이 홀수인 경우

① $\sin^m x = \sin^{m-1} x \cdot \sin x$로 표시한다.

② $m-1$이 짝수이므로 $\sin^2 x = 1 - \cos^2 x$를 적용한다.

③ $u = \cos x$로 치환한다.

(3) m과 n이 모두 짝수인 경우

$$\sin^2 x = \frac{1-\cos 2x}{2}, \quad \cos^2 x = \frac{1+\cos 2x}{2}$$

(3) $\sin mx \cos nx$의 적분공식

적분 $\sin mx \cos nx dx$, $\int \sin mx \sin nx dx$, $\int \cos mx \cos nx dx$는 다음 삼각방정식을 이용하여 적분을 할 수 있다.

- $\sin mx \cos nx = \frac{1}{2}[\sin(m+n)x + \sin(m-n)x]$
- $\sin mx \sin nx = -\frac{1}{2}[\cos(m+n)x - \cos(m-n)x]$
- $\cos mx \cos nx = \frac{1}{2}[\cos(m+n)x + \cos(m-n)x]$

(4) secont, tangent 함수의 적분 공식

- $1 + \tan^2 x = \sec^2 x$
- $\int \tan x dx = \ln|\sec x| + C$
- $\int \sec x dx = \ln|\sec x + \tan x| + C$

(5) $\sec^n x$과 $\tan^m x$의 적분 공식

secont나 tangent 함수의 거듭제곱 형태인 함수에 대한 적분은 다음 공식으로 구할 수 있다.

- $\displaystyle\int \sec^n x dx = \frac{\sec^{n-2}x\tan x}{n-1} + \frac{n-2}{n-1}\int \sec^{n-2}x dx$
- $\displaystyle\int \tan^m x dx = \frac{\tan^{m-1}x}{m-1} - \int \tan^{m-2}x dx$

(6) $\tan^m x\sec^n x$의 적분

m과 n이 양의 정수일 때 $\int \tan^m x\sec^n x dx$는 m과 n에 따라 다음과 같은 방법으로 구할 수 있다.

(1) n이 짝수인 경우

① $\sec^n x = \sec^{n-2}x \cdot \sec^2 x$로 표시한다.

② $\sec^2 x = \tan^2 x + 1$을 적용한다.

③ $u = \tan x$로 치환한다.

(2) m이 홀수인 경우

① $\tan^m x\sec^n x = \tan^{m-1}x \cdot \sec^{n-1}x(\sec x \cdot \tan x)$로 표시한다.

② $\tan^2 x = \sec^2 x - 1$을 적용한다.

③ $u = \sec x$로 치환한다.

(3) m은 짝수 n은 홀수인 경우

① $\tan^m x = (\tan^2 x)^k = (\sec^2 x - 1)^k (m = 2k)$로 표시하여 $\sec x$만의 함수로 표시한다.

② (1)을 이용하여 문제를 해결한다.

5.7 여러 가지 치환법

이 절에서는 앞 절에서 적용되던 규칙들에서 벗어나는 치환법에 대하여 예제를 중심으로 공부한다.

(1) $\sqrt[m]{x}$, $\sqrt[n]{x}$ 를 포함하는 함수의 적분

$\sqrt[n]{x}$, $\sqrt[m]{x}$ 를 포함하는 함수의 적분은 $\sqrt[mn]{x}=u$로 치환한다.

예 1 $\displaystyle\int \frac{\sqrt{x}}{1+\sqrt[3]{x}}dx$를 구하여라.

풀이 $x^{\frac{1}{2}}$과 $x^{\frac{1}{3}}$을 품고 있으므로 $u=x^{\frac{1}{6}}$로 치환하자. 즉,

$x=u^6$이고 $dx=6u^5du$

따라서

$$\int \frac{\sqrt{3}}{1+\sqrt[3]{x}}dx=\int \frac{(u^6)^{\frac{1}{2}}}{1+(u^6)^{\frac{1}{3}}}(6u^5)du=6\int \frac{u^8}{1+u^2}du$$

다항식의 나눗셈에서

$$\frac{u^8}{1+u^2}=u^6-u^4+u^2-1+\frac{1}{1+u^2}$$

이므로

$$\begin{aligned}\int \frac{\sqrt{3}}{1+\sqrt[3]{x}}dx&=6\int\left(u^6-u^4+u^2-1+\frac{1}{1+u^2}\right)du\\&=u^7-\frac{6}{5}u^5+2u^3-6u+6\tan^{-1}u+C\\&=\frac{6}{7}x^{\frac{7}{6}}-\frac{6}{5}x^{\frac{5}{6}}+2x^{\frac{1}{2}}-6x^{\frac{1}{6}}+6\tan^{-1}(x^{\frac{1}{6}})+C\end{aligned}$$

예 2 $\int \frac{1}{2+2\sqrt{x}}dx$를 구하여라.

풀이 $u = x^{\frac{1}{2}}$라고 놓으면 $x = u^2$이고 $dx = 2udu$이다. 그러므로

$$\int \frac{1}{2+2\sqrt{x}}dx = \int \frac{2u}{2+2u} = \int \left(1 - \frac{1}{1+u}\right)du$$

$$= u - \ln|1+u| + C = \sqrt{x} - \ln|1 + roox| + C$$

이다.

(2) $\sqrt{f(x)}$ 가 있는 함수의 적분

예 3 $\int \sqrt{1+e^x}\,dx$를 구하여라.

풀이 $u = \sqrt{1+e^x}$ 라고 놓으면,

$$e^x = u^2 - 1$$

$$x = \ln(u^2 - 1)$$

$$\frac{dx}{du} = \frac{2u}{u^2-1}, \quad dx = \frac{2u}{u^2-1}du$$

따라서

$$\int \sqrt{1+e^x}\,dx = \int u\left(\frac{2u}{u^2-1}\right)du = \int \frac{2u^2}{u^2-1}du$$

$$= \int \left(2 + \frac{2}{u^2-1}\right)du \quad \text{(다항식의 나눗셈)}$$

$$= 2u + \int \left(\frac{1}{u-1} - \frac{1}{u+1}\right)du \quad \text{(부분분수 분해)}$$

$$= 2u + \ln|u-1| - \ln|u+1| + C$$

$$= 2u + \ln\left|\frac{u-1}{u+1}\right| + C$$

$$= 2\sqrt{1+e^x} + \ln\left[\frac{\sqrt{1+e^x}-1}{\sqrt{1+e^x}+1}\right] + C$$

예 4 $\displaystyle\int \frac{1}{\sqrt{x^2+3}}dx$를 구하여라.

풀이 $\sqrt{x^2+3}=t-x$로 치환하면

$$x^2+3=t^2-2xt+x^2\text{이므로,}\quad x=\frac{t^2-3}{2t}$$

따라서

$$\sqrt{x^2+3}=t-\frac{t^2-3}{2t}=\frac{t^2+3}{2t}$$

그러므로 양변의 미분을 구하면

$$dx=\frac{t^2+3}{2t^2}dt$$

$$\begin{aligned}\int \frac{1}{\sqrt{x^2+3}}dx &= \int \frac{2t}{t^2+3}\cdot\frac{t^2+3}{2t^2}dt=\int\frac{1}{t}dt\\ &= \ln|t|+C\\ &= \ln|x+\sqrt{x^2+3}|+C\end{aligned}$$

예 5 $\displaystyle\int \frac{1}{(x-1)\sqrt{2+x-x^2}}dx$를 구하여라.

풀이 $2+x-x^2=(x+1)(2-x)$이므로 $\sqrt{\dfrac{x+1}{2-x}}=t$로 놓으면

$$x+1=(2-x)t^2,\quad x=\frac{2t^2-1}{1+t^2}$$

$$x-1=\frac{t^2-2}{1+t^2},\quad dx=\frac{6t}{(1+t^2)^2}dt$$

$$\sqrt{2+x-x^2}=(2-x)\sqrt{\frac{x+1}{2-x}}=\left(2-\frac{2t^2-1}{1+t^2}\right)t=\frac{3t}{1+t^2}$$

따라서

$$\int \frac{1}{(x-1)\sqrt{2+x-x^2}}dx = \int \frac{1+t^2}{t^2-2} \cdot \frac{1+t^2}{3t} \cdot \frac{6t}{(1+t^2)^2}dt$$
$$= \int \frac{2}{t^2-2}dt$$
$$= \frac{1}{\sqrt{2}} \ln\left|\frac{t-\sqrt{2}}{t+\sqrt{2}}\right| + C$$
$$= \frac{1}{\sqrt{2}} \ln\left|\frac{\sqrt{x+1}-\sqrt{2}\sqrt{2-x}}{\sqrt{x+1}+\sqrt{2}\sqrt{2-x}}\right| + C$$

(3) $\sin x$와 $\cos x$의 유리함수 적분

피적분함수가 $\sin x$와 $\cos x$의 유리함수로 되어 있을 때는 치환

$$z = \tan\frac{x}{2} \tag{5.8}$$

에 의해 피적분함수는 z의 유리함수로 변환된다. 이 z에 대한 유리함수의 적분은 부분분수로 분해하여 적분할 수 있다.

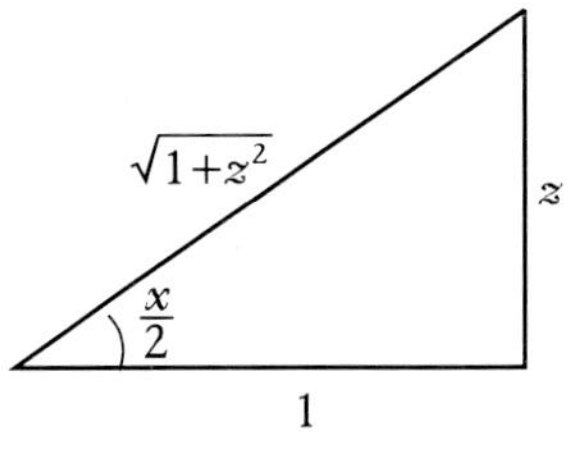

그림 5.3 $z = \tan\frac{x}{2}$

그림 5.5에서

$$\sin\frac{x}{2} = \frac{z}{\sqrt{1+z^2}}, \quad \cos\frac{x}{2} = \frac{1}{\sqrt{1+z^2}}$$

이므로

$$\sin x = 2\sin\frac{x}{2}\cdot\cos\frac{x}{2} = \frac{2z}{1+z^2}$$

$$\cos x = \cos^2\frac{x}{2} - \sin^2\frac{x}{2} = \frac{1-z^2}{1+z^2}$$

을 얻는다.

또한 5.8에서

$$\frac{dz}{dx} = \frac{1}{2}sec^2\frac{x}{2} = \frac{1}{2}\left(1+\tan^2\frac{x}{2}\right) = \frac{1}{2}(1+z^2)$$

이므로

$$dx = \frac{2}{1+z^2}dz$$

가 된다. 따라서 위의 결과들을 종합하면 다음을 얻는다.

$$\sin x = \frac{2z}{1+z^2}, \quad \cos x = \frac{1-z^2}{1+z^2}, \quad dx = \frac{2}{1+z^2}dz$$

예 6 $\int \frac{1}{1+\sin x}dx$를 구하여라.

풀이

$$\int \frac{dx}{1+\sin x} = \int \frac{1}{1+\left(\frac{2u}{1+u^2}\right)}\left(\frac{2}{1+u^2}\right)du$$

$$= \int \frac{2}{1+2u+u^2}du$$

$$= \int \frac{2}{(1+u)^2}du = -\frac{2}{1+u} + C$$

$$= -\frac{2}{1+\tan\frac{x}{2}} + C$$

예 7 $\displaystyle\int \frac{1}{3+5\cos x}dx$를 구하여라.

풀이 $$\int \frac{1}{3+5\cos x}dx = \int \frac{1}{3+5,\dfrac{1-t^2}{1-t^2}} \cdot \frac{2}{1+t^2}dt = \int \frac{1}{4-t^2}dt$$

$4-t^2=(2+t)(2-t)$이므로, 부분분수로 분해하여 적분하면

$$\int \frac{1}{4-t^2}dt = \frac{1}{4}\int\left(\frac{1}{2+t}+\frac{1}{2-t}\right)dt = \frac{1}{4}(\ln|2+t|-\ln|2-t|)+C$$

$$= \frac{1}{4}\ln\left|\frac{2+t}{2-t}\right|+C = \frac{1}{4}\ln\left|\frac{2+\tan\dfrac{x}{2}}{2-\tan\dfrac{x}{2}}\right|+C$$

5.7.1 예제

(1) 유리함수 적분법

1. 유리함수 $\dfrac{2x^2+3x+3}{(x+1)^3}$를 분해하여라.

풀이 분모의 차수가 분자의 차수보다 크다는 점에 유의하기 바란다. 분모의 괄호 안 $x+1$이 1차라는 점을 살펴보자. 따라서 우리는 이 식을 다음과 같이 분해할 수 있다.

$$\frac{2x^2+3x+3}{(x+1)^3}=\frac{A_1}{x+1}+\frac{A_2}{(x+1)^2}+\frac{A_3}{(x+1)^3}$$

우변을 계산해 보면

$$\frac{A_1(x+1)^2+A_2(x+1)+A_3}{(x+1)^3}=\frac{A_1(x^2+2x+1)+A_2x+A_2+A_3}{(x+1)^3}$$

$$=\frac{A_1x^2+(2A_1+A_2)x+(A_1+A_2+A_3)}{(x+1)^3}$$

따라서 $A_1=2$, $2A_1+A_2=3$, $A_1+A_2+A_3=3$이라는 것을 알 수 있다. 이 연립방정식을 풀면 $A_1=2$, $A_2=\frac{1}{2}$, $A_3=\frac{1}{2}$임을 얻는다. 그러므로

$$\frac{2x^2+3x+3}{(x+1)^3}=\frac{2}{x+1}+\frac{1}{2(x+1)^2}+\frac{1}{2(x+1)^3}$$

로 분해된다.

2. $\dfrac{2x^3-6x^2+2}{(x+1)(x^2+x+1)}$을 분해하여라.

풀이 위에서 배운 절차를 이용하면,

$$\frac{2x^3-6x^2+2}{(x+1)(x^2+x+1)}=\frac{A_1}{x+1}+\frac{B_1x+C_1}{x^2+x+1}+\frac{B_2x+C_2}{(x^2+x+1)^2}$$

로 표현할 수 있고 예2에서와 같은 방법으로 우변을 계산해서 좌변과 동일한 계수가 되도록 표현하여 대응되는 상수로부터 연립방정식을 얻을 수 있을 것이다. 해당 연립방정식을 풀면 상수 A_1, B_1, C_1, B_2, C_2 값을 구할 수 있다.

3. $\int \frac{1}{x^2+x-2}dx$**를 구하여라.**

풀이 피적분함수는

$$\frac{1}{x^2+x-2}=\frac{1}{(x-1)(x+2)}$$

이므로

$$\frac{1}{(x-1)(x+2)}=\frac{A}{x-1}+\frac{B}{x+2}$$

이고 A와 B를 구해 보면

$$A=\frac{1}{3},\quad B=-\frac{1}{3}$$

임을 알 수 있고 따라서

$$\frac{1}{(x-1)(x+2)}=\frac{\frac{1}{3}}{x-1}+\frac{-\frac{1}{3}}{x+2}$$

이고

$$\int \frac{1}{x^2+x-2}dx=\int \frac{1}{(x-1)(x+2)}dx=\frac{1}{3}\int \frac{1}{x-1}dx-\frac{1}{3}\int \frac{1}{x+2}dx$$

$$=\frac{1}{3}\ln|x-1|-\frac{1}{3}\ln|x+2|=\frac{1}{3}\ln\left|\frac{x-1}{x+2}\right|+C$$

이다.

4. $\int \frac{2x+4}{x^3-2x^2}dx$**를 구하여라.**

풀이 피적분함수는

$$\frac{2x+4}{x^3-2x^2}=\frac{2x+4}{x^2(x-2)}$$

이고

$$\frac{2x+4}{x^2(x-2)}=\frac{A_1}{x}+\frac{A_2}{x^2}+\frac{B}{x-2}$$

이므로 여기서 A_1, A_2와 B를 구해 보면 양변에 $x^2(x-2)$를 곱하면

$$2x+4=A_1x(x-2)+A_2(x-2)+Bx^2 \tag{5.9}$$

$$=(A_1+B)x^2+(-2A_1+A)2)x-2a_2$$

이다. $x=0$, $x=2$를 (6)에 대입하여

$$A_2=-2,\quad B+2$$

를 얻고 x^2항의 계수를 비교하면 $A_1+B=0$이고 $A_1=-B=-2$를 얻는다. 따라서

$$\frac{2x+4}{x^3-2x^2}=\frac{2x+4}{x^2(x-2)}=\frac{-2}{x}+\frac{-2}{x^2}+\frac{2}{x-2}$$

이고 따라서

$$\int\frac{2x+4}{x^3-2x^2}dx=-2\int\frac{1}{x}dx-2\int\frac{1}{x^2}dx+2\int\frac{1}{x-2}dx$$

$$=-2\ln|x|+\frac{2}{x}+2\ln|x-2|+C$$

$$=2\ln\left|\frac{x-2}{x}\right|+\frac{2}{x}+C$$

5. $\displaystyle\int\frac{x^2+x-2}{3x^3-x^+3x-1}dx$**를 구하여라.**

풀이 피적분함수는

$$\frac{x^2+x-2}{3x^3-x^+3x-1}=\frac{x^2+x-2}{x^2(3x-1)+(3x-1)}=\frac{x^2+x-2}{(3x-1)(x^2+1)}$$

이고

$$\frac{x^2+x-2}{(3x-1)(x^2+1)}=\frac{A}{3x-1}+\frac{Bx+C}{x^2+1}$$

로 표현되고 여기서 A, B와 C를 구해보자.

양변에 $(3x-1)(x^2+1)$를 곱하면

$$x^2+x-2=A(x^2+1)+(Bx+C)(3x-1)$$
$$=(A+3B)x^2+(-B+3C)X+(A-C)$$

따라서

$A+3B=1$

$-B+3C=1$

$A-C=-2$

를 얻고 위의 연립방정식을 풀면

$$A=-\frac{7}{5},\quad B=\frac{4}{5},\quad C=\frac{3}{5}$$

을 얻는다. 따라서

$$\frac{x^2+x-2}{3x^3-x^+3x-1}=\frac{-\frac{7}{5}}{3x-1}+\frac{\frac{4}{5}x+\frac{3}{5}}{x^2+1}$$

이고

$$\int\frac{x^2+x-2}{3x^3-x^+3x-1}dx=-\frac{7}{5}\int\frac{1}{3x-1}dx+\frac{4}{5}\int\frac{x}{x^2+1}dx+\frac{3}{5}\int\frac{1}{x^2+1}dx$$
$$=-\frac{7}{15}\ln|3x-1|+\frac{2}{5}\ln(x^2+1)+\frac{3}{5}\tan^{-1}x+C$$

이다.

6. $\int\frac{6x^2-15x+22}{(x+3)(x^2+2)^2}dx$**를 구하여라.**

풀이 피적분함수는

$$\frac{6x^2-15x+22}{(x+3)(x^2+2)^2}=\frac{A}{x+3}+\frac{Bx+C}{x^2+2}+\frac{Dx+E}{(x^2+2)^2}$$

이다.

적당한 방법으로 A, B, C, D, E를 구해 보면

$$A=1,\ B=-1,\ C=3,\ D=-5,\ E=0$$

을 얻는다. 따라서

$$\int \frac{6x^2-15x+22}{(x+3)(x^2+2)^2}dx = \int \frac{1}{x+3}dx - \int \frac{x-3}{x^2+2}dx - 5\int \frac{x}{(x^2+2)^2}dx$$

$$= \int \frac{1}{x+3}dx - \frac{1}{2}\int \frac{2x}{x^2+2}dx + 3\int \frac{1}{x^2+2}dx - \frac{5}{2}\int \frac{2x}{2}dx$$

$$= \ln|x+3| - \frac{1}{2}\ln(x^2+2) + \frac{3}{\sqrt{2}}\tan^{-1}\left(\frac{x}{\sqrt{2}} + \frac{5}{2(x^2+2)}\right) + C$$

만약 $\dfrac{P(x)}{Q(x)}$에서 $P(x)$의 치수가 $Q(x)$ 보다 크거나 같은 경우에는

$$P(x) = Q(x)R(x) + S(x)$$

로 나타낼 수 있다. 단 $S(x)$의 차수는 $Q(x)$의 차수보다 작다. 따라서

$$\frac{P(x)}{Q(x)} = R(x) + \frac{S(x)}{Q(x)}$$

이고 $R(x)$는 다항식이고 $\dfrac{S(x)}{Q(x)}$는 위에서 구한 방법들로 부분분수분해가 가능하게 된다.

7. $\displaystyle\int \frac{3x^4+3x^3-5x^2+x-1}{x^2+x-2}dx$**를 구하여라.**

풀이 $\dfrac{3x^4+3x^3-5x^2+x-1}{x^2+x-2} = (3x^2+1) + \dfrac{1}{x^2+x-2}$ 이므로

$$\int \frac{3x^4+3x^3-5x^2+x-1}{x^2+x-2}dx = \int (3x^2+1)dx + \int \frac{1}{x^2+x-2}dx$$

$$= x^3 + x + \frac{1}{3}\ln\left|\frac{x-1}{x-2}\right| + C$$

를 얻는다. 마지막 항의 값은 1로부터 얻어진다.

(2) 삼각치환법

8. 다음을 구하여라.

1) $\int \sin^2 x dx$

2) $\int \cos^2 x dx$

풀이 1) $\int \sin^2 x dx = \frac{1}{2}\int (1-\cos 2x)dx = \frac{1}{2}x - \frac{1}{4}\sin 2x + C$

2) $\int \cos^2 x dx = \frac{1}{2}\int (1+\cos 2x)dx = \frac{1}{2}x + \frac{1}{4}\sin 2x + C$

9. 다음을 구하여라.

1) $\int \cos^3 x dx$

2) $\int \sin^4 x dx$

풀이 1) $\int \cos^3 x dx = \int \cos^2 x \cos x dx = \int (1-\sin^2 x)\cos x dx$

$= \int (1-u^2)du \, (u = \sin x, \ du = \cos x dx)$

$= u - \frac{u^3}{3} + C$

$= \sin x - \frac{1}{3}\sin^3 x + C$

2) $\int \sin^4 x dx = \int (\sin^2 x)^2 dx = \int \left[\frac{1}{2}(1-\cos 2x)\right]^2 dx$

$= \frac{1}{4}\int (1-2\cos 2x + \cos^2 2x)dx$

한편 $\cos^2 2x = \frac{1}{2}(1+\cos 4x)$이므로

$$\int \sin^4 x dx = \frac{1}{4}\int\left(1 - 2\cos 2x + \frac{1}{2} + \frac{1}{2}\cos 4x\right)dx$$

$$= \frac{1}{4}\int\left(\frac{3}{2} - 2\cos 2x + \frac{1}{2}\cos 4x\right)dx$$

$$= \frac{3}{8}x - \frac{1}{4}\sin 2x + \frac{1}{32}\sin 4x + C$$

10. $\int \sin^4 x \cos^5 x dx$**를 구하여라.**

풀이 $\cos^5 x = \cos^4 x cosx$로 표현하면

$$\int \sin^4 x \cos^4 x dx = \int \sin^4 x \cos^4 x \cos x dx$$

$$= \int \sin^4 x (1 - \sin^2 x)^2 \cos x dx$$

$$= \int u^4 (1 - u^2)^2 du \quad (u = \sin x,\ du = \cos x dx)$$

$$= \int (u^4 - 2u^6 + u^8) du$$

$$= \frac{1}{5}u^5 - \frac{2}{7}u^7 + \frac{1}{9}u^9 + C$$

$$= \frac{1}{5}\sin^5 x - \frac{2}{7}\sin^7 x + \frac{1}{9}\sin^9 x + C$$

11. $\int \sin^4 x \cos^4 x dx$를 구하여라.

풀이 $m=n=4$가 모두 짝수이므로

$$\int \sin^4 x \cos^4 x dx = \int (\sin^2 x)^2 (\cos^2 x)^2 dx$$

$$= \int \left(\frac{1}{2}[1-\cos 2x]\right)^2 \left(\frac{1}{2}[1+\cos 2x]\right)^2 dx$$

$$= \frac{1}{16}\int (1-\cos^2 2x)^2 dx$$

$$= \frac{1}{16}\int \sin^4 2x dx$$

이다. 여기서 $u=2x$로 치환하면 $du=2dx$이므로

$$\int \sin^4 x \cos^4 x dx = \frac{1}{32}\int \sin^4 u du$$

$$= \frac{1}{32}\int \left(\frac{3}{8}u - \frac{1}{4}\sin 2u + \frac{1}{32}\sin 4u\right) + C \text{ (예제 2의 (2)에서)}$$

$$= \frac{3}{128}x - \frac{1}{128}\sin 4x + \frac{1}{1024}\sin 8x + C$$

이다.

12. $\int \sin 2x \cos 3x dx$를 구하여라.

풀이

$$\int \sin 2x \cos 3x dx = \int \frac{1}{2}[\sin 5x + \sin(-x)]dx$$

$$= \frac{1}{2}\int \sin 5x dx - \frac{1}{2}\int \sin x dx$$

$$= \frac{1}{2}\cdot\frac{1}{5}(-\cos 6x) - \frac{1}{2}(-\cos x) + C$$

$$= -\frac{1}{10}\cos 5x + \frac{1}{2}\cos x + C$$

13. 다음을 구하여라.

1) $\int \sec^3 x dx$

2) $\int \tan^5 x dx$

풀이 1) $\int \sec^3 x dx = \dfrac{\sec x \tan x}{2} + \dfrac{1}{2}\int \sec x dx$

$= \dfrac{1}{2}\sec x \tan x + \dfrac{1}{2}\ln|\sec x + \tan x| + C$

2) $\int \tan^5 x dx = \dfrac{\tan^4 x}{4} - \int \tan^3 x dx$

$= \dfrac{\tan^4 x}{4} - \left[\dfrac{\tan^2 x}{2} - \int \tan x dx\right]$

$= \dfrac{1}{4}\tan^4 x - \dfrac{1}{2}\tan^2 x + \ln|\sec x| + C$

14. $\int \tan^2 x \sec^4 x dx$를 구하여라.

풀이 $\int \tan^2 x \sec^4 x dx = \int \tan^2 x \sec^2 x \sec^2 x dx$

$= \int \tan^2 x (\tan^2 x + 1)\sec^2 x dx$

$= \int u^2 (u^2 + 1) du \quad (u = \tan x,\ du = \sec^2 x dx)$

$= \dfrac{1}{5}u^5 + \dfrac{1}{3}u^3 + C$

$= \dfrac{1}{5}\tan^5 x + \dfrac{1}{3}\tan^3 x + C$

15. $\int \tan^3 x \sec^3 x dx$를 구하여라.

풀이 $\int \tan^3 x \sec^3 x dx = \int \tan^2 x \sec^2 x (\sec x \tan x) dx$

$= \int (\sec^2 x - 1) \sec^2 x (\sec x \tan x) dx$

$= \int (u^2 - 1) u^2 du \quad (u = \sec x,\ du = \sec x \tan x dx)$

$= \frac{1}{5}u^5 - \frac{1}{3}u^3 + C$

$= \frac{1}{5}\sec^5 x - \frac{1}{3}\sec^3 x + C$

16. $\int \tan^2 x \sec x dx$를 구하여라.

풀이 $\int \tan^2 x \sec x dx = \int (\sec^2 x - 1) \sec x dx$

$= \int \sec^3 x dx - \int \sec x dx$

$= \frac{1}{2}\sec x \tan x + \frac{1}{2} - \ln|\sec x + \tan x| + C$

((예제 6)의 (1)에서)

$= \frac{1}{2}\sec x \tan x - \frac{1}{2}\ln|\sec x + \tan x| + C$

(3) 여러 가지 치환법

17. $\int \sqrt{4x-1}\, dx$를 구하여라.

풀이 $u = 4x - 1$이라 놓자.

$du = 4dx \left(\frac{1}{4}du = dx \right)$

$$\int \sqrt{4x-1}\,dx = \int u^{\frac{1}{2}} \cdot \frac{1}{4}du = \frac{1}{4}\int u^{\frac{1}{2}}du = \frac{1}{4}\frac{u^{\frac{3}{2}}}{\frac{3}{2}} + C$$

$$= \frac{1}{6}u^{\frac{3}{2}} + C = \frac{1}{6}(4x-1)^{\frac{3}{2}} + C$$

18. $\int \frac{2t}{\sqrt[3]{t^2+1}}dt$**를 구하여라.**

풀이 $u = t^2 + 1$로 치환해 보자.

$$\int \frac{2t}{\sqrt[3]{t^2+1}}dt = \int \frac{du}{u^{\frac{1}{3}}} = \int u^{-\frac{1}{3}}du = \frac{3}{2}u^{\frac{2}{3}} + C$$

$$= \frac{3}{2}(t^2+1)^{\frac{2}{3}} + C$$

19. $\int x\sqrt{x-2}\,dx$**를 구하여라.**

풀이 $t = \sqrt{x-2}$라 놓자. 그러면 $t^2 = x-2$이고 $2tdt = dx$이다. 한편 $x = t^2+2$이므로 치환을 하면

$$\int x\sqrt{x-2}\,dx = \int (t^2+2)t2tdt = \int (2t^4+4t^2)dt$$

$$= \frac{2}{5}t^5 + \frac{4}{3}t^3 + C$$

다시 x로 치환하면

$$\frac{2}{5}t^5 + \frac{4}{3}t^3 + C = \frac{2}{5}(\sqrt{x-2})^5 + \frac{4}{3}(\sqrt{x-2})^3 + C$$

$$= \frac{2}{5}(x-2)^{\frac{5}{2}} + \frac{4}{3}(x-2)^{\frac{3}{2}} + C$$

20. $\int \frac{x^5}{\sqrt{x^3+1}}dx$**를 구하여라.**

풀이 $t=\sqrt{x^3+1}$로 치환하면, $t^2=x^3+1$이고 $2tdt=3x^2dx$이므로 $\frac{2}{3}tdt=x^2dx$

이다. 따라서

$$\begin{aligned}\int \frac{x^5}{\sqrt{x^3+1}}dx &= \int \frac{x^3 \cdot x^2dx}{\sqrt{x^3+1}} = \int \frac{(t^2-1)\cdot \frac{2}{3}tdt}{t} \\ &= \frac{2}{3}\int (t^2-1)dt = \frac{2}{3}\left(\frac{1}{3}t^3-t\right)+C \\ &= \frac{2}{9}t^3-\frac{2}{3}t+C\end{aligned}$$

다시 x로 치환하면

$$\int \frac{x^5}{\sqrt{x^3+1}}dx = \frac{2}{9}(x^3+1)^{\frac{3}{2}}-\frac{2}{3}(x^3+1)^{\frac{1}{2}}+C$$

5.7.2 실습문제

1. 다음 부정적분을 구하여라.

1) $\int \frac{1}{x^2+3x-4}dx$

2) $\int \frac{x}{x^2-5x+6}dx$

3) $\int \frac{5x-4}{x^2-4x}dx$

4) $\int \frac{1}{(x-1)(x+2)(x-3)}dx$

5) $\int \frac{1}{x(x^2-1)}dx$

6) $\int \frac{x^2}{x^2-3x+2}dx$

7) $\int \frac{3x^2-x+1}{x^3-x^2}dx$

8) $\int \frac{x^2}{(x+2)^3}dx$

2. 다음 적분을 구하여라.

1) $\int \cos^5 x \sin x dx$

2) $\int \sin^4 x \cos x dx$

3) $\int \cos^2 3x dx$

4) $\int \cos^4\left(\frac{x}{4}\right)dx$

5) $\int \sin^3 x \cos^3 x dx$

6) $\int \cos^4 x \sin^3 x dx$

7) $\int \cos 5x \sin x dx$

8) $\int \sin^2 x \cos^2 x dx$

3. 다음 적분을 구하여라.

1) $\int \sin 3\theta \cos 2\theta d\theta$

2) $\int \frac{\sin x}{\cos^8 x} dx$

3) $\int \sqrt{\cos x} \sin x dx$

4) $\int \sec^2(3x+1) dx$

5) $\int e^{-2x} \tan(e^{-2x}) dx$

6) $\int \cot 3x dx$

7) $\int \sec 2x dx$

8) $\int \tan^2 x \sec^2 x dx$

4. 다음 부정적분을 구하여라.

1) $\int \frac{1}{x - x^{\frac{3}{5}}} dx$

2) $\int \frac{1}{x\left(1 - x^{\frac{1}{4}}\right)} dx$

3) $\int \frac{1+\sqrt{x}}{1-\sqrt{x}} dx$

4) $\int \sin \sqrt{x} dx$

5) $\int \frac{1}{1+\sin x + \cos x} dx$

5.7.3 Homework

1. 다음 부정적분을 구하여라.

1) $\int \frac{2x^2+3x+3}{(x+1)^3}dx$

2) $\int \frac{1}{x(x^2+x+1)}dx$

3) $\int \frac{1}{x^4-16}dx$

4) $\int \frac{x^2+1}{(x^2+2x+3)^2}dx$

5) $\int \frac{x^5+x^4+4x^3+4x^2+4x+4}{(x^2+2)^3}dx$

6) $\int \frac{\cos\theta}{\sin^2\theta+4\sin\theta-5}d\theta$

7) $\int \frac{1}{1+e^x}dx$

2. 다음 부정적분을 구하여라.

1) $\int \tan^5 x \sec^4 x dx$

2) $\int \tan^3 4x \sec^4 4x dx$

3) $\int \tan^4\theta \sec^4\theta d\theta$

4) $\int \sec^5 x \tan^3 x dx$

5) $\int \tan^4 x \sec x dx$

6) $\int \sec^4 x dx$

7) $\int \tan^4 x dx$

8) $\int \tan^2(1-2x)\sec(1-2x)dx$

9) $\int \cot^n x dx$

3. 다음 적분을 구하여라.

1) $\int \frac{1}{4\sin x - 3\cos x}dx$

2) $\int \frac{1}{\sin x + \tan x}dx$

3) $\int \frac{\sqrt{x^2+4x}}{x^2}dx$

4) $\int \frac{\sqrt{2x-x^2}}{x^2}dx$

5) $\int \frac{1}{2+\sin x}dx$

Chapter

6 정적분

이 장에서는 정적분의 개념을 이해하고 가장 중요한 미적분학의 기본정리에 대해 학습한다. 일정한 구간에서 연속함수 $y=f(x)$로 결정되는 영역의 면적을 구하는 경우를 생각해 보면서 정적분을 이해한다.

6.1 정적분

폐구간 $[a, b]$ 위에서 항상 양수값을 가지는 연속함수 $y=f(x)$와 x축에 의해 결정되는 도형의 면적 S를 어떻게 구할 수 있는지 생각해 보자.

먼저 구간 $[a, b]$를 n개의 소구간으로 분할한 다음, 각각의 소구간 내에서 가장 작은 함수값을 높이로 갖는 직사각형들 넓이의 합을 V_1이라고 하고, 가장 큰 함수값을 높이로 갖는 직사각형들의 넓이 합을 V_2라고 하면,

$$V_1 \leq S \leq V_2$$

이다.

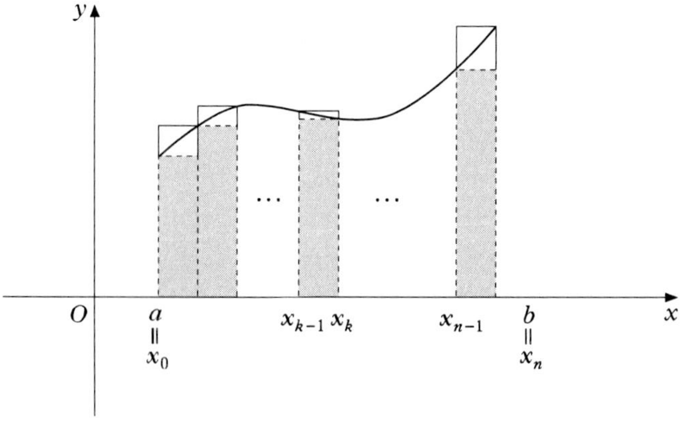

그림 6.1

(1) 리만 합과 정적분

만약 구간 $[a,\ b]$를 계속 더 세밀하게 분할해 가면 직사각형들의 합 V_1, V_2은 점점 더 도형의 넓이 S와 비슷해질 것이다. 다음 정리를 증명하려면 고등해석학적 지식을 필요로 하지만, 직관적으로 인정하고 받아들이기로 한다.

정리 6.1 리만합의 극한정리 *Theorem*

구간 $[a,\ b]$의 분할 $P=\{x_0,\ x_1,\ \cdots,\ x_{n-1},\ x_n\}$에서, $\triangle x_k = |x_k - x_{k-1}|$는 각 소구간의 길이이고 가장 큰 소구간의 길이를 $\|P\|$라고 하자. $\|P\|\to 0$이 되도록 분할의 개수 n을 자꾸 늘려가면, 극한값

$$\lim_{\|P\|\to 0}\sum_{k=1}^{n} f(c_k)\triangle x_k,\ (\text{단},\ x_{k-1}\le c_k \le x_k)$$

는 유일하게 항상 존재한다.

- 위 정리에서 c_k는 소구간 $[x_{k-1},\ x_k]$에서 임의로 선택한 점이다.
- c_k의 선택에 관계없이 $V_1 \le \sum_{k=1}^{n} f(c_k)\triangle x_k \le V_2$는 언제나 성립한다.
- c_k의 선택에 관계없이 $\lim_{\|P\|\to 0}\sum_{k=1}^{n} f(c_k)\triangle x_k$은 유일하게 존재한다.
- $\sum_{k=1}^{n} f(c_k)\triangle x_k$를 리만합이라고 한다.
- 리만합의 극한정리는 $f(x)$의 함수값이 +이든 -이든 관계없이 항상 성립한다.

정의 6.1 정적분의 정의

리만합의 극한값을 구간 $[a, b]$에서 함수 $y=f(x)$의 정적분이라고 하고 $\int_a^b f(x)dx$로 나타낸다. 즉,

$$\int_a^b f(x)dx = \lim_{\|P\| \to 0} \sum_{k=1}^{n} f(c_k) \triangle x_k$$

- $f(x)$가 구간 $[a, b]$ 위에서 음이 아닌 연속함수일 때, 구간 $[a, b]$와 곡선 $f(x)$로 둘러싸인 면적은 $\int_a^b f(x)dx$이다.

6.2 정적분의 성질

정적분을 리만합(또는 도형의 넓이)으로 정의하였으므로 직관적으로 다음 정리들을 이해할 수 있다.

정의 6.2 정적분의 확장 정의

$f(x)$는 구간 $[a, b]$에서 연속이라고 하자.

1) $\int_a^a f(x)dx = 0$

2) $\int_b^a f(x)dx = -\int_a^b f(x)dx$

만약 주어진 피적분함수들의 정적분 값이 모두 존재하면 다음 정리를 얻게 된다.

정리 6.2 *Theorem*

$f(x)$와 $g(x)$가 정적분 값을 가지고 있으면

1) $\int_a^b kf(x)dx = k\int_a^b f(x)dx$ (k는 임의의 실수)

2) $\int_a^b (-f(x))dx = -\int_a^b f(x)dx$ ($k=-1$)

3) $\int_a^b (f(x) \pm g(x))dx = \int_a^b f(x)dx \pm \int_a^b g(x)dx$

4) $\int_a^b f(x)dx + \int_b^c f(x)dx = \int_a^c f(x)dx$ (정적분의 분할)

정리 6.3 *Theorem*

구간 $[a, b]$ 위의 모든 x에 대해 $f(x) \geq g(x)$이면

$$\int_a^b f(x)dx \geq \int_a^b g(x)dx$$

정리 6.4 정적분에 관한 평균값의 정리 *Theorem*

$f(x)$가 구간 $[a, b]$에서 연속이면

$$\int_a^b f(x)dx = f(c)(b-a)$$

를 만족하는 c가 a와 b 사이에 존재한다.

앞 정리는 기하학적인 면에서 보면 아래의 두 면적이 같게 되는 c가 a와 b 사이에 존재한다는 뜻이다.

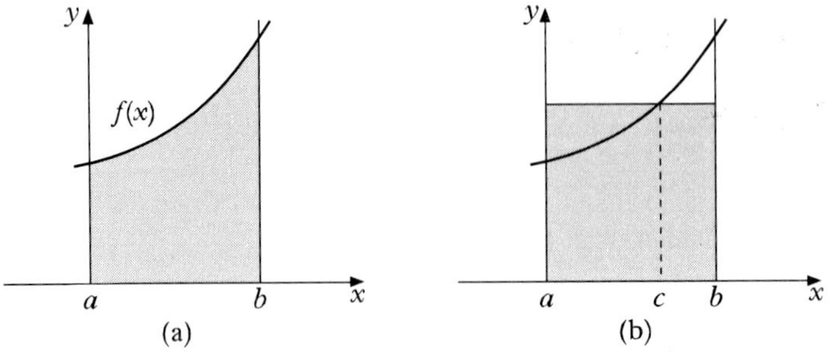

그림 6.2 정적분에 관한 평균값의 정리

6.3 미적분학의 기본정리

정적분의 값을 리만합의 정의에 의해 구하는 것은 매우 불편하고 경우에 따라 불가능할 수도 있다. 그러나 앞에서 공부한 부정적분을 활용하면 정적분의 값을 쉽게 구할 수 있다. 먼저 다음 정리를 살펴보자.

정리 6.5 *Theorem*

$f(x)$가 폐구간 $[a,\ b]$에서 연속함수이면 $F(x)=\int_a^x f(t)dt$는 미분 가능이며 $f(x)$의 원시함수이다.

증명 함수 $f(x)$가 폐구간 $[a,\ b]$에서 연속이면 $[a,\ b]$ 위의 임의의 점 x에 대해 구간 $[a,\ x]$에서도 연속이므로 정적분 $\int_a^x f(t)dt$의 값이 유일하게 정해진다. 따라서

$$F(x)=\int_a^x f(t)dt$$

라고 정의하면 $F(x)$는 구간 $[a,\ b]$에서의 변수 x를 갖는 함수이다. 여기서 $F(x)$의 도함수를 구해보자. 우선

$$\begin{aligned} F(x+\triangle x)-F(x) &= \int_a^{x+\triangle x} f(t)dt-\int_a^x f(t)dt \\ &= \int_x^a f(t)dt+\int_a^{x+\triangle x} f(t)dt \quad (\text{정의 } 6.2\ (2)) \\ &= \int_x^{x+\triangle x} f(t)dt \quad (\text{정리 } 6.2\ (4)) \end{aligned}$$

따라서 구간 $[x,\ x+\triangle x]$에 적분에 관한 평균값의 정리를 적용하면

$$\frac{F(x+\triangle x)-F(x)}{\triangle x}=\frac{1}{\triangle x}\int_x^{x+\triangle x} f(t)dt=f(\xi)$$

가 되는 ξ가 x와 $x+\triangle x$ 사이에 존재한다. 즉, $x\le\xi\le x+\triangle x$이다. 따라서 $\triangle x\to 0$이면 $\xi\to x$이고 $f(x)$는 연속이므로

$$\lim_{\xi\to x} f(\xi)=f(x)$$

이다. 그러므로

$$\frac{d}{dx}F(x)=\lim_{\triangle x\to 0}\frac{F(x+\triangle x)-F(x)}{\triangle x}=\lim_{\xi\to x} f(\xi)=f(x)$$

정리 6.5에 의해 매우 중요한 미분적분학의 기본정리를 얻을 수 있다.

정리 6.6 미적분학의 기본정리 *Theorem*

구간 $[a, b]$에서 연속인 함수 $f(x)$의 한 원시함수를 $F(x)$라 하면

$$\int_a^b f(x)dx = F(b) - F(a) = F(x)|_a^b$$

예 1 $f(x) = 4 - x^2$와 양의 x축과 양의 y-축으로 이루어진 부분의 면적을 구하여라.

풀이 $$\int_0^2 (4 - x^2)dx = \int_0^2 4dx - \int_0^2 x^2 dx$$

$$= 4(2-0) - \frac{(2)^3}{3} = 8 - \frac{8}{3} = \frac{16}{3}$$

따라서 구하는 면적은 $\frac{16}{3}$이다.

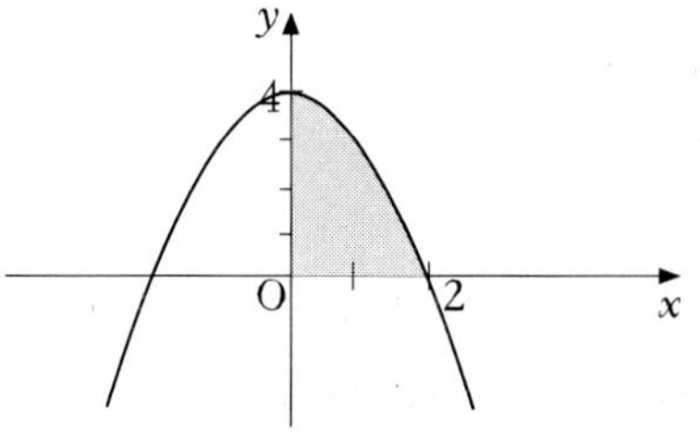

그림 6.3 $y = 4 - x^2$

예 2 $\int_1^4 (x^3 - 2)dx$를 구하여라.

풀이 $\frac{1}{4}x^4 - 2x + C$는 $x^2 - 2$의 원시함수이므로

$$\int_1^4 (x^3-2)dx = \frac{1}{4}x^4 - 2x + C\Big|_1^4$$

$$= \left(\frac{256}{4} - 8 + C\right) - \left(\frac{1}{4} - 2 + C\right) = 57\frac{3}{4}$$

예 3 함수 $f(x) = \begin{cases} x^2, & x < 2 \\ 3x-2, & x \geq 2 \end{cases}$일 때 $\int_0^6 f(x)dx$를 구하여라.

풀이 $\int_0^6 f(x)dx = \int_0^2 f(x)dx + \int_2^6 f(x)dx = \int_0^2 x^2 dx + \int_2^6 (3x-2)dx$

$$= \frac{x^3}{3}\Big]_0^2 + \left[\frac{3x^2}{2} - 2x\right]_2^6 = \left(\frac{8}{3} - 0\right) + (42-2) = \frac{128}{3}$$

예 4 $\int_{-1}^2 |x|dx$를 구하여라.

풀이 $x \geq 0$이면 $|x| = x$이고 $x \leq 0$이면 $|x| = -x$이다. 따라서

$$\int_{-1}^2 |x|dx = \int_{-1}^0 |x|dx + \int_0^2 |x|dx$$

$$= \int_{-1}^0 (-x)dx + \int_0^2 x dx$$

$$= -\frac{x^2}{2}\Big]_{-1}^0 + \frac{x^2}{2}\Big]_0^2 = \frac{1}{2} + 2 = \frac{5}{2}$$

(1) $\sum$ 사용법

- 그리스 문자 Σ(sigma)는 합을 나타내는 기호이다.
- $\sum_{n=1}^{100} K_n$은 K_1부터 K_{100}까지 100개의 항을 모두 더한다는 의미이다.

- $\sum_{n=1}^{m} a_n = a_1 + a_2 + \cdots + a_m$ 이다.

다음에 열거한 세 개의 공식은 자주 사용된다.

$$\sum_{k=1}^{n} k = 1+2+3+\cdots+n = \frac{n(n+1)}{2}$$

$$\sum_{k=1}^{n} k^2 = 1^2+2^2+3^2+\cdots+n^2 = \frac{n(n+1)(2n+1)}{6}$$

$$\sum_{k=1}^{n} k^3 = 1^3+2^3+3^3+\cdots+n^3 = \left(\frac{n(n+1)}{2}\right)^2$$

예 5 1) $\sum_{k=1}^{10} k^2 = \frac{10(10+1)(2\cdot 10+1)}{6} = \frac{10\cdot 11\cdot 21}{6} = 385$

2) $\sum_{k=1}^{10} k^3 = \left(\frac{10(10+1)}{2}\right)^2 = 55^2 = 3025$

3) $\sum_{k=1}^{5} (k-1)^2 = \sum_{k=1}^{5} k^2 - 2\sum_{k=1}^{5} k + \sum_{k=1}^{5} 1$ 따라서

$$\sum_{k=1}^{5} (k-1)^2 = \frac{5\cdot 6\cdot 11}{6} - 2\frac{5\cdot 6}{2} + 5 = 55 - 30 + 5 = 30$$

6.3.1 예제

(1) 정적분의 정의

1. 정적분의 정의를 이용해서 $\int_{-2}^{2} 5dx$를 구하여라.

풀이 이 정적분이 의미하는 것은 아래의 음영 부분의 면적을 의미하므로 직관적으로 그 값이 20이 된다는 것을 알 수 있다.

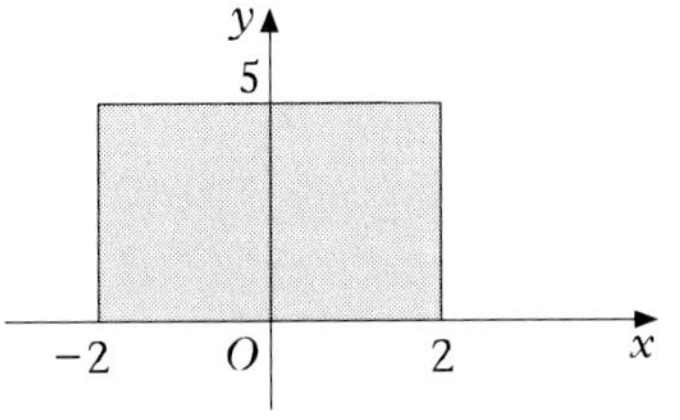

그림 6.4

그러면 정적분의 정의를 이용해서 한 번 구해보기로 하자. 구간 [-2, 2]를 동일한 n개의 소구간으로 분할하면 각각의 소구간 $[x_{k-1}, x_k]$은 크기가 $\frac{4}{n}$이다. 이 때 $c_k = x_k$로 택하면

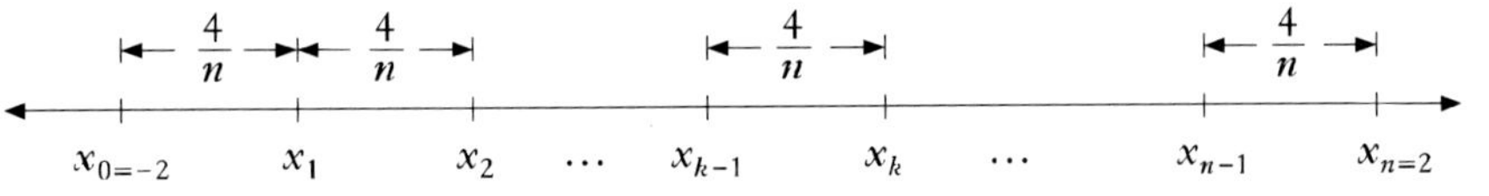

그림 6.5

$$x_0 = -2,\ x_1 = -2 + \frac{4}{n},\ x_2 = -2 + 2 \cdot \frac{4}{n},\ \cdots$$

$$x_k = -2 + k \cdot \frac{4}{n},\ \cdots$$

$x_n = -2 + n \cdot \frac{4}{n} = 2$

이고, 함수 값은 항상 상수 값 5를 갖기 때문에

$f(x_i) = 5$

이다. 따라서

$$\sum_{k=1}^{n} f(c_k) \triangle x_k = \sum_{k=1}^{n} 5 \cdot \frac{4}{n} = \sum_{k=1}^{n} \frac{20}{n}$$

$$= \frac{20}{n} \sum_{k=1}^{n} 1 \quad \left(\frac{20}{n\text{은 변수 } k\text{와}} \text{무관}\right)$$

$$= \frac{20}{n}(1+1+\cdots+1)$$

$$= \frac{20}{n} \cdot n = 20$$

2. 정적분의 정의를 이용하여 $\int_0^1 (x-1)^2 dx$를 구하여라.

풀이 [0, 1]을 동일한 크기의 n개 소구간으로 분할하면 각각의 소구간 크기가 $\frac{1}{n}$이 된다. 이 때 $c_k = x_k$로 택하면

$$x_0 = 0,\ x_1 = \frac{1}{n},\ x_2 = 2 \cdot \frac{1}{n},\ \cdots$$

$$x_k = k \cdot \frac{1}{n},\ \cdots$$

$$x_n = n \cdot \frac{1}{n} = 1$$

이고

$$f(x_i) = (x_i - 1)^2 = \left(i\frac{1}{n} - 1\right)^2 = \left(\frac{i}{n}\right)^2 - \frac{2i}{n} + 1$$

이므로

$$
\begin{aligned}
\sum_{k=1}^{n} f(c_k)\Delta x_k &= \sum_{k=1}^{n}\left(\frac{k^2}{n^2}-\frac{2k}{n}+1\right)\frac{1}{n} \\
&= \sum_{k=1}^{n}\left(\frac{1}{n^3}k^2-\frac{2}{n^2}k+\frac{1}{n}\right) \\
&= \frac{1}{n^3}\sum_{k=1}^{n}k^2-\frac{2}{n^2}\sum_{k=1}^{n}1 \\
&= \frac{1}{n^3}\frac{n(n+1)(2n+1)}{6}-\frac{2}{n^2}\frac{n(n+1)}{2}+\frac{1}{n}n \\
&= \left(\frac{1}{3}+\frac{1}{2n}+\frac{1}{6n^2}\right)-\left(1+\frac{1}{n}\right)+1 \\
&= \frac{1}{3}-\frac{1}{2n}+\frac{1}{6n^2}
\end{aligned}
$$

여기서 $n\to\infty$ 이면

$$
\lim_{n\to\infty}\sum_{k=1}^{n} f(c_k)\Delta x_k = \lim_{n\to\infty}\left\{\frac{1}{3}-\frac{1}{2n}+\frac{1}{6n^2}\right\}=\frac{1}{3}
$$

이고 따ㅓ라서 $\int_0^1 (x-1)^2 dx = \frac{1}{3}$ 이다. 여기서 구한 값 $\frac{1}{3}$ 은 그림 6.6의 음영부분의 면적이다.

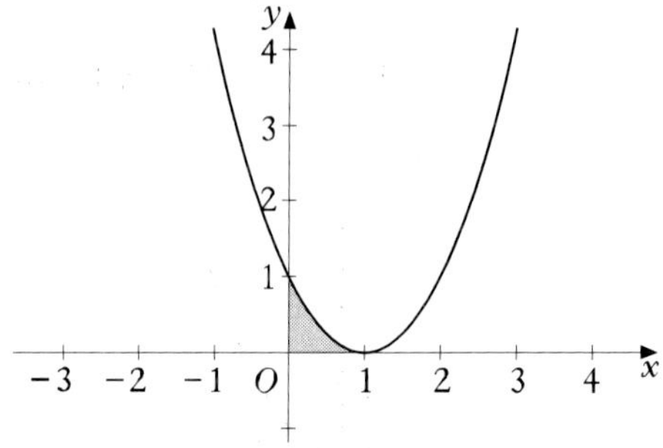

그림 6.6

(2) 정적분의 성질

3. $\int_{0}^{1} 3(x-1)^2 dx$**를 구하시오.**

풀이 정리 6.2의 1)에 의해 상수 3은 앞으로 나올 수 있다. 따라서

$$\int_{0}^{1} 3(x-1)^2 dx = 3\int_{0}^{1}(x-1)^2 dx = 3 \cdot \frac{1}{3} = 1$$ (6.1의 예제 3을 참조)

4. $\int_{-1}^{1} |x| dx$**를 구하시오.**

풀이 $|x| = \begin{cases} x, & x \geq 0 \\ -x, & x < 0 \end{cases}$이므로 정리 6.1의 3)에 의해

$$\int_{-1}^{1} |x| dx = \int_{-1}^{0}(-x)dx + \int_{0}^{1} x dx$$

$$= -\int_{-1}^{0} x dx + \int_{0}^{1} x dx$$

$$= \frac{1}{2} + \frac{1}{2}$$ (정적분의 정의를 이용해서구하면)

$$= 1$$

5. **함수** $f(x) = x^2 + 1$, $[0, \sqrt{3}]$**의 그래프를 그리고 구간** $[0, \sqrt{3}]$**에서** $\int_{0}^{\sqrt{3}} (x^2+1)dx = f(x)(\sqrt{3}-0)$**이 되는** c**의 값을 하나 구하시오.**

풀이

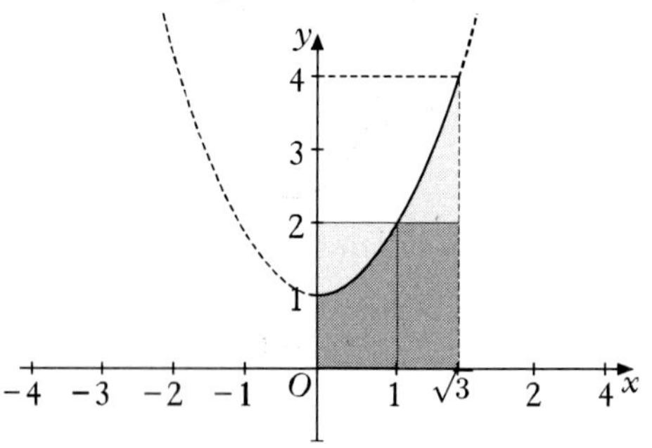

그림 6.7

$$\int_0^{\sqrt{3}}(x^2+1)dx = \left[\frac{1}{3}x^3+x\right]_0^{\sqrt{3}} = \frac{1}{3}3\sqrt{3}+\sqrt{3}=2\sqrt{3}$$

이므로 $2\sqrt{3}=f(c)\cdot\sqrt{3}$이 성립하려면 $f(c)=2$가 되는 c를 찾으면 된다. 즉, $c^2+1=2$를 만족하는 c를 $[0,\ \sqrt{3}]$에서 찾으면 된다. 그 값은 $c=1$이 된다는 것을 알 수 있다.

(3) 미적분학의 기본정리

6. $\int_0^{\pi}\cos x\,dx$와 $\int_{-\frac{\pi}{4}}^{0}\sec x\tan x\,dx$를 구하라.

풀이 1) $\int_0^{\pi}\cos x\,dx = \sin x]_0^{\pi} = \sin\pi-\sin 0 = 0-0=0$

2) $\int_{-\frac{\pi}{4}}^{0}\sec x\tan x\,dx = \sec x]_{-\frac{\pi}{4}}^{0} = \sec 0-\sec\left(-\frac{\pi}{4}\right)=1-\sqrt{2}$

7. $\int_{-1}^{1}x^4dx$를 구하여라.

풀이 $\int_{-1}^{1}x^4dx = \frac{1}{5}x^5]_{-1}^{1} = \frac{1}{5}\cdot 1^5-\frac{1}{5}\cdot(-1)^5 = \frac{1}{5}+\frac{1}{5}=\frac{2}{5}$

8. $\int_0^9\sqrt{x}\,dx$를 구하여라.

풀이 $\int_0^9\sqrt{x}\,dx = \frac{2}{3}x^{\frac{3}{2}}]_0^9 = \frac{2}{3}9^{\frac{3}{2}}-0=18$

$(\because 9^{\frac{3}{2}}=9\cdot 9^{\frac{1}{2}}=9\sqrt{9}=9\cdot 3=27)$

9. $\int_{-\frac{\pi}{2}}^{\frac{\pi}{2}} \sin\theta d\theta$를 구하여라.

풀이 $\int_{-\frac{\pi}{2}}^{\frac{\pi}{2}} \sin\theta d\theta = -\cos\theta \Big]_{-\frac{\pi}{2}}^{\frac{\pi}{2}} = -\cos\frac{\pi}{2} - \left(-\cos\left(-\frac{\pi}{2}\right)\right)$

$$= -\cos\frac{\pi}{2} + \cos\left(-\frac{\pi}{2}\right)$$

$$= 0 + 0 = 0$$

10. $\int_0^1 \frac{1}{1+x^2} dx$를 구하여라.

풀이 $\int_0^1 \frac{1}{1+x^2} dx = \tan^{-1}x]_0^1 = \tan^{-1}1 - \tan^{-1}0$

$$= \frac{\pi}{4} - 0 = \frac{\pi}{4}$$

11. $\int_2^4 \frac{1}{x} dx$를 구하여라.

풀이 $\int_2^4 \frac{1}{x} dx = \ln|x|]_2^4 = \ln x]_2^4 = \ln 4 - \ln 2$

6.3.2 실습문제

1. 정적분의 정의를 이용해서 다음을 구하여라.

   1) $\int_{1}^{2}(2-x)dx$

   2) $\int_{1}^{3}(x^2-1)dx$

   3) $\int_{-1}^{1}x^2dx$

2. $f(x)=4-2x^2$, $[0,\ 1]$과 y축으로 이루어진 면적을 구하여라.

3. 함수 $f(x)=x^2-1$의 그래프를 그리고 구간 $[0,\ \sqrt{3}]$에서

$$\int_{0}^{\sqrt{3}}(x^2-1)dx=f(c)(\sqrt{3}-0)$$

   인 c의 값을 구하여라.

4. $\int_{0}^{\frac{1}{2}}(4x^2-\frac{3}{2}x+5)dx$를 구하여라.

5. $\int_{1}^{3} x^3 dx$를 구하여라.

6. $\int_{1}^{3} \frac{1}{x^2} dx$를 구하여라.

7. $\int_{4}^{9} 2y\sqrt{y}\, dy$를 구하여라.

8. $\int_{0}^{\frac{\pi}{4}} \sec^2\theta d\theta$를 구하여라.

9. $\int_{-1}^{2} 2|x| dx$를 구하여라.

10. $\int_{-\frac{\pi}{2}}^{\frac{\pi}{2}} \left(3\cos\theta - 4\sin\theta + \frac{1}{\theta^2}\right) d\theta$

6.3.3 Homework

1. 다음 정적분의 값을 구하여라.

1) $\int_{-2}^{1} 5dx$

2) $\int_{1}^{3} x^2 dx$

3) $\int_{0}^{3} x^3 dx$

4) $\int_{-\pi}^{\pi} \cos x dx$

5) $\int_{-1}^{1} |x| dx$

6) $\int_{1}^{2} \frac{1}{x} dx$

2. $\int_{0}^{2} (3x^2 - 2x + 2) dx$를 구하여라.

3. 함수 $f(x) = \sin x$의 그래프를 그리고 구간 $[0,\ 2\pi]$에서

$$\int_{0}^{2\pi} \sin x dx = f(c) = (2\pi - 0)$$

인 c의 값을 구하여라.

4. 함수 $f(x)=|x|-1$의 그래프를 그리고 구간 [−1, 1]에서

$$\int_{-1}^{1}(|x|-1)dx = f(c)(1-(-1))$$

인 c의 값을 구하여라.

5. 함수 $f(x)=\sqrt{1-x^2}$ 의 그래프를 그리고 구간 [−1, 1]에서

$$\int_{-1}^{1}\sqrt{1-x^2}\,dx = f(c)\cdot(1-(-1))$$

인 c의 값을 구하여라.

6. 다음 적분값을 구하여라.

1) $\int_{2}^{3}(3x^2+4x)dx$

2) $\int_{\frac{\pi}{4}}^{\frac{\pi}{2}}-\cos\theta d\theta$

3) $\int_{2}^{4}\frac{4y^3}{y^4+1}dy$

4) $\int_{0}^{\frac{\pi}{2}}(\sin x^2)4xdx$

5) $\int_{0}^{\frac{\pi}{2}}(\sin^2 x)\cos xdx$

6) $\int_{0}^{1}e^{x^5}\cdot 10x^4dx$

7) $\int_{-\frac{\pi}{6}}^{\frac{\pi}{2}}\left(x+\frac{2}{\sin^2 x}\right)dx$

8) $\displaystyle\int_{-3}^{-2}\frac{y+2}{y^2+4y}dy$

9) $\displaystyle\int_{1}^{2}(2-e^{-t})dt$

10) $\displaystyle\int_{0}^{1}\cos^{-1}x\,dx$

11) $\displaystyle\int_{4}^{5}\frac{dy}{y^2-9}$

12) $\displaystyle\int_{0}^{1}x^2e^x\,dx$

13) $\displaystyle\int_{0}^{2}|2x-3|dx$

14) $\displaystyle\int_{0}^{\frac{3\pi}{4}}|\cos x|dx$

15) $\displaystyle\int_{-1}^{2}\sqrt{2+|x|}\,dx$

16) $f(x)=\begin{cases}\sqrt{x}, & 0\le x\le 1\\ \dfrac{1}{x^2}, & x>1\end{cases}$ 일 때 $\displaystyle\int_{0}^{4}f(x)dx$

7. $n\to\infty$ 일 때 다음 극한값을 구하여라.

1) $\dfrac{1}{n}+\dfrac{n}{n^2+1}+\dfrac{n}{n^2+2^2}+\cdots+\dfrac{n}{n^2+(n-1)^2}$

2) $\dfrac{\sqrt{1}+\sqrt{2}+\sqrt{3}+\cdots+\sqrt{n}}{n^{\frac{3}{2}}}$

3) $\dfrac{1^4+2^4+3^4+\cdots+n^4}{n^5}$

6.4 치환적분과 부분적분법

원시함수를 구할 수 있으면, 미분적분학의 기본정리에 의해, 정적분을 간단하게 계산할 수 있다. 하지만 원시함수를 쉽게 구할 수 없을 때, 변수를 적당하게 치환하면 문제가 쉽게 풀리는 경우도 있다.

(1) 정적분의 치환적분법

정리 6.7 *Theorem*

$u=g(x),\ du=g'(x)dx$로 치환하면

$$\int_a^b h(x)dx=\int_{g(a)}^{g(b)} f(u)du$$

- $h(x)$의 원시함수 $H(x)$를 구할 수 있으면 $\int_a^b h(x)dx=H(x)|_a^b$으로 계산하는 것이 편하다.
- 치환적분은 $h(x)$의 원시함수 $H(x)$를 구하기 어려울 경우에 적용한다.
- 정적분의 치환적분을 계산할 때는, 적분구간이 변하는 것에 유의해야 한다.

예 1 $\int_0^2 x(x^2+1)^3dx$를 구하여라.

풀이 [방법 1] $u=x^2+1$로 치환하면 $du=2xdx$이고

$$\int x(x^2+1)^3dx=\frac{1}{2}\int u^3du=\frac{u^2}{8}+C=\frac{(x^2+1)^4}{8}+C$$

그러므로

$$\int_0^2 x(x^2+1)^3 dx = \frac{(x^2+1)^4}{8}\Bigg]_{x=0}^2 = \frac{625}{8} - \frac{1}{8} = 78$$

[방법 2] $u = x^2 + 1$로 치환하면 $x = 0$일 때 $u = 1$이고 $x = 2$일 때 $u = 5$이다. 따라서

$$\int_0^2 x(x^2+1)^3 dx = \frac{1}{2}\int_1^5 u^3 du = \frac{u^4}{8}\Bigg]_1^5 = \frac{625}{8} - \frac{1}{8} = 78$$

예 2 $\int_0^{\frac{\pi}{4}} \cos(\pi - x)dx$를 구하여라.

풀이 $u = \pi - x$라고 치환하면 $du = -dx$이고

$x = 0$일 때, $u = \pi$

$x = \frac{\pi}{4}$일 때, $u = \frac{3\pi}{4}$

이므로

$$\int_0^{\frac{\pi}{4}} \cos(\pi - x)dx = \int_\pi^{\frac{3\pi}{4}} \cos u(-du) = -\int_\pi^{\frac{3\pi}{4}} \cos u du = -\sin u\Big]_\pi^{\frac{3\pi}{4}}$$

$$= -\left[\sin\left(\frac{3\pi}{4}\right) - \sin\pi\right] = -\left[\frac{1}{\sqrt{2}} - 0\right] = -\frac{1}{\sqrt{2}}$$

(2) 정적분의 부분적분법

정적분에서도 부분적분법을 적용할 수 있다.

정리 6.8 *Theorem*

$f(x)$, $g(x)$가 $[a, b]$에서 연속인 함수이면

$$\int_a^b f(x)g'(x)dx = [f(x)g(x)]_a^b - \int_a^b f'(x)g(x)dx$$

예 3 $\int_0^{\frac{\pi}{4}} x\cos x dx$를 구하여라.

풀이 $f(x)=x,\ g'(x)=\cos x$라고 하면, $f'(x)=1,\ g(x)=\sin x$이므로,

$$\int_0^{\frac{\pi}{4}} x\cos x dx = x\sin x\Big|_0^{\frac{\pi}{4}} - \int_0^{\frac{\pi}{4}} \sin x dx$$

$$= x\sin x\Big|_0^{\frac{\pi}{4}} + \cos x\Big|_0^{\frac{\pi}{4}}$$

$$= \frac{\pi}{4}\sin\frac{\pi}{4} - 0\sin 0 + \cos\frac{\pi}{4} - \cos 0$$

$$= \frac{\pi}{4}\cdot\frac{1}{\sqrt{2}} + \frac{1}{\sqrt{2}} - 1$$

6.5 특이적분

적분구간이 유한하지 않거나, 피적분하는 함수 $f(x)$가 유한하지 않은 경우에는 정적분의 개념을 확장하여 다음과 같이 정의한다.

정의 6.3 특이적분

1) f가 $[a,\ \infty)$에서 연속일 때, $\int_a^{\infty} f(x)dx = \lim_{b\to\infty}\int_a^b f(x)dx$

2) f가 $(-\infty,\ b)$에서 연속일 때, $\int_{-\infty}^{b} f(x)dx = \lim_{a\to-\infty}\int_a^b f(x)dx$

3) f가 $(a,\ b]$에서 연속이고, $\lim_{x\to a^+} f(x) = \pm\infty$일 때,

$$\int_a^b f(x)dx = \lim_{c\to a^+}\int_c^b f(x)dx$$

4) f가 $[a,\ b)$에서 연속이고, $\lim_{x\to b^-} f(x) = \pm\infty$일 때,

$$\int_a^b f(x)dx = \lim_{c\to b^-}\int_a^c f(x)dx$$

- 무한구간에서의 적분과 구간 내에 함수가 무한값을 갖는 경우의 적분을 특이적분(Improper Integral)이라고 부른다.
- 만일 극한값이 유한하지 않을 경우 특이적분이 존재하지 않는다고 하거나 발산한다고 한다.

예 1 아래의 그림 6.8에서 $y=\dfrac{\ln x}{x^2}$ 와 구간 $[1,\ \infty)$ 윗부분의 면적을 구하여라.

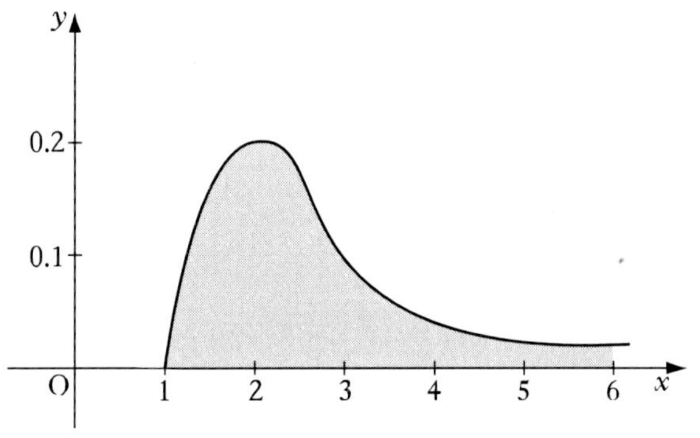

그림 6.8 $y=\dfrac{\ln x}{x^2}$

풀이 적당한 점 $x=b$를 잡고, $[1,\ b]$에서의 면적을 계산하면

$$\int_1^b \frac{\ln x}{x^2}dx = \left[(\ln x)(-\frac{1}{x})\right]_1^b - \int_1^b\left(-\frac{1}{x}\right)\left(\frac{1}{x}\right)dx$$

$$= -\frac{\ln b}{b} - \left[\frac{1}{x}\right]_1^b$$

$$= -\frac{\ln b}{b} - \frac{1}{b} + 1$$

따라서 구하는 면적은 $b\to\infty$ 인 경우로 생각하여,

$$\lim_{b\to\infty}\left[-\frac{\ln b}{b} - \frac{1}{b} + 1\right] = -\left[\lim_{b\to\infty}\frac{\ln b}{b}\right] - 0 + 1$$

$$= -\left[\lim_{b\to\infty}\frac{\frac{1}{b}}{1}\right] + 1 \text{ (로피탈의 법칙)}$$

$$= 0 + 1 = 1$$

그러므로

$$\int_1^\infty \frac{\ln x}{x^2}dx = \lim_{b\to\infty}\frac{\ln x}{x^2}dx = 1$$

예 2 $\int_1^\infty \frac{1}{x}dx$ 와 $\int_1^\infty \frac{1}{x^2}dx$ 의 적분값을 계산하라.

풀이 $x \to \infty$ 이면 $y_1 = \frac{1}{x}$, $y_2 = \frac{1}{x^2}$ 은 모두 x-축으로 접근해 간다.

1) $\int_1^b \frac{1}{x}dx = [\ln x]_1^b = \ln b - 0$

이고

$$\lim_{b\to\infty}\int_1^b \frac{1}{x}dx = \lim_{b\to\infty}\ln b = \infty$$

이므로 적분값은 존재하지 않는다.

2) $\int_1^b \frac{1}{x^2}dx = \left[-\frac{1}{x}\right]_1^b = 1 - \frac{1}{b}$

이고

$$\lim_{b\to\infty}\int_1^b \frac{1}{x^2}dx = \lim_{b\to\infty}\left(1 - \frac{1}{b}\right) = 1$$

따라서

$$\int_1^\infty \frac{1}{x^2}dx = 1$$

로 적분값이 존재한다.

- 특이적분값이 항상 존재하는 것은 아니다.
- 특이적분값이 존재하면, 특이적분이 수렴한다고 하고, 존재하지 않으면 발산한다고 한다.
- 특이적분을 직접 계산하기 곤란한 경우는 수렴성을 미리 판단하는 것이 좋다.

정리 6.9 직접비교판정법 *Theorem*

f와 g가 $[a,\ \infty)$에서 연속이고, 구간 안에서 $0 \le f(x) \le g(x)$라고 하자.

1) $\int_a^\infty g(x)dx$가 수렴하면 $\int_a^\infty f(x)dx$도 수렴한다.

2) $\int_a^\infty f(x)dx$가 발산하면 $\int_a^\infty g(x)dx$도 발산한다.

예 3 1) $\int_1^\infty e^{-x^2}dx$는 수렴한다.

2) $\int_1^\infty \frac{1}{\sqrt{x^2-0.1}}dx$는 발산한다.

풀이 1) $\int_1^\infty e^{-x^2}dx = \lim_{b\to\infty}\int_1^b e^{-x^2}dx$

인데, 피적분함수 e^{-x^2}의 원시함수는 우리가 알고 있는 단순한 함수 형태로 나타나지 않는다. 그러나 $1 \le b$일 때는 $e^{-x^2} \le e^{-x}$이고

$$\int_1^\infty e^{-x}dx = \lim_{b\to\infty}\int_1^b e^{-x}dx \le \lim_{b\to\infty}[-e^{-b}+e^{-1}] = e^{-1}$$

으로 수혐한다. 따라서 위의 정리에 의해

$$\int_1^\infty e^{-x^2}dx = \lim_{b\to\infty}\int_1^b e^{-x^2}dx$$

도 수렴한다.

2) 구간 $[1,\ \infty)$에서 $\frac{1}{\sqrt{x^2-0.1}} \ge \frac{1}{x}$이고 $\int_1^\infty \frac{1}{x}dx$가 발산하므로

정리 6.9에 의해 $\int_1^\infty \frac{1}{\sqrt{x^2-0.1}}dx$도 발산한다.

6.5.1 예제

(1) 치환적분

1. $\int_0^{\frac{\pi}{4}} \sqrt{1+\cos 4x}\, dx$를 구하여라.

풀이 $\cos^2\theta = \frac{1+\cos 2\theta}{2}$ 혹은 $1+\cos 2\theta = 2\cos^2\theta$이므로 $\theta = 2x$로 치환하면

$1+\cos 4x = 2\cos^2 2x$

그러므로

$$\int_0^{\frac{\pi}{4}} \sqrt{1+\cos 4x}\, dx = \int_0^{\frac{\pi}{4}} \sqrt{2}\sqrt{\cos^2 2x dx}$$

$$= \sqrt{2}\int_0^{\frac{\pi}{4}} |\cos 2x| dx \quad (\sqrt{a^2} = |a|)$$

$$= \sqrt{2}\int_0^{\frac{\pi}{4}} \cos 2x dx \quad \left(\left[0,\ \frac{\pi}{4}\right]\text{에서 } \cos 2x \ge 0\right)$$

$$= \sqrt{2}\left[\frac{\sin 2x}{2}\right]_0^{\frac{\pi}{4}} = \sqrt{2}\left[\frac{1}{2} - 0\right] = \frac{\sqrt{2}}{2}$$

2. $\int_0^4 \sqrt{16-x^2}\, dx$를 구하여라.

풀이 $x = 4\sin\theta\left(0 \le \theta \le \frac{\pi}{2}\right)$라고 하면 $x=0$일 때 $\theta = 0$, $x = 4$일 때 $\theta = \frac{\pi}{2}$이고 $dx = 4\cos\theta d\theta$이다. 그리고 구간 $\left[0,\ \frac{\pi}{2}\right]$에서 $x = 4\sin\theta$는 θ에 관한 증가함수이다.

$$\int_0^4 \sqrt{16-x^2}\,dx = \int_0^{\frac{\pi}{2}} \sqrt{16-16\sin^2\theta} \cdot 4\cos\theta \cdot d\theta$$

$$= 16\int_0^{\frac{\pi}{2}} \cos^2\theta d\theta = 8\left[\theta + \frac{1}{2}sin2\theta\right]_0^{\frac{\pi}{2}} = 4\pi$$

3. $\int_0^3 \frac{1}{(x+2)\sqrt{x+1}}dx$**를 구하여라.**

풀이 $\sqrt{x+1}=t$라 하면 $x+1=t^2$이고 $x=t^2-1$이어서 $dx=2tdx$이다. $t=1$, $x=3$이면 $t=2$이다. 여기서 $x=t^2-1$은 구간 $1 \le t \le 2$에서 증가함수이다. 그러므로

$$\int_0^3 \frac{1}{(x+2)\sqrt{x+1}}dx = \int_1^2 \frac{1}{(t^2+1)t}dtdt = 2\int_1^2 \frac{1}{t^2+1}dx$$

$$= 2[\tan^{-1}t]_1^2 = 2\tan^{-1}2 - \frac{\pi}{2}$$

4. 1) $f(x)$가 우함수이면

$$\int_{-a}^{a} f(x)dx = 2\int_0^a f(x)dx \qquad (6.4)$$

2) $f(x)$가 기함수이면

$$\int_a^a f(x)dx = 0 \qquad (6.5)$$

임을 증명하여라.

풀이 정적분의 성질에 의해

$$\int_a^a f(x)dx = \int_{-a}^0 f(x)dx + \int_0^a f(x)dx$$

여기서 $x=-t$로 치환하면

$$\int_a^0 f(x)dx = \int_a^0 f(-t)(-1)dt = \int_0^a f(-t)dt = \int_0^a f(-x)dx$$

이므로

$$\int_{-a}^a f(x)dx = \int_0^a (f(x)+f(-x))dx$$

여기서 f가 우함수이면 $f(x)=f(-x)$이므로

$$f(-x)+f(x)=2f(x)$$

f가 기함수이면 $f(x)=-f(-x)$이므로

$$f(-x)+f(x)=0$$

이므로 (1)과 (2)가 성립한다.

5. $\int_0^{\frac{\pi}{8}} \sin^5 2x \cos 2x dx$**를 구하여라.**

풀이 $u=\sin 2x$로 치환하면 $du=2\cos 2x dx$이므로 $\frac{1}{2}du=\cos 2x dx$이고

$$x=0 \text{일 때} \quad u=\sin(0)=0$$

$$x=\frac{\pi}{8} \text{일 때} \quad u=\sin 2\left(\frac{\pi}{8}\right)=\sin\left(\frac{\pi}{4}\right)=\frac{1}{\sqrt{2}}$$

이므로

$$\int_0^{\frac{\pi}{8}} \sin 2x \cos 2x dx = \frac{1}{2}\int_1^{\frac{1}{\sqrt{2}}} u^5 du = \left[\frac{1}{2}\cdot\frac{u^6}{6}\right]_0^{\frac{1}{\sqrt{2}}}$$

$$= \frac{1}{2}\left[\frac{1}{6(\sqrt{2})^6}-0\right]=\frac{1}{96}$$

6. $\int_2^4 \frac{x^2+1}{(2x-3)^2}dx$**를 구하여라.**

풀이 $u=2x-3$으로 치환하면 $du=2dx$, $dx=\frac{1}{2}du$, $x=\frac{u+3}{2}$이다. x의 범위가 2에서 4까지 이므로 u의 범위는 $2\cdot 2-3=1$부터 $2\cdot 4-3=5$까지이다. 그러므로

$$\begin{aligned}\int_2^4 \frac{x^2+1}{(2x-3)^2}dx &= \int_1^5 \frac{[(u+3)/2]^2+1}{u^2}\frac{du}{2}\\ &= \int_1^5\left(\frac{1}{8}+\frac{3}{4u}+\frac{13}{8u^2}\right)du\\ &= \frac{u}{8}+\frac{3}{4}\ln u-\frac{13}{8u}\Big]_1^5\\ &= \left(\frac{5}{8}+\frac{3}{4}\ln 5-\frac{13}{8\cdot 5}\right)-\left(\frac{1}{8}+\frac{3}{4}\ln 1-\frac{13}{8}\right)\\ &= \frac{9}{5}+\frac{3}{4}\ln 5\end{aligned}$$

7. $\int_0^1 \frac{x}{\sqrt{1+x^2}}dx$**를 구하여라.**

풀이 $u=1+x^2$으로 치환하면 $du=2xdx$, $xdx=\frac{1}{2}du$, x는 0부터 1까지이므로 u는 $1+0^2=1$부터 $1+1^2=2$까지이다. 그러므로

$$\begin{aligned}\int_0^1 \frac{x}{\sqrt{1+x^2}}dx &= \int_1^2 \frac{1}{\sqrt{u}}\frac{1}{2}du\\ &= \sqrt{u}\Big]_1^2=\sqrt{2}-\sqrt{1}=\sqrt{2}-1\end{aligned}$$

8. $\int_2^1 \frac{e^{\frac{1}{x}}}{x^2}dx$를 구하여라.

풀이 $u=\frac{1}{x}$로 치환하면 $du=-\frac{1}{x^2}dx$이다. x는 2부터 1까지 움직이므로, u는 $\frac{1}{2}$부터 $\frac{1}{1}=1$까지 움직인다. 그러므로

$$\int_2^1 \frac{e^{\frac{1}{x}}}{x^2}dx = \int_2^1 -e^{\frac{1}{x}} \cdot \frac{-1}{x^2}dx$$

$$= \int_{\frac{1}{2}}^1 -e^u du = -e^u\Big]_{\frac{1}{2}}^1 = -e^1-(e^{\frac{1}{2}})$$

$$= \sqrt{e}-e$$

(2) 특이적분

9. 함수가 구간 내에서 불연속점을 갖는 경우에 대해서 구간 [0, 1]에서 $y=\frac{1}{\sqrt{x}}$로 경계되는 면적을 구하여라.

풀이

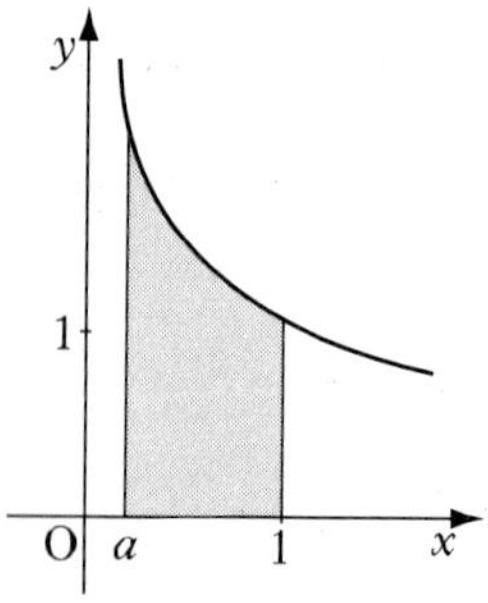

그림 6.9

우선 구간 $[a,\ 1](a>0)$에서 적분값을 구해보자.

$$\int_a^1 \frac{1}{\sqrt{x}}dx = 2\sqrt{x}\,]_a^1 = 2-2\sqrt{a}$$

$a \to 0^+$을 취하면

$$\lim_{a\to 0^+}(2-2\sqrt{a}) = 2-0 = 2$$

따라서 면적은

$$\int_0^1 \frac{1}{\sqrt{x}}dx = \lim_{a\to 0^+}\int_1^1 \frac{1}{\sqrt{x}}dx = 2$$

10. $\int_0^1 \frac{1}{1-x}dx$에 대하여 특이적분을 설명하여라.

풀이 함수 $f(x) = \dfrac{1}{1-x}$은 $[0,1)$에서 연속이다. 그러나 $x \to 1^-$일 때 f는 무한대로 증가한다.

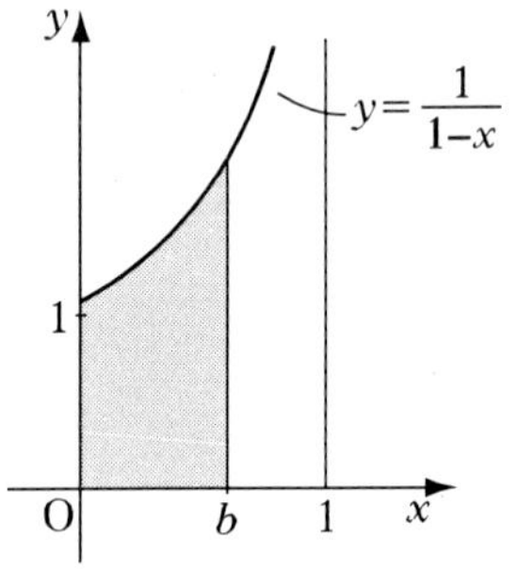

그림 6.10

$$\lim_{b\to 1^-}\int_0^b \frac{1}{1-x}dx = \lim_{b\to 1^-}[-\ln|1-x|]_0^b$$

$$= \lim_{b\to 1^-}[-\ln(1-b)+0] = \infty$$

극한값이 무한대이므로 특이적분값은 존재하지 않는다.

11. 다음과 같이 구간 내부에서 함수값이 무한인 경우의 적분값을 구하여라.

$$\int_0^3 \frac{dx}{(x-1)^{\frac{2}{3}}}$$

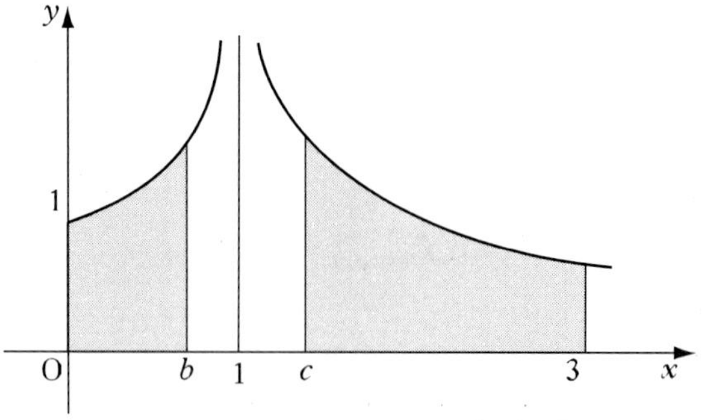

그림 6.11

풀이 함수 $f(x) = \dfrac{dx}{(x-1)^{\frac{2}{3}}}$는 $x=1$에서 무한값을 갖는다. 그러나 $[0, 1)$에서 연속이고 $(1, 3]$에서도 연속이다. 따라서 위의 극한값은 $[0, 1]$과 $[1, 3]$ 두 구간에서의 특이적분값을 구해서 합을 구함으로써 구할 수 있다. 구간 $[0, 1]$에서는

$$\int_0^1 \frac{dx}{(x-1)^{\frac{2}{3}}} = \lim_{b\to 1} \int_0^b \frac{dx}{(x-1)^{\frac{2}{3}}}$$

$$= \lim_{b\to 1^-} [3(b-1)^{\frac{1}{3}} - 3(0-1)^{\frac{1}{3}}] = 3$$

그리고 $[1, 3]$에서는

$$\int_1^3 \frac{dx}{(x-1)^{\frac{2}{3}}} = \lim_{c\to 1^+} \int_c^3 \frac{dx}{(x-1)^{\frac{2}{3}}} = \lim_{c\to 1^+} [3(3-1)^{\frac{1}{3}} - 3(c-1)^{\frac{1}{3}}] = 3\sqrt[3]{2}$$

두 극한이 모두 유한값이므로 구하는 적분값은 $3 + 3\sqrt[3]{2}$

12. 특이적분 $\int_{-\infty}^{\infty} \frac{1}{x^2+1} dx$가 수렴하는가 알아보고 그 값을 구하여라.

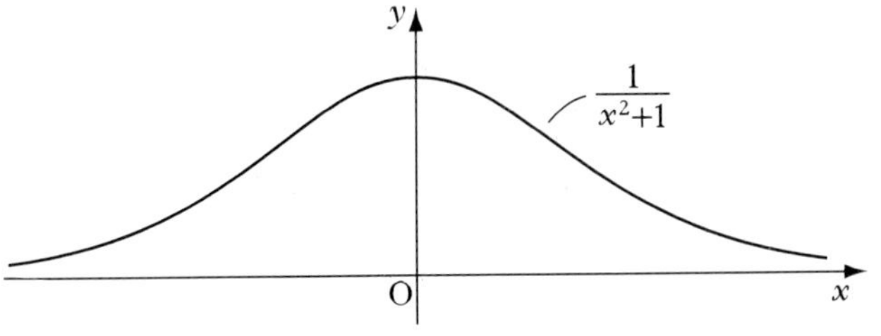

그림 6.12

풀이 $x \to \pm\infty$일 때 $y = \frac{1}{x^2+1}$은 x-축에 점근적으로 접근한다.

위의 적분은 두 개의 특이적분의 합으로 표시할 수 있다.

$$\begin{aligned}\int_{-\infty}^{\infty} \frac{1}{1+x^2} dx &= \int_{-\infty}^{0} \frac{1}{1+x^2} dx + \int_{0}^{\infty} \frac{1}{1+x^2} dx \\ &= \lim_{t \to -\infty} \int_{t}^{0} \frac{1}{1+x^2} dx + \lim_{t \to \infty} \int_{0}^{t} \frac{1}{1+x^2} dx \\ &= \lim_{t \to -\infty} [\tan^{-1} x]_t^0 + \lim_{t \to \infty} [\tan^{-1} x]_0^t \\ &= \lim_{t \to -\infty} (-\tan^{-1} t) + \lim_{t \to \infty} (\tan^{-1} t) \\ &= \frac{\pi}{2} + \frac{\pi}{2} = \pi\end{aligned}$$

13. 특이적분 $\int_{0}^{2} \frac{1}{\sqrt{4-x^2}} dx$가 수렴하는가 알아보고 그 값을 구하여라.

풀이 피적분함수는 구간 [0, 2] 위에서 연속이고 $\lim_{x \to 2^-} \frac{1}{\sqrt{4-x^2}} = \infty$이므로 구하는 적분은 특이적분이다. 따라서

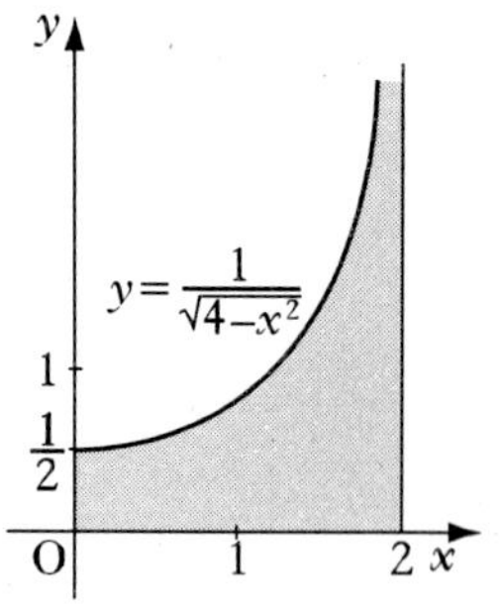

그림 6.13

$$\begin{aligned}\int_0^2 \frac{1}{\sqrt{4-x^2}}dx &= \lim_{\epsilon\to 0}\int_0^{2-\varepsilon}\frac{1}{\sqrt{4-x^2}}dx \\ &= \lim_{\epsilon\to 0}\left[\sin^{-1}\frac{x}{2}\right]_0^{2-\epsilon} \\ &= \lim_{\epsilon\to 0}\left(\sin^{-1}\frac{2-\epsilon}{2}-\sin^{-1}0\right) \\ &= \frac{\pi}{2}-0=\frac{\pi}{2}\end{aligned}$$

6.5.2 실습문제

1. 다음을 구하여라.

1) $\int_{0}^{1}(1+3x)^{5}3dx$

2) $\int_{0}^{\frac{\pi}{2}}e^{\sin\theta}\cdot\cos\theta d\theta$

3) $\int_{\sqrt{8}}^{\sqrt{15}}\sqrt{1+x^{2}}\,xdx$

4) $\int_{\frac{\pi}{4}}^{\frac{\pi}{2}}\sin2\theta d\theta$

5) $\int_{\frac{\pi}{6}}^{\frac{\pi}{4}}\tan\theta\sec^{2}\theta d\theta \quad (u=\tan\theta)$

6) $\int_{\frac{\pi^{2}}{16}}^{\frac{\pi^{2}}{4}}\frac{\sin\sqrt{x}}{\sqrt{x}}dx$

7) $\int_{1}^{e}\frac{(\ln x)^{4}}{x}dx \quad (u=\ln x)$

8) $\int_{\frac{\pi}{2}}^{\pi}\sin^{3}\theta\cos\theta d\theta$

2. 다음 정적분을 구하여라.

1) $\int_{0}^{1}xe^{-5x}dx$

2) $\int_{0}^{2}xe^{2x}dx$

3) $\int_{2}^{2} \ln(x+3)dx$

4) $\int_{0}^{\frac{1}{2}} \sin^{-1}x dx$

5) $\int_{0}^{\frac{\pi}{2}} x\sin 4x dx$

6) $\int_{0}^{\pi} (x + x\cos x)dx$

7) $\int_{4}^{9} \frac{1}{\sqrt{x-1}} dx$

8) $\int_{0}^{1} \frac{1}{\sqrt{x^2+2x}} dx$

3. 다음 주어진 특이적분 값을 구하거나 발산함을 보여라.

1) $\int_{2}^{\infty} \frac{1}{e^x} dx$

2) $\int_{3}^{\infty} \frac{1}{x^2} dx$

3) $\int_{-\infty}^{0} \frac{1}{1+x^2} dx$

4) $\int_{-\infty}^{-2} \frac{2}{x^2-1} dx$

5) $\int_{0}^{4} \frac{1}{\sqrt{4-x}} dx$

6) $\int_{0}^{1} \frac{1}{\sqrt{1-x^2}} dx$

7) $\int_{-1}^{1} x^{\frac{-2}{3}} dx$

8) $\int_{-8}^{1} x^{-\frac{1}{3}} dx$

9) $\int_{-\infty}^{0} \theta e^{\theta} d\theta$

10) $\int_{1}^{2} \frac{1}{s\sqrt{s^2-1}} ds$

11) $\int_{-1}^{4} \frac{1}{\sqrt{|x|}} dx$

12) $\int_{-\infty}^{\infty} e^{-|x|} dx$

13) $\int_{-\infty}^{\infty} 2xe^{-x^2} dx$

14) $\int_{0}^{1} x \ln x dx$

6.5.3 Homework

1. 다음 적분값을 구하여라.

1) $\displaystyle\int_{0}^{3} \sqrt{y+1}\,dy$

2) $\displaystyle\int_{0}^{1} s\sqrt{1-s^2}\,ds$

3) $\displaystyle\int_{-1}^{1} \sin(\pi\theta)d\theta$

4) $\displaystyle\int_{-5}^{0} x\sqrt{4-x}\,dx$

5) $\displaystyle\int_{0}^{\frac{\pi}{6}} 2\cos 3x dx$

6) $\displaystyle\int_{1-\pi}^{1+\pi} \sec^2\left(\frac{1}{4}x-\frac{1}{4}\right)dx$

7) $\displaystyle\int_{-1}^{1} \frac{x^2dx}{\sqrt{x^3+9}}$

8) $\displaystyle\int_{-\frac{3\pi}{4}}^{\frac{3\pi}{4}} \sin x\cos x dx$

9) $\displaystyle\int_{\pi^2}^{4\pi^2} \frac{1}{\sqrt{x}}\sin\sqrt{x}\,dx$

10) $\displaystyle\int_{0}^{\frac{\pi}{4}} \frac{\cos 2x}{\sqrt{7-3\sin 2x}}dx$

11) $\displaystyle\int_{0}^{\frac{\pi}{6}} \cos^{-3}2\theta\sin 2\theta d\theta$

12) $\displaystyle\int_{0}^{\frac{\pi}{4}} (1-\sin 2t)^{\frac{3}{2}}\cos 2t dt$

2. 구간 [0, 1] 위의 $y=\dfrac{1}{(3x+1)^2}$의 그래프 아래의 면적을 구하여라.

3. 구간 $[0, \pi]$ 위의 $y=(1-\cos x)\sin x$의 그래프 아래의 면적을 구하여라.

4. 구간 $[-\pi, \pi]$에서 $y=\dfrac{\pi}{2}(\cos x)(\sin(\pi+\pi\sin x))$의 그래프가 x축과 이루는 면적을 구하여라.

5. 다음 정적분을 구하여라.

1) $\displaystyle\int_5^9 \frac{1}{t\sqrt{t^2+144}}dt$

2) $\displaystyle\int_0^{\pi} \frac{1}{3+2\sin t}dt$

3) $\displaystyle\int_1^5 x\ln x dx$

4) $\displaystyle\int_0^1 \sin^6 x dx$

5) $\displaystyle\int_4^9 \frac{1-\sqrt{x}}{1+\sqrt{x}}dx$

6) $\displaystyle\int_0^{\frac{\pi}{4}} \frac{\cos 2x-1}{\cos 2x+1}dx$

7) $\displaystyle\int_{-2}^{-1} \frac{x-1}{\sqrt{x^2-4x+3}}dx$

8) $\displaystyle\int_1^4 (1-u)\sqrt{u}\,du$

9) $\int_1^3 \sqrt{x}\tan^{-1}\sqrt{x}\,dx$

10) $\int_0^1 \frac{x^3}{\sqrt{x^2+1}}dx$

6. 다음을 유도하여라.

1) $\int \sec^n x dx = \frac{\sec^{n-2}x\tan x}{n-1} + \frac{n-2}{n-1}\int \sec^{n-2}x dx$

2) $\int x^n e^x dx = x^n e^x - n\int x^{n-1}e^x dx$

7. 문제 2를 이용해서 다음을 구하여라.

1) $\int x^2 e^{3x} dx$

2) f가 구간 $[-1, 1]$에서 두 번 미분한 함수 f''가 연속이라 하자. 이때 다음을 보여라.

$$\int_{-1}^1 xf'(x)dx = f'(1) + f'(-1) + f(-1) - f(1)$$

8. 다음 특이적분이 수렴하는지 알아보라.

1) $\int_0^1 \sqrt{\frac{1+x}{1-x}}\,dx$

2) $\int_0^3 \frac{dx}{(x-1)^{2/3}}$

3) $\int_2^\infty \frac{x+3}{(x-1)(x^2+1)}dx$

9. $\int_1^{\infty} \frac{1}{x^P} dx$에서 $p > 1$ 이면 수렴하고 $p \leq 1$이면 발산함을 보여라.

10. 특이적분 $\int_0^1 \frac{1}{x^n} dx$는 $n < 1$이면 수렴하고 $n \geq 1$이면 발산함을 보여라.

11. 구간 $\left[0,\ \frac{\pi}{2}\right]$에서 $y = \sec x$와 $y = \tan x$ 사이의 면적을 구하여라.

12. $\int_0^{\infty} \frac{2x}{x^2+1} dx$는 발산함을 보여라. 따라서 $\int_{-\infty}^{\infty} \frac{2x}{x^2+1} dx$는 발산한다.

한편 $\lim_{b \to \infty} \int_{-b}^{b} \frac{2x}{x^2+1} dx = 0$임을 보여라. 따라서 일반적으로 $\int_{-\infty}^{\infty} f(x) dx$와 $\lim_{b \to \infty} \int_{-b}^{b} f(x) dx$는 같지 않음을 알 수 있다.

13. 다음 계산이 옳은지를 말하여라. 틀리면 이유를 말하고 옳은 답을 말하여라.

$$\int_{-1}^{3} \frac{1}{x^2} dx = -\frac{1}{x}\Big]_{-1}^{3} = -\frac{1}{3} + \frac{1}{-1} = -\frac{4}{3}$$

Chapter 7 정적분의 응용

7.1 면적
7.2 체적
7.3 곡선의 길이와 회전체의 표면적

7.1 면적

정의 7.1

함수 f가 폐구간 $[a, b]$에서 연속이면 곡선 $y=f(x)$, x축과 두 직선 $x=a$, $x=b$로 둘러싸인 영역의 면적 A는 다음과 같이 함수 절대값의 정적분으로 정의한다.

$$A=\int_a^b |f(x)|dx$$

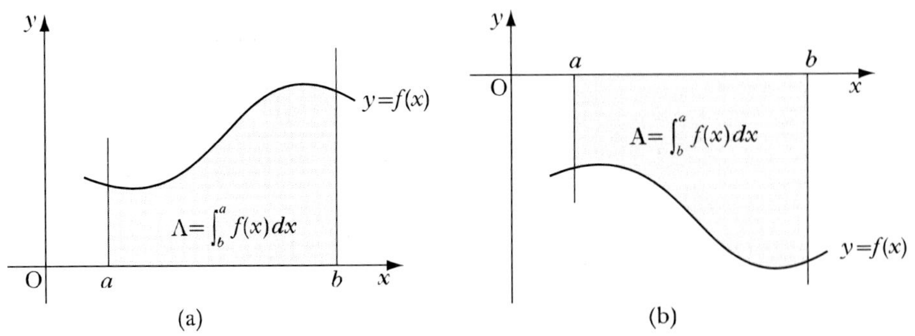

그림 7.1

정리 7.1 면적공식 *Theorem*

두 함수 f와 g가 구간 $[a, b]$에서 연속이고 $f(x) \geq g(x)$, $a \leq x \leq b$일 때 곡선 $y=f(x)$, $y=g(x)$, $x=a$와 $x=b$로 둘러싸인 영역의 면적은 다음과 같다.

$$A=\int_a^b (f(x)-g(x))dx$$

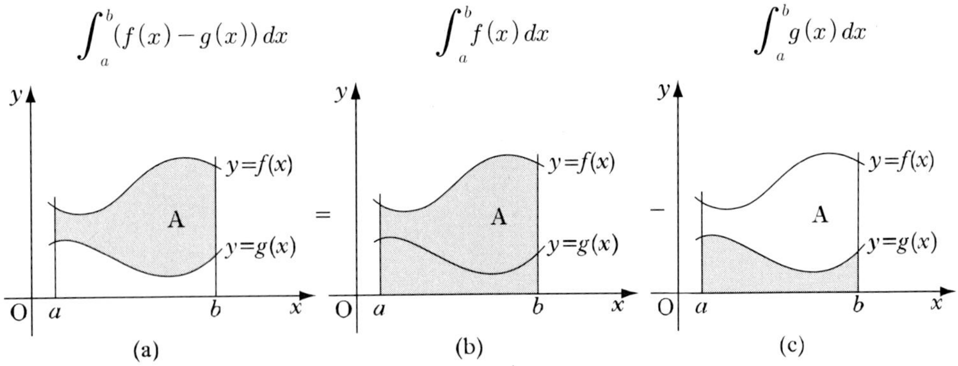

그림 7.2

예 1 곡선 $y=x^2$과 $y=x+6$으로 둘러싸인 부분의 면적을 구하여라.

풀이 그림 7.3의 어두운 부분의 면적을 구하는 것이므로 우선 두 곡선의 교점을 구하면, $x=-2$, $x=3$이다. 따라서 면적 A는

$$A=\int_{-2}^{3}[(x+6)-x^2]dx=\left[\frac{x^2}{2}+6x-\frac{x^3}{3}\right]_{-2}^{3}$$

$$=\frac{27}{2}-\left(\frac{-22}{3}\right)=\frac{125}{6}$$

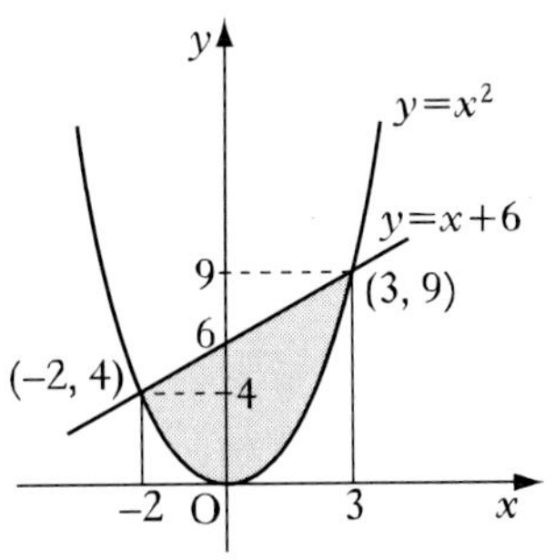

그림 7.3

예 2 두 곡선 $y^2 = x$와 $y = x - 2$로 둘러싸인 면적 A를 구하여라.

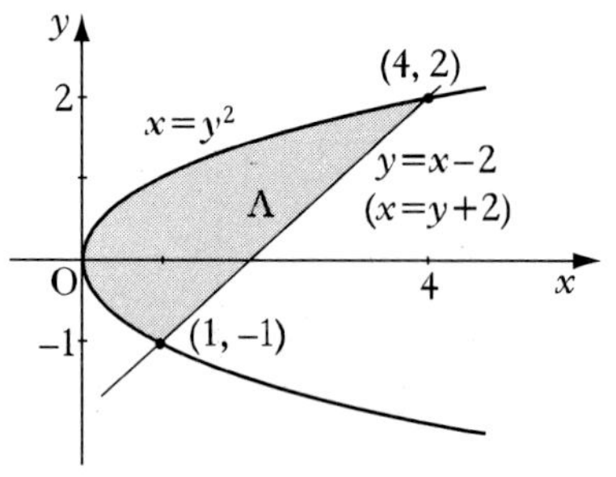

그림 7.4

풀이 1) 두 곡선의 교점은 (1, 1)과 (4, 2)이다.

2) $y^2 = x$는 함수의 정의에 맞지 않으므로 x축을 중심으로 영역을 나누어서 정적분을 계산한다. x축의 윗부분에서 $y^2 = x$는 $y = \sqrt{x}$이고, $y = -\sqrt{x}$는 곡선의 아래부분이다. 면적을 구하고자 하는 영역은 그림 7.4처럼, y축에 평행한 수직선 $x = 1$을 기준으로 왼쪽의 A_1과 오른쪽의 A_2로 분할할 수 있다.

3) 왼쪽 영역 A_1은 곡선 $y = \sqrt{x}$와 $y = -\sqrt{x}$, 직선 $x = 1$에 의해 둘러싸여 있다. 따라서 정리 7.1을 적용하면

$$A_1 = \int_0^1 [\sqrt{x} - (-\sqrt{x})]dx = \int_0^1 2\sqrt{x}\,dx$$

$$= 2\left[\frac{2}{3}x^{\frac{3}{2}}\right]_0^1 \frac{=4}{3} - 0 = \frac{4}{3}$$

4) 오른쪽 영역 A_2의 넓이는

$$A_2 = \int_1^4 [\sqrt{x} - (x-2)]dx = \int_1^4 (\sqrt{x} - x + 2)dx$$

$$= \left[\frac{2}{3}x^{\frac{3}{2}} - \frac{1}{2}x^2 + 2x\right]_1^4 = \left(\frac{16}{3} - 8 + 8\right) - \left(\frac{2}{3} - \frac{1}{2} + 2\right) = \frac{19}{6}$$

이다.

5) 그러므로 구하고자 하는 면적은 $A = A_1 + A_2 = \frac{4}{3} + \frac{19}{6} = \frac{9}{2}$이다.

(1) 변수변환 정적분

- 때로는 독립변수 x와 종속변수 y의 입장을 서로 바꾸면 위의 예제처럼 영역을 나누지 않고 면적을 구할 수 있다.
- 변수변환에 의해 정적분을 계산할 때는 적분구간이 x의 범위에서 y의 범위로 바뀌는 것에 유의해야 한다.

예 3 두 곡선 $x=y^2$과 $y=x-2$로 둘러싸인 면적 A를 변수변환법으로 구하여라.

풀이 그림 7.4에서 x와 y의 입장을 바꾸면 그림 7.5처럼 생각할 수 있으며, 위쪽은 $x=y^2$, 아래쪽은 $y=x-2$로 경계되어 있다. 그리고 y의 범위는 $-1 \le y \le 2$이다.

따라서 구하는 면적은

$$A=\int_{-1}^{2}[(y+2)-y^2]dy=\left[\frac{y^2}{2}+2y-\frac{y^3}{3}\right]_{-1}^{2}=\frac{9}{2}$$

이다.

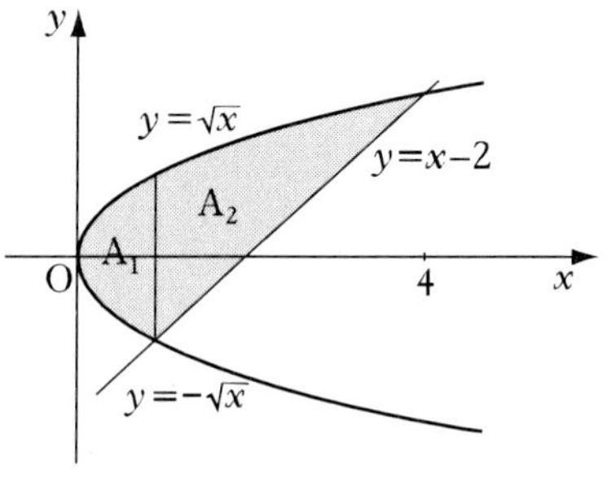

그림 7.5

7.2 체적

(1) 면적과 체적

- 영역을 한정하는 곡선 $f(x)$를 x에 관하여 적분하면 면적을 구할 수 있다.
- 단면적을 나타내는 함수 $A(x)$를 x에 관하여 적분하면 체적을 구할 수 있다.

(2) 체적

공간 R^3에 다음과 같은 입체 V가 있다고 하자.

1. yz평면에 평행한(x축에 수직인) 단면의 단면적을 x에 관한 함수 $A(x)$로 표현할 수 있다.
2. 입체 V의 높이가 평면 $x=a$와 $x=b$로 한정되어 있다.

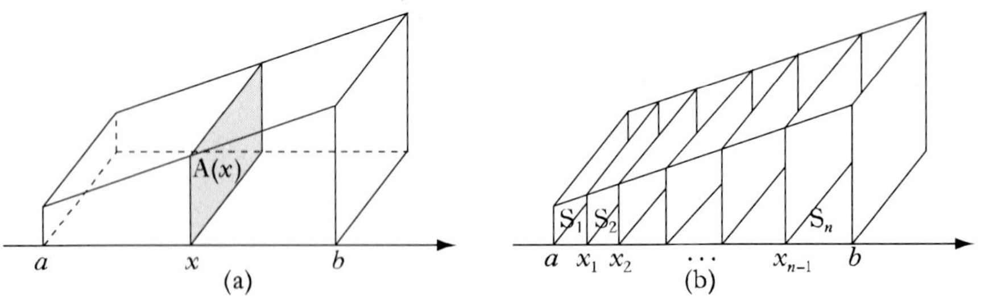

그림 7.6

x축의 구간 $[a, b]$를 n개의 부분구간으로 나누어

$$x_0 = a < x_1 < x_2 < \cdots < x_{n-1} < b = x_n$$

이라고 하고, 각 부분구간의 길이를 $x_i - x_{i-1} = \Delta x_i (i = 1, \cdots, n)$라고 하자.

각 점 $x_1, \cdots, x_{n-1}$에서 x-축에 수직인 평면으로 잘랐을 때 생기는 입체의 체적을 $V_1, V_2, \cdots, V_n$이라 놓고, 소구간 $[x_{k-1}, x_k]$ 사이에서 임의로 점 x_k^*를 선택하면 $V_k \approx A(x_k^*)\triangle x_k$일 것이다. 또한 전체 입체의 체적은

$$V = V_1 + V_2 + \cdots V_n \approx \sum_{k=1}^{n} A(x_k^*)\triangle x_k \tag{7.1}$$

이다. 따라서 $\max_{1 \le k \le n} \triangle x_k$가 점점 작아져서 0으로 수렴하도록 $[a, b]$를 나누는 부분구간의 수를 늘리면, 식 7.1은 V의 실제값으로 수렴한다는 것을 직관적으로 알 수 있다. 즉,

$$V = \lim_{\max \triangle x_k \to 0} \sum_{k=1}^{n} A(x_k^*)\triangle x_k \tag{7.2}$$

이다. (7.2)는 바로 정적분의 정의이므로

$$V = \int_a^b A(x)dx$$

임을 알 수 있다.

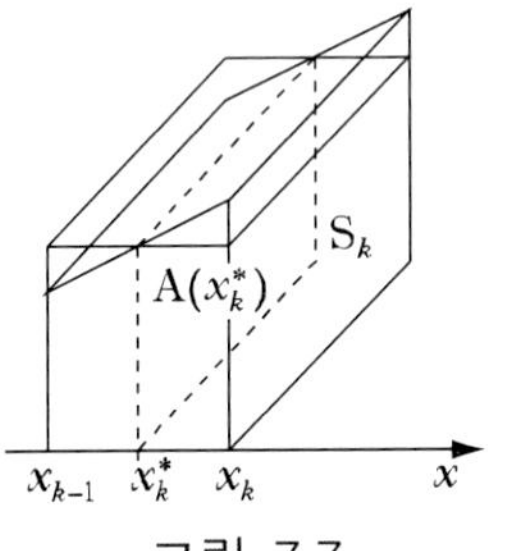

그림 7.7

정리 7.2 단면적 적분에 의한 체적 *Theorem*

V가 두 평면 $x = a$, $x = b$에 의해 경계되는 입체라고 하자. $[a, b]$의 각 점 x에서 x-축에 수직인 평면으로 입체 V를 자를 때 생기는 단면의 면적을 $A(x)$라 하자. 만일 $A(x)$가 연속함수이면 V의 체적은 다음과 같다.

$$V = \int_a^b A(x)dx$$

예 1 바닥의 한 변의 길이가 $2a$인 정사각형이고 높이가 h인 피라미드의 체적을 구하여라.

풀이

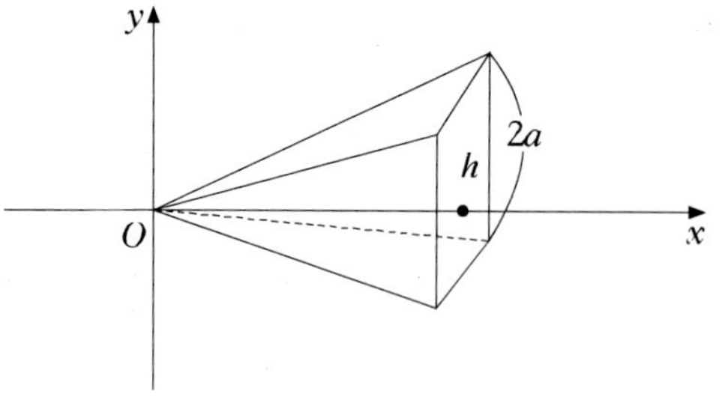

그림 7.8

그림 7.8처럼 피라미드의 높이가 x축에 위치하도록 하자.
$[0, h]$의 임의의 점 x에 대해 x-축에 수직인 평면이 입체를 자르는 단면은 정사각형이다. 단면을 이루는 정사각형의 한 변의 길이를 $s(x)$라고 하면 그림 7.8에서 알 수 있듯이

$$s(x) = \frac{a(h-x)}{h}$$

이고, 단면적은

$$A(x) = (2s(x))^2 = \frac{4a^2(h-x)^2}{h^2}$$

이다. 따라서 구하는 체적은

$$V = \int_0^h A(x)dx$$

$$= \int_0^h 4a^2(h-x)^2h^2dy$$

$$= \frac{4a^2}{h^2}\int_0^h (h-x)^2dx$$

$$= \frac{4a^2}{h^2}\left[-\frac{1}{3}(h-x)^3\right]_0^h$$

$$= \frac{4a^2}{h^2}\left[0+\frac{1}{3}h^3\right] = \frac{4}{3}a^2h$$

(3) 회전체의 체적

정리 7.3 회전체의 체적 *Theorem*

특히 입체가 곡선 $y=f(x)$, 두 직선 $x=a$, $x=b(a<b)$와 x축에 의해 둘러싸인 부분을 x-축 주위로 회전했을 때 생기는 체적을 V라 하면 단면적 $A(x)=\pi(f(x))^2$이므로

$$V=\pi\int_a^b (f(x))^2dx \tag{7.3}$$

이다.

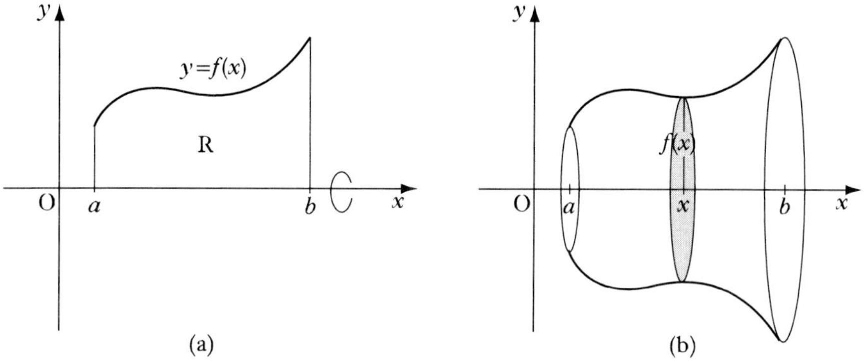

그림 7.9

예 2 구간 [1, 4) 위에 $y=\sqrt{x}$로 경계되는 부분을 x-축을 중심으로 회전하였을 때 생기는 회전체의 체적을 구하여라.

풀이 공식 7.3에 의해 체적은

$$V=\pi\int_1^4(\sqrt{x})^2dx=\pi\int_1^4 xdx=\left[\pi\frac{x^2}{2}\right]_1^4=8\pi-\frac{\pi}{2}=\frac{15\pi}{2}$$

예 3 반지름이 r인 구의 체적을 구하여라.

풀이 반지름이 r인 구의 체적은 원 $x^2 + y^2 = r^2$을 x-축을 중심으로 회전했을 때 얻어진다. 따라서 구하는 구의 체적은

$$V = \pi \int_{-r}^{r} (\sqrt{r^2 - x^2})^2 dx = \pi \int_{-r}^{r} (r^2 - x^2) dx$$

$$= \pi \left[r^2 x - \frac{1}{3} x^3 \right]_{-r}^{r} = \frac{4}{3} \pi r^3$$

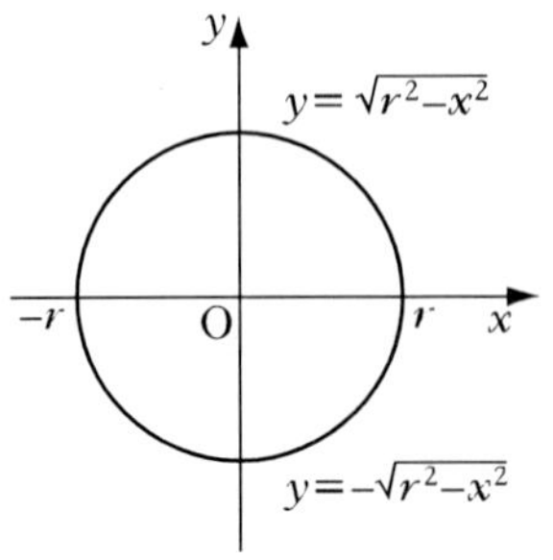

그림 7.10 반지름이 r인 구의 체적

7.3 곡선의 길이와 회전체의 표면적

함수 $y=f(x)$로 표현되는 곡선의 길이와 좌표축을 중심으로 회전하였을 때 생기는 입체의 표면적을 구하는 공식을 증명없이 소개한다.

(1) 곡선의 길이

정리 7.4 *Theorem*

> 함수 f가 구간 $[a, b]$에서 미분가능하고 f'가 연속이면 $x=a$에서 $x=b$까지 곡선 $y=f(x)$의 길이는
>
> $$L=\int_a^b \sqrt{1+[f'(x)]^2}\,dx$$
>
> $$=\int_a^b \sqrt{1+\left(\frac{dy}{dx}\right)^2}\,dx$$
>
> $$=\int_a^b \sqrt{dx^2+dy^2}$$
>
> 이다.

예 1 점(1, 1)에서 점 $(2,\ 2\sqrt{2})$까지 연결하는 곡선 $y=x^{\frac{3}{2}}$의 길이를 구하여라.

풀이 $y=f(x)=x^{\frac{3}{2}}$이므로 $f'(x)=\dfrac{3}{2}x^{\frac{1}{2}}$이고 정리 7.5에 의해

$$L=\int_1^2 \sqrt{1+\frac{9}{4}x}\,dx$$

이다. 이 값을 구하기 위해 $u=1+\dfrac{9}{4}x$로 치환하면 $du=\dfrac{9}{4}dx$이고 적분구간은 $u=\dfrac{13}{4}$에서 $u=\dfrac{22}{4}$로 바뀐다. 따라서 구하고자 하는 길이 L은

$$L = \frac{4}{9}\int_{\frac{13}{4}}^{\frac{22}{4}} u^{\frac{1}{2}} du = \left[\frac{8}{27}u^{\frac{3}{2}}\right]_{\frac{13}{4}}^{\frac{22}{4}} = \frac{8}{27}\left[\left(\frac{22}{4}\right)^{\frac{3}{2}} - \left(\frac{13}{4}\right)^{\frac{3}{2}}\right]$$

$$= \frac{22\sqrt{22} - 13\sqrt{13}}{27}$$

예 2 $x = 2$에서 $x = 4$까지 곡선 $24xy = x^4 + 48$의 길이를 구하여라.

풀이 $\dfrac{dy}{dx} = \dfrac{x^4 - 16}{8x^2}$이고

$$1 + \left(\frac{dy}{dx}\right)^2 = 1 + \left(\frac{x^4 - 16}{8x^2}\right)^2 = \frac{1}{64}\left(\frac{x^4 + 16}{x^2}\right)^2$$

이므로

$$L = \int_2^4 \sqrt{\frac{1}{64}\left(\frac{x^4 + 16}{x^2}\right)}\, dx = \frac{1}{8}\int_2^4 \left(x^2 + \frac{16}{x^2}\right) dx$$

$$= \left[\frac{1}{8}\left(\frac{1}{3}x^3 - \frac{16}{x}\right)\right]_2^4 = \frac{17}{16}$$

(3) 회전체의 표면적

곡선의 호 AB가 x-축 주위를 회전하여 생기는 곡면을 회전면이라고 한다.

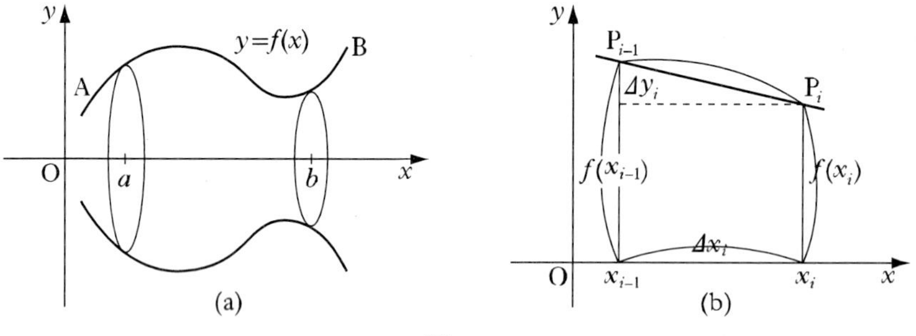

그림 7.11

정리 7.5 *Theorem*

구간 $[a, b]$에서 $f(x)$는 연속인 도함수를 가지는 곡선 $y=f(x)$를, x을 중심으로 회전하였을 때 생기는 표면적 S는 다음과 같다.

$$S=2\pi\int_a^b f(x)\sqrt{1+[f'(x)]^2}\,dx$$

$$=2\pi\int_a^b y\sqrt{1+[f'(x)]^2}\,dx$$

$$=2\pi\int_a^b y\sqrt{dx^2+dy^2}$$

예 3 반지름이 2인 구의 표면적을 구하여라.

풀이 x-축 위쪽 반원의 방정식 $y=\sqrt{4-x^2}$을 택하면

$$y'=-\frac{x}{\sqrt{4-x^2}}$$

이므로

$$\sqrt{1+(y')^2}=\sqrt{1+\frac{x^2}{4-x^2}}=\frac{2}{\sqrt{4-x^2}}$$

따라서 표면적 S는

$$S=2\pi\int_{-2}^{2}\sqrt{4-x^2}\cdot\frac{2}{\sqrt{4-x^2}}\,dx=8\pi$$

예 4 $y=3\sqrt{3x}$, $0\le y\le 2$를 y-축을 중심으로 회전했을 때 생기는 회전체의 표면적을 구하여라.

풀이 회전축이 y-축이면 앞의 공식 대신 다음 공식을 얻게 된다.

$$S=\int_c^d 2\pi x\sqrt{1+\left(\frac{dx}{dy}\right)^2}\,dy$$

따라서 $y^3=\sqrt{3x}$는 $x=g(y)=\frac{1}{3}y^3$이고 $g'(y)=y^2$이다. 그러므로

$$S\int_0^2 2\pi\left(\frac{1}{3}y^3\right)\sqrt{1+y^4}\,dy = \frac{2\pi}{3}\int_0^2 y^3\sqrt{1+y^4}\,dy$$

$u=1+y^4$으로 치환하면 $du=4y^3dy$이고

$$\int y^3\sqrt{1+y^4}\,dy = \frac{1}{4}\int\sqrt{u}\,du = \frac{1}{4}\cdot\frac{2}{3}u^{\frac{3}{2}}+C$$

$$=\frac{1}{6}(1+y^4)^{\frac{3}{2}}+C$$

따라서

$$S=\frac{2\pi}{3}\left[\frac{1}{6}(1+y^4)^{\frac{3}{2}}\right]_0^2=\frac{\pi}{9}(17^{\frac{3}{2}}-1)$$

7.3.1 예제

(1) 면적

1. 곡선 $y=6x-x^2$과 $y=x^2-2x$에 의하여 둘러싸인 도형의 면적 A를 구하여라.

풀이

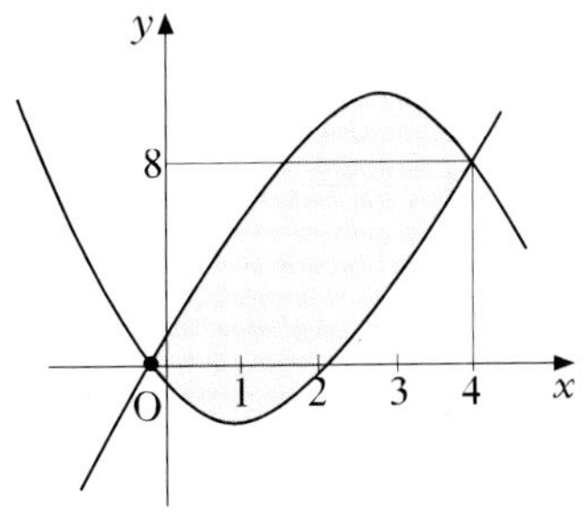

그림 7.12

$$A=\int_0^4[(6x-x^2)-(x^2-2x)]dx=\int_0^4(8x-2x^2)dx$$

$$=\left[4x^2-\frac{2}{3}x^3\right]_0^4=\frac{64}{3}$$

2. 곡선 $y=x^2$과 선 $y=-\frac{3}{2}x$와 $x=-2$로 경계된 영역의 면적을 구하여라.

풀이 우선 이 영역을 그래프로 그려보면 다음과 같이 표시할 수 있다.

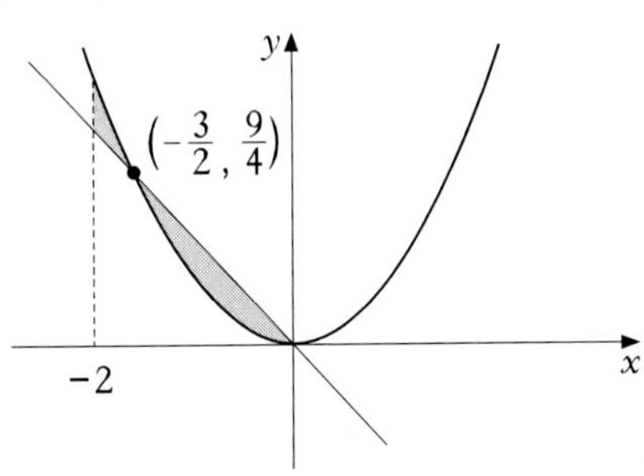

그림 7.13

$f(x)=x^2$, $g(x)=-\frac{3}{2}x$라 놓자. 그러면 정리 7.1의 면적 공식에 의해 구하고자 하는 면적은

$$\int_0^2\left[x^2-\left(-\frac{3}{2}x\right)\right]dx=\int_0^2\left(x^2+\frac{3}{2}x\right)dx$$

$$=\left[\frac{x^3}{3}+\frac{3x^2}{4}\right]_0^2=\left(\frac{2^3}{3}+\frac{3\cdot 2^2}{4}\right)-\left(\frac{0^3}{3}+\frac{3\cdot 0^2}{4}\right)$$

$$=\frac{17}{3}$$

3. 그림 7.14의 영역을 이번에는 y축을 중심으로 해서 면적을 구하여라. 그리고 구해진 면적이 예제2에서 구한 면적과 동일함을 확인하라.

풀이 $y=x^2$을 변수 y를 중심으로 해서 다시 쓰면 $x=\sqrt{y}$이다. 한편 $y=-\frac{3}{2}x$는 $x=-\frac{2}{3}y$로 표현할 수 있다. 한편 x축의 구간 [0, 2]에 대응되는 y축의 범위는 그림 7.14에서 보듯이 -3부터 4까지로 변환된다는 것을 알 수 있다.

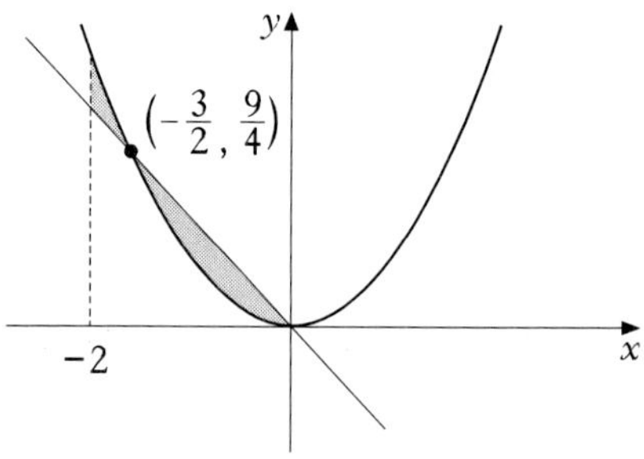

그림 7.14

따라서 정리 7.2를 이용하면 $w(y)=2$이고

$$v(y)=\begin{cases}\sqrt{y}, & 0\le y\le 4\\ -\frac{2}{3}y, & -3\le y<0\end{cases}$$

이므로 구하는 영역의 면적은

$$\int_{-3}^{0}\left(2-\left(-\frac{2}{3}y\right)\right)dy+\int_{0}^{4}(2-\sqrt{y})dy$$

$$=\left[2y+\frac{y^2}{3}\right]_{-3}^{0}+\left[2y-\frac{2}{3}y^{\frac{3}{2}}\right]_{0}^{4}$$

$$=\left(2\cdot 0+\frac{0^2}{3}\right)-\left(2(-3)+\frac{(-3)^2}{3}\right)+\left(2\cdot 4-\frac{2}{3}4^{\frac{3}{2}}\right)-\left(2\cdot 0-\frac{2}{3}0^{\frac{3}{2}}\right)$$

$$=0-(-3)+\frac{8}{3}-0=\frac{17}{3}$$

따라서 면적이 동일하다는 것을 알 수 있다.

4. 곡선 $y=x^2$, $y=x^3$에 의해 경계되는 영역의 면적을 구하여라.

풀이 그래프를 그려보자.

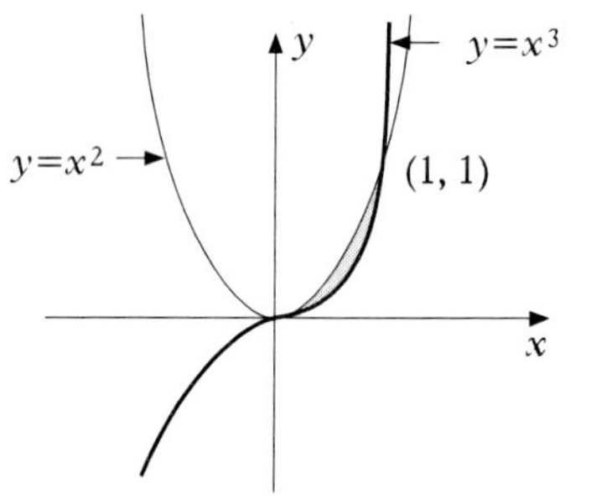

그림 7.15

공식을 적용하면 구하고자 하는 면적이

$$\int_{0}^{1}(x^2-x^3)dx=\left[\frac{1}{3}x^3-\frac{1}{4}x^4\right]_{0}^{1}$$

$$=\left(\frac{1}{3}\cdot 1^3-\frac{1}{4}\cdot 1^4\right)-\left(\frac{1}{3}\cdot 0^3-\frac{1}{4}\cdot 0^4\right)$$

$$=\frac{1}{3}-\frac{1}{4}=\frac{1}{12}$$

5. 곡선 $y=\sin x$와 $y=\cos x$와 $x=0$으로 경계되는 영역의 면적을 구하여라.

풀이 그림으로 그려보자.

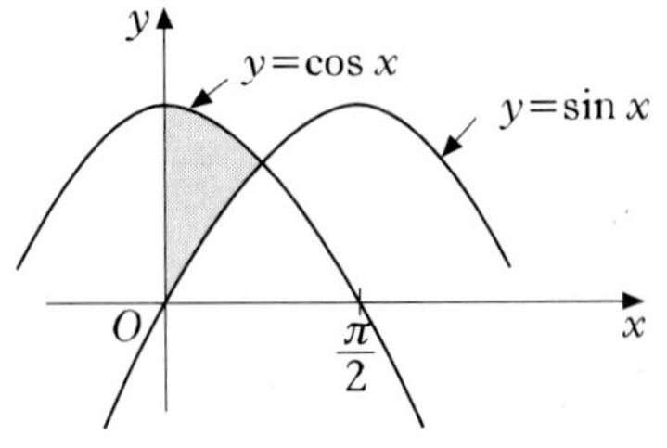

그림 7.16

그러면 아래와 같고 공식에 의해 면적은

$$\int_0^{\frac{\pi}{4}} (\cos x - \sin x)dx = [\sin x + \cos x]_0^{\frac{\pi}{4}}$$

$$= \left(\sin\frac{\pi}{4} + \cos\frac{\pi}{4}\right) - (\sin 0 + \cos 0)$$

$$= \left(\frac{1}{\sqrt{2}} + \frac{1}{\sqrt{2}}\right) - (0+1)$$

$$= \sqrt{2} - 1$$

6. 함수 $y=\sin^{-1}x,\ -\frac{\pi}{2} \le y \le \frac{\pi}{2}$를 y-축 주위로 회전시킨 입체의 체적을 구하여라.

풀이

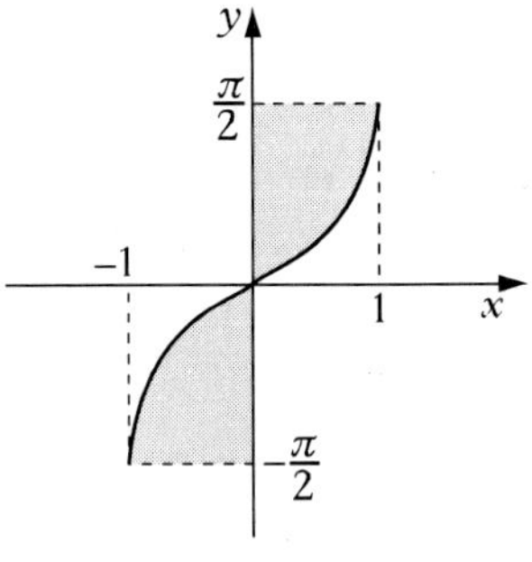

그림 7.17

구하는 입체의 체적 V는

$$V=\pi\int_{-\frac{\pi}{2}}^{\frac{\pi}{2}}x^2dy$$

이다. 그런데 역삼각함수의 정의에 따라

$$x=\sin y$$

이다. 따라서

$$V=\pi\int_{-\frac{\pi}{2}}^{\frac{\pi}{2}}(\sin y)^2dy=\pi\int_{-\frac{\pi}{2}}^{\frac{\pi}{2}}\frac{1-\cos 2y}{2}dy$$

$$=\frac{\pi}{2}\left[y-\frac{1}{2}\sin 2y\right]_{-\frac{\pi}{2}}^{\frac{\pi}{2}}=\frac{\pi}{2}\left[\frac{\pi}{2}-\left(-\frac{\pi}{2}\right)\right]=\frac{\pi^2}{2}$$

7. 구간 $[0,\ 2)$ **위의 두 함수** $f(x)=\frac{1}{2}+x^2$**과** $g(x)=x$**로 둘러싸인 영역을** x-**축을 중심으로 회전하였을 때 생기는 체적을 구하여라.**

풀이

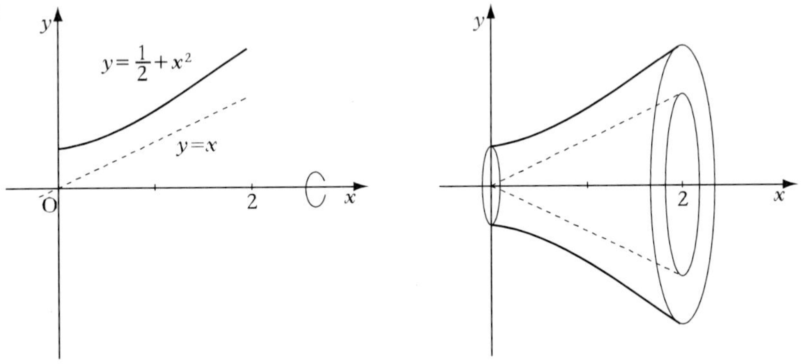

그림 7.18

$$V=\pi\int_0^2[f(x)]^2dx-\pi\int_0^2[g(x)]^2dx=\pi\int_0^2\left(\left[\frac{1}{2}+x^2\right]^2-x^2\right)dx$$

$$=\pi\int_0^2\left(\frac{1}{4}+x^4\right)dx=\pi\left[\frac{\pi}{4}+\frac{x^5}{5}\right]_0^2=\frac{69\pi}{10}$$

(2) 체적

8. 바닥 영역이 x축의 $[0,\ \pi]$와 $y=\sin x$로 경계되는 곳이라 하자. 즉, 아래 그림과 같은 영역이다.

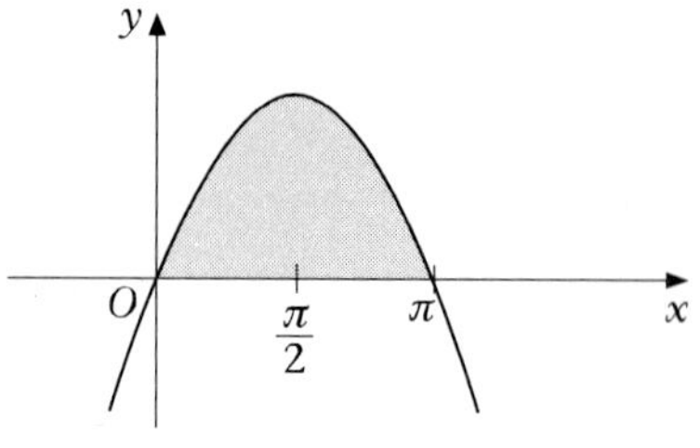

그림 7.19

이 영역 위에 있는 $(a,\ 0)$와 $(a,\ \sin a)$를 잇는 선분 위에 높이가 $\sin a$인 정사각형이 놓여진다고 가정하면 다음과 같은 입체가 될 것이다.

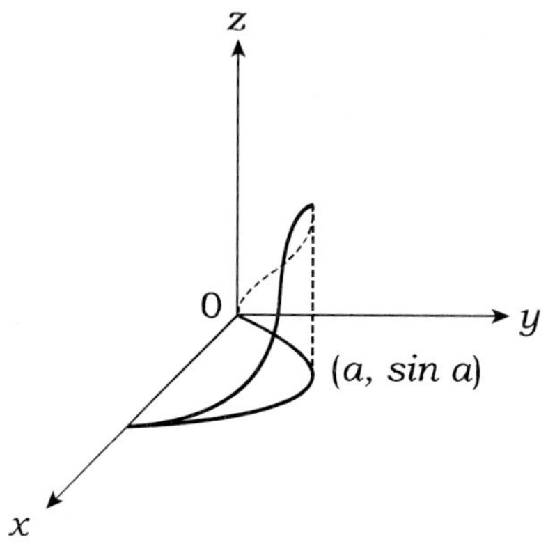

그림 7.20

이렇게 만들어진 체적을 구하여라.

풀이 $A(x)=\sin^2 x$가 된다는 점에 유의하라. 따라서 체적은

$$V=\int_0^{\pi}\sin^2 x dx=2\int_0^{\pi/2}\sin^2 x dx$$

한편 $\int_0^{\pi/2}\sin^2 x dx=\frac{\pi}{4}$이므로 구하고자 하는 체적 V는 $\frac{\pi}{2}$가 된다.

9. 구간 $[1,\ 2]$ 위의 곡선 $y=e^{-x}$가 x-축을 중심으로 회전해서 만드는 입체의 체적을 구하여라.

풀이 우선 그림으로 그려보자.

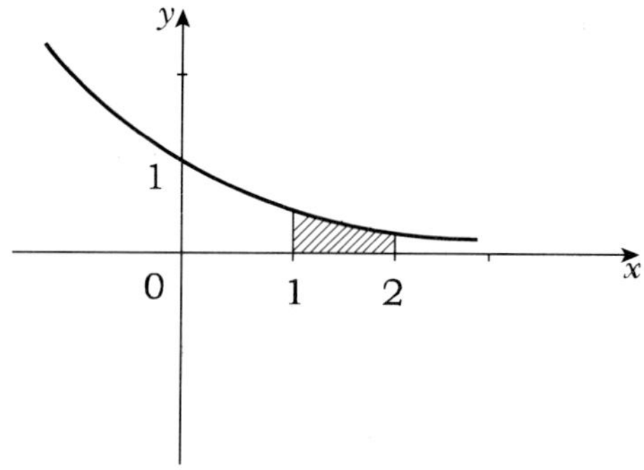

그림 7.21

회전체 체적에 대한 공식을 적용해보면

$$V=\int_1^2 \pi(e^{-\pi})^2 dx=\int_1^2 \pi e^{-2\pi} dx$$

$$=\left[\frac{\pi e^{-2x}}{-2}\right]_1^2=\frac{\pi}{-2}e^{-4}-\frac{\pi}{-2}e^{-2}$$

$$=\frac{\pi}{2}(e^{-2}-e^{-4})$$

(3) 곡선의 길이와 회전체의 표면적

10. $y=\dfrac{x^3}{3}+\dfrac{1}{4x}$, **$[1,\ 2]$의 곡선의 길이를 구하여라.**

풀이 정리 7.5에 의해

$$L=\int_1^2 \sqrt{1+\left(\frac{dy}{dx}\right)^2}\,dx=\int_1^2 \sqrt{1+\left(x^2-\frac{1}{4x^2}\right)^2}\,dx$$

$$=\int_1^2 \sqrt{1+x^4-2x^2\cdot\frac{1}{4x^2}+\left(\frac{1}{4x^2}\right)^2}\,dx$$

$$= \int_1^2 \sqrt{\frac{1}{2} + x^4 + \left(\frac{1}{4x^2}\right)^2}\, dx$$

$$= \int_1^2 \sqrt{\left(x^2 + \frac{1}{4x^2}\right)^2}\, dx = \int_1^2 \left(x^2 + \frac{1}{4x^2}\right) dx$$

$$= \left[\frac{1}{3}x^3 + \left(-\frac{1}{4x}\right)\right]_1^2 = \left(\frac{1}{3} \cdot 2^3 + \left(-\frac{1}{4 \cdot 2}\right)\right) - \left(\frac{1}{3} \cdot 1^3 + \left(-\frac{1}{4 \cdot 1}\right)\right)$$

$$= \frac{8}{3} - \frac{1}{8} - \frac{1}{3} + \frac{1}{4} = \frac{7}{3} + \frac{1}{8} = \frac{53}{24}$$

11. $y = (e^x + e^{-x})/2$, $[2, 3]$**의 곡선이 길이를 구하여라.**

풀이 정리 7.5에 의해

$$L = \int_2^3 \sqrt{1 + \left(\frac{dy}{dx}\right)^2}\, dx = \int_2^3 \sqrt{1 + \left(\frac{e^x + e^{-x}}{2}\right)^2}\, dx$$

$$= \int_2^3 \sqrt{\left(\frac{e^x + e^{-2}}{2}\right)^2}\, dx = \int_2^3 \frac{e^x + e^{-x}}{2}\, dx = \int_2^3 \left(\frac{e^x}{2} + \frac{e^{-x}}{2}\right) dx$$

$$= \left[\frac{e^x}{2} - \frac{e^{-x}}{2}\right]_2^3 = \left(\frac{e^3}{2} - \frac{e^{-3}}{2}\right) - \left(\frac{e^2}{2} - \frac{e^{-2}}{2}\right)$$

12. $[1, 2]$ **위에 포물선** $y = x^2$**을** y**축을 중심으로 회전시켰을 때 생기는 입체의 표면적을 구하여라.**

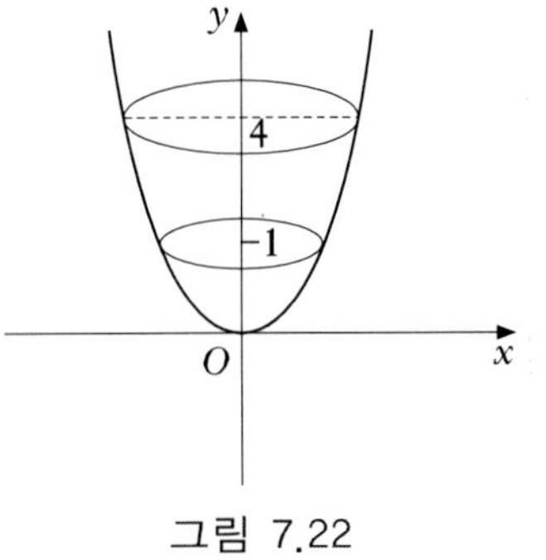

그림 7.22

풀이 표면적은 입체의 옆면적과 위와 아래에 있는 두 개의 원의 면적을 합한 것이다. 따라서 표면적을 A라 하면, 위의 공식에 의해

$$A=(\text{옆면적})+(\text{아래 원의 면적})+(\text{위 원의 면적})$$

$$=\left(\int_1^2 2\pi\cdot x\cdot\sqrt{1+\left(\frac{dy}{dx}\right)^2}\,dx\right)+(\pi\cdot 1^2)+(\pi\cdot 2^2)$$

$$=\int_1^2 2\pi x\sqrt{1+4x^2}\,dx+5x$$

첫 번째 항의 값을 구하기 위해서 다음과 같이 치환을 하자.

$$u=1+4x^2,\ du=8xdx,\ xdx=\frac{du}{8}$$

범위는 x가 1부터 2까지 변할 때 u는 5부터 17까지 변한다. 따라서

$$\int_1^2 2\pi x\sqrt{1+4x^2}\,dx=\int_5^{17}2\pi\sqrt{u}\,\frac{du}{8}=\frac{\pi}{4}\int_5^{17}\sqrt{u}\,du$$

$$=\left[\frac{\pi}{4}\cdot\frac{2}{3}u^{3/2}\right]_5^{17}=\frac{\pi}{6}(17^{3/2}-5^{3/2})$$

그래서 구하고자 하는 표면적은

$$A=5\pi+\frac{\pi}{6}(17^{3/2}-5^{3/2})=\pi\left(5+\frac{17^{3/2}-5^{3/2}}{6}\right)$$

이다.

7.3.2 실습문제

1. 다음 그래프로 경계되는 영역의 면적을 구하여라.

1) $y=x^2,\ y=\sqrt{x},\ x=1$

2) $y=1+x,\ y=\ln x,\ x=1,\ x=e$

3) $y=\sin x,\ y=\cos x,\ x=\frac{\pi}{2},\ x=\pi$

4) 다음 영역을 y축을 중심으로 보아서 면적을 구하여라.

$$y=\frac{1}{x^2},\ y=0,\ x=1,\ x=3$$

5) $\left[0,\ \frac{\pi}{2}\right]$ 위의 그래프 $y=\sin x$로 경계되는 면적을 구하여라.

6) 반경이 2인 원의 면적을 구하여라.

2. $y=\sqrt{x}$와 $y=x^2$에 의해 경계된 영역을 x축을 중심으로 회전했을 때 생기는 입체의 체적을 구하여라.

3. 다음 그림과 같은 피라미드형 입체의 체적을 구하여라.

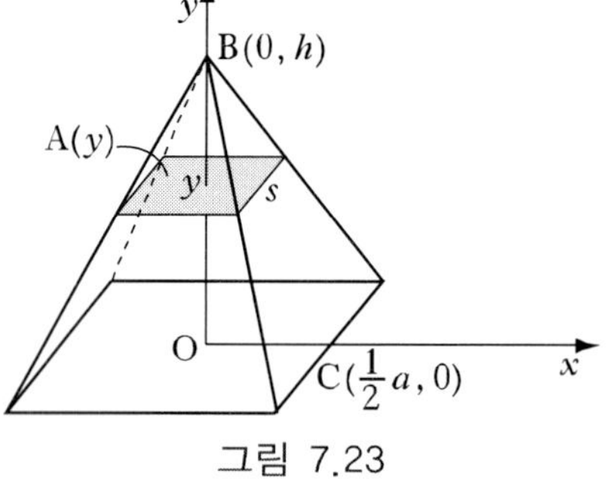

그림 7.23

4. 지름이 2인 구의 체적을 구하여라.

5. 다음 곡선의 길이를 구하여라.

1) $y = x^{\frac{4}{3}},\ x \in [0,\ 1]$

2) $x = \cos^3 t,\ y = \sin^3 t,\ t \in \left[0,\ \frac{\pi}{2}\right]$

3) $y = \frac{x^2}{2} - \frac{\ln x}{4},\ x \in [2,\ 3]$

6. 다음 곡선을 x축 주위로 회전했을 때 생기는 회전체의 표면적을 구하여라.

1) $y = x^3,\ x = 1$에서 $x = 2$까지

2) $y = e^x,\ x = 0$에서 $x = 1$까지

7. 다음 곡선을 y축 주위로 회전했을 때 생기는 회전체의 표면적을 구하여라.

1) $y = x^3,\ x = 1$에서 $x = 2$까지

2) $y = 2x + 1,\ x = 0$에서 $x = 1$까지

7.3.3 Homework

1. 다음의 그래프로 경계되어진 영역들을 그림으로 나타내고 넓이를 구하여라.

1) $y = x^2 + 1,\ y = x,\ x = -1,\ x = 2$

2) $y = x,\ y = \dfrac{1}{\sqrt{x}},\ y = 1,\ y = 2$

3) $y = -x,\ y = \sqrt{2-x},\ y = 0,\ y = 2$

4) $y = \cos 2x,\ y = 0,\ x = \dfrac{\pi}{4},\ x = \dfrac{\pi}{2}$

5) $x^2 = y,\ x = y - 2$

6) $y = 2 + |x - 1|,\ y = -\dfrac{1}{5}x + 7$

7) $x = y^3 - y,\ x = 0$

8) $y = \sin x,\ y = \cos x,\ x = 0,\ x = 2x$

9) $y = \dfrac{1}{x^2},\ y = x,\ y = 4$

2. 타원 $\dfrac{x^2}{a^2} + \dfrac{y^2}{b^2} = 1\,(a > 0,\ b > 0)$의 내부면적이 πab임을 보여라.

3. 다음 곡선의 길이를 구하여라.

1) $y = 2x$, $(1,\ 2)$에서 $(2,\ 4)$

2) $y = 3x^{\frac{3}{2}} - 1$, $x=0$에서 $x=1$

3) $y = \dfrac{1}{3}(y^2 + 2)^{\frac{3}{2}}$, $y=0$에서 $y=1$

4) $x = \dfrac{1}{8}y^4 + \dfrac{1}{4}y^{-2}$, $y=1$에서 $y = 4$

4. 다음 곡선을 x-축 주위로 회전했을 때 생기는 회전체의 표면적을 구하여라.

1) $3y = 4x,\ x = 0,\ x = 3$

2) $y^2 = 4x,\ x = 0,\ x = 3$

3) $x = {}^3\sqrt{6},\ 1 \le g \le 8$

4) $y = \sqrt{x} - \frac{1}{3}x^{\frac{3}{2}},\ 1 \le x \le 3$

5. 다음 곡선을 y-축 주위로 회전했을 때 생기는 회전체의 표면적을 구하여라.

1) $x = 9y + 1,\ 0 \le y \le 2$

2) $x = \sqrt{9 - y^2},\ -2 \le y \le 2$

3) $8xy^2 = 2y^6 + 1,\ 1 \le y \le 2$

4) $x = |y - 11|,\ p \le y \le 2$

6. 주어진 구간에서 곡선을 x-축을 중심으로 회전했을 때 생기는 입체의 체적을 구하여라.

1) $f(x) = \sqrt{x+1},\ 0 \le x \le 1$

2) $f(x) = \sin x + \cos x,\ 0 \le x \le \pi$

3) $y = x^3 + 1,\ x = 0,\ y = 0$

4) $y = x^2,\ y = x^3$

7. 적분을 이용해서 꼭지점 $(0,\ 0),\ (h,\ 0),\ (h,\ r)$을 갖는 삼각형을

1) x-축을 둘레로 회전했을 때 생기는 입체의 체적을 구하여라.

2) y-축을 둘레로 회전했을 때 생기는 입체의 체적을 구하여라.

8. $y=\dfrac{1}{x}$, $y=0$, $x=1$**과** $x=b(b>1)$**로 둘러싸인 영역을** x-**축 둘레로 회전해서 생기는 입체의 체적을** V**라 하자.**

1) V를 구하여라.

2) $\lim_{b \to \infty} V$를 구하여라.

3) 타원 $\dfrac{x^2}{a^2}+\dfrac{y^2}{b^2}=1(a>0,\ b>0)$을 x-축 둘레로 회전했을 때 생기는 입체의 체적을 구하여라.

Chapter

8 매개변수 방정식과 극방정식

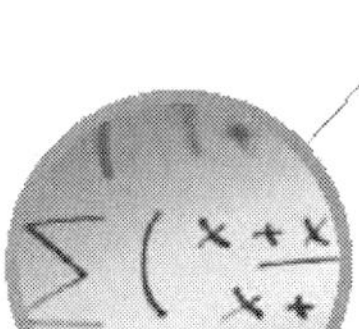

8.1 매개변수 방정식

(1) 매개변수 방정식의 정의

함수의 독립변수 x와 종속변수 y의 관계를 $y=f(x)$ 또는 $F(x, y)=0$와 같은 직교방정식으로 나타내기 어려울 때는 새로운 매개변수 t를 써서 간접적으로 두 변수 사이의 관계를 설명한다.

정의 8.1

> 두 변수 x와 y가 매개변수라고 하는 제3의 변수 t에 의하여
> $$\begin{cases} x = f(t) \\ y = g(t) \end{cases}$$
> 로 각각 결정될 때 이 방정식을 **매개변수 방정식**이라고 한다.

예 1 매개변수 방정식

$$\begin{cases} x = \sin t \\ y = \sin^2 t \end{cases}$$

을 직교 방정식으로 나타내면 $y=x^2$이다. 여기서 주의할 점은 정의역과 공변역이 각각 $-1 \le x \le 1$, $0 \le y \le 1$이라는 것이다.

예 2 $(x+1)+(y-2)^5-3=0$를 극방정식으로 나타내기 위해, $y-2=t$라고 하면 $(x+1)+t^5-3=0$이므로 $x=2-t^5$다. 따라서 매개변수 방정식은 다음과 같다.

$$\begin{cases} x = 2-t^5 \\ y = t+2 \end{cases}$$

- 매개변수 방정식과 직교 방정식은, 두 변수 사이의 관계식이 일치하더라도 정의역과 공변역은 서로 다른 경우가 많다.
- 매개변수 방정식은 실험에 의해 얻은 데이터를 변수 사이의 관계식으로 나타내는 과정에서 유용하게 쓰인다.

(2) 매개변수 방정식의 그래프

예 3 매개변수 방정식 $x=t^2$과 $y=t-3$으로 정의된 곡선을 그려라.

풀이 t의 각 값에 대하여 대응하는 x와 y의 값을 도표로 나타내면 다음과 같다.

t	⋯	-4	-3	-2	-1	0	1	2	3	4	⋯
x	⋯	16	9	4	1	0	1	4	9	16	⋯
y	⋯	-7	-6	-5	-4	-3	-2	-1	0	1	⋯

이렇게 얻은 점 (x, y)들을 x와 y의 좌표평면에 나타내고 이들 점을 연결하면 다음과 같은 포물선이 된다.

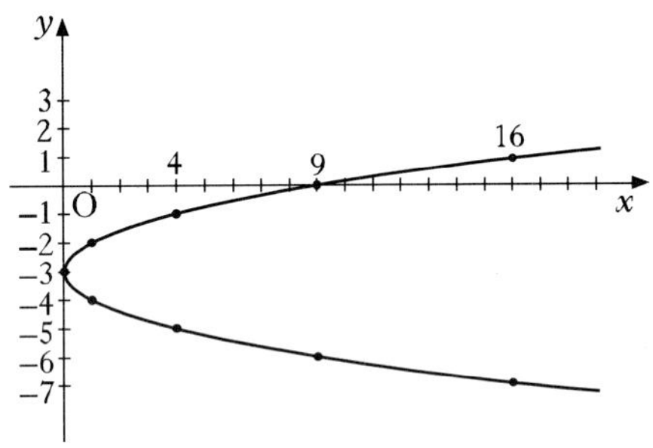

그림 8.1 $x=t^2$, $y=t-3$의 그래프

• 매개변수 방정식 $x=f(t)$, $y=g(t)$의 자취만을 알고자 한다면 x와 y의 관계식에서 매개변수 t를 소거하면 x, y로 표현되는 곡선의 식을 얻을 수 있다.

예 4 $x=\cos t$, $y=\sin t$, $(0 \le t \le 2\pi)$에 의하여 나타나는 곡선은 무엇인가?

풀이 위 x와 y의 관계식에서 매개변수 t는 다음과 같이 소거된다.

$$1=\sin^2 t+\cos^2 t=x^2+y^2$$

따라서 점 (x, y)는 단위원 $x^2+y^2=1$위를 움직인다.

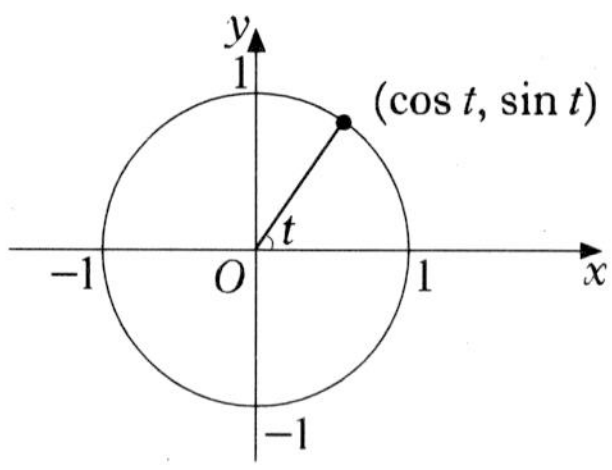

그림 8.2 $x=\cos t,\ y=\sin t$의 그래프

위 그림에서 t가 0부터 2π까지 증가하면 점 $(x,\ y)=(\cos t, \sin t)$는 점 (1, 0)에서 시작하여 시계 반대방향으로 원주 위를 한 바퀴 돌게 된다.

(3) 매개변수 방정식의 도함수

정리 8.1 매개변수 방정식의 도함수 *Theorem*

y가 x의 함수이며 함수관계가 매개변수 방정식

$$x=f(t),\ y=g(t)$$

로 주어졌다고 하고, $f(t)$, $g(t)$는 미분가능하다고 하자.

만일 $f'(t)\neq 0$이면

$$\frac{dy}{dx}=\frac{\dfrac{dy}{dt}}{\dfrac{dx}{dt}}=\frac{g'(t)}{f'(t)}$$

가 성립한다.

매개변수 방정식으로 주어진 함수의 2차 도함수는

$$\frac{d^2y}{dx^2}=\frac{d}{dx}\left(\frac{dy}{dx}\right)=\frac{\dfrac{dy'}{dt}}{\dfrac{dx}{dt}}$$

를 이용하여 구할 수 있다.

예 5 곡선 C가 매개변수 방정식 $x=t^2$, $y=t^3-3t$에 의하여 주어진다고 하자.

a) C 위의 점 (3, 0)에서 접선의 방정식을 구하여라.

b) 곡선이 오목인 구간과 볼록인 구간을 정하여라.

풀이 a) C 위의 점 (3, 0)은 $t^2=3$, $t^3-3t=0$으로부터 $t=\sqrt{3}$과 $t=-\sqrt{3}$일 때 임을 알 수 있다.

이때의 도함수를 구하여 보면

$$\frac{dy}{dx}=\frac{\frac{dy}{dt}}{\frac{dx}{dt}}=\frac{3t^2-3}{2t}$$

이므로 $t=\pm\sqrt{3}$일 때 접선의 기울기는 각각 $\pm\sqrt{3}$이 된다. 따라서 점 (3, 0)에서의 접선의 방정식은 각각

$$y=\sqrt{3}(x-3)\text{과 } y=-\sqrt{3}(x-3)$$

이다.

b) 오목을 결정하기 위하여는 2계 도함수를 계산해 보아야 한다.

$$\frac{d^2y}{dx^2}=\frac{\frac{dy'}{dt}}{\frac{dx}{dt}}=\frac{\frac{3}{2}\left(1+\frac{1}{t^2}\right)}{2t}=\frac{3(t^2+1)}{4t^3}$$

이므로 이 곡선은 $t>0$일 때 오목이고 $t<0$일 때 볼록이다.

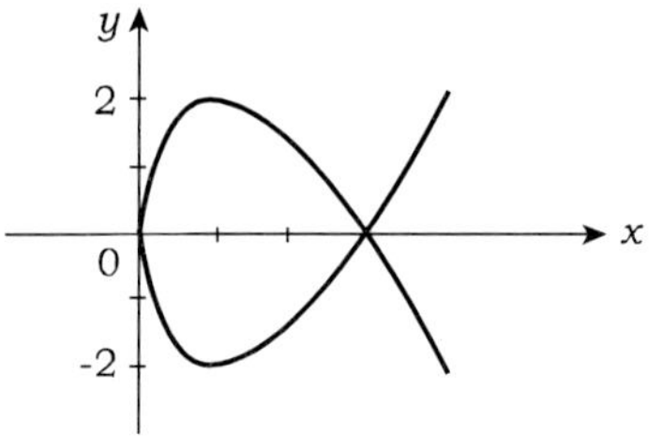

그림 8.3 $x=t^2$, $y=t^3-3t$의 그래프

(4) 매개변수 방정식의 면적

매개변수 방정식 $x=f(x)$, $y=g(t)$, $(\alpha \le t \le \beta)$로 주어진 곡선의 그래프가 다음과 같다고 하자. 만약 이 방정식을 직교방정식 $y=F(x)$로 나타낼 수 있다면 음영부분의 면적 S는

$$\int_a^b F(x)dx$$

일 것이다(단, $f(\alpha=a$, $f(\beta)=b)$. 그러나 매개변수 방정식으로부터 직접 면적S를 계산하면 다음과 같다.

$$S=\int_a^b F(x)dx=\int_\alpha^\beta g(t)f'(t)dt$$

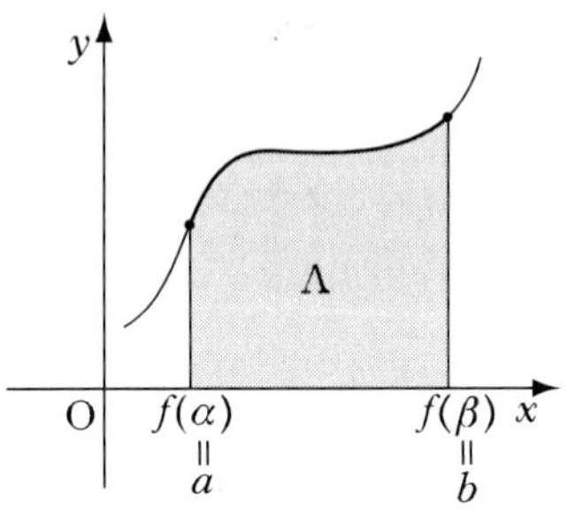

그림 8.4

예 6 매개변수 방정식

$$\begin{cases} x=r(\theta-\sin\theta) \\ y=r(1-\cos\theta) \end{cases}$$

으로 표현되는 곡선을 싸이클로이드(cycloid, 파선)라고 한다. 이 곡선은 반지름이 r인 원이 직선 x축을 회전하며 굴러갈 때, 원 위의 한점이 그리는 궤적이 만들어 내는 곡선이다.

원이 한바퀴 돌았을 때 생기는 곡선과 x축이 만드는 영역의 넓이를 구하여라.

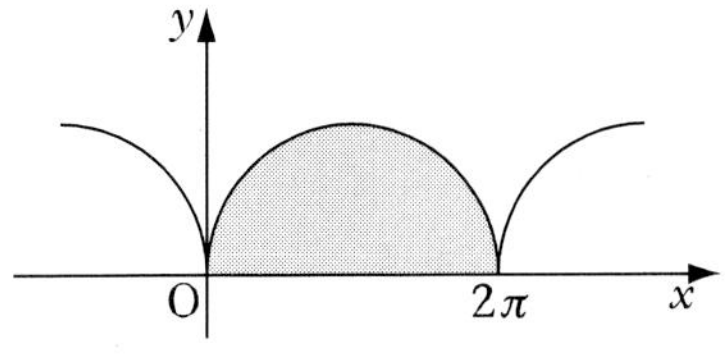

그림 8.5

풀이 원이 한바퀴 회전하면 $0 \le \theta \le 2\pi$이다. 따라서 구하는 영역의 넓이는

$$A = \int_0^{2\pi} r(1-\cos\theta)r(1-\cos\theta)d\theta$$

$$= r^2\int_0^{2\pi}(1-\cos\theta)^2 d\theta = r^2\int_0^{2\pi}(1-2\cos\theta+\cos^2\theta)d\theta)$$

$$= r^2\int_0^{2\pi}[1-2\cos\theta+\frac{1}{2}(1+\cos 2\theta)]d\theta$$

$$= r^2\left[\frac{3}{2}\theta - 2\sin\theta + \frac{1}{4}sin2\theta\right]_0^{2\pi}$$

$$= 3\pi r^2$$

8.2 곡선의 길이와 회전체의 표면적

(1) 매개변수 방정식으로 주어진 곡선의 길이

직교방정식에서 곡선의 길이는

$$L = \int_a^b \sqrt{1+\left(\frac{dy}{dx}\right)^2}dx = \int_a^b \sqrt{dx^2+dy^2}$$

이다.

정리 8.2 *Theorem*

곡선 C가 매개변수방정식

$$\begin{cases} x = f(t) \\ y = g(t) \end{cases}, \ (\alpha \le t \le \beta)$$

으로 표현되어 있으며 $f'(t)$와 $g'(t)$가 연속이고 t가 α에서 β로 증가할 때 정확히 한번 C를 선회하면 C의 길이는 다음과 같다.

$$L = \int_\alpha^\beta \sqrt{\left(\frac{dx}{dt}\right)^2 + \left(\frac{dy}{dt}\right)^2}\, dt$$

- 매개변수 방정식으로 주어진 곡선의 길이는 이 식 마지막 항의 제곱근 내부를 dt^2으로 나누어 정리한 것과 같은 형태로 표현된다.
- 매개변수 곡선을 적분할 때는 적분구간이 $\alpha \le t \le \beta$인 것에 주의해야 한다.

예 1 반지름이 1인 원의 매개변수 방정식은

$$x = \cos t, \ y = \sin t, \ (0 \le t \le 2\pi)$$

이다. 여기에서 $\frac{dx}{dt} = -\sin t$, $\frac{dy}{dt} = \cos t$이므로 원의 전체 길이는

$$L = \int_0^{2\pi} \sqrt{\left(\frac{dx}{dt}\right)^2 + \left(\frac{dy}{dt}\right)^2}\, dt$$

$$= \int_0^{2\pi} \sqrt{\sin^2 t + \cos^2 t}\, dt$$

$$= \int_0^{2\pi} dt = 2\pi$$

이다.

예 2 매개변수 방정식

$$\begin{cases} x = 2t^2 \\ y = 2t^3 \end{cases}, \quad (0 \le t \le 2)$$

으로 표현되는 곡선의 길이를 구하여라.

풀이

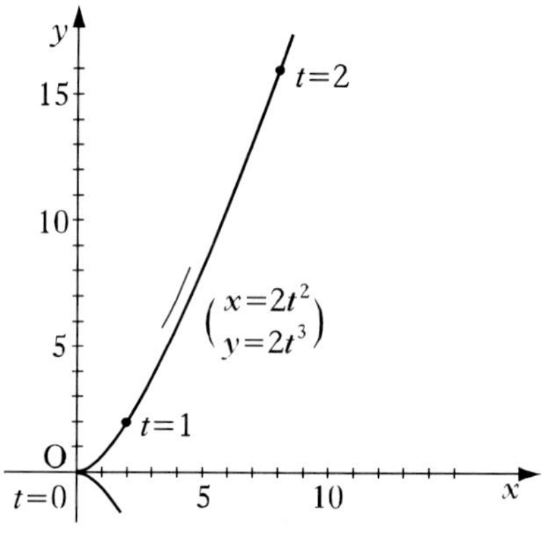

그림 8.6 $x = 2t^2$, $y = 2t^3$의 그래프

$$\frac{dx}{dt} = 4t, \quad \frac{dy}{dt} = 6t^2$$

이므로 구하는 길이는 다음과 같다.

$$\int_0^2 \sqrt{16t^2 + 36t^4}\, dt = \int_0^2 2t\sqrt{4 + 9t^2}\, dt$$

여기에서 $4 + 9t^2 = z$라고 치환하면 $18tdt = dz$이므로

$$\int 2t\sqrt{4 + 9t^2}\, dt = \frac{1}{9}\int \sqrt{z}dz = \frac{2}{27}z^{\frac{3}{2}} = \frac{2}{27}(4 + 9t^2)^{\frac{3}{2}}$$

이다. 따라서 구하는 곡선의 길이는

$$\int_0^2 \frac{2}{27}(4 + 9t^2)^{\frac{3}{2}} dt = \frac{16}{27}(10^{\frac{3}{2}} - 1)$$

이다.

(2) 매개변수 방정식 회전체의 표면적

직교방정식 $y=f(x)$가 x축을 중심으로 회전하였을 때 생기는 입체의 표면적은

$$S=2\pi\int_a^b f(x)\sqrt{1+(f'(x))^2}\,dx$$

$$=2\pi\int_a^b y\sqrt{1+y'^2}\,dx$$

$$=2\pi\int_a^b y\sqrt{dx^2+dy^2}$$

이다. 곡선이 매개변수방정식으로 표현되어 있어도 회전체의 표면적을 구하는 방법은 직교방정식의 경우와 같다.

정리 8.3 *Theorem*

곡선 C가 매개변수 방정식 $x=f(t)$, $y=g(t)$ $(\alpha \le t \le \beta)$로 주어져 있다고 하자.

이 구간에서 $f'(t)$와 $g'(t)$가 연속이고 $g(t) \ge 0$일 때 이 곡선을 x축에 관하여 회전하여 얻어지는 곡면의 면적 S는 다음과 같다.

$$S=\int_\alpha^\beta 2\pi y\sqrt{\left(\frac{dx}{dt}\right)^2+\left(\frac{dy}{dt}\right)^2}\,dt$$

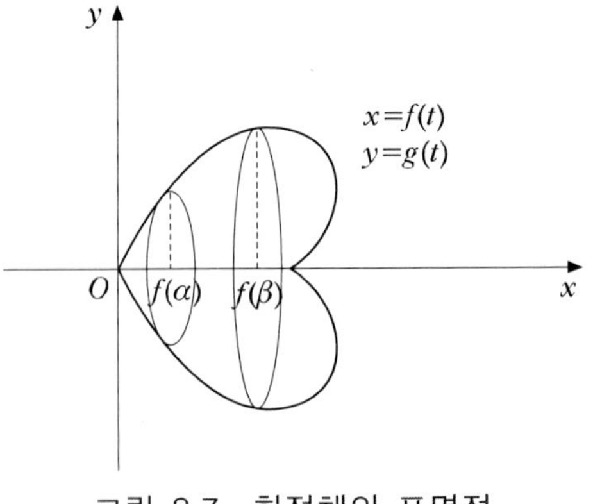

그림 8.7 회전체의 표면적

예 3 반경이 r인 구의 표면적은 $4\pi r^2$임을 보여라.

풀이 구는 반원 $x=r\cos t,\ y=r\sin t(0 \le t \le \pi)$를 x축에 관해서 회전시킴으로써 얻어진다. 그러므로 표면적 공식으로부터

$$S=\int_0^{\pi} 2\pi r\sin\sqrt{(-r\sin t)^2+(r\cos t)^2}\,dt$$

$$=2\pi\int_0^{\pi} r\sin t\sqrt{r^2(\sin^2 t+\cos^2 t))}\,dt$$

$$=2\pi r^2\int_0^{\pi}\sin t dt=2\pi r^{2(}-\cos t)]_0^{\pi}=4\pi r^2$$

이 얻어진다.

8.2.1 예제

(1) 매개변수 방정식

1. 매개변수 방정식 $x = 2\cos t,\ y = 2\sin t,\ (0 \le t \le \pi)$에 의하여 주어지는 곡선은 무엇인가?

풀이 $x^2 + y^2 = (2\cos t)^2 + (2\sin t)^2 = 4$

이므로 위 매개변수 방정식이 그리는 자취는 반지름이 2인 원이 된다. 여기에서 t가 0부터 π까지 증가할 때 점 $(x,\ y) = (2\cos t,\ 2\sin t)$는 점 (2, 0)으로부터 시계반대방향으로 반 바퀴 돌게 된다.

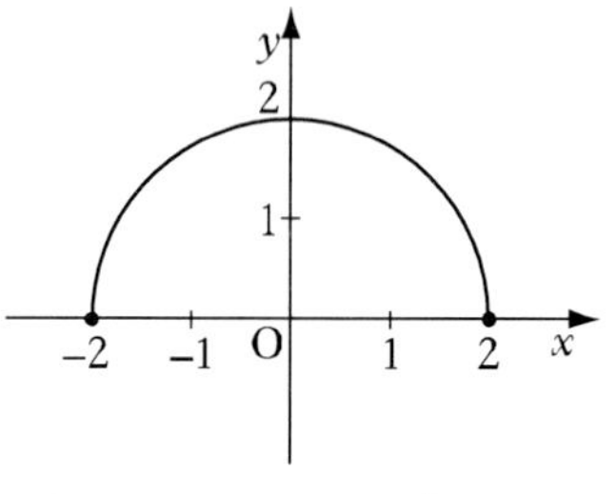

그림 8.8 $x = 2\cos t,\ y = 2\sin t(0 \le t \le \pi)$의 그래프

2. 다음 매개변수 방정식 $x = \sin t,\ y = \sin^2 t$의 그래프를 그려라.

풀이 주어진 매개변수 방정식은 쉽게

$$y = x^2$$

으로 바뀐다. 여기에서 $-1 \le \sin t \le 1$이므로 $-1 \le x \le 1$이고 $0 \le y \le 1$이 된다. $\sin t$의 값은 주기적으로 -1과 1 사이를 움직이므로 점 $(x,\ y) = (\sin t,\ \sin^2 t)$는 (-1, 1)에서 (1, 1)까지 포물선 $y = x^2$을 따라 계속 움직이게 된다.

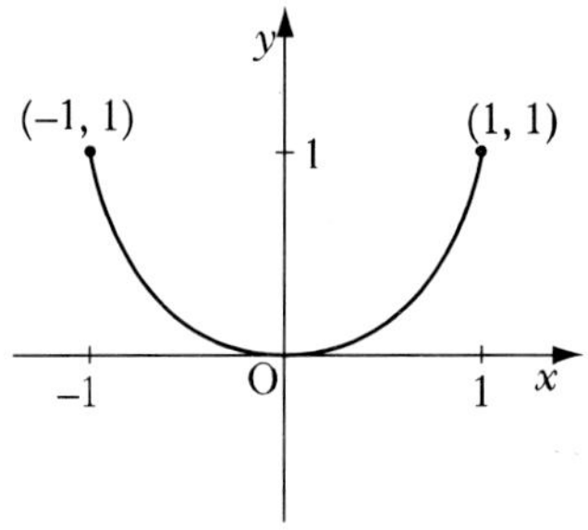

그림 8.9 $x=\sin t,\ y=\sin^2 t$의 그래프

(2) 곡선의 길이와 회전체의 표면적

3. $x=\sin\theta,\ y=5-9\cos\theta$**일 때,** $\dfrac{dy}{dx},\ \dfrac{d^2y}{dx^2}$**을 구하여라.**

풀이
$$\frac{dy}{dx}=\frac{\frac{dy}{d\theta}}{\frac{dx}{d\theta}}=\frac{9\sin\theta}{\cos\theta}=9\tan\theta$$

$$\frac{d^2y}{dx^2}=\frac{\frac{dy'}{d\theta}}{\frac{dx}{d\theta}}=\frac{9\sec^2\theta}{\cos\theta}=9\sec^3\theta$$

4. $x=2(\theta-\sin\theta),\ y=2(1-\cos\theta)$**로 주어진 매개변수 방정식의 그래프에서** $\theta=\dfrac{\pi}{2}$**에 대응되는 점에서의 접선의 방정식을 구하여라.**

풀이 $\dfrac{dy}{dx}=\dfrac{\frac{dy}{d\theta}}{\frac{dx}{d\theta}}$이므로

$$\frac{dy}{dx}=\frac{2\sin\theta}{2(1-\cos\theta)}=\cot\frac{\theta}{2}$$

이다. 이제 $\theta=\dfrac{\pi}{2}$를 대입하면

$$\left.\frac{dy}{dx}\right|_{\theta=\frac{\pi}{2}} = \cos\frac{\pi}{4} = 1$$

이다. 이것은 접선의 기울기가 되며 $\theta = \dfrac{\pi}{2}$에 대응되는 점은 $(x,\ y) = (\pi - 2,\ 2)$이므로 구하는 접선의 방정식은

$$y - 2 = x - (\pi - 2)$$

$$y = x + 4 - \pi$$

이다.

(3) 곡선의 호의 길이와 곡면적

5. Cycloid $x = r(\theta - \sin\theta),\ y = r(1 - \cos\theta)$에서 한 개의 반원형의 호의 길이를 구하여라.

풀이

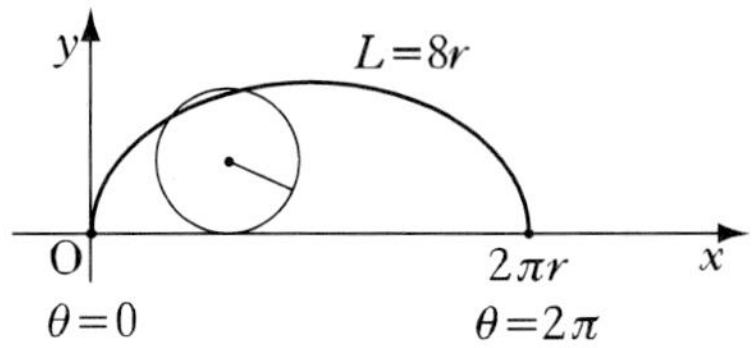

그림 8.10 Cycloid

$\dfrac{dx}{d\theta} = r(1 - \cos\theta)$이고 $\dfrac{dy}{d\theta} = r\sin\theta$이므로

$$L = \int_0^{2\pi} \sqrt{\left(\frac{dx}{d\theta}\right)^2 + \left(\frac{dy}{d\theta}\right)^2}\, d\theta$$

$$= \int_0^{2\pi} \sqrt{r^2(1 - \cos\theta)^2 + r^2\sin^2\theta}\, d\theta$$

$$= \int_0^{2\pi} \sqrt{r^2(1 - 2\cos\theta + \cos^2\theta + \sin^2\theta)}\, d\theta$$

$$= r\int_0^{2\pi} \sqrt{2(1 - \cos\theta)}\, d\theta$$

이다.

$\sin^2 x = \frac{1}{2}(1-\cos 2x)(\theta = 2x)$이므로 $1-\cos\theta = 2\sin^2\left(\frac{\theta}{2}\right)$를 얻는다.

$0 \le \theta \le 2\pi$이므로 $0 \le \frac{\theta}{2} \le \pi$이어서 $\sin\left(\frac{\theta}{2}\right) \le 0$이다.

그러므로

$$\sqrt{2(1-\cos\theta)} = \sqrt{4\sin^2\left(\frac{\theta}{2}\right)} = 2\left|\sin\left(\frac{\theta}{2}\right)\right| = 2\sin\left(\frac{\theta}{2}\right)$$

따라서

$$L = 2r\int_0^{2\pi} \sin\left(\frac{\theta}{2}\right)d\theta = 2r\left[-2\cos\left(\frac{\theta}{2}\right)\right]_0^{2\pi} = 2r[2+2] = 8r$$

이다.

6. Cycloid $x = r(\theta - \sin\theta),\ y = r(1-\cos\theta)$에서 한 개의 반원형을 x축에 관하여 회전했을 때 생기는 회전체의 표면적을 구하여라.

풀이 주어진 매개방정식과 표면적 공식으로부터 다음을 얻는다.

$$S = \int_0^{2\pi} 2\pi y\sqrt{\left(\frac{dx}{d\theta}\right)^2 + \left(\frac{dy}{d\theta}\right)^2}\, d\theta$$

$$= \int_0^{2\pi} 2\pi r(1-\cos\theta)\sqrt{r^2(1-\cos\theta)^2 + r^2\sin^2\theta}\, d\theta$$

$$= 2\pi r^2\int_0^{2\pi} (1-\cos\theta)\sqrt{2(1-\cos\theta)}\, d\theta$$

$$= 2\pi r^2\int_0^{2\pi} 2\sin^2\left(\frac{\theta}{2}\right)2\sin\left(\frac{\theta}{2}\right)d\theta$$

$$= 8\pi r^2\int_0^{2\pi} \left(1-\cos^2\left(\frac{\theta}{2}\right)\right)\sin\left(\frac{\theta}{2}\right)d\theta$$

$$= 16\pi r^2\int_0^{\pi} (\sin t - \cos^2 t\sin t)dt$$

$$= 16\pi r^2\left[-\cos t + \frac{1}{3}cos^3 t\right]_0^{\pi} = \frac{64\pi r^2}{3}$$

8.2.2 실습문제

1. 다음 매개변수 방정식의 그래프를 그려라.

   1) $\begin{cases} x = t-1 \\ y = t^3 \end{cases}$ $(-1 \le t \le 2)$

   2) $\begin{cases} x = t-1 \\ y = e^t + 2 \end{cases}$

2. $x = 2\cos t,\ y = 3\sin t,\ (0 \le t \le 2\pi)$의 그래프를 그리고 t가 움직임에 따른 점 $(x,\ y)$들의 움직임을 관찰하여라.

3. $x = \cos^2 t,\ y = \cos t (0 \le t \le 2\pi)$에서 t가 변할 때 $(x,\ y)$가 움직인 거리를 구하여라.

4. $x = 3t - t^2,\ y = 3t,\ (0 \le t \le 1)$으로 주어지는 곡선을 x축 주위로 회전하여 얻어지는 곡면의 면적을 구하여라.

8.2.3 Homework

1. $x = 3\sec\theta,\ y = 2\tan\theta,\ (0 \le \theta \le 2\pi)$에 의하여 주어지는 곡선의 그래프를 구하여라.

2. 직선을 따라 원이 구를 때 원주상의 한 고정점 P가 그리는 자취를 cycloid라 부른다. 원의 반지름이 1이고 x축을 따라 구르며 원의 중심이 y축에 있고 점 P의 위치가 $y = b$일 때 cycloid의 매개변수 방정식을 구하여라. (힌트 : 아래의 두 그림을 참고하라.)

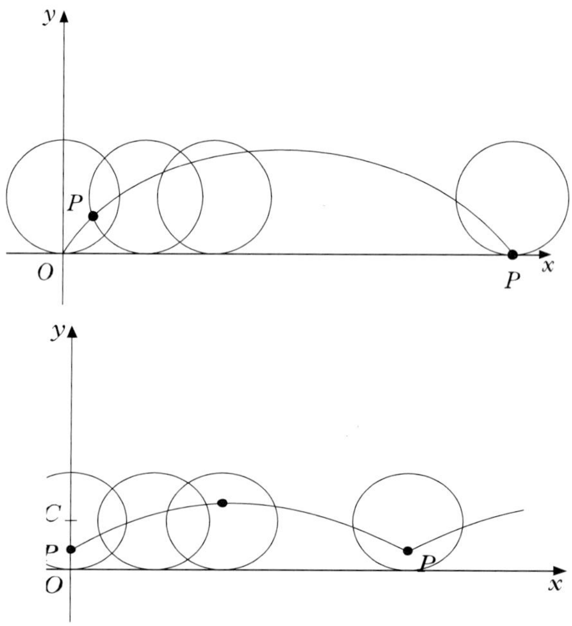

그림 8.11 cycloid의 구조

3. 다음에서 $\dfrac{dy}{dx}$와 $\dfrac{d^2y}{dx^2}$을 구하여라.

   1) $x = 3t^2,\ y = 2t^3$

   2) $x = 1 - \cos\theta,\ y = 2 + 3\sin\theta$

4. 다음 곡선의 주어진 점에서의 접선과 법선의 방정식을 구하여라.

1) $x = \sin\theta,\ y = \tan\theta : \theta = \dfrac{\pi}{4}$

2) $x = 3e^{-t},\ y = e^{t}; t = 2$

5. 타원의 매개변수 방정식

$\begin{cases} x = 2\cos\theta \\ y = 3\sin\theta \end{cases}\ (0 \le \theta \le 2\pi)$

가 이루는 타원의 내부의 면적을 구하여라.

6. Cycloid의 매개변수 방정식 $x = r(\theta - \sin\theta),\ y = r(1 - \cos\theta)$에 대하여 다음을 구하여라.

1) $\dfrac{dy}{dx}$와 $\dfrac{d^2y}{dx^2}$을 구하여라.

2) $\theta = \dfrac{\pi}{3}$일 때 접선의 방정식을 구하여라.

3) 접선이 수평이 되는 점을 구하여라.

4) 아래로 오목한 구간을 정하여라.

7. 다음 매개변수 방정식으로 주어지는 곡선의 호의 길이를 구하여라.

1) $x = 2\cos t,\ y = 3\sin t,\ (0 \le t \le 2\pi)$

2) $x = \sin 2t,\ y = \cos 2t,\ (0 \le t \le 2\pi)$

8. 다음 매개변수 방정식으로 주어진 곡선을 x축 주위로 회전시켰을 때 생기는 입체의 표면적을 구하여라.

1) $x = 3t - t^3,\ y = 3t^2,\ (0 \le t \le 1)$

2) $x = e^t - t,\ y = 4e^{\frac{t}{2}},\ (0 \le t \le 1)$

8.3 극좌표와 극방정식

평면 또는 공간에서 한 점의 위치를 표현하는 방법은, 지금까지 사용해온 직교 좌표계 이외에도 여러 가지가 있다. 그 가운데 활용도가 높은 극좌표계에 대하여 알아보기로 한다.

(1) 극좌표계

정의 8.2 극좌표계

> 평면 위에 한 고정점 O와 반직선 OX를 선택하여, 평면위의 한 점 P의 위치를 $\overline{OP}$의 길이와 각 $\angle XOP$의 크기로 나타내는 좌표계를 극좌표계라고 한다.

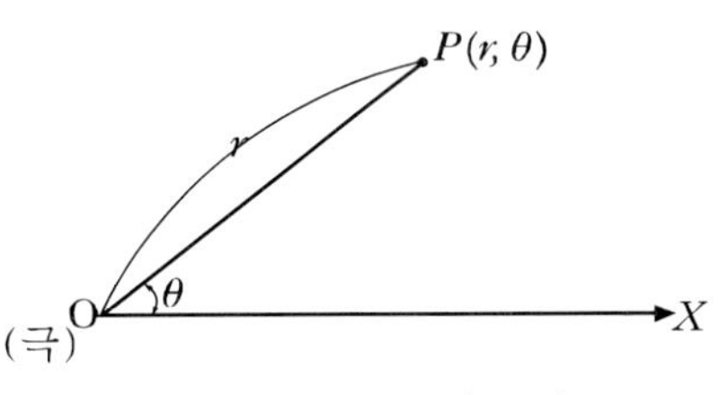

그림 8.12 극좌표계

- 정직선 OX를 극좌표축, O를 극점 또는 원점이라 부른다.
- $\overline{OP}$의 길이를 r, 각 $\angle XOP$의 크기를 θ라고 하면, 점 P의 위치는 (r, θ)로 표현한다.
- θ의 부호는 극좌표 축으로부터 시계반대 방향으로 측정하면 양, 시계방향으로 측정하면 음으로 규정한다.
- $P=O$이면 $r=0$이고 $(0, \theta)$는 θ의 값에 관계없이 원점 O를 의미한다.

- r이 음인 경우에 $(-r,\ \theta)$는 점 $(r,\ \theta)$와 극점 O에 대하여 대칭인 점의 좌표를 나타내는 것으로 약속한다.
- $(-r,\ \theta)$와 $(r,\ \theta+\pi)$는 같은 점이다.
- $(r,\ \theta)=(r,\ \theta\pm2\pi)=(r,\ \theta\pm r\pi)=\cdots=(r,\ \theta\pm2n\pi)$이다.
- 평면 R^2에 있는 점 P는 직교좌표계를 쓰면 $(x,\ y)$이고, 극좌표계를 사용하면 $(r,\ \theta)$이다.

예 1 다음 극좌표가 나타내는 점들을 좌표평면에 표시하여라.

1) $\left(1,\ \dfrac{\pi}{4}\right)$　　　2) $(2,\ 3\pi)$

3) $\left(2,\ -\dfrac{2}{3}\pi\right)$　　　4) $\left(-3,\ \dfrac{3}{4}\pi\right)$

풀이 d)에서 점 $\left(-3,\ \dfrac{3\pi}{4}\right)$는 각 $\dfrac{3\pi}{4}$가 제2사분면에 있고 $r=-3$이 음수이기 때문에 제4사분면에서 극점으로부터 단위의 3배인 곳에 위치한다.

즉 $\left(3,\ \dfrac{3}{4}\pi\right)$인 점의 위치와는 극점에 대하여 대칭임을 알 수 있다.

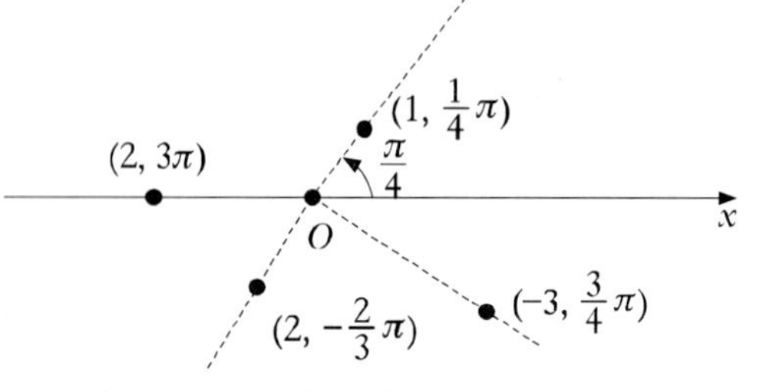

그림 8.13 극좌표계에서 점들의 위치

예 2 다음의 극좌표는 모두 같은 점을 나타낸다.

$$\left(2,\ \frac{\pi}{6}\right),\quad \left(2,\ -\frac{11}{6}\pi\right),\quad \left(-2,\ \frac{7}{6}\pi\right),\quad \left(-2,\ -\frac{5}{6}\pi\right)$$

- 극좌표계에서 한 점 P를 나타내는 순서쌍이 여러개인 것이 직교좌표계와 다른 특징 가운데 하나이다.
- 특별한 경우가 아니면 $P=(r,\ \theta)$에서 r은 양수값으로, θ는 $0 \le \theta \le 2\pi$ 사이의 값으로 나타내는 것이 편리하다.

(2) 극좌표계와 직교좌표계의 관계

극좌표계의 극점은 직교좌표계의 원점에, 그리고 극축은 직교좌표계의 양의 x축과 일치하도록 하면, 극좌표와 직교좌표의 관계를 알 수 있다. 다음 그림에서

$$\cos\theta = \frac{x}{r},\quad \sin\theta = \frac{y}{r}$$

라고 하면 점 P의 극좌표 $(r,\ \theta)$와 직교좌표 $(x,\ y)$는 다음과 같은 관계를 가지고 있다.

- $x = r\cos\theta,\ y = r\sin\theta$
- $r^2 = x^2 + y^2,\ \tan\theta = \dfrac{y}{x}$

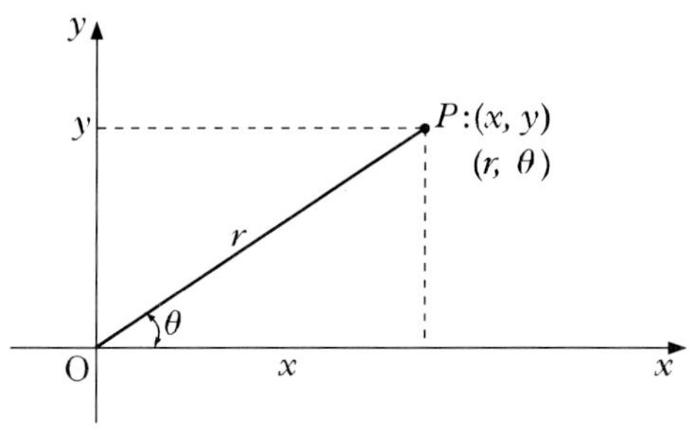

그림 8.14 극좌표계와 직교좌표계의 관계

예 3 직교좌표가 $(-1, -1)$인 점 P는 위 관계식에서 $r^2 = (-1)^2 + (-1)^2 = 2$이고 $\tan\theta = 1$이다. $(-1, -1)$은 직교좌표계에서 제3사분면의 점이므로 $r = \sqrt{2}$로 하면 $\theta = \frac{5}{4}\pi$가 된다. 따라서 구하는 극좌표 중 하나는 $\left(\sqrt{2}, \frac{5}{4}\pi\right)$이다.

예 4 극좌표인 점 $\left(2, \frac{\pi}{3}\right)$을 직교좌표로 바꿔라.

풀이 $r = 2$이고 $\theta = \pi/3$이므로

$$x = r\cos\theta = 2\cos\frac{\pi}{3} = 2 \cdot \frac{1}{2} = 1$$

$$y = r\sin\theta = 2\sin\frac{\pi}{3} = 2 \cdot \frac{\sqrt{3}}{2} = \sqrt{3}$$

이다. 따라서 직교좌표로 표현하면 $P = (1, \sqrt{3})$이다.

(3) 극방정식

변수 r과 θ의 관계식으로 나타내어진 방정식을 극방정식이라고 한다.

예 5 극방정식 $r = 2$가 나타내는 곡선은 무엇인가?

풀이 이 곡선은 $r = 2$를 갖는 모든 점들 (r, θ)로 이루어져 있다. r가 이 점들로부터 극점까지의 거리를 표시하므로 곡선 $r = 2$는 중심 O 반경 r를 갖는 원을 나타낸다. 일반적으로 방정식 $r = a$는 중심 O 반경 $|a|$를 갖는 한 원을 나타낸다(그림 8.15).

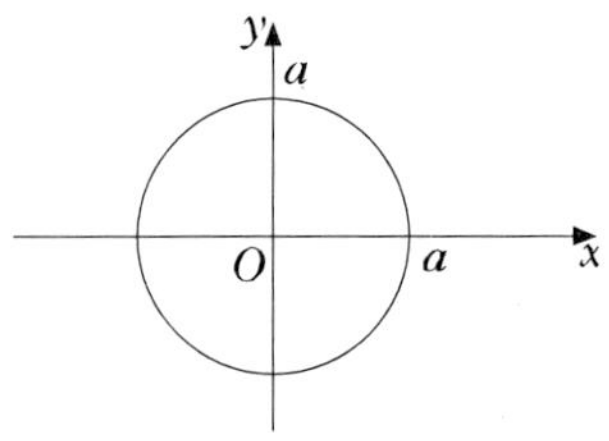

그림 8.15 $r = a$의 그래프

예 6 극방정식 $\theta=1$은 θ가 1라디안이고 r은 정해져 있지 않은 모든 점들의 집합이다. 따라서 이 방정식은 O를 지나고 극축과 1라디안의 각을 이루는 직선이다.

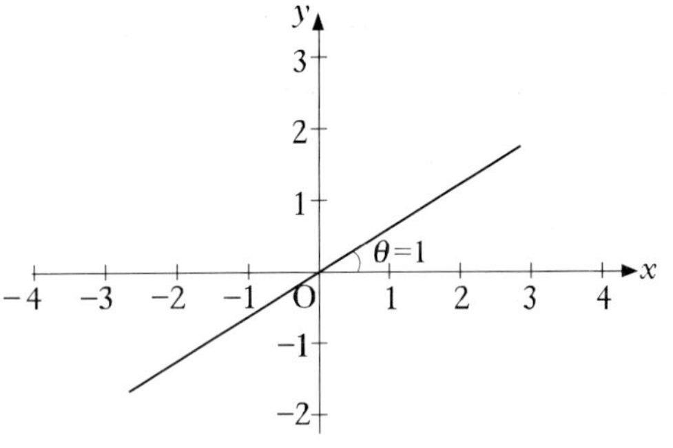

그림 8.16 $\theta=1$의 그래프

(4) 극방정식의 그래프

극방정식이 나타내는 곡선을 그리는데 종종 대칭을 이용하는 것이 도움이 된다.

- θ를 $-\theta$로 놓았을 때 극방정식이 변하지 않으면, 곡선은 극축에 관해서 대칭이다.
- r를 $-r$로 놓았을 때 극방정식이 변하지 않으면, 곡선은 극점에 관해서 대칭이다.
- θ를 $\pi-\theta$로 놓았을 때 극방정식이 변하지 않으면, 수직선 $\theta=\frac{\pi}{2}$에 관해서 대칭이다.

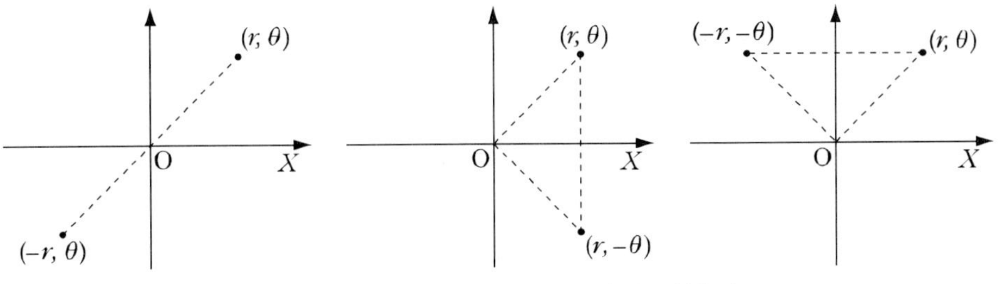

그림 8.17 극좌표에서 곡선의 대칭성

예 7 (심장형) 곡선 $r=4(1-\cos\theta)$의 그래프를 그려라.

풀이 1) $\cos(-\theta)=\cos\theta$이므로 극축에 관하여 대칭인 곡선이다.

2) $-1 \le \cos\theta \le 1$이므로 r의 값은 0과 8 사이이고, $\cos 0 = 1 = \cos 2\pi$ 이므로 닫혀 있는 곡선이다.

3) $0 \le \theta \le \pi$에서 r의 근사값들을 표로 나타내면 다음과 같다.

θ	0	$\frac{1}{6}\pi$	$\frac{1}{4}\pi$	$\frac{1}{3}\pi$	$\frac{1}{2}\pi$	$\frac{2}{3}\pi$	$\frac{3}{4}\pi$	$\frac{5}{6}\pi$	π
r	0	0.5	$4-2\sqrt{2}$	2	4	6	$4+2\sqrt{2}$	7.5	8

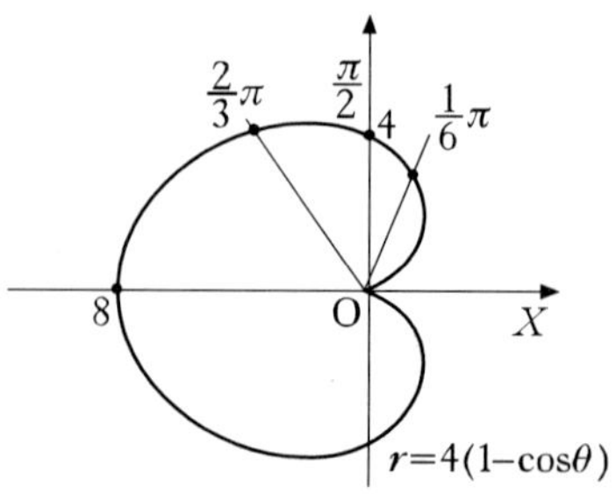

그림 8.18 $r=4(1-\cos\theta)$

예 8 (나선형) $\theta \ge 0$일 때 $r=2\theta$의 그래프를 그려보자.

풀이 $0 \le \theta$에서 r의 근사값들을 표로 나타내면 다음과 같다.

θ	0	$\frac{\pi}{2}$	π	$\cdots$
r	0	π	2π	$\cdots$

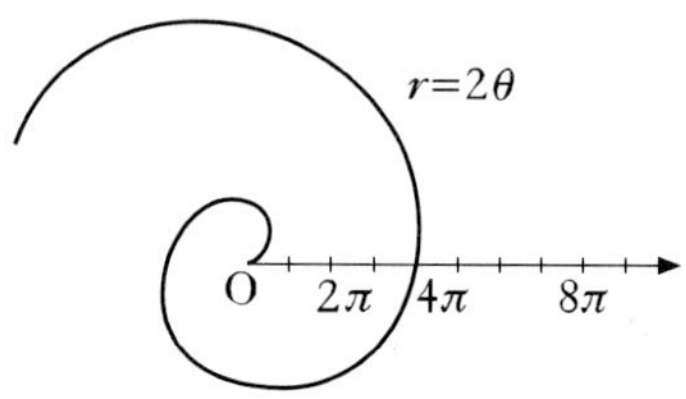

그림 8.19 $r=2\theta$

예 9 (3엽 장미곡선) 곡선 $r=\cos 3\theta$는 잎이 3개인 장미 꽃잎을 그린다.

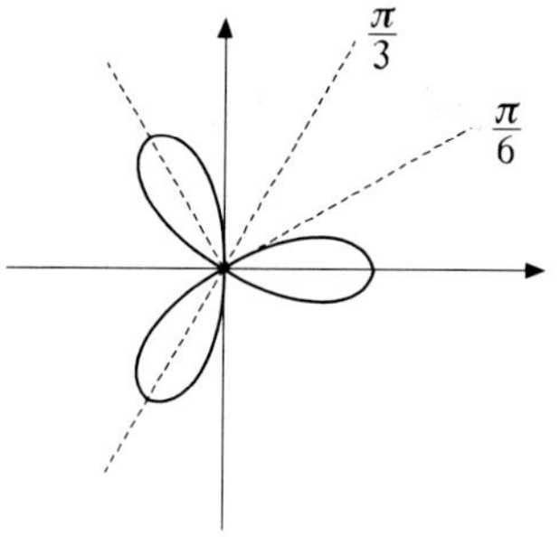

그림 8.20 $r=\cos 3\theta$

예 10 (4엽 장미곡선) 곡선 $r=\cos 2\theta$는 잎이 4개인 장미곡선이다. 일반적으로 $r=\cos n\theta$와 $r=\sin n\theta$는 n이 짝수이면 잎이 $2n$개인 장미곡선을 나타내고, n이 홀수이면 잎이 n인 장미곡선이 그려진다.

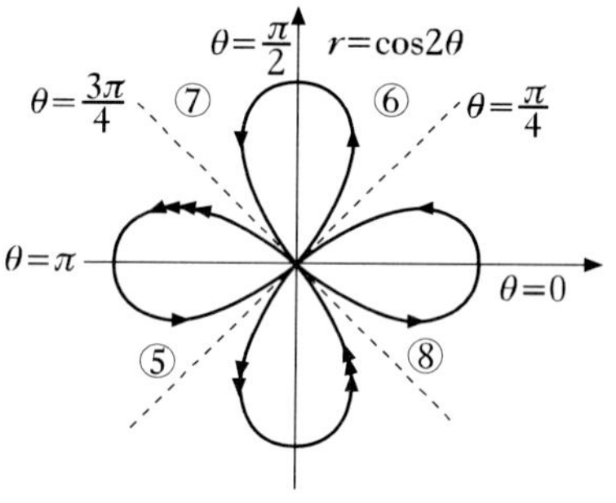

그림 8.21 $r=\cos 2\theta$

(5) 극방정식으로 주어진 곡선들의 교점

극방정식에서 두 곡선의 교점을 구하는 과정은 다음과 같다.

1. 두 곡선의 연립방정식의 해를 구한다.
2. 두 곡선이 극점을 통과할 경우에는 연립방정식의 해로 나타나지 않을 수도 있으므로 따로 조사해야 한다.
3. 즉, 두 곡선이 각각 $r=0$인 점을 가지고 있는지 반드시 알아보아야 한다.

예 11 $r = 4\cos\theta$와 $\theta = \frac{1}{3}\pi$의 교점을 구하여라.

풀이 $r = 4\cos\theta$는 원을 나타내고 $\theta = \frac{1}{3}\pi$는 직선을 나타낸다. 이를 연립하여 풀면 교점은 $\left(2, \frac{1}{3}\pi\right)$가 되나 아래 그림에서와 같이 두 점, 즉 극과 $\left(2, \frac{1}{3}\pi\right)$에서 만난다.

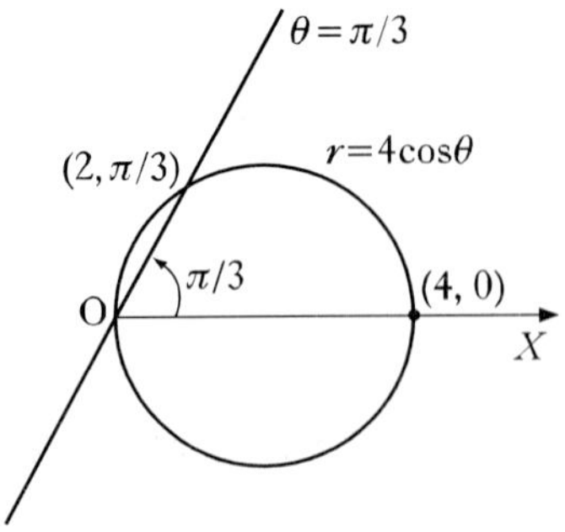

그림 8.22 원과 직선의 교점

(6) 접선의 기울기

극 방정식 $r=f(\theta)$의 그래프 C위에 있는 점 $P(r, \theta)$에서 접선을 그렸을 때, 이 접선이 극축과 이루는 각을 생각하자.

직교좌표에서 접선의 기울기는 $\frac{dy}{dx}$이므로 $\tan\alpha = \frac{dy}{dx}$인 α는 x축과 접선이 이루는 각이다. 극 좌표로 바꾸어 생각하면 이 각이 접선과 극축 사이의 각이다.

극 방정식 $r=f(\theta)$에서

$$x = r\cos\theta,\ y = r\sin\theta$$

이고 x, y가 θ에 관하여 미분 가능하면

$$\frac{dx}{d\theta} = -r\sin\theta + \frac{dr}{d\theta}\cos\theta$$

$$\frac{dy}{d\theta} = r\cos\theta + \frac{dr}{d\theta}\sin\theta$$

이다. 따라서 $\dfrac{dx}{d\theta} \neq 0$이면

$$\tan\alpha = \frac{dy}{dx} = \frac{\dfrac{dy}{d\theta}}{\dfrac{dx}{d\theta}} = \frac{r\cos\theta + \dfrac{dr}{d\theta} sin\theta}{-r\sin\theta + \dfrac{dr}{d\theta} cos\theta}$$

이고 분자, 분모를 $\cos\theta$로 나누어 간단히 정리하면

$$\tan\alpha = \frac{r + \tan\theta \dfrac{dr}{d\theta}}{\dfrac{dr}{d\theta} - r\tan\theta} \quad (\text{단, } \cos\theta \neq 0)$$

이다. 특히, 그림 8.23에서 동경과 접선이 이루는 각을 ψ라고 하면

$$\tan\psi = \frac{\tan\alpha - \tan\theta}{1 + \tan\alpha\tan\theta} = \frac{r}{\dfrac{dr}{d\theta}}$$

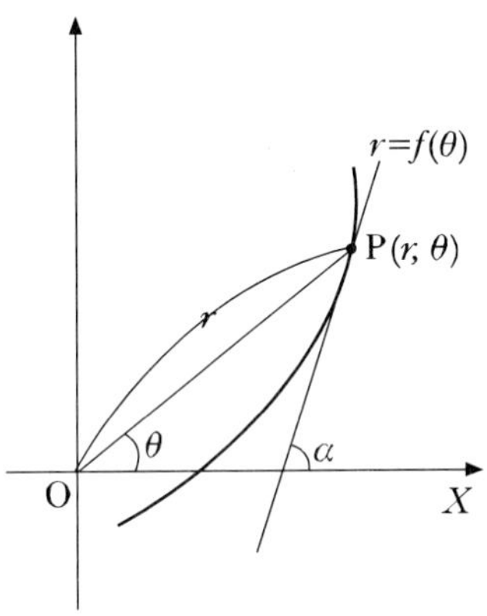

그림 8.23 접선의 기울기

(7) 두 곡선이 만나는 각

극방정식으로 표현된 두 개의 곡선이 만나서 이루는 각은, 교점에서 접선들이 이루는 각을 말한다.

- 점 P에서 동경 $\overline{OP}$와 접선이 이루는 각이 ψ라고 하면

$$\tan\psi = \frac{r}{\dfrac{dr}{d\theta}}$$

- 두 곡선의 접선이 동경과 이루는 각이 각각 ψ, ψ'라고 하면, 두 곡선이 이루는 각은 $\phi = |\psi - \psi'|$이고,

$$\tan\phi = \left|\frac{\tan\psi - \tan\psi'}{1+\tan\psi\tan\psi'}\right|$$

로 계산한다.

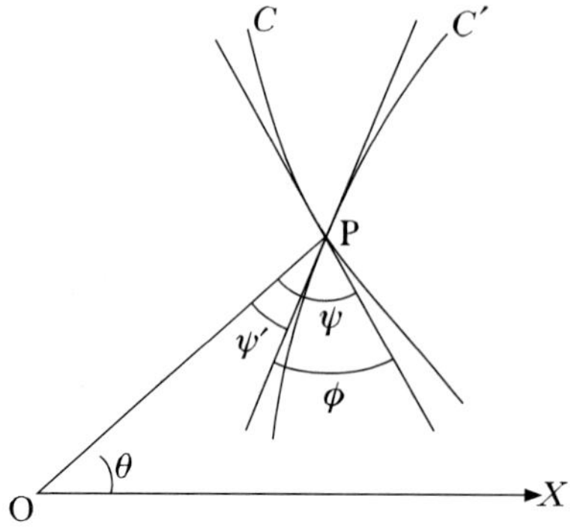

그림 8.24 두 곡선이 이루는 각

예 12 곡선 $r = 2\sin\theta$ 위의 점 $\left(1, \ \frac{1}{6}\pi\right)$에서의 접선의 기울기를 구하여라.

풀이 $\frac{dr}{d\theta} = 2\cos\theta$이며 $\left(1, \ \frac{1}{6}\pi\right)$에서 $\frac{dr}{d\theta}$의 값은 $\sqrt{3}$이다. 따라서

$$\text{접선의 기울기} = \frac{(1)\left(\frac{1}{2}\sqrt{3}\right) + (\sqrt{3})\left(\frac{1}{2}\right)}{-(1)\left(\frac{1}{2}\right) + (\sqrt{3})\left(\frac{1}{2}\sqrt{3}\right)} = \sqrt{3}$$

이다.

(8) 극방정식에서의 면적

정리 8.4 Theorem

곡선 $r=f(\theta)$와 반직선 $\theta=a$, $\theta=b$로 둘러싸인 영역의 면적 S는

$$S=\frac{1}{2}\int_a^b r^2 d\theta$$

예 13 반지름이 a인 원의 면적을 구하여 보자. 이 원의 극방정식은 $r=a$이므로, 구하는 원의 면적은

$$S=\frac{1}{2}\int_0^{2\pi} r^2 d\theta=\frac{1}{2}\int_0^{2\pi} a^2 d\theta=\frac{1}{2}a^2\cdot(2\pi)=\pi a^2$$

이다.

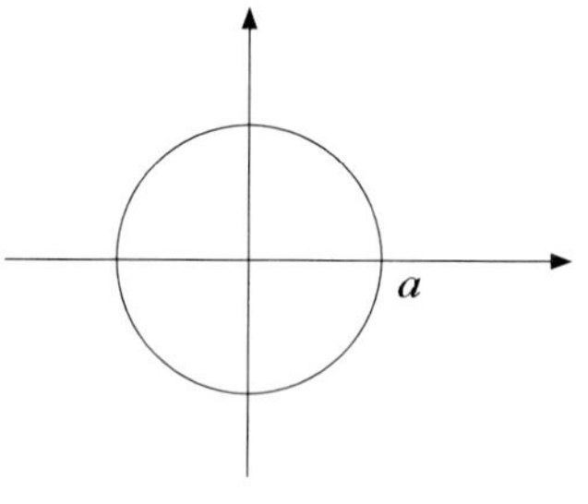

그림 8.25 반지름이 a인 원

(9) 극방정식에서 곡선의 길이

정리 8.5 Theorem

극방정식 $r=f(\theta)$에서 $a\le\theta\le b$일 때 방정식이 그리는 호의 길이 L은

$$L=\int_a^b\sqrt{r^2+\left(\frac{dr}{d\theta}\right)^2}\,d\theta$$

예 14 반지름이 a인 원의 원둘레를 구하여 보기로 한다.

위의 예제와 같이 $r=a$에서 $\dfrac{dr}{d\theta}=0$이므로 구하는 원둘레의 길이는

$$L=\int_0^{2\pi}\sqrt{a^2+0^2}\,d\theta=a\int_0^{2\pi}d\theta=2\pi a$$

이다.

8.3.1 예제

(1) 극좌표와 극방정식

1. 극좌표가 다음인 점을 나타내어라.

1) $\left(2,\ -\frac{\pi}{6}\right)$　　　　2) $(-1,\ \pi)$

풀이 1)

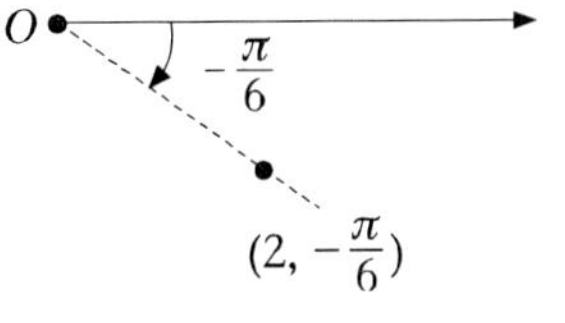

그림 8.26

2)

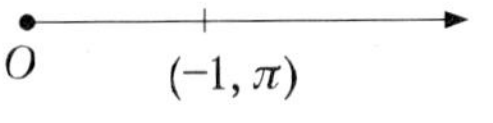

그림 8.27

2. 다음 직교좌표를 극좌표로 변환하여라.

1) $(-1,\ -\sqrt{3})$　　　　2) $(\sqrt{2}, -\sqrt{2})$

풀이 1) $r = \sqrt{(-1)^2 + (-\sqrt{3})^2} = 2$

$\tan\theta = \sqrt{3}$ 인데 점이 3사분면의 점이므로 $\theta = \frac{7}{6}\pi$로 택하면 된다. 따라서 $\left(2,\ \frac{7}{6}\pi\right)$이다.

2) $r = \sqrt{(\sqrt{2})^2 + (-\sqrt{2})^2} = 2,\ \tan\theta = -1$인데 점의 위치가 4사분면이므로 $\theta = -\frac{\pi}{4}$를 택하면 된다. 따라서 $\left(2,\ -\frac{\pi}{4}\right)$이다.

3. 방정식 $r=2\sin\theta$를 직교방정식으로 변환하여라.

풀이 $r^2=x^2+y^2$이고 $r\sin\theta=y$이므로 방정식 $r=2\sin\theta$에 r을 곱하면

$$r^2=2r\sin\theta$$

이다. 따라서

$$x^2+y^2=2y$$

이며 이는 반지름이 1이고 중심이 (0, 1)인 원을 나타낸다.

4. 두 곡선

$$\begin{cases} r=1+\cos\theta & (1) \\ r=1-\sin\theta & (2) \end{cases}$$

의 교점을 구하여라.

풀이 방정식 (1), (2)에서 r을 소거하면

$$\cos\theta=-\sin\theta,\ \text{즉}\ \tan\theta=-1$$

따라서

$$\theta=\frac{3}{4}\pi\ \text{또는}\ \theta=\frac{7}{4}\pi$$

이것은 (1)에 각각 대입하여

$$r=\frac{1}{2}(2-\sqrt{2}),\ r=\frac{1}{2}(2+\sqrt{2})$$

을 구할 수 있다. 따라서 두 교점은

$$\left(\frac{1}{2}(2-\sqrt{2}),\frac{3}{4}\pi\right),\ \left(\frac{1}{2}(2+\sqrt{2}),\frac{7}{4}\pi\right)$$

이다.

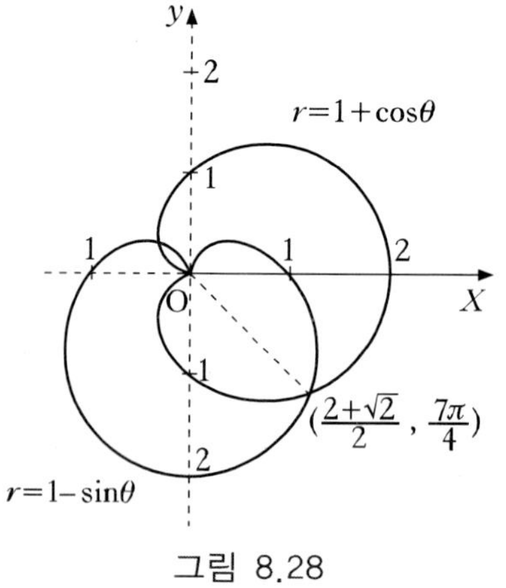

그림 8.28

한편 (1)은 $\theta=\pi$인 경우에 $r=0$, (2)는 $\theta=\frac{1}{2}\pi$인 경우에 $r=0$이므로 두 방정식의 그래프는 모두 극점을 통과하고, 따라서 극도 또한 교점이 된다.

5. 1) 극방정식 $r=2\cos\theta$의 그래프를 그려라.

2) 이 곡선에 대한 직교방정식을 구하여라.

풀이 1) 사용하기에 편리한 몇 개의 θ에 대한 r의 값을 구하여 이에 대응하는 점 $(r,\ \theta)$를 구한 다음 이러한 점들을 곡선으로 연결하면 원을 구할 수 있다. 이 때 θ의 값은 $\cos\theta$가 주기함수이므로 0부터 2π까지의 값을 사용한다.

θ	0	$\frac{\pi}{6}$	$\frac{\pi}{4}$	$\frac{\pi}{3}$	$\frac{\pi}{2}$	$\frac{2\pi}{3}$	$\frac{3\pi}{4}$	$\frac{5\pi}{6}$
r	2	$\sqrt{3}$	$\sqrt{2}$	1	0	-1	$-\sqrt{2}$	$-\sqrt{3}$
π	$\frac{7\pi}{6}$	$\frac{5\pi}{4}$	$\frac{4\pi}{3}$	$\frac{3\pi}{2}$	$\frac{5\pi}{3}$	$\frac{7\pi}{4}$	$\frac{11\pi}{6}$	2π
-2	$-\sqrt{3}$	$-\sqrt{2}$	-1	0	1	$\sqrt{2}$	$\sqrt{3}$	2

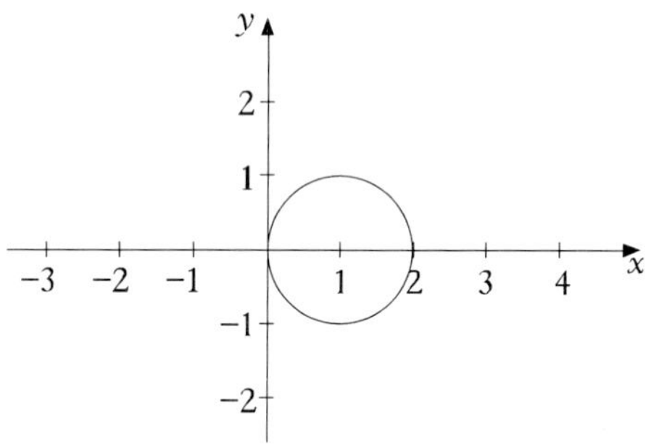

그림 8.29

2) 주어진 방정식을 직교방정식으로 전환하기 위해 직교좌표와 극좌표의 관계식을 이용한다. $x=r\cos\theta$로부터 $\cos\theta=\frac{x}{r}$이고 방정식 $r=2\cos\theta$는 $r=2\frac{x}{r}$가 되고

$$2x=r^2=x^2+y^2 \ \text{또는}\ x^2+y^2-2x=0$$

가 된다. 제곱을 계산하여

$$(x-1)^2+y^2=1$$

을 얻는다. 이 방정식은 중심 (1, 0)이고 반경 1을 갖는 원의 방정식이다.

6. 심장형 $r=1+\sin\theta$에 대하여 $\theta=\frac{\pi}{3}$일 때의 접선의 기울기를 구하여라.

풀이 $\frac{dr}{d\theta}=\cos\theta$이다. 따라서 $\theta=\frac{\pi}{3}$인 점에서의 접선의 기울기는

$$\frac{\cos\frac{\pi}{3}\left(1+2\sin\frac{\pi}{3}\right)}{\left(1+\sin\frac{\pi}{3}\right)\left(1-2\sin\frac{\pi}{3}\right)}=-1$$

이다.

7. 원 $r=3\sin\theta$의 내부와 심장형 $r=1+\sin\theta$의 외부로 이루어진 영역의 면적을 구하여라.

풀이 주어진 영역을 그리면 다음과 같다.

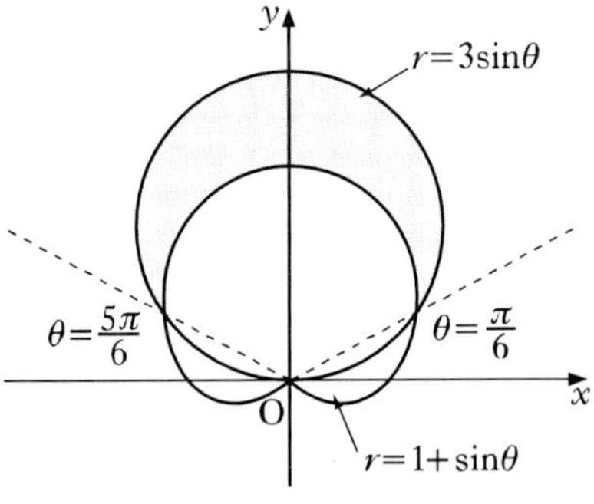

그림 8.30

우선 두 곡선의 교점을 구하자. $3\sin\theta=1+\sin\theta$라 하면 $\sin\theta=\frac{1}{2}$이다. 따라서 $\theta=\frac{\pi}{6},\ \frac{5}{6}\pi$일 때 교차한다. 따라서 구하려고 하는 면적은 $\theta=\frac{\pi}{6}$에서 $\theta=\frac{5\pi}{6}$까지의 원의 내부의 면적에서, $\theta=\frac{\pi}{6}$과 $\theta=\frac{5\pi}{6}$ 사이의 심장형의

내부의 면적을 빼면 된다.

따라서 구하는 면적 A는 다음과 같다.

$$A = \frac{1}{2}\int_{\frac{\pi}{6}}^{\frac{5\pi}{6}} (3\sin\theta)^2 d\theta - \frac{1}{2}\int_{\frac{\pi}{6}}^{\frac{5\pi}{6}} (1+\sin\theta)^2 d\theta$$

여기서 영역이 수직축 $\theta = \frac{\pi}{2}$에 관해서 대칭이므로

$$A = 2\left[\frac{1}{2}\int_{\frac{\pi}{6}}^{\frac{\pi}{2}} 9\sin^2\theta d\theta - \frac{1}{2}\int_{\frac{\pi}{6}}^{\frac{\pi}{2}} (1+2\sin\theta+\sin^2\theta) d\theta\right]$$

$$= \int_{\frac{\pi}{6}}^{\frac{\pi}{2}} (8\sin^2\theta - 1 - 2\sin\theta) d\theta$$

$$= \int_{\frac{\pi}{6}}^{\frac{\pi}{2}} (3 - 4\cos 2\theta - 2\sin\theta) d\theta$$

$$= \left[3\theta - 2\sin 2\theta + 2\cos\theta\right]_{\frac{\pi}{6}}^{\frac{\pi}{2}} = \pi$$

가 된다.

8. $r = 1 + \sin\theta$의 길이를 구하여라.

풀이

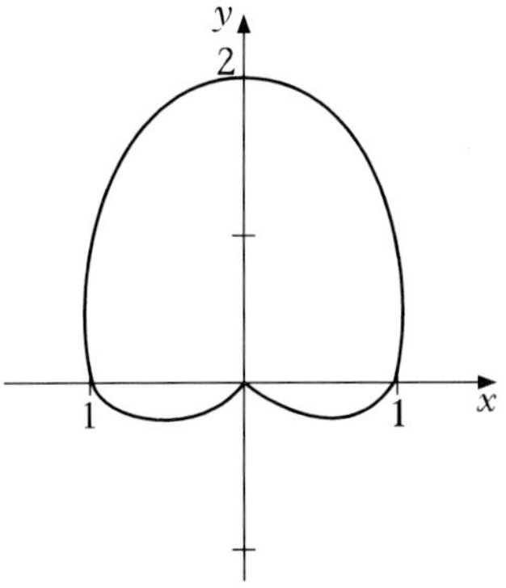

그림 8.31

$$L=2\int_{-\frac{\pi}{2}}^{\frac{\pi}{2}}\sqrt{r^{2+}\left(\frac{dr}{d\theta}\right)^2 d\theta}=2\int_{-\frac{\pi}{2}}^{\frac{\pi}{2}}\sqrt{(1+\sin\theta)^2+\cos^2\theta d\theta}$$

$$=\int_{-\frac{\pi}{2}}^{\frac{\pi}{2}}\sqrt{2+2\sin\theta d\theta}=2\sqrt{2}\int_{-\frac{\pi}{2}}^{\frac{\pi}{2}}\sqrt{1+\sin\theta}\,\frac{\sqrt{1-\sin\theta}}{1-\sin\theta}d\theta$$

$$=2\sqrt{2}\int_{-\frac{\pi}{2}}^{\frac{\pi}{2}}\frac{\sqrt{1-\sin^2\theta}}{\sqrt{1-\sin\theta}}d\theta=2\sqrt{2}\int_{-\frac{\pi}{2}}^{\frac{\pi}{2}}\frac{\cos\theta}{\sqrt{1-\sin\theta}}d\theta$$

$$=2\sqrt{2}\left[-2\sqrt{1-\sin\theta}\right]_{-\frac{\pi}{2}}^{\frac{\pi}{2}}=8$$

8.3.2 실습문제

1. 다음을 직교방정식으로 변환하여라.

1) $r = \dfrac{1}{1-\cos\theta}$

2) $r^2 = \theta$

2. 다음 직교방정식을 극방정식으로 나타내어라.

1) $x^2 + y^2 = 16$

2) $2xy = 1$

3. 다음 극방정식의 그래프를 그려라.

1) $r = \cos 2\theta$

2) $r = 1 + \sin\theta$

4. 다음 두 곡선의 교점을 구하여라.

1) $r = 4\sin\theta,\ \theta = \dfrac{1}{6}\pi$

2) $r = 3\sqrt{3}\cos\theta,\ y = 3\sin\theta$

8.3.3 Homework

1. $r=1+\sin\theta$에서 접선이 수평이 되는 점들을 구하여라.

2. 다음에서 각각의 원점에서의 접선의 방정식을 구하여라.

   1) $r=4\cos\theta$

   2) $r=6\sin\theta+3$

3. $r=2\sin\theta$와 $r=2\cos\theta$는 수직으로 만남을 보여라.

4. $r=4-4\cos\theta$로 둘러싸인 영역의 면적을 구하여라.

5. $r=\dfrac{6}{1-2\cos\theta}$에서 $\theta=\dfrac{2}{3}\pi$인 점에서 접선의 방정식을 구하여라.

6. $r=1+\cos\theta$의 내부와 $r=3\cos\theta$의 외부로 이루어지는 영역의 면적을 구하여라.

7. $r=\cos 4\theta$의 내부 영역의 면적을 구하여라.

8. $r>0$일 때 $r=2\theta$의 그래프를 그려라.

9. $r=\sin 3\theta$의 그래프를 그려라.

10. 다음에서 주어진 각 쌍의 곡선의 개형을 그리고 두 곡선의 교점을 구하여라.

    1) $r=1+\sin\theta,\ r=-2\sin\theta$

    2) $r=5,\ r=\dfrac{5}{1-2\cos\theta}$

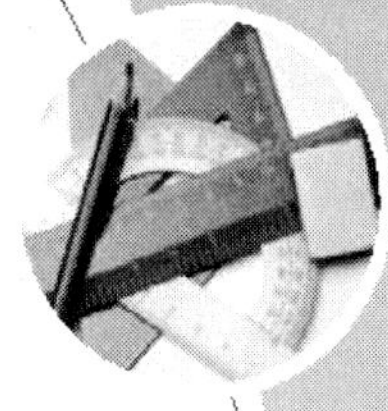

Chapter 9 무한수열과 무한급수

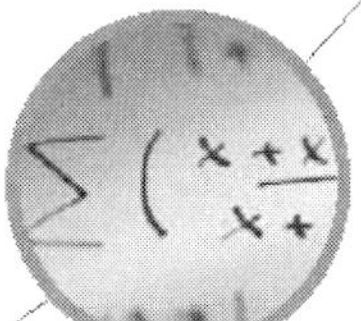

9.1 수열

(1) 수열의 정의

정의 9.1

수열(sequence)은 자연수가 정의역이고, 실수 집합이 치역인 함수 $f: N \to R$ 이다.

- 수열은 함수이지만 $f(n) = a_n$ 처럼 함수형태로 쓰지 않고,

$$a_1,\ a_2,\ a_3,\ \cdots,\ a_n,\ \cdots$$

  과 같이 대응하는 항들을 차례로 써서 나타낸다.
- a_1 을 첫째항, a_2 는 둘째항 그리고 a_n 은 n 번째 항 또는 **일반항**이라고 부른다.
- 수열 $\{a_1,\ a_2,\ a_3,\ \cdots\}$ 을 간단히 줄여서 $\{a_n\}$ 또는 $\{a_n\}_{n=1}^{\infty}$ 등으로 표시한다.
- 첫째항이 a_k 로 시작하면 $\{a_n\}_{n=k}^{\infty}$ 로 표기한다.

예 1 수열을 나타내는 방법은 한가지로 통일되어 있지 않고, 일반항만 쓰거나 각 항을 모두 나열하는 형태 등으로 표기한다. 예를 들어;

$$\left\{\frac{n}{n+1}\right\}_{n=1}^{\infty},\ a_n = \frac{n}{n+1},$$

그리고

$$\left\{\frac{1}{2},\ \frac{2}{3},\ \frac{3}{4},\ \cdots,\ \frac{n}{n+1},\ \cdots\right\}$$

는 모두 같은 수열을 표현한 것이다.

(1) 수열의 극한

함수의 극한과 마찬가지로 수열도 일종의 함수이므로 극한을 생각할 수 있다.

예 2 수열 $a_n = \dfrac{n}{n+1}$은 항의 번호가 커질수록 일반항 a_n이 1에 한없이 가까워진다. 이 경우 함수에서처럼

$$\lim_{n\to\infty} a_n = \lim_{n\to\infty} \frac{n}{n+1} = 1$$

로 나타낸다.

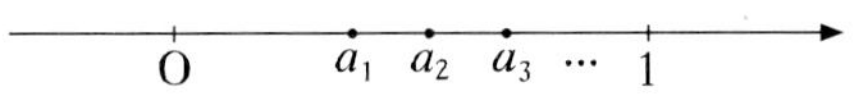

그림 9.1 $a_n = \dfrac{n}{n+1}$

정의 9.2 극한의 정의

> 수열 $\{a_n\}$이 n이 증가함에 따라 단 하나의 값 L에 접근할 때, 수열 $\{a_n\}$은 L에 **수렴**한다고 하며 다음과 같이 나타낸다.
>
> $$\lim_{n\to\infty} a_n = L \text{ 또는 } a_n \to L$$
>
> 이 때 L을 이 수열의 **극한값**이라고 하며, 극한이 존재하지 않으면 수열은 **발산**한다고 한다.

예 3 $a_n = (-1)^n$인 수열의 항들을 나열하면

$$\{-1,\ 1,\ -1,\ 1,\ \cdots\}$$

이다. 이 수열은 하나의 수로 접근하지 않으므로 발산한다.

정리 9.1 Theorem

$A=\lim_{n\to\infty} a_n$, $B=\lim_{n\to\infty} b_n$이고, A, B가 유한이면 다음과 같은 성질을 만족한다.

a) $\lim_{n\to\infty}\{a_n+b_n\}=A+B$

b) $\lim_{n\to\infty}\{ka_n\}=kA$($k$는 임의의 상수)

c) $\lim_{n\to\infty}\{a_nb_n\}=A\cdot B$

d) $\lim_{n\to\infty}\left\{\frac{a_n}{b_n}\right\}=\frac{A}{B}(B\neq 0,\ b_n\neq 0)$

예 4 위 정리를 사용하여 다음과 같이 수열의 극한을 구할 수 있다.

$$\lim_{n\to\infty}\left(-\frac{1}{n}\right)=(-1)\lim_{n\to\infty}\frac{1}{n}$$
$$=(-1)\cdot 0=0$$

$$\lim_{n\to\infty}\frac{4-7n^2}{n^2+4}=\lim_{n\to\infty}\frac{\left(\frac{4}{n^2}\right)-7}{1+\frac{4}{n^2}}=\frac{\lim_{n\to\infty}\left(\frac{4}{n^2}\right)-\lim_{n\to\infty}7}{\lim_{n\to\infty}1+\lim_{n\to\infty}\frac{4}{n^2}}$$
$$=\frac{0-7}{1+0}=-7$$

정의 9.3

- 수열의 각 항에 대하여 $a_n\leq a_{n+1}$일 때 **증가수열**이라고 하고 $a_n\geq a_{n+1}$일 때 **감소수열**이라고 한다.
- 수열 $\{a_n\}$의 모든 항 a_n에 대하여 $a_n\leq M$인 수 M이 존재할 때 수열 $\{a_n\}$은 **위로 유계**라고 한다.
- 또한 수열 $\{a_n\}$의 모든 항 a_n에 대하여 $m\leq a_n$인 수 m이 존재할 때 수열 $\{a_n\}$은 **아래로 유계**라고 한다.
- 위로 유계임과 동시에 아래로 유계일 때 수열 $\{a_n\}$은 **유계**라고 한다.

예 3 a) 수열 $\left\{\frac{1}{n+5}\right\}$은, $n \geq 1$인 모든 n에 대하여

$$\frac{1}{n+5} > \frac{1}{n+6}$$

이므로 감소수열이다.

b) 수열 $a_n = \frac{n^2+1}{n}$은 증가수열이다.

$$a_{n+1} - a_n = \frac{(n+1)^2+1}{n+1} \leq \frac{n^2+1}{n}$$

$$= \frac{n^3+2n^2+2n-\{n^3+n^2+n+1}{n(n+1)}$$

$$= \frac{n^2+n-1}{n^2+n)}$$

$$= 1 - \frac{1}{n^2+n}$$

$$\geq 0$$

이므로 $a_{n+1} \geq a_n$이다.

c) 수열 $a_n = \frac{n}{n+1}$에 대하여 모든 항에 대하여

$$0 < a_n < 1$$

이 성립하므로 수열 $\{a_n\}$은 유계이다.

9.2 무한급수

정의 9.4 **급수의 정의**

> 수열 $\{a_n\}_{n=1}^{\infty}$의 각 항들을 더하기로 연결한 식
>
> $$a_1 + a_2 + a_3 + \cdots + a_n + \cdots$$
>
> 을 **무한급수**(infinite series) 또는 간단히 **급수**(series)라 부르며, 이것을 기호로
>
> $$\sum_{n=1}^{\infty} a_n \text{ 또는 } \sum a_n$$
>
> 과 같이 나타낸다.

수열 $\{a_n\}_{n=1}^{\infty}$에 대하여

$$S_1 = a_1$$

$$S_2 = a_1 + a_2$$

$$S_3 = a_1 + a_2 + a_3$$

$$S_4 = a_1 + a_2 + a_3 + a_4$$

$$\cdots\cdots\cdots$$

$$S_n = a_1 + a_2 + a_3 + \cdots + a_n = \sum_{i=1}^{n} a_i$$

인 새로운 수열 $\{S_n\}_{n=1}^{\infty}$을 얻을 수 있다. 이 때 S_n을 n-**부분합**이라고 부르며, 부분합들로 이루어진 수열 $\{S_n\}$의 수렴, 발산을 생각할 수 있다.

정의 9.5 급수의 수렴, 발산

급수 $\sum_{n=1}^{\infty} a_n$에 대하여 이 급수의 부분합들로 이루어진 수열 $\{S_n\}$이 S로 수렴하는 경우 급수 $\sum_{n=1}^{\infty} a_n$은 **수렴**한다고 하며,

$$a_1 + a_2 + a_3 + \cdots + a_n = S \text{ 또는 } \sum_{n=1}^{\infty} a_n = S$$

로 나타낸다. 이 때 극한값 S를 이 급수의 **합**이라 부른다.
수열 $\{S_n\}$이 발산할 때는 급수 $\sum a_n$이 **발산**한다고 한다.

예 1 $\sum_{n=1}^{\infty} \frac{1}{n(n+1)}$의 수렴성을 조사하고, 수렴한다면 그 합을 구하여라.

풀이 우선 n부분합 S_n을 구하여 보자.

$$\frac{1}{n(n+1)} = \frac{1}{n} - \frac{1}{n+1}$$

이므로

$$S_n = \left(\frac{1}{1} - \frac{1}{2}\right) + \left(\frac{1}{2} - \frac{1}{3}\right) + \cdots + \left(\frac{1}{n} - \frac{1}{n+1}\right)$$

으로 표현된다. 위 식을 정리하면

$$S_n = 1 - \frac{1}{n+1}$$

이다. 따라서 $n \to \infty$이면 $S_n \to 1$임을 알 수 있다.
그러므로 이 급수는 수렴하고

$$\sum_{n=1}^{\infty} \frac{1}{n(n+1)} = 1$$

이다.

예 2 순환소수로 표현된 무한급수의 합을 구하는 방법을 예로 들어보면

$$0.333\cdots=\frac{3}{10}+\frac{3}{10^2}+\frac{3}{10^3}+\cdots=\sum_{n=1}^{\infty}\frac{3}{10^n}$$

이다. 여기에서

$$S_1=\frac{3}{10}$$

$$S_2=\frac{3}{10}+\frac{3}{10^2}$$

$$S_n=\frac{3}{10}+\frac{3}{10^2}+\cdots+\frac{3}{10^n}$$

이다. S_n은 초항 $\frac{3}{10}$, 공비 $\frac{1}{10}$ 그리고 항의 수 n인 등비수열의 합이므로

$$S_n=\frac{\frac{3}{10}\left(1-\frac{1}{10^n}\right)}{1-\frac{1}{10}}=\frac{3}{9}\left(1-\frac{1}{10^n}\right)$$

이다.

$$\lim_{n\to\infty}S_n=\frac{1}{3}$$

이므로 무한급수의 합은

$$\sum_{n=1}^{\infty}\frac{3}{10^n}=\frac{1}{3}$$

이다.

(1) 기하급수

$$\sum_{n=0}^{\infty}ar^n=a+ar+ar^2+\cdots+ar^{n-1}+\cdots(\text{단 } a\neq 0)$$

를 **기하급수**라고 한다.

기하급수의 n부분합 S_n은 다음과 같다.

$r \neq 1$일 때 $S_n = \dfrac{a(1-r^n)}{1-r}$

$r = 1$일 때 $S_n = na$

정리 9.2 기하급수의 수렴성 *Theorem*

> 기하급수
>
> $$\sum_{n=0}^{\infty} ar^n = 1 + ar + ar^2 + \cdots + ar^{n-1} + \cdots \ (a \neq 0)$$
>
> 은 $|r| < 1$이면 $\dfrac{a}{1-r}$에 수렴하고, $|r| \geq 1$이면 발산한다.

증명 1. $r = 1$일 때, $\lim_{n\to\infty} S_n = \lim_{n\to\infty} na = \infty$이므로 발산한다.

2. $r = -1$이면,

$S_1 = a$

$S_2 = a - a = 0$

$S_3 = a - a + a = a$

$S_4 = a - a + a - a = 0$

$\cdots$

이므로 수렴하지 않는다.

3. $-1 < r < 1$이면, $n \to \infty$일 때 r^n은 0에 접근한다. 따라서

$$\lim_{n\to\infty} S_n = \lim_{n\to\infty} \frac{a(1-r^n)}{1-r} = \frac{a}{1-r}$$

로 수렴한다.

예 3 기하급수 $3 - 2 + \dfrac{4}{3} - \dfrac{8}{9} + \dfrac{16}{27} - \cdots$의 합을 구하여라.

풀이 수열을 다시 써보면

$$3-2+\frac{4}{3}-\frac{8}{9}+\frac{16}{27}-\cdots$$

$$=3+3\left(-\frac{2}{3}\right)+3\left(-\frac{2}{3}\right)^3+3\left(-\frac{2}{3}\right)^4$$

이므로, 첫째항이 $a=3$, 공비가 $r=-\frac{2}{3}$인 기하급수이다.

기하급수 정리에 의하여 이 급수는 수렴하고 합은

$$\frac{3}{1-\left(-\frac{2}{3}\right)}=\frac{9}{5}$$

이다.

예 4 급수 $\sum_{n=1}^{\infty}3^{2n}5^{1-n}$의 수렴, 발산을 조사하여라.

풀이 일반항을 정리하면 $a_n=3^{2n}5^{1-n}=\frac{9^n}{5^{n-1}}=9\left(\frac{9}{5}\right)^{n-1}$이다.

따라서 급수 $\sum 3^{2n}5^{1-n}=\sum 9\left(\frac{9}{5}\right)^{n-1}$은 첫 번째 항이 $a=9$이고, 공비가 $r=\frac{9}{5}$인 기하급수이다. 그러나 공비 $r=\frac{9}{5}>1$이므로 이 급수는 발산한다.

(2) 급수의 수렴성

무한급수는 일반항의 형태를 보면 수렴발산을 어느정도 판단할 수 있다.

정리 9.3 *Theorem*

a) 급수 $\sum a_n$이 수렴하면 $\lim_{n\to\infty}a_n=0$이다.

b) $\lim_{n\to\infty}a_n\neq 0$이면 급수 $\sum a_n$은 발산한다.

c) 그러나 $\lim_{n\to\infty}a_n=0$이라고 해도 $\sum a_n$이 수렴하는 지는 알 수 없다.

예 5 급수 $\sum_{n=1}^{\infty} \frac{n}{n+1}$은 $\lim_{n\to\infty} a_n = \lim_{n\to\infty} \frac{n}{n+1} 1 \neq 0$이므로 발산한다.

정리 9.4 Theorem

$A = \sum_{n=1}^{\infty} a_n$와 $B = \sum_{n=1}^{\infty} b_n$이 모두 존재하고 유한하면;

a) $\sum_{n=1}^{\infty} (a_n + b_n) = A + B$

b) $\sum_{n=1}^{\infty} ka_n = k \sum_{n=1}^{\infty} a_n = kA$($k$는 임의의 상수)

예 6 $\sum_{n=1}^{\infty} \left(\frac{4}{n(n+1)} + \frac{1}{3^n} \right)$을 구하여라.

풀이 $\sum_{n=1}^{\infty} \left(\frac{4}{n(n+1)} + \frac{1}{3^n} \right) = 4 \sum_{n=1}^{\infty} \frac{1}{n(n+1)} + \sum_{n=1}^{\infty} \frac{1}{3^n}$

이다. 첫 번째 급수의 합은 9.2절의 예1에 의하여 1이고, 둘째 급수의 합은 기하급수 정리에 의하여 $\frac{1}{2}$이다. 따라서 구하는 급수의 합은 $4 \cdot 1 + \frac{1}{2} = \frac{9}{2}$이다.

9.3 양항급수의 수렴판정법

모든 항이 음수가 아닌 급수를 양항급수라고 한다. 급수를 응용할 때는 대부분 양항급수를 이용한다.

- 일반적으로 정의에 의하여 부분합 수열의 극한으로 급수의 합을 구하는 것은 쉽지 않다.
- 급수의 수렴, 발산을 판정하는데는 비판정법, 비교판정법, 적분판정법 등이 자주 쓰인다.

정리 9.5 비판정법 *Theorem*

양항급수 $\sum a_n$ 에서

$$\lim_{n\to\infty}\frac{a_{n+1}}{a_n}=k$$

라고 하자. 그러면

a) $k<1$이면 급수는 수렴한다.

b) $k>1$이면 급수는 발산한다.

c) $k=1$이면 비판정법으로는 판정할 수 없다.

예 1 급수 $\sum_{n=0}^{\infty}\frac{2^{n+5}}{3^n}$의 수렴, 발산을 조사하여라.

풀이

$$\frac{a_{n+1}}{a_n}=\frac{(2^{n+1}+5)/3^{n+1}}{(2^n+5)/3^n}=\frac{1}{3}\cdot\frac{2^{n+1}+5}{2^n+5}$$

$$=\frac{1}{3}\left(\frac{2+5\cdot 2^{-n}}{1+5\cdot 2^{-n}}\right)\to\frac{1}{3}\cdot\frac{2}{1}=\frac{2}{3}$$

이고, $k=\frac{2}{3}<1$이기 때문에 이 급수는 수렴한다.

정리 9.6 적분판정법 *Theorem*

함수 $f(x)$가 구간 $[1,\infty)$에서 연속인 감소함수이고 $f(x)>0$이라고 하자. 이 때 $a_n=f(n)$이라고 하면

a) $\int_1^\infty f(x)dx$가 수렴하면 $\sum_{n=1}^{\infty} a_n$이 수렴하고

b) $\int_1^\infty f(x)dx$가 발산하면 $\sum_{n=1}^{\infty} a_n$은 발산한다.

예 2 급수 $\sum_{n=1}^{\infty}\frac{1}{n^2+1}$의 수렴 또는 발산을 조사하여라.

풀이 함수 $f(x)=\frac{1}{x^2+1}$은 $[1,\ \infty)$에서 연속이고, 양이며 감소한다. 따라서 적분판정법을 이용한다.

$$\int_1^\infty \frac{1}{x^2+1}dx=\lim_{t\to\infty}\int_1^t \frac{1}{x^2+1}dx=\lim_{t\to\infty}[\tan^{-1}x]_1^t$$

$$=\lim_{t\to\infty}\left(\tan^{-1}t-\frac{\pi}{4}\right)=\frac{\pi}{2}-\frac{\pi}{4}=\frac{\pi}{4}$$

그러므로

$$\int_1^\infty \frac{1}{x^2+1}dx$$

는 수렴하고 따라서 적분판정법에 의하여

$$\sum\frac{1}{(n^2+1)}$$

은 수렴한다.

예 3 (p-급수)

$$\sum_{n=1}^{\infty}\frac{1}{n^p}=\frac{1}{2^p}+\cdots+\frac{1}{n^p}+\cdots$$

에서 실수 p가, $p>1$이면 수렴하고, $0<p\le 1$이면 발산한다.

풀이 $f(x)=\dfrac{1}{x^p}$이라고 하자.

1) $p>1$이면;

$$\int_1^\infty \frac{1}{x^p}dx = \lim_{b\to\infty}\left[\frac{x^{-p+1}}{-p+1}\right]_1^b$$

$$=\frac{1}{p-1}$$

으로 유한이므로 p급수는 수렴한다.

2) $0<p<1$이면;

$\lim\limits_{x\to\infty} x^{1-p}=\infty$이므로 위 적분은 발산한다. 따라서 $0<p<1$일 때 급수는 발산한다.

3) $p=1$일 때는;

$$\int_1^\infty \frac{1}{x}dx = \lim_{b\to\infty}[\ln x]_1^b = \infty$$

이므로 급수는 발산한다.

예 4 $\sum\limits_{n=1}^{\infty}\dfrac{1}{\sqrt{n}}$은 $p=\dfrac{1}{2}$인 p-급수이므로 발산한다.

정리 9.7 비교판정법

Theorem

$\sum\limits_{n=1}^{\infty}a_n$과 $\sum\limits_{n=1}^{\infty}b_n$이 음의 항을 갖지 않는 급수라고 하고, 모든 n에 대하여 $a_n \le b_n$이면 다음과 같은 결과를 얻는다.

a) 만일 $\sum\limits_{n=1}^{\infty}b_n$이 수렴하면, $\sum\limits_{n=1}^{\infty}a_n$도 수렴한다.

b) $\sum\limits_{n=1}^{\infty}a_n$이 발산하면, $\sum\limits_{n=1}^{\infty}b_n$도 발산한다.

예 5 $\sum \dfrac{1}{n^2+4n}$의 수렴 발산 여부를 판정하여라.

풀이 $\dfrac{1}{n^2+4n} < \dfrac{1}{n^2}$

이고 $\sum \dfrac{1}{n^2}$은 p-급수로서 $p=2$인 경우이므로 수렴한다. 따라서 비교판정법의 a)에 의하여

$$\sum_{n=1}^{\infty} \frac{1}{n^2+4n}$$

은 수렴한다.

예 6 급수 $\sum_{n=5}^{\infty} \dfrac{n}{2^n(n+1)}$이 수렴함을 보여라.

풀이 모든 자연수 n에 대하여 $\dfrac{n}{n+1} < 1$이므로

$$\frac{n}{2^n(n+1)} < \frac{1}{2^n}$$

이다. 그런데 급수 $\sum_{n=1}^{\infty} \dfrac{1}{2^n}$가 수렴하므로, $\sum_{n=1}^{\infty} \dfrac{n}{2^n(n+1)}$도 수렴한다.

따라서

$$\sum_{n=5}^{\infty} \frac{n}{2^n(n+1)} = \sum_{n=1}^{\infty} \frac{n}{2^n(n+1)} - \left(\frac{1}{2^1(2)} + \frac{2}{2^2(3)} + \frac{3}{2^3(4)} + \frac{4}{2^4(5)}\right)$$

도 수렴한다.

9.3.1 예제

(1) 수열

1. 다음 수열의 일반항 a_n을 구하여라.

1) $\left\{\frac{1}{2}, \frac{1}{4}, \frac{1}{6}, \frac{1}{8}, \cdots\right\}$

2) $\left\{\frac{3}{2}, -\frac{9}{4}, \frac{27}{8}, -\frac{81}{16}, \cdots\right\}$

풀이 1) 위 수열의 분모가 2, 4, 6, 8, …의 일반항이 2_n이므로 $a_n = \frac{1}{2^n}$이다.

2) 분자들로 이루어진 수열이 $3 = 3^1$, $9 = 3^2$, $27 = 3^3$, …이므로 분자로 이루어진 수열의 일반항은 3^n이다. 같은 방법으로 분모들로 이루어진 수열의 일반항은 2^n이며 앞의 부호를 결정하는 수열은 $(-1)^{n+1}$이다. 따라서 구하는 수열의 일반항은 $(-1)^{n+1}\frac{3^n}{2^n}$이 된다.

2. 다음 수열의 극한값을 구하여라.

1) $a_n = \frac{\sqrt{n}}{n+1}$ 2) $a_n = \frac{\sin\left(\frac{n}{2}\pi\right)}{n}$

풀이 1) $\lim_{n\to\infty}\frac{\sqrt{n}}{n+1} = \lim_{n\to\infty}\frac{\frac{\sqrt{1}}{n}}{1+\frac{1}{n}} = \frac{0}{1+0} = 0$

2) $\sin\frac{n}{2}\pi$의 값은 1, 0, -1, 0을 순회하고 n은 무한히 증가함으로 $\lim_{n\to\infty} a_{n=0}$ 이다.

(2) 무한급수

3. 다음 급수가 수렴하면 그 합을 구하여라.

1) $\sum_{n=1}^{\infty} \frac{1}{(n+1)(n+2)}$

2) $\sum_{n=1}^{\infty} \ln \frac{n}{n+1}$

3) $\sum_{n=1}^{\infty} (-1)^{n+1} 2^{n-1}$

풀이 1) $a_n = \frac{1}{(n+1)(n+2})= \frac{1}{n+1} - \frac{1}{n+2}$ 이므로

$$S_n = \left(\frac{1}{2} - \frac{1}{3}\right) + \left(\frac{1}{3} - \frac{1}{4}\right) + \cdots + \left(\frac{1}{n+1} - \frac{1}{n+2}\right)$$

$$= \frac{1}{2} - \frac{1}{n+2}$$

이다. 따라서 구하는 급수의 합은

$$\lim_{n\to\infty} S_n = \lim\left(\frac{1}{2} - \frac{1}{n+2}\right) = \frac{1}{2}$$

이다.

2) $a_n = \ln \frac{n}{n+1} = \ln n - \ln(n+1)$ 이므로

$$S_n = (\ln 1 - \ln 2) + (\ln 2 - \ln 3) + \cdots + (\ln n - \ln(n+1))$$

$$= \ln 1 - \ln(n+1) = -\ln(n+1)$$

이다. 여기에서 $\lim_{n\to\infty} S_n$ 이 존재하지 않으므로 주어진 급수를 발산한다.

3) 주어진 급수는 공비가 -2인 기하급수이므로 발산한다.

4. 순환소수 $2.3\dot{1}\dot{7}= 2.3171717\ldots$을 분수로 나타내어라.

풀이 $2.3171717\ldots = 2.3 + \dfrac{17}{10^3} + \dfrac{17}{10^5} + \dfrac{17}{10^7} + \cdots$

위 식의 두 번째 항부터 나타나는 급수는 첫째 항이 $a = \dfrac{17}{10^3}$이고 공비가

$r = \dfrac{1}{10^2}$인 기하급수이다. 따라서

$$2.3\overline{17} = 2.3 + \frac{\frac{17}{10^3}}{1 - \frac{1}{10^2}}$$

$$= 2.3 + \frac{\frac{17}{1000}}{\frac{99}{100}}$$

$$= \frac{23}{10} + \frac{17}{990} = \frac{1147}{495}$$

5. $|x| < 1$일 때 급수 $\displaystyle\sum_{n=0}^{\infty} x^n$의 합을 구하여라.

풀이 $\displaystyle\sum_{n=0}^{\infty} x^n = 1 + x + x^2 + x^3 + x^4 + \cdots$

따라서 주어진 급수는 첫째항이 1이고 공비가 $r = x$인 기하급수이다.

$|r| = |x| < 1$이므로 주어진 급수는 수렴하고 기하급수 정리에 의하여

$$\sum_{n=0}^{\infty} x^n \frac{1}{1-x}$$

이다.

6. 조화급수라고 부르는 급수

$$\sum_{n=1}^{\infty}\frac{1}{n}=1+\frac{1}{2}+\frac{1}{3}+\cdots+\frac{1}{n}+\cdots$$

은 발산함을 보여라.

풀이 $S_1=1$

$$S_2=1+\frac{1}{2}$$

$$S_4=1+\frac{1}{2}+\left(\frac{1}{3}+\frac{1}{4}\right)>1+\frac{1}{2}+\left(\frac{1}{4}+\frac{1}{4}\right)=1+\frac{2}{2}$$

$$S_8=1+\frac{1}{2}+\left(\frac{1}{3}+\frac{1}{4}\right)+\left(\frac{1}{5}+\frac{1}{6}\frac{+1}{7}+\frac{1}{8}\right)$$

$$>1+\frac{1}{2}+\left(\frac{1}{4}+\frac{1}{4}\right)+\left(\frac{1}{8}+\frac{1}{8}+\frac{1}{8}+\frac{1}{8}\right)$$

$$=1+\frac{1}{2}+\frac{1}{2}+\frac{1}{2}=1+\frac{3}{2}$$

$$S_{16}=1+\frac{1}{2}+\left(\frac{1}{3}+\frac{1}{4}\right)+\left(\frac{1}{5}+\cdots+\frac{1}{8}\right)+\left(\frac{1}{9}+\cdots+\frac{1}{16}\right)$$

$$>1+\frac{1}{2}+\left(\frac{1}{4}+\frac{1}{4}\right)+\left(\frac{1}{8}+\cdots+\frac{1}{8}\right)+\left(\frac{1}{16}+\cdots+\frac{1}{16}\right)$$

$$=1+\frac{1}{2}+\frac{1}{2}+\frac{1}{2}+\frac{1}{2}=1+\frac{4}{2}$$

마찬가지로, $S_{32}>1+\frac{5}{2}$, $S_{64}>1+\frac{6}{2}$, 그리고 일반적으로

$$S_{2^n}>1+\frac{n}{2}$$

이다. 여기서 $n\to\infty$일 때, $S_{2^n}\to\infty$이므로 수열 $\{S_n\}$은 발산한다. 그러므로 주어진 조화급수는 발산한다.

(3) 수렴판정

7. 적분판정법에 의하여 다음 급수의 수렴성을 판정하여라.

1) $1+\frac{1}{2}+\frac{1}{3}+\cdots$ 2) $\frac{\ln 2}{2}+\frac{\ln 3}{3}+\frac{\ln 4}{4}+\cdots$

풀이 1) 이 급수는 조화급수로서 앞 절에서 이미 발산함을 보인 바 있다. 적분판정법에 의하면 이 급수는 $p=1$인 p-급수이므로 예제2에 의하여 발산한다.

2) $f(x)=\frac{\ln x}{x}$라 하자. $f(x)$의 도함수 $f'(x)=1-\frac{\ln x}{x^2}$는 $x>1$에서 $f'(x)<0$ 이므로 $f(x)$는 감소함수임을 알 수 있다. $\ln x=t$라 치환함에 의하여

$$\int \frac{\ln x}{x}dx=\frac{1}{2}(\ln x)^2+c$$

임을 알 수 있다. 따라서

$$\int_1^{\infty}\frac{\ln x}{x}dx=\lim_{N\to\infty}\int_1^N\frac{\ln x}{x}dx=\lim_{N\to\infty}\frac{1}{2}[(\ln N)^2]=\infty$$

이므로 주어진 급수는 발산한다.

8. 비교판정법에 의하여 다음 급수의 수렴성을 조사하여라.

1) $\sum_{n=1}^{\infty}\frac{1}{3^n+2}$ 2) $\sum_{n=1}^{\infty}\frac{\ln n}{n}$

풀이 1) $\frac{1}{3^n+2}<\frac{1}{3^n}=\left(\frac{1}{3}\right)^n$

이고 급수 $\sum\left(\frac{1}{3}\right)^n$은 수렴하므로 주어진 급수 역시 수렴한다.

2) 이 급수의 수렴성은 위 문제에서 이미 보인 바 있다. 이의 수렴성을 비교판정법을 이용하여 알아보기로 한다.

$n\geq 3$인 n에 대하여

$$\frac{\ln n}{n}>\frac{1}{n}$$

이다. 급수 $\sum\frac{1}{n}$은 발산이므로 주어진 급수 역시 발산한다.

9. 급수

$$1 + x + \frac{x^2}{2} + \cdots + \frac{x^n}{n} + \cdots (\text{단 } x > 0)$$

의 수렴, 발산을 비판정법을 이용하여 판정하여라.

풀이 위 급수에서

$$a_n = \frac{x^{n-1}}{n-1}, \quad a_{n+1} = \frac{x^n}{n}$$

이므로

$$\frac{a_{n+1}}{a_n} = \frac{n-1}{n} x$$

이다. 그러므로

$$\lim_{n \to \infty} \frac{a_{n+1}}{a_n} = x$$

이다. 따라서 $0 < x < 1$이면 수렴하고, $x > 1$이면 발산한다. $x = 1$이면 비판정법에 의하여 수렴성을 판정하지 못한다. $x = 1$인 경우엔 주어진 급수는 조화급수이므로 발산한다.

9.3.2 실습문제

1. 다음 수열이 수렴하는지 발산하는지의 여부를 결정하고 수렴하면 그 극한을 구하여라.

1) $a_n = \dfrac{1}{2_n + 5}$

2) $a_n = 5 - (0.9)^n$

3) $a_n = \sin n$

4) $a_n = \dfrac{\cos n}{n}$

2. 다음 수열의 유계성을 설명하여라.

1) $a_n = \dfrac{n}{n^2 + 1}$

2) $a_n = \dfrac{n}{n+1}$

3) $a_n = (-1)^n$

3. 다음 급수의 수렴, 발산을 조사하고 수렴하면 그 합을 구하여라.

1) $1 + \dfrac{1}{e} + \dfrac{1}{e^2} + \dfrac{1}{e^3} + \cdots$

2) $1 - \dfrac{1}{2} + \dfrac{1}{4} - \dfrac{1}{8} + \cdots$

3) $-\dfrac{81}{100} + \dfrac{9}{10} - 1 + \dfrac{10}{9} - \cdots$

4. 부분분수 분해법을 사용하여 $\sum_{n=1}^{\infty} \frac{1}{(4n-3)(4n+1)}$ 의 합을 구하여라.

5. $\sum_{n=1}^{\infty} (1+c)^{-n} = 2$를 만족하는 c의 값을 구하여라.

6. 다음 급수의 수렴, 발산을 판정하여라.

1) $\sum \frac{1+5^n}{4^n}$

2) $\sum \frac{1}{2_n - 1}$

3) $\sum \frac{1}{n\sqrt{n}}$

4) $\sum \frac{1}{n \ln n}$

5) $\sum \frac{1}{\sqrt{2_n}}$

6) $\sum \frac{1}{n!}$

9.3.3 Homework

1. 발산하는 두 급수의 합이 수렴하게 되는 급수의 예를 들어라.

2. $a_n \neq 0$이면서 $\sum_{n=1}^{\infty} a_n$이 수렴하면 $\sum_{n=1}^{\infty} \frac{1}{a_n}$은 발산함을 보여라.

3. 다음 급수가 수렴하게 되는 x값을 구하여라.

   1) $\sum_{n=0}^{\infty} (x-3)^n$

   2) $\sum_{n=0}^{\infty} (\tan x)^n$

4. $\left\{\sqrt{2},\ \sqrt{2\sqrt{2}},\ \sqrt{2\sqrt{2\sqrt{2}}},\ \cdots\right\}$의 극한값을 구하여라.

5. $a_n = \frac{\ln n}{n}$의 수렴성을 조사하여라.

6. $a_n = \dfrac{e^n}{2^n}$ 의 수렴성을 조사하여라.

7. 다음 급수의 수렴성을 판정하여라.

1) $\sum\sqrt{\dfrac{n-1}{n}}$

2) $\sum\dfrac{\sin n}{1+n^2}$

3) $\sum\dfrac{1\cdot 3\cdot 5\cdots(2n-1)}{5^n\cdot n!}$

4) $\sum\dfrac{1}{n(\ln n)^2}$

8. 급수 $\sum(\ln x)^n$ 이 수렴하게 하는 x 의 값을 구하여라.

9. d_i가 0, 1, 2, 9 중의 한 수일 때 소수

$$0.d_1d_2d_3\cdots=\frac{d_1}{10}+\frac{d_2}{10^2}+\frac{d_3}{10_3}+\cdots$$

는 항상 수렴함을 보여라.

9.4 절대수렴과 조건수렴

(1) 교대급수

정의 9.6

연속된 항들의 부호가 양과 음이 교대로 반복되는 급수를 **교대급수**(alternating series)라고 한다.

예 1 예를 들면 다음 급수가 교대급수이다.

$$1-\frac{1}{2}+\frac{1}{3}-\frac{1}{4}+\frac{1}{5}-\frac{1}{6}+\cdots=\sum_{n=1}^{\infty}\frac{(-1)^{n-1}}{n}$$

$$-\frac{1}{2}+\frac{2}{3}-\frac{3}{4}+\frac{4}{5}-\frac{5}{6}+\frac{6}{7}-\cdots=\sum_{n=1}^{\infty}(-1)^{n}\frac{n}{n+1}$$

정리 9.8 교대급수 수렴판정법 *Theorem*

교대급수

$\sum_{n=1}^{\infty}(-1)^{n+1}a_n = a_1 - a_2 + a_3 - a_4 + \cdots + (-1)^{n+1}a_n + \cdots$, (단, 모든 n에 대하여 $a_n \geq 0$)이 다음 두가지 조건을 만족하면 수렴한다.

a) 모든 n에 대하여 $a_n \geq a_{n+1}$(감소수열)

b) $\lim_{n\to\infty} a_n = 0$

예 2 교대급수 $\sum_{n=1}^{\infty}\frac{(-1)^{n-1}}{n}$의 수렴 발산을 판정하여라.

풀이 $\frac{1}{n} > \frac{1}{n+1}$이므로 $a_n > a_{n+1}$이고,

$$\lim_{n\to\infty} a_n = \lim_{n\to\infty} \frac{1}{n} = 0$$

이므로, 교대급수판정법에 의하여 수렴한다.

예 3 급수 $\sum_{n=1}^{\infty} \frac{(-1)^n 8n}{4n-1}$ 의 수렴 발산을 판정하여라.

풀이 주어진 급수는 교대급수이지만

$$\lim_{n\to\infty} a_n = \lim_{n\to\infty} \frac{8n}{4n-1} = \lim_{n\to\infty} \frac{8}{4-\frac{1}{n}} = 2$$

이기 때문에 교대급수판정법의 b)를 만족하지 못한다. 따라서 발산한다.

(2) 절대수렴과 조건수렴

어떤 급수 $\sum_{n=1}^{\infty} a_n$ 에 대하여, 각 항에 절대값을 취한 급수 $\sum_{n=1}^{\infty} |a_n|$ 를, 이 급수의 절대급수라고 한다. 즉,

$$\sum_{n=1}^{\infty} |a_n| = |a_1| + |a_2| + |a_3| + \cdots + |a_n| + \cdots$$

정의 9.7 **절대수렴과 조건수렴**

a) 급수 $\sum_{n=1}^{\infty} a_n$ 의 절대급수 $\sum_{n=1}^{\infty} |a_n|$ 이 수렴하면, **절대수렴**한다고 한다.

b) 급수 $\sum_{n=1}^{\infty} a_n$ 은 수렴하지만, 자신의 절대급수가 발산하면 **조건수렴**한다고 한다.

• 절대수렴하는 급수는 항상 수렴한다.

예 4 급수 $\sum_{n=1}^{\infty}(-1)^{n+1}\frac{1}{n^2}=1-\frac{1}{2^2}+\frac{1}{3^2}-\frac{1}{4^2}+\cdots$은

$\sum_{n=1}^{\infty}\left|(-1)^{n+1}\frac{1}{n^2}\right|=\sum_{n=1}^{\infty}\frac{1}{n^2}$이 $p=2$인 p-급수이므로 수렴한다. 따라서 위 급수는 절대수렴한다.

예 5 급수 $\sum_{n=1}^{\infty}(-1)^{n+1}\frac{1}{n}=1-\frac{1}{2}+\frac{1}{3}-\frac{1}{4}+\cdots$은 교대급수판정법에 의하여 수렴하지만, 절대급수는 조화급수로서 발산한다. 따라서 이 급수는 조건수렴한다.

예 6 급수 $\sum_{n=1}^{\infty}(-1)^{n}\frac{n^3}{3^n}$이 절대수렴함을 보여라.

풀이 $a_n=(-1)^n\frac{n^3}{3^n}$이라 놓고 위 급수의 절대급수의 수렴성을 비판정법을 이용하여 조사하면

$$\left|\frac{a_{n+1}}{a_n}\right|=\left|\frac{(-1)^{n+1}(n+1)^3}{3^{n+1}}\frac{(-1)^n n^3}{3^n}\right|=\frac{(n+1)^3}{3^{n+1}}\cdot\frac{3^n}{n^3}$$

$$=\frac{1}{3}\left(\frac{n+1}{n}\right)^3=\frac{1}{3}\left(1+\frac{1}{n}\right)^3 \rightarrow \frac{1}{3}<1$$

이므로 주어진 급수는 절대수렴한다.

(3) 멱급수

정의 9.8 멱급수의 정의

> x를 변수, c, a_0, a_1, a_2, $\cdots$, a_n을 상수라 할 때
>
> $$\sum_{n=0}^{\infty}a_n(x-c)^n=a_0+a_1(x-c)+a_2(x-c)^2+\cdots+(x-c)^k+\cdots$$
>
> 와 같은 형태의 급수를 c에 관한 멱급수라고 한다.

- 위 급수는 $x=c$일 때 $\sum_{n=0}^{\infty} a_n(x-c)^n = a_0$이므로 수렴한다.
- $x-c=X$라고 하면 $\sum_{n=0}^{\infty} a_n(x-c)^n = \sum_{n=0}^{\infty} a_n X^n$이다. 그러므로 이 절에서는 주로 $c=0$인 면급수 $\sum_{n=0}^{\infty} a_n x^n$을 다루기로 한다.

정리 2.3 멱급수의 수렴성에 대한 정리 *Theorem*

$\lim_{n\to\infty}\left|\frac{a_{n+1}}{a_n}\right| = k$일 때;

a) 멱급수 $\sum_{n=0}^{\infty} a_n x^n$은

(1) $k|x|<1$인 x에 대해서 절대수렴한다.

(2) $k|x|>1$인 x에 대해서는 발산한다.

b) 멱급수 $\sum_{n=1}^{\infty} a_n x^n$가 어떤 $x=x_1\,(x_1\neq 0)$에서 수렴할 때 $|x|<|x_1|$인 모든 x에서 수렴한다.

c) 멱급수 $\sum_{n=1}^{\infty} a_n x^n$이 $x=x_1$에서 발산하면 $|x|>|x_1|$인 모든 x에 대하여 발산한다.

- 멱급수가 수렴하게 되는 x의 집합을 그 급수의 **수렴집합** 또는 **수렴영역**이라고 한다.
- 위의 정리들에서 알 수 있는 바와 같이 $r>0$인 실수 r이 존재하여 $|x|<r$일 때 수렴하고, $|x|>r$일 때 발산한다.
- 이 때 r을 **수렴반경**(radius of convergence)이라고 한다.
- 정리9.9의 a)에서 $r=\frac{1}{k}$임을 알 수 있다.
- 그러나 $|x|=r$인 점에서는 수렴, 발산여부를 판정할 수 없으므로 따로 조사해야 한다.

멱급수의 수렴집합에 대하여 다음이 성립한다.

정리 9.10 협공법 정리 *Theorem*

멱급수 $\sum_{n=0}^{\infty} a_n (x-c)^n$은 반드시 다음 세 가지 중의 어느 하나에만 해당된다.

a) $x=c$일 때만 수렴한다.

b) 모든 x에 대하여 수렴한다.

c) 적당한 양수 r가 존재하여 $|x-c|<r$이면 수렴하고, $|x-c|>r$이면 발산한다.

- a)의 경우 수렴구간은 한점으로 이루어진 영역 $\{x=c\}$이고 b)의 경우 수렴구간은 $(-\infty, \infty)$이다.
- c)의 경우 $c-r<x<c+r$은 수렴집합에 포함되며, 이 구간의 양 끝점에서의 멱급수의 수렴성은 각각 살펴보아야 한다.

예 7 다음 급수의 수렴반경과 수렴영역을 조사하여라.

$$x-\frac{x^2}{2}+\frac{x^3}{3}-\cdots+(-1)^{n+1}\frac{x^n}{n}+\cdots$$

풀이 $a_n=(-1)^{n+1}\frac{1}{n},\ a_{n+1}=(-1)^{n+2}\frac{1}{n+1}$이므로

$$\lim_{n\to\infty}\left|\frac{a_{n+1}}{a_n}\right|=\lim_{n\to\infty}\frac{n}{n+1}=1$$

이므로 수렴반경은 1이다.

따라서 $|x|<1$일 때는 주어진 멱급수는 수렴하고 $|x|>1$일 때는 발산한다.

$x=1$일 때 대응하는 급수는

$$1-\frac{1}{2}+\frac{1}{3}-\frac{1}{4}+\cdots$$

가 되므로 수렴한다.

$x=-1$일 때 대응하는 급수는

$$-1-\frac{1}{2}-\frac{1}{3}-\frac{1}{4}-\cdots$$

이므로 발산한다.

따라서 구하는 수렴영역은 $-1<x\leq 1$이다.

예 8 다음 멱급수의 수렴영역을 조사하여라.

$$1+x+\frac{x^2}{2!}+\cdots+\frac{x^n}{n!}+\cdots$$

풀이 $a_n=\frac{1}{(n-1)!}$, $a_{n+1}=\frac{1}{n!}$이므로

$$\lim_{n\to\infty}\left|\frac{a_{n+1}}{a_n}\right|=\lim_{n\to\infty}\frac{1}{n}=0$$

따라서 수렴역은 실수 전체($-\infty<x<\infty$)이다.

9.4.1 예제

(1) 절대수렴과 조건수렴

1. 교대급수 $\sum_{n=0}^{\infty} \frac{(-1^{n})}{n!}$의 수렴성을 판정하여라.

풀이 주어진 급수는

$$a_{n+1} = \frac{1}{(n+1)!} = \frac{1}{n!(n+1)} < \frac{1}{n!} = a_n$$

이고 $n \to \infty$일 때

$$0 < \frac{1}{n!} < \frac{1}{n} \to 0$$

이므로 $\frac{1}{n!} \to 0$이다. 따라서 위 급수는 수렴한다.

2. $\sum_{n=1}^{\infty} (-1)^{n+1} \frac{n^2}{n^3+1}$의 수렴, 발산을 판정하여라.

풀이 주어진 급수는 교대급수이다. 그러나 수열 $\{a_n\}$이 감소수열인지 분명하지 않다.

$$f(x) = \frac{x^2}{(x^3+1)}$$

이라 하면,

$$f'(x) = \frac{x(2-x^3)}{(x^3+1)^2}$$

이므로 양수 x에 대하여 $2-x^3 < 0$, 즉 $x > \sqrt[3]{2}$ 이면 $f'(x) < 0$이다. 그러므로 $[\sqrt[3]{2}, \infty]$에서 f는 감소함수이다. 이 사실로부터 $n \geq 2$일 때 $f(n+1) < f(n)$이고 따라서 $a_{n+1} < a_n$ 임을 알 수 있다. 한편,

$$\lim_{n\to\infty} a_n = \lim_{n\to\infty} \frac{n^2}{n^3+1} = \lim_{n\to\infty} \frac{\frac{1}{n}}{1+\frac{1}{n^3}} = 0$$

이므로 조건 b)가 성립한다.

그러므로 교대급수판정법에 의하여 주어진 급수는 수렴한다.

3. 급수 $\frac{1}{2} - \frac{3}{2^2} + \frac{5}{2^3} - \frac{7}{2^4} + \cdots$는 절대수렴함을 보여라.

풀이 $a_n = (-1)^n \frac{2n-1}{2^n}$이므로 위 급수의 절대급수의 수렴성을 비판정법을 이용하여 조사하여 보면

$$\left|\frac{an}{a_{n+1}}\right| = \frac{\frac{2n-1}{2^n}}{\frac{2n+1}{2^{n+1}}} = \frac{1}{2} \cdot \frac{2n-1}{2n+1} \quad \to \quad \frac{1}{2} < 1$$

이므로 수렴한다. 따라서 주어진 급수는 절대수렴한다.

4. 급수

$$\sin a + \frac{\sin 2a}{2^2} + \frac{\sin 3a}{3^2} + \cdots + \frac{\sin na}{n^2} + \cdots$$

는 절대수렴함을 밝혀라.

풀이 무한급수

$$|\sin a| + \frac{|\sin 2a|}{2^2} + \frac{|\sin 3a|}{3^2} + \cdots + \frac{|\sin na|}{n^2} + \cdots$$

와 수렴하는 급수

$$1 + \frac{1}{2^2} + \frac{1}{3^2} + \cdots + \frac{1}{n^2} + \cdots$$

를 비교하면, $|\sin nx| \le 1$이므로 $\left|\frac{\sin nx}{n^2}\right| \le \frac{1}{n^2}$이고, $\sum \frac{|\sin na|}{n^2}$는 수렴한다.

(2) 멱급수의 수렴영역

5. 멱급수

$$\sum_{n=0}^{\infty}(-1)^n\frac{(x-2)^n}{n+1}=1-\frac{x-2}{2}+\frac{(x-2)^2}{3}-\cdots+\frac{(-1)^n(x-2)^n}{n+1}+\cdots$$

의 수렴역을 구하여라.

풀이 $x-2=y$라 하면

$$\sum_{n=1}^{\infty}(-1)^n\frac{(x-2)^n}{n+1}=\sum_{n=0}^{\infty}(-1)^n\frac{y^n}{n+1}$$

이다. 우변 급수에서

$$a_n=\frac{(-1)^n}{n+1},\ a_{n+1}=\frac{(-1)^{n+1}}{n+2}$$

이므로

$$\lim_{n\to\infty}\left|\frac{a_{n+1}}{a_n}\right|=\lim_{n\to\infty}\left|\frac{\frac{(-1)^{n+1}}{n+2}}{\frac{(-1)^n}{n+1}}\right|=1$$

따라서

$$|y|<1\Leftrightarrow|x-2|<1$$

이므로 $1<x<3$이다.

$x=1$이면, 급수

$$\sum_{n=0}^{\infty}\frac{1}{n+1}$$

은 발산한다.

$x=3$이면, 급수

$$\sum_{n=0}^{\infty}(-1)^1\frac{1}{n+1}=1-\frac{1}{2}+\frac{1}{3}-\frac{1}{4}+\cdots$$

은 교대급수로서 수렴한다. 따라서 수렴역은 $1<x\le 3$이다.

6. 급수 $\sum_{n=0}^{\infty} \frac{(-3)^n x^n}{\sqrt{n+1}}$ 의 수렴반경 및 수렴구간을 구하여라.

풀이 $a_n = \frac{(-3)^n x^n}{\sqrt{n+1}}$이라 놓으면 $n \to \infty$일 때

$$\left|\frac{a_{n+1}}{a_n}\right| = \left|\frac{(-3)^{n+1} x^{n+1}}{\sqrt{n+1}} \cdot \frac{\sqrt{n+1}}{(-3)^n x^n}\right|$$

$$= 3\sqrt{\frac{1+(1/n)}{1+(2/n)}}\,|x| \to 3|x|$$

비판정법에 의해 주어진 급수는 $3|x| < 1$이면 수렴하고 $3|x| > 1$이면 발산한다.

그러므로 수렴반경 R는 $\frac{1}{3}$이다.

$\left(-\frac{1}{3}, \frac{1}{3}\right)$에서 주어진 급수는 수렴하지만 이 구간의 끝점에서의 수렴여부는 별도로 판정해야 한다. $x=-\frac{1}{3}$일 때 주어진 급수는

$$\sum_{n=0}^{\infty} \frac{(-3)^n\left(-\frac{1}{3}\right)^n}{\sqrt{n+1}} = \sum_{n=0}^{\infty} \frac{1}{\sqrt{n+1}} = \frac{1}{\sqrt{1}} + \frac{1}{\sqrt{2}} + \frac{1}{\sqrt{3}} + \frac{1}{\sqrt{4}} + \cdots$$

이고, 이 급수는 $p=\frac{1}{2}$인 p-급수이므로 발산한다. $x=\frac{1}{3}$일 때는 주어진 급수는

$$\sum_{n=0}^{\infty} \frac{(-3)^n\left(\frac{1}{3}\right)^n}{\sqrt{n+1}} = \sum_{n=0}^{\infty} \frac{(-1)^n}{\sqrt{n+1}}$$

이고 교대급수판정법에 따라 수렴함을 알 수 있다.

그러므로 주어진 멱급수의 수렴구간은 $\left(-\frac{1}{3}, \frac{1}{3}\right)$이다.

9.4.2 실습문제

1. 다음 급수의 수렴, 발산을 판정하여라.

1) $\frac{3}{5}-\frac{7}{6}+\frac{3}{7}-\frac{3}{8}+\frac{3}{9}-\cdots$

2) $\frac{1}{2}-\frac{2}{3}+\frac{3}{4}-\frac{4}{5}+\cdots$

3) $\frac{1}{\ln 2}-\frac{1}{\ln 3}+\frac{1}{\ln 4}-\frac{1}{\ln 5}+\cdots$

4) $\sin\pi-\sin\left(\frac{\pi}{2}\right)+\sin\left(\frac{\pi}{3}\right)-\sin\left(\frac{\pi}{4}\right)+\cdots$

2. 다음 급수의 절대수렴성과 조건수렴성을 조사하여라.

1) $\frac{2}{3}-\frac{3}{5}+\frac{4}{7}-\frac{5}{9}+\cdots$

2) $1-\frac{1}{\sqrt{3}}+\frac{1}{\sqrt{5}}-\frac{1}{\sqrt{7}}+\cdots$

3) $2\left(\frac{2}{3}\right)-4\left(\frac{2}{3}\right)^2-6\left(\frac{2}{3}\right)^3+8\left(\frac{2}{3}\right)^4\cdots$

3. 다음 멱급수의 수렴영역을 구하여라.

1) $1+x+x^2+\cdots+x^{n+1}+\cdots$

2) $x+2!x^2+3!x^3+\cdots+n!x^n+\cdots$

3) $x-\frac{x^3}{3!}+\frac{x^5}{5!}+\cdots+(-1)^{n+1}\frac{x^{2n-1}}{(2n-1)!}+\cdots$

4) $1+\frac{x}{\sqrt{2}}+\frac{x^2}{\sqrt{3}}+\cdots+\frac{x^{n-1}}{\sqrt{n}}+\cdots$

4. 다음 교대급수의 수렴성을 조사하여라.

1) $\sum_{n=1}^{\infty} \frac{(-1)^n}{\sqrt{n+3}}$

2) $\sum_{n=1}^{\infty} (-1)^n \frac{n}{n^2+1}$

3) $\sum_{n=1}^{\infty} (-1)^n \frac{n}{\ln n}$

4) $\sum_{n=1}^{\infty} (-1)^n \frac{\sqrt{n}}{n+4}$

5. 다음 급수의 절대수렴성과 조건수렴성을 조사하여라.

1) $\sum_{n=1}^{\infty} \frac{(-1)^n}{n\sqrt{n}}$

2) $\sum_{n=1}^{\infty} (-1)^n \frac{\sqrt{n}}{n+2}$

3) $\sum_{n=2}^{\infty} \frac{(-1)^n}{\sqrt{\ln n}}$

6. 다음 급수의 수렴반경과 수렴구간을 구하여라.

1) $\sum_{n=0}^{\infty} \frac{x^n}{n+2}$

2) $\sum_{n=0}^{\infty} nx^n$

3) $\sum_{n=0}^{\infty} \frac{x^n}{n!}$

4) $\sum_{n=1}^{\infty} \frac{nx^n}{1 \cdot 3 \cdot 5 \cdots\cdots (2n-1)}$

9.4.3 Homework

1. 다음 교대급수의 수렴성을 조사하여라.

1) $\sum_{n=1}^{\infty} \frac{(-1)^n}{\sqrt{n+3}}$

2) $\sum_{n=1}^{\infty} (-1)^n \frac{n}{n^2+1}$

3) $\sum_{n=1}^{\infty} (-1)^n \frac{n}{\ln n}$

4) $\sum_{n=1}^{\infty} (-1)^n \frac{\sqrt{n}}{n+4}$

2. 다음 급수의 절대수렴성과 조건수렴성을 조사하여라.

1) $\sum_{n=1}^{\infty} \frac{(-1)^n}{n\sqrt{n}}$

2) $\sum_{n=1}^{\infty} (-1)^n \frac{\sqrt{n}}{n+2}$

3) $\sum_{n=2}^{\infty} \frac{(-1)^n}{\sqrt{\ln n}}$

3. 다음 급수의 수렴반경과 수렴구간을 구하여라.

1) $\sum_{n=0}^{\infty} \frac{x^n}{n+2}$

2) $\sum_{n=0}^{\infty} nx^n$

3) $\sum_{n=0}^{\infty} \frac{x^n}{n!}$

4) $\sum_{n=1}^{\infty} \frac{nx^n}{1 \cdot 3 \cdot 5 \cdots\cdots (2n-1)}$

Chapter 10 벡터와 입체 해석기하

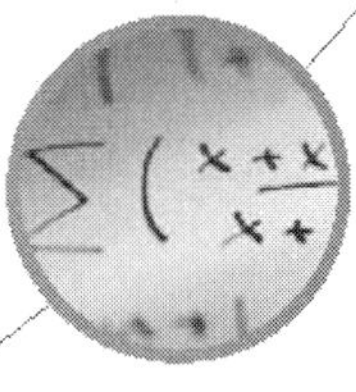

벡터의 정의와 내적, 외적을 다루고, 공간 좌표계에서 직선과 평면, 2차곡면들의 표현과 성질을 알아본다.

10.1 벡터

(1) 벡터의 정의와 연산

정의 10.1

> 실수 $x_1, x_2, \cdots, x_n$의 n개의 순서쌍 $(x_1, x_2, \cdots, x_n)$을 n차원 **위치 벡터**(Vector)라고 하며 $x_1, x_2, \cdots, x_n$을 **벡터의 성분**(Component)이라고 한다. 편의상 위치 벡터를 $\vec{x} = (x_1, x_2, \cdots, x_n)$와 같이 표시한다.

- 스칼라(Scalar)는 길이, 온도 또는 질량과 같은 물리적 성질의 크기에 특별한 단위가 주어져서 결정된 숫자이다.
- 벡터란 힘이나 속도 같이, 크기(스칼라)와 함께 방향이 주어진 물리적 성질이다.
- 벡터는 언제나 시작점이 원점에 오도록 평행 이동시킬 수 있다. 시작점이 원점인 벡터를 위치 벡터라고 한다.
- 크기와 방향이 같은 위치 벡터들은 모두 같은 벡터이다.

예 1 1) $(1, 2)$, $(\pi, 0, -1)$, $(0, -2, 3, 2)$은 각각 2차원, 3차원 그리고 4차원 벡터이다.

2) 점 $P(-2, 3, 0)$에서 점 $Q(2, 1, 5)$까지의 벡터와 점$(0, 0, 0)$에서 $(4, -2, 5)$까지의 벡터는 같은 벡터이다. 즉, $\overrightarrow{PQ} = (4, -2, 5)$이다. 이것을 3차원 공간에서 그려보면 아래 그림과 같다.

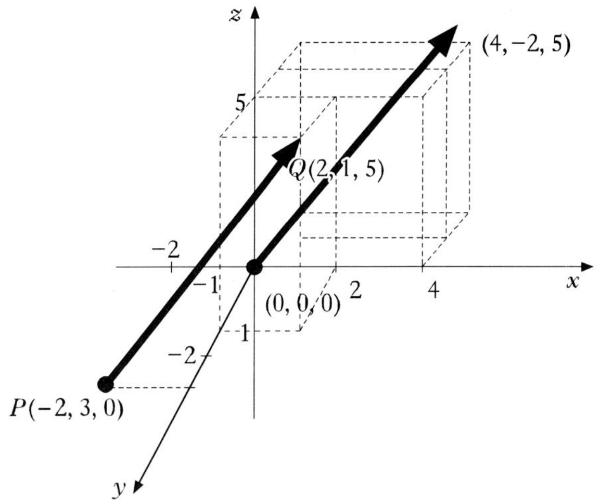

그림 10.1 위치벡터

정의 10.2

$\vec{a}=(a_1,\ a_2,\ \cdots,\ a_n)$와 $\vec{b}=(b_1,\ b_2,\ \cdots,\ b_n)$을 두 벡터라고 하고 k를 임의의 실수(스칼라)라고 하자.

1) (벡터의 항등) 두 벡터 $\vec{a}$와 $\vec{b}$가 같다는 것은, $a_1=b_1,\ a_2=b_2,\ \cdots,\ a_n=b_n$을 의미하고, $\vec{a}=\vec{b}$로 나타낸다.

2) (스칼라 곱) 벡터 $\vec{a}$에 스칼라 k를 곱한 새로운 벡터 $k\vec{a}$는 다음과 같이 정의한다.

$$k\vec{a}=k(a_1,\ a_2,\ \cdots,\ a_n)=(ka_1,\ ka_2,\ \cdots,\ ka_n)$$

3) 벡터 $-\vec{a}$는 $(-1)\vec{a}$를 의미한다. 즉, $-\vec{a}=(-a_1,\ -a_2,\ \cdots,\ -a_n)$

4) $\vec{a}$의 크기는 $|\vec{a}|$로 나타내고, 이것은 다음과 같은 실수를 의미한다.

$$|\vec{a}|=\sqrt{a_1^2+a_2^2+\cdots+a_n^2}$$

5) (벡터의 합) 두 벡터 $\vec{a}$와 $\vec{b}$의 합 $\vec{a}+\vec{b}$는 다음과 같이 정의한다.

$$\vec{a}+\vec{b}=(a_1+b_1,\ a_2+b_2,\ \cdots,\ a_n+b_n)$$

또한 두 벡터 $\vec{a}$와 $\vec{b}$의 차 $\vec{a}-\vec{b}$는 $\vec{a}+(-\vec{b})$로 정의한다.

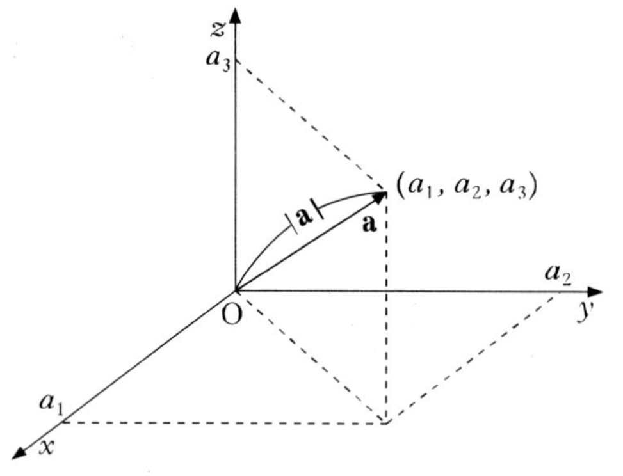

그림 10.2 벡터의 크기

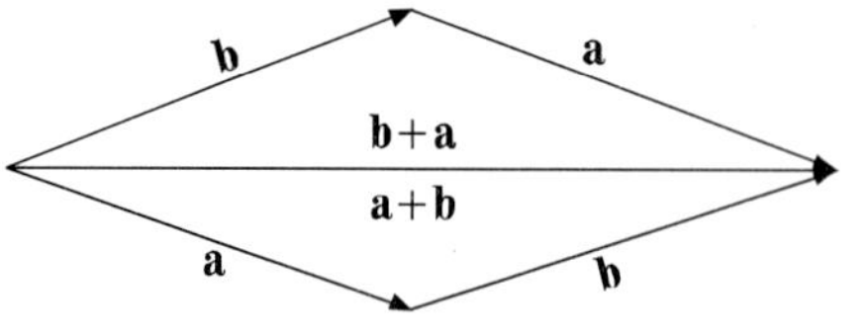

그림 10.3 벡터의 합

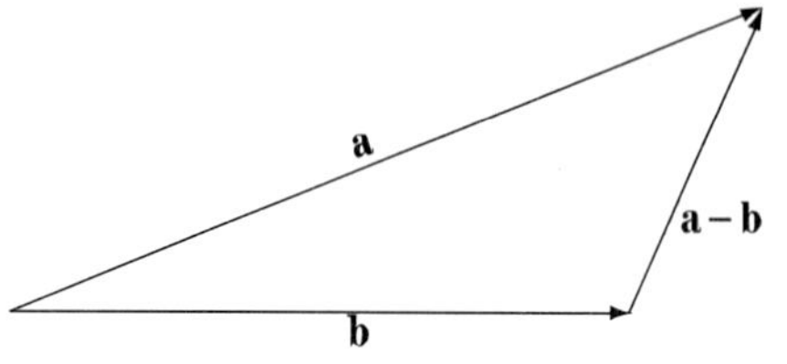

그림 10.4 벡터의 차

- 벡터 $\vec{a}$의 크기는 이 벡터를 나타내는 유향성분의 길이를 나타낸다.
- 기하학적으로 $k\vec{a}$의 크기는 $\vec{a}$의 크기에 $|k|$배 한 것이다. 즉,

$$\begin{aligned}|k\vec{a}| &= |(ka_1,\ ka_2,\ \cdots,\ ka_n)| \\ &= \sqrt{k^2a_1^2 + k^2a_2^2 + \cdots + k^2a_n^2} \\ &= \sqrt{k^2(a_1^2 + a_2^2 + \cdots + a_n^2)} \\ &= |k||a|\end{aligned}$$

- $k\vec{a}$의 방향은 k가 양수이면 $\vec{a}$의 방향과 같으며 k가 음수이면 $\vec{a}$와 반대 방향이다.

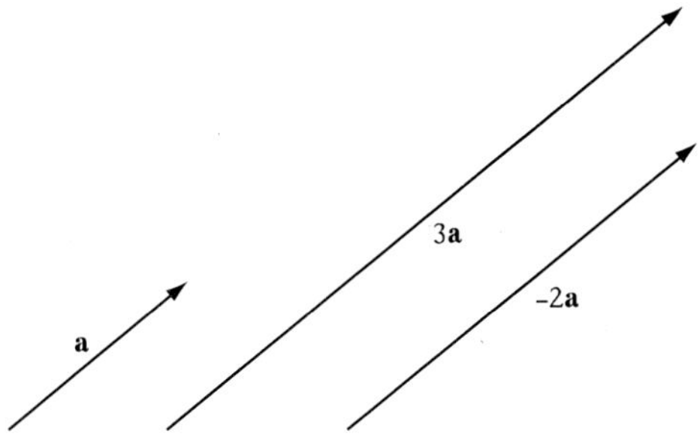

그림 10.5 벡터의 스칼라 곱

정리 10.1 *Theorem*

k, m이 실수일 때 다음의 법칙이 성립한다.

1) $\vec{a}+\vec{b}=\vec{b}+\vec{c}$(교환법칙)

2) $\vec{a}+(\vec{b}+\vec{c})=(\vec{a}+\vec{b})+\vec{c}$(결합법칙)

3) $\vec{a}+\vec{0}=\vec{0}+\vec{a}$(덧셈에 관한 항등원)

4) $\vec{a}+(-\vec{a})=\vec{0}$(덧셈에 관한 역원)

5) $k(\vec{a}+\vec{b})=k\vec{a}+k\vec{b}$

6) $(k+m)\vec{a}=k\vec{a}+m\vec{a}$

7) $(km)\vec{a}=k(m\vec{a})$, $(-k)\vec{a}=-(k\vec{a})$

8) $\vec{0}=\vec{0}$, $1\vec{a}=\vec{a}$, $k\vec{0}=\vec{0}$

- 3차원 벡터 중에는 특별한 역할을 하는 벡터 $\vec{i}$, $\vec{j}$, $\vec{k}$가 있다. 이 벡터들

$$\vec{i}=(1,\ 0,\ 0),\ \vec{j}=(0,\ 1,\ 0),\ \vec{k}=(0,\ 0,\ 1)$$

  또는 $\boldsymbol{i}=(1,\ 0,\ 0)$, $\boldsymbol{j}=(0,\ 1,\ 0)$, $\boldsymbol{k}=(0,\ 0,\ 1)$

  을 3차원 기본단위벡터라고 부른다.

- 마찬가지로 2차원에서의 기본단위벡터는 $\vec{i}=(1,\ 0)$, $\vec{j}=(0,\ 1)$이다.
- 임의의 3차원 벡터 $\vec{a}=(a_1,\ a_2,\ a_3)$는, 다음과 같이 기본단위벡터들의 합으로 표시된다.

$$\begin{aligned}\vec{a} &= (a_1,\ a_2,\ a_3)\\ &= (a_1,\ 0,\ 0)+(0,\ a_2,\ 0)+(0,\ 0,\ a_3)\\ &= a_1(1,\ 0,\ 0)+a_2(0,\ 1,\ 0)+a_3(0,\ 0,\ 1)\\ &= a_1\vec{i}+a_2\vec{j}+a_3\vec{k}\end{aligned}$$

예 2 $\vec{a}=(4,\ 2,\ -3)$이라면 $\vec{a}$는 $4(1,\ 0,\ 0)+2(0,\ 1,\ 0)+(-3)(0,\ 0,\ 1)$이므로

$$\vec{a}=4\vec{i}+2\vec{j}+(-3)\vec{k}$$

로 표현된다.

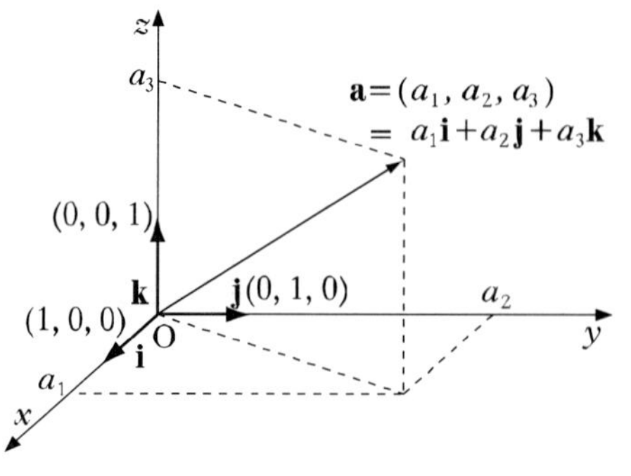

그림 10.6 기본벡터를 사용한 벡터 표기

- 크기가 1인 벡터를 단위 벡터라고 부른다. 예를 들어, 벡터 $\left(\frac{2}{7},\ \frac{3}{7},\ \frac{6}{7}\right)$의 길이는

$$\left\|\left(\frac{2}{7},\ \frac{3}{7},\ \frac{6}{7}\right)\right\|=\sqrt{\left(\frac{2}{7}\right)^2+\left(\frac{3}{7}\right)^2+\left(\frac{6}{7}\right)^2}=1$$

이므로 단위 벡터이다.

- 벡터 $\vec{i},\ \vec{j},\ \vec{k}$는 모두 단위 벡터로서 $\vec{i}$는 x축 방향이고 $\vec{j}$는 y축 방향이며 $\vec{k}$는 z축 방향을 갖는다.
- $\vec{a}$가 $\vec{0}$가 아니고 $\vec{a}$와 같은 방향을 갖는 단위 벡터를 $\vec{u}$라고 하면 다음과 같다.

$$\vec{u}=\frac{1}{|\vec{a}|}\vec{a}$$

10.1.1 예제

1. 벡터(1, 2)를 평면에 나타내어라.

풀이

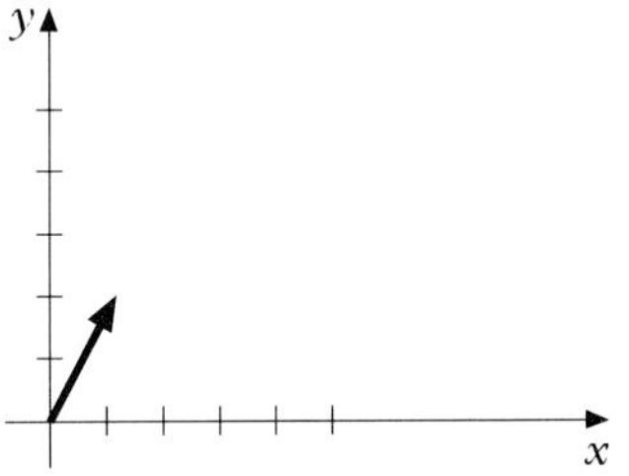

그림 10.7 벡터표기

2. 아래 그림에 세 벡터 $\vec{a}$, $\vec{b}$, $\vec{c}$가 주어졌다. 이 위에 다음 벡터를 그려라.

$$(\vec{a}+\vec{b})+\vec{c}:$$

풀이

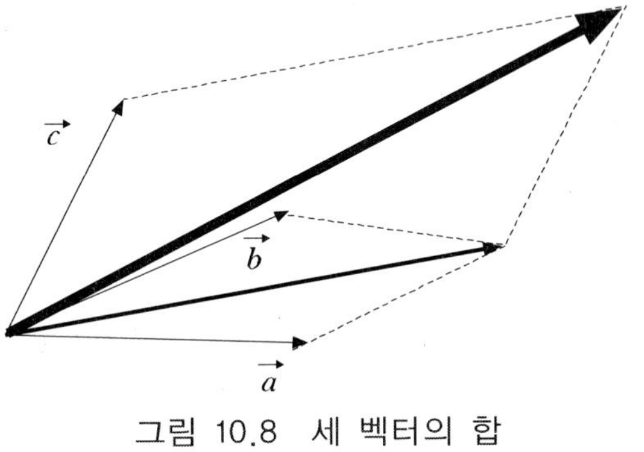

그림 10.8 세 벡터의 합

3. $\vec{a}=(1,\ -2,\ 4)$라고 할 때, $-\vec{a}$, $2\vec{a}$, $|\vec{a}|$, $|2\vec{a}|$를 각각 구하여라.

풀이 $-\vec{a}=(-1,\ 2,\ 4)$

$2\vec{a}=2(1,\ -2,\ 4)=(2,\ -4,\ 8)$

$|\vec{a}|=\sqrt{1^2+(-2)^2+4^2}=\sqrt{21}$

$|2\vec{a}|=\sqrt{2^2+(-4)^2+8^2}=\sqrt{84}=2\sqrt{21}=2|\vec{a}|$

4. $\vec{a}=(4,\ 0,\ 3)$, $\vec{b}=(-2,\ 1,\ 5)$일 때 $\vec{a}+\vec{b}$와 $\vec{a}-\vec{b}$를 각각 구하여라.

풀이 $\vec{a}+\vec{b}=(4,\ 0,\ 3)+(-2,\ 1,\ 5)$

$=(4+(-2),\ 0+1,\ 3+5)=(2,\ 1,\ 8)$

$\vec{a}-\vec{b}=\vec{a}+(-\vec{b})=(4,\ 0,\ 3)+(2,\ -1,\ -5)$

$=(4+2,\ 0+(-1),\ 3+(-5))=(6,\ -1,\ -2)$

5. 벡터 $2\vec{i}-\vec{j}-2\vec{k}$와 같은 방향을 갖는 단위 벡터를 구하여라.

풀이 $|2\vec{i}-\vec{j}-2\vec{k}|=|(2,\ -1,\ -2)|=\sqrt{(2)^2+(-1)^2+(-2)^2}=3$

이므로 벡터 $2\vec{i}-\vec{j}-2\vec{k}$와 같은 방향을 갖는 단위 벡터는 다음과 같다.

$\frac{1}{3}(2\vec{i}-\vec{j}-2\vec{k})=\frac{2}{3}\vec{i}-\frac{1}{3}\vec{j}-\frac{2}{3}\vec{k}$

6. $\vec{a}=(5,\ 7)$, $\vec{b}=(4,\ 2)$일 때 $|\vec{a}|$, $\vec{a}-2\vec{b}$, $3\vec{a}+6\vec{b}$를 구하여라.

풀이 $|\vec{a}|=\sqrt{5^2+7^2}=\sqrt{74}$

$\vec{a}-2\vec{b}=(5,\ 7)-2(4,\ 2)=(5,\ 7)+(-8,\ -4)=(-13,\ 3)$

$3\vec{a}+6\vec{b}=3(5,\ 7)+6(4,\ 2)=(15,\ 21)+(24,\ 8)=(39,\ 29)$

10.1.2 실습문제

1. 벡터 $2(1,\ 2)$를 평면에 나타내어라.

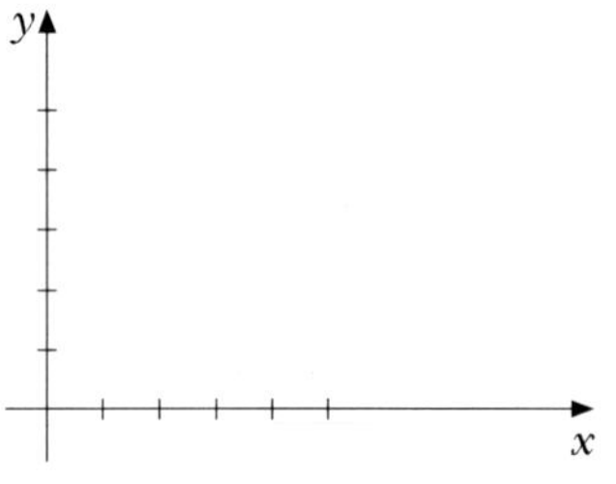

2. 벡터 $(-\sqrt{2},\ 3,\ 1)$을 공간에 나타내어라.

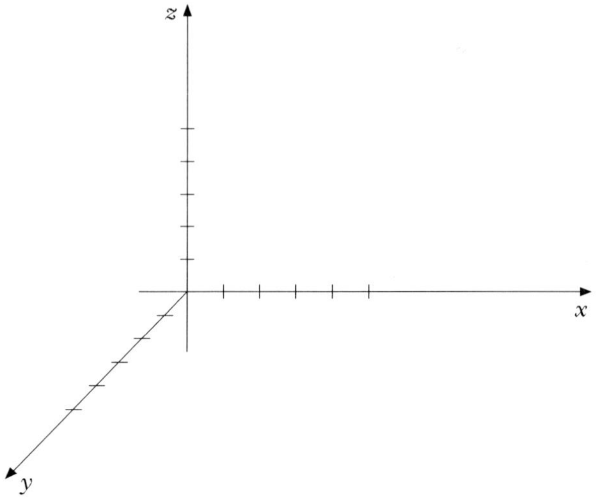

3. 아래 그림에 세 벡터 $\vec{a}$, $\vec{b}$, $\vec{c}$가 주어졌다. 이 위에 다음 벡터를 그려라.

$$(\vec{a}+\vec{c})-\vec{b}:$$

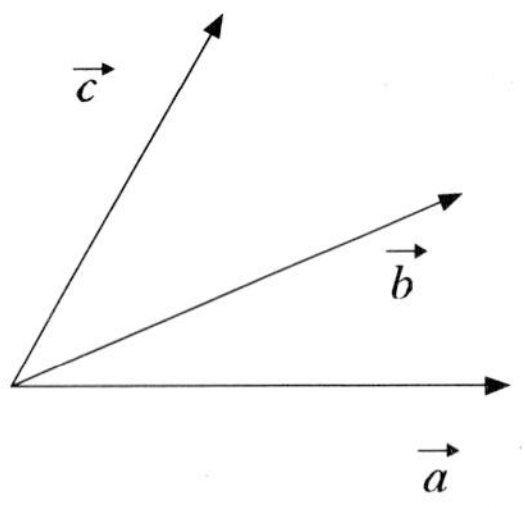

4. 다음 각각의 경우에 $|\vec{a}|$, $\vec{a}-2\vec{b}$, $3\vec{a}+6\vec{b}$를 구하여라.

1) $\vec{a}=(1,\ -2,\ 3)$, $\vec{b}=(2,\ 0,\ -2)$

2) $\vec{a}=3\vec{i}-2\vec{j}+\vec{k}$, $\vec{b}=2\vec{i}+1\vec{j}-2\vec{k}$

5. $\vec{a}=(1,\ -2,\ 3)$와 $2\vec{j}-\vec{k}$ 단위벡터를 각각 구하여라.

1) $|\vec{a}|=$

$\frac{1}{|\vec{a}|}\vec{a}=$

2) $|2\vec{j}-\vec{k}|=$

$\frac{1}{|2\vec{j}-\vec{k}|}(2\vec{j}-\vec{k})=$

10.1.3 Homework

1. A, B, C가 삼각형의 꼭지점일 때 $\overrightarrow{AB}+\overrightarrow{BC}+\overrightarrow{CA}$를 구하여라.

2. 평면에서 양의 x축과 $30°$의 각을 이루는 단위 벡터를 구하여라.

3. $\vec{a}=(x,\ y,\ z)$, $\vec{p}=(1,\ 2,\ 3)$가 주어졌을 때 $|\vec{a}-\vec{p}|$을 만족하는 모든 점 $(x,\ y,\ z)$들의 집합을 구하여라.

10.2 벡터의 내적

(1) 내적의 정의

정의 10.3

두 벡터 $\vec{a}=(a_1, a_2, \cdots, a_n)$, $\vec{b}=(b_1, b_2, \cdots, b_n)$에 대하여 $\vec{a}$와 $\vec{b}$의 **내적**(inner product) $\vec{a}\cdot\vec{b}$는

$$\vec{a}\cdot\vec{b}=(a_1b_1+a_2b_2+\cdots+a_nb_n)$$

을 의미한다.

• $\vec{a}$와 $\vec{b}$의 내적 $\vec{a}\cdot\vec{b}$는 그 값이 스칼라 양(실수)일 뿐 벡터가 아니므로 스칼라 곱(scalar product)이라고 불린다.

예 1 1) $\vec{a}=(-2, 1, 3)$이면 $\vec{a}$와 $\vec{a}$의 내적을 구하면

$$\vec{a}\cdot\vec{a}=(-2)\cdot(-2)+1\cdot 1+3\cdot 3=14$$

2) $\vec{a}=(-2, 1, 3)$, $\vec{b}+(2, 1, 3)$일 때 $\vec{a}$와 $\vec{b}$의 내적을 구하면

$$\vec{a}\cdot\vec{b}=(-2)\cdot 2+1\cdot 1+3\cdot 3=6$$

(2) 내적의 성질

벡터의 내적은 다음과 같은 성질을 가지고 있다.

1) $\vec{a}\cdot\vec{b}=\vec{b}\cdot\vec{a}$

2) $\vec{a}\cdot(\vec{b}+\vec{c})=\vec{a}\cdot\vec{b}+\vec{a}\cdot\vec{c}$

3) $k(\vec{a}\cdot\vec{b})=(k\vec{a})\cdot\vec{b}=\vec{a}\cdot(k\vec{b})$

4) $\vec{a}\cdot\vec{0}=0$

5) $\vec{a}\cdot\vec{a}=|a|^2$

예 2 1) 두 벡터 $\vec{a}$와 $\vec{b}$에 대하여 다음 등식이 성립한다.

$$
\begin{aligned}
|\vec{a}-\vec{b}|^2 &= (\vec{a}-\vec{b})\cdot(\vec{a}-\vec{b}) \\
&= \vec{a}\cdot(\vec{a}-b)-b\cdot(\vec{a}-b) \\
&= \vec{a}\cdot\vec{a}-\vec{a}\cdot\vec{b}-\vec{b}\cdot\vec{a}+\vec{b}\cdot\vec{b} \\
&= \vec{a}\cdot\vec{a}+\vec{b}\cdot\vec{b}-2\vec{a}\cdot\vec{b} \\
&= |\vec{a}|^2+|\vec{b}|^2-2\vec{a}\cdot\vec{b}
\end{aligned}
$$

2) 영벡터가 아닌 두 벡터 $\vec{a}$와 $\vec{b}$를 시점이 같은 유향선분으로 나타내고, 이 두 유향선분 사이의 각 중에서, 작은 사이각의 크기를 θ라고 하자. 즉 $0<\theta<\pi$이다.

그러면 아래 그림의 삼각형에서 세 변의 길이는 각각 $|\vec{a}|$, $|\vec{b}|$, $|\vec{a}-\vec{b}|$이다.

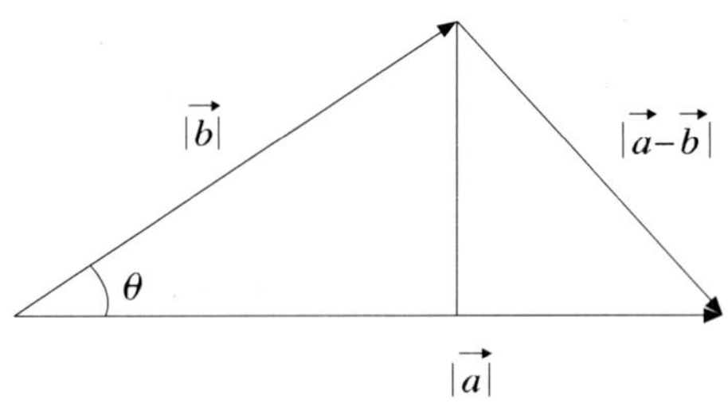

그림 10.9 내적의 기하학적 의미

여기에 cosine법칙을 적용시키면 다음 등식이 성립한다.

$$|a-b|^2 = |a|^2+|b|^2-2|a||b|\cos\theta$$

(3) 두 벡터 사이의 각

• 예 2의1과 2에서 다음 결과를 얻는다.

$$\vec{a}\cdot\vec{b}=|\vec{a}||\vec{b}|\cos\theta$$

• 영벡터가 아닌 두 벡터 사이의 각 θ는 다음과 같다.

$$\cos\theta = \frac{\vec{a} \cdot \vec{b}}{|\vec{a}||\vec{b}|}$$

• 두 벡터의 내적이 양수이면 두 벡터의 사이각은 예각, 음수이면 두 벡터의 사이각은 둔각이다.

• 두 벡터가 서로 수직일 조건은 $\theta = \frac{2}{\pi}$이므로, 영벡터가 아닌 두 벡터가 서로 수직이기 위한 필요충분조건은 그 내적이 0인 것이다.

예 3 1) 3차원 기본 단위벡터 $\vec{i} = (1,\ 0,\ 0)$, $\vec{j} = (0,\ 1,\ 0)$, $\vec{k} = (0,\ 0,\ 1)$은

$$\vec{i} \cdot \vec{j} = \vec{j} \cdot \vec{k} = \vec{k} \cdot \vec{i} = 0$$

이므로 서로 수직이다.

2) 두 벡터 $\vec{a} = (4,\ 5,\ -2)$, $\vec{b} = (-3,\ 6,\ 0)$ 사이의 각을 구하여라.

풀이 $|\vec{a}| = \sqrt{4^2 + 5^2 + (-2)^2} = \sqrt{45}$,

$|\vec{b}| = \sqrt{(-3)^2 + 6^2 + 0^2} = \sqrt{45}$

$\vec{a} \cdot \vec{b} = 4 \cdot (-3) + 5 \cdot 6 + (-2) \cdot 0 = 18$

따라서 두 벡터 사이의 각을 θ라고 하면

$$\cos\theta = \frac{\vec{a} \cdot \vec{b}}{|\vec{a}||\vec{b}|} = \frac{18}{\sqrt{45} \cdot \sqrt{45}} = \frac{2}{5}$$

이고, $\theta = \cos^{-1}\frac{2}{5} \fallingdotseq 66°25'$이다.

(4) 사영(Projection)

• 벡터 $\vec{b}$를 벡터 $\vec{a}$에 평행한 벡터 $\vec{b_1}$과 수직인 벡터 $\vec{b_2}$로 분해하면,

$\vec{b_1} = \frac{\vec{b} \cdot \vec{a}}{\vec{a} \cdot \vec{a}}\vec{a}$이고, $\vec{b_2} = \vec{b} - c\vec{a} = \vec{b} - \frac{\vec{b} \cdot \vec{a}}{\vec{a} \cdot \vec{a}}\vec{a}$이다.

• 이 때 벡터 $\overrightarrow{b_1}$을 벡터 $\vec{b}$의 $\vec{a}$로의 사영(projection)이라고 부른다.

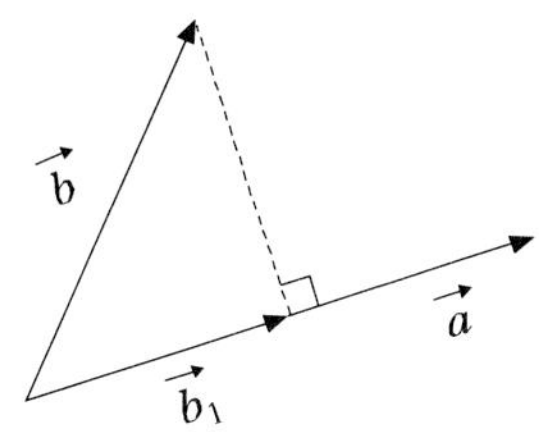

그림 10.10 벡터의 사영

예 4 벡터 $\vec{b}=(2,\ 1,\ -3)$의 벡터 $\vec{a}=(3,\ -1,\ 0)$ 위로의 사영을 구하면

$$\frac{\vec{b}\cdot\vec{a}}{\vec{a}\cdot\vec{a}}=\frac{2\cdot 3+1\cdot(-1)+(-3)\cdot 0}{3\cdot 3+(-2)\cdot(-1)+0\cdot 0}=\frac{1}{2}$$

이므로 구하는 사영 $\overrightarrow{b_1}$은 다음과 같다.

$$\overrightarrow{b_1}=\frac{1}{2}\vec{a}=\left(\frac{3}{2}\cdot-\frac{1}{1},\ 0\right)$$

10.2.1 예제

1. $\vec{a}=(2,\ 5)$, $\vec{b}=(-3,\ 1)$일 때 $\vec{a}\cdot\vec{b}$를 구하여라.

풀이 $\vec{a}\cdot\vec{b}=2\cdot(-3)+5\cdot 1=-1$

2. 두 벡터 $(x,\ 1,\ 2)\cdot(3,\ 4,\ x)$가 서로 직교하도록 하는 x의 값을 구하여라.

풀이 $(x,\ 1,\ 2)\cdot(3,\ 4,\ x)=3x+4+2x=6x+4=0$

이므로 $x=\frac{2}{3}$이다.

3. $\vec{a}=(1,\ 2,\ 3)$, $\vec{b}=(4,\ 1,\ -2)$일 때 $\vec{a}$위로의 $\vec{b}$의 사영을 구하여라.

풀이 $\frac{\vec{b}\cdot\vec{a}}{\vec{a}\cdot\vec{a}}=\frac{1\cdot 4+2\cdot 1+3\cdot(-2)}{1\cdot 1+2\cdot 2+3\cdot 3}=\frac{0}{13}$

이므로 구하는 사영 $\vec{b_1}$은 다음과 같다.

$\vec{b_1}=0\vec{a}=\vec{0}$

4. 두 벡터 $\vec{a}=2\vec{i}+\vec{j}+2\vec{k}$와 $\vec{b}=2\vec{i}+\vec{j}-\vec{k}$ 사이의 각을 구하여라.

풀이 구하는 각을 θ라고 하면

$$\cos\theta=\frac{\vec{a}\cdot\vec{b}}{|\vec{a}||\vec{b}|}=\frac{3}{\sqrt{9}\cdot\sqrt{4}}=\frac{3}{6}=\frac{1}{2}$$

이므로 $\theta=\frac{\pi}{3}$이다.

10.2.2 실습문제

1. $\vec{a}=(2,\ 5)$, $\vec{b}=(-3,\ 1)$일 때 $\vec{a}\cdot\vec{b}$를 구하여라.

2. $|\vec{a}|=2$, $|\vec{b}|=3$, $\vec{a}$와 $\vec{b}$ 사이의 각은 $\frac{\pi}{3}$일 때 $\vec{a}\cdot\vec{b}$를 구하여라.

3. 두 벡터 $(x,\ x,\ -1)$, $(1,\ x,\ 6)$가 서로 직교하도록 하는 x의 값을 구하여라.

4. $\vec{a}=(5,\ 4,\ 1)$, $\vec{b}=(-1,\ 1,\ 1)$일 때 $\vec{a}$위로의 $\vec{b}$의 사영을 구하여라.

5. 두 벡터 $\vec{a}=4\vec{i}-\vec{j}-\vec{k}$와 $\vec{b}=\vec{i}+2\vec{j}$ 사이의 각을 구하여라.

10.2.3 Homework

1. $P(-1,\ 0,\ 2)$, $Q(2,\ 1,\ -1)$, $R(1,\ -2,\ 2)$의 세 점들을 꼭지점으로 하는 삼각형 PQR의 내각을 구하여라.

2. 정육면체의 대각선과 하나의 면의 대각선과의 사이각을 구하여라.

3. 두 벡터 $\vec{a}=(1,\ 3,\ -2)$, $\vec{b}=(2,\ -4,\ 1)$에 동시에 수직인 모든 벡터를 구하여라.

4. 세 벡터 $\vec{a},\ \vec{b},\ \vec{c}$가 있다. 여기서 $\vec{b}$의 시점은 $\vec{a}$의 종점, $\vec{a}$의 종점은 $\vec{c}$의 시점이라고 할 때 $\vec{a},\ \vec{b},\ \vec{c}$가 삼각형을 이루기 위한 조건을 구하여라.

5. 벡터 $\vec{v}=a\vec{i}+b\vec{j}+c\vec{k}$가 양의 x, y, z축과 이루는 각을 각각 $\alpha,\ \beta,\ \gamma$라고 할 때, $\cos\alpha,\ \cos\beta,\ \cos\gamma$를 $\vec{v}$의 방향여현(direction cosine)이라고 말한다. 1), 2), 3)을 밝히고 4)와 5)를 계산하여라.

   1) $\cos\alpha=\dfrac{a}{\sqrt{a^2+b^2+c^2}},\ \cos\beta=\dfrac{b}{\sqrt{a^2+b^2+c^2}},\ \cos\gamma=\dfrac{a}{\sqrt{a^2+b^2+c^2}}$

   2) $\cos^2\alpha+\cos^2\beta+\cos^2\gamma=a$

   3) $u=(\cos\alpha)\vec{i}+(\cos\beta)\vec{j}+(\cos\gamma)\vec{k}$는 a와 같은 방향을 갖는 단위벡터가 된다.

   4) 벡터 $(-1,\ 3,\ -3\sqrt{6})$과 같은 방향을 갖는 단위벡터를 구하여라.

   5) 벡터 $2\vec{i}+3\vec{j}-6\vec{k}$와 같은 방향여현을 갖는 단위벡터를 구하여라.

10.3 벡터의 외적

(1) 외적의 정의

정의 10.4

$\vec{a}=(a_1,\ a_2,\ a_3)$, $\vec{b}=(b_1,\ b_2,\ b_3)$일 때, $\vec{a}$와 $\vec{b}$의 **외적**(vector product)은 벡터

$$\vec{a}\times\vec{b}=(a_2b_3-a_3b_2,\ a_3b_1-a_1b_3,\ a_1b_2-a_2b)$$

$$=\begin{vmatrix} \vec{i} & \vec{j} & \vec{k} \\ a_1 & a_2 & a_3 \\ b_1 & b_2 & b_3 \end{vmatrix}$$

이다. $\vec{a}$와 $\vec{b}$의 외적을 $\vec{a}$와 $\vec{b}$의 벡터곱이라고도 한다.

- 두 벡터 $\vec{a}$와 $\vec{b}$의 내적 $\vec{a}\cdot\vec{b}$는 스칼라이고, 외적 $\vec{a}\times\vec{b}$는 벡터이다. 이러한 이유로 외적을 벡터곱이라고 부르기도 한다.
- $\vec{a}\times\vec{b}$는 $\vec{a}$와 $\vec{a}$가 3차원벡터일 때에만 정의된다.
- 벡터곱의 정의는 쉽게 기억될 수 있도록 하기 위하여 행렬식(determinant)의 표현법을 사용하기도 한다.
- 이차행렬식은

$$\begin{vmatrix} a & b \\ c & d \end{vmatrix}=ad-dc$$

  로 정의된다.
- 삼차행렬식은 이차행렬식의 항으로 다음과 같이 정의할 수 있다.

$$\begin{vmatrix} a_1 & a_2 & a_3 \\ b_1 & b_2 & b_3 \\ c_1 & c_2 & c_3 \end{vmatrix}=a_1\begin{vmatrix} b_2 & b_3 \\ c_2 & c_3 \end{vmatrix}-a_2\begin{vmatrix} b_1 & b_3 \\ c_1 & c_3 \end{vmatrix}+a_3\begin{vmatrix} b_1 & b_2 \\ c_1 & c_2 \end{vmatrix}$$

• 예를 들면,

$$\begin{vmatrix} 1 & 2 & -1 \\ 3 & 0 & 1 \\ -5 & 4 & 2 \end{vmatrix} = 1\begin{vmatrix} 0 & 1 \\ 4 & 2 \end{vmatrix} - 2\begin{vmatrix} 3 & 1 \\ -5 & 2 \end{vmatrix} + (-1)\begin{vmatrix} 3 & 0 \\ -5 & 4 \end{vmatrix}$$

$$= 1(0-4) - 2(6+5) + (-1)(12-0)$$

$$= -38$$

• 이차행렬식과 기본단위벡터 $\vec{i}$, $\vec{j}$, $\vec{k}$를 이용하여 다시 쓰면, $\vec{a} = a_1\vec{i} + a_2\vec{j} + a_3\vec{k}$와 의 벡터 $\vec{b} = b_1\vec{i} + b_2\vec{j} + b_3\vec{k}$곱은 다음과 같다.

$$\vec{a} \times \vec{b} = \begin{vmatrix} a_2 & a_3 \\ b_2 & b_3 \end{vmatrix}\vec{i} - \begin{vmatrix} a_1 & a_3 \\ b_1 & b_3 \end{vmatrix}\vec{j} + \begin{vmatrix} a_1 & a_2 \\ b_1 & b_2 \end{vmatrix}\vec{k}$$

(2) 외적의 성질

$\vec{a}$와 $\vec{b}$가 임의의 영이 아닌 벡터라고 하자.

1) 벡터 $\vec{a} \times \vec{b}$는 $\vec{a}$와 $\vec{b}$ 모두와 직교한다.

2) θ, $(0 \le \theta \le \pi)$가 $\vec{a}$와 $\vec{b}$ 사이의 각이라면 다음이 성립한다.

$$|\vec{a} \times \vec{b}| = |\vec{a}||\vec{b}|\sin\theta$$

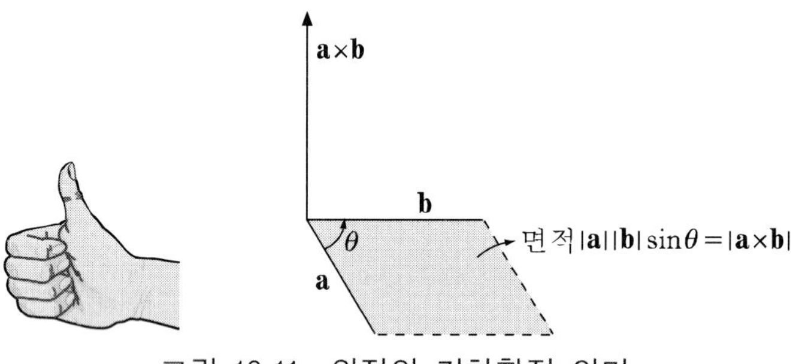

그림 10.11 외적의 기하학적 의미

정리 10.2 *Theorem*

$\vec{a}$, $\vec{b}$, $\vec{c}$가 벡터, k가 스칼라이면 다음이 성립한다.

1) $\vec{a}\times\vec{b}=-\vec{b}\times\vec{a}$

2) $(k\vec{a})\times\vec{b}=k(\vec{a}\times\vec{b})=\vec{a}\times(k\vec{b})$

3) $\vec{a}\times(\vec{b}+\vec{c})=\vec{a}\times\vec{b}+\vec{a}\times\vec{c}$

4) $(\vec{a}+\vec{b})\times\vec{c}=\vec{a}\times\vec{c}+\vec{b}\times\vec{c}$

5) $\vec{a}\cdot(\vec{b}\times\vec{c})=(\vec{a}\times\vec{b})\cdot c$

6) $\vec{a}\times(\vec{b}\times\vec{c})=(\vec{a}\cdot\vec{c})\vec{b}-(\vec{a}\cdot\vec{b})\vec{c}$

예 1 다음 두 벡터 $\vec{a}=(1,\ 0,\ 1)$와 $\overrightarrow{b(0,}\ 1,\ 2)$의 외적을 구하라.

풀이 $\vec{a}\times\vec{b}=\begin{vmatrix}\vec{i} & \vec{j} & \vec{k}\\ 1 & 0 & 1\\ 0 & 1 & 2\end{vmatrix}=\begin{vmatrix}0 & 1\\ 1 & 2\end{vmatrix}\vec{i}-\begin{vmatrix}1 & 1\\ 0 & 2\end{vmatrix}\vec{j}+\begin{vmatrix}1 & 0\\ 0 & 1\end{vmatrix}\vec{k}$

$=-\vec{i}-\overrightarrow{2j}+\vec{k}$

$=(-1,\ -2,\ 1)$

예 2 다음 세벡터 $\vec{a}=(1,\ 0,\ 1)$, $\vec{b}=(0,\ 1,\ 2)$, $\vec{c}=\vec{a}\times\vec{b}$에 의해 결정되는 6면체의 체적을 구하라.

풀이 밑넓이와 높이는

$|\vec{a}\times\vec{b}|=|(-1,\ -2,\ 1)|=\sqrt{(-1)^2+(-2)^2+1^2}=\sqrt{6}$

이므로 구하는 체적은 6이다.

10.3.1 예제

1. $\vec{a}=(1,\ 3,\ 4)$, $\vec{b}=(2,\ 7,\ -5)$일 때 $\vec{a}\times\vec{b}$를 구하여라.

풀이 $\vec{a}\times\vec{b}=\begin{vmatrix}\vec{i} & \vec{j} & \vec{k}\\ 1 & 3 & 4\\ 2 & 7 & -5\end{vmatrix}=\begin{vmatrix}3 & 4\\ 7 & -5\end{vmatrix}\vec{i}-\begin{vmatrix}1 & 4\\ 2 & -5\end{vmatrix}\vec{j}+\begin{vmatrix}1 & 3\\ 2 & 7\end{vmatrix}\vec{k}$

$$=(-15-28)\vec{i}-(-5-8)\vec{j}+(7-6)\vec{k}$$

$$=-43\vec{i}+13\vec{j}+\vec{k}$$

2. 임의의 벡터 $\vec{a}$에 대하여 $\vec{a}\times\vec{a}=\vec{0}$이 됨을 보여라.

풀이 $\vec{a}=(a_1,\ a_2,\ a_3)$라고 하면

$$\vec{a}\times\vec{a}=\begin{vmatrix}\vec{i} & \vec{j} & \vec{k}\\ a_1 & a_2 & a_3\\ a_1 & a_2 & a_3\end{vmatrix}$$

$$=(a_2a_3-a_3a_2)\vec{i}-(a_1a_3-a_3a_1)\vec{j}+(a_1a_2-a_2a_1)\vec{k}$$

$$=0\vec{i}-0\vec{j}+0\vec{k}=\vec{0}$$

3. $\vec{a}\cdot(\vec{b}\times\vec{c})=(\vec{a}\times\vec{b})\cdot c$임을 보여라.

풀이 $\vec{a}=(a_1,\ a_2,\ a_3)$, $\vec{b}=(b_1,\ b_2,\ b_3)$, $\vec{c}=(c_1,\ c_2,\ c_3)$이면,

$$\vec{a}\cdot(\vec{b}\times\vec{c})=a_1(b_2c_3-b_3c_2)+a_2(b_3c_1-b_1c_3)+a_3(b_1c_2-b_2c_1)$$

$$=a_1b_2c_3-a_1b_3c_2+a_2b_3c_1-a_2b_1c_3+a_3b_1c_2-a_3b_2c_1$$

$$=(a_2b_3-a_3b_2)c_1+(a_3b_1-a_1b_3)c_2+(a_1b_2-a_2b_1)c_3$$

$$=(\vec{a}\times\vec{b})\cdot\vec{c}$$

10.3.2 실습문제

1. $\vec{a}=2\vec{i}-\vec{j}+\vec{k}$, $\vec{b}=-\vec{i}+3\vec{j}+2\vec{k}$, $\vec{c}=\vec{i}+2\vec{j}-\vec{k}$라고 할 때 다음을 구하여라.
   1) $\vec{a}\times\vec{b}$
   2) $\vec{a}\times(\vec{b}+\vec{c})$
   3) $\vec{a}\cdot(\vec{b}\times\vec{c})$
   4) $\vec{a}\times(\vec{b}\times\vec{c})$

2. $\vec{a}=(1,\ 1,\ 1)$, $\vec{b}=(1,\ 1,\ 0)$에 수직이 되는 벡터를 구하여라.

3. 세점 $(3,\ -6,\ 4)$, $(2,\ 1,\ 1)$, $(5,\ 0,\ -2)$로 결정되는 평면에 수직인 모든 단위벡터를 구하여라.

4. 두벡터 $3\vec{i}-2\vec{j}+4\vec{k}$와 $\vec{i}+3\vec{j}-5\vec{k}$로 결정되는 평면에 평행하고, $-2\vec{i}+\vec{j}-2\vec{k}$에 수직인 모든 벡터를 구하여라.

10.3.3 Homework

1. $(\vec{a}-\vec{b})\times(\vec{a}+\vec{b})=2(\vec{a}\times\vec{b})$임을 보여라.

2. 벡터 $3\vec{i}-\vec{j}+\vec{k}$와 $5\vec{i}-4\vec{j}+2\vec{k}$를 인접하는 두 변으로 하는 평행사변형의 면적을 구하여라.

3. 세 개의 위치벡터 $\vec{a}$, $\vec{b}$, $\vec{c}$의 종점을 꼭지점으로 하는 삼각형의 면적은

$$\frac{1}{2}|(\vec{b}-\vec{a})\times(\vec{c}-\vec{a})|$$

임을 밝혀라.

4. 세 점 $(0,\ 1,\ 4)$, $(2,\ -1,\ 5)$, $(3,\ 3,\ -3)$을 꼭지점으로 하는 삼각형의 면적을 구하여라.

10.4 직선과 평면의 식

(1) 한 벡터와 평행인 직선의 방정식

공간에서 직선 l이, 한 점 $P_1(x_1, y_1, z_1)$을 지나고 영이 아닌 벡터

$$\vec{v} = (a, b, c)$$

에 평행하다고 하면, 직선 l은 벡터 $\overrightarrow{P_1P}$와 주어진 벡터 $\vec{v}$가 평행하는 모든 점 $P(x, y, z)$들의 집합이다.

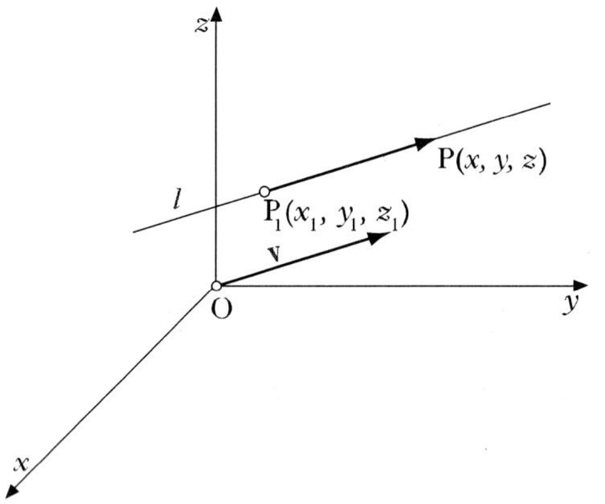

그림 10.12 주어진 벡터와 평행한 직선

P가 직선 l 위에 있을 필요충분조건은 적당한 실수 t에 대하여

$$\overrightarrow{P_1P} = t\vec{v}$$

가 되는 것이다. 이것을 성분별로 나타내면, $(x-x_1, y-y_1, z-z_1) = (ta, tb, dc)$에서

$$x - x_1 = ta,\ y - y_1 = tb,\ z - z_1 = tc$$

또는

$$x = x_1 + ta,\ y = y_1 + tb,\ z = z_1 + tc$$

이다. 위 식을 직선의 **매개변수방정식**(parametrix equation)이라고 하며, 매개변수 t가

$-\infty$에서 $+\infty$까지 변하면 $P(x, y, z)$는 무한직선 l 위를 움직이게 된다.

위 식에서 t를 소거하면

$$\frac{x-x_1}{a}=\frac{y-y_1}{b}=\frac{z-z_1}{c} \quad (\text{단, } a,\ b,\ c \neq 0)$$

이 된다. 이 방정식을 직선의 **대칭방정식**(symmetric equation)이라고 한다.

예 1 벡터 $\vec{v}=(1, 2, 3)$에 평행하고 점 $P(1, 0, 2)$를 지나는 직선의 매개변수 방정식을 구하라.

풀이 구하는 직선의 방정식은 $\frac{x-1}{1}=\frac{y-0}{2}=\frac{z-2}{3}$이다.

매개변수 방정식으로 표현하면 $x=1+t,\ y=2t,\ z=2+3t$이다.

(2) 두 점을 지나는 직선의 방정식

두 점 $P_1(x_1, y_1, z_1)$와 $P_2(x_2, y_2, z_2)$를 지나는 직선의 방정식은 $\overrightarrow{P_1P_2}$와 평행하고 P_1을 지나는 직선의 방정식이다. 따라서 두 점을 지나는 방정식은

$$\frac{x-x_1}{x_2-x_1}=\frac{y-y_1}{y_2-y_1}=\frac{z-z_1}{z_2-z_1}$$

이다.

예 2 두 점 $P_1(1, 0, 2)$, $P_2=(2, 2, 5)$를 지나는 직선의 방정식을 구하라.

풀이 구하는 직선의 방정식은 $\overrightarrow{P_1P_2}$와 평행하고 P_1을 지나는 방정식이다.

$\overrightarrow{P_1P_2}=(2-1,\ 2-0,\ 5-2)=(1,\ 2,\ 3)$이므로 구하는 방정식은

$$\frac{x-1}{1}=\frac{y-0}{2}=\frac{z-3}{3}$$

이다.

(3) 공간에서 한 벡터와 수직인 평면의 방정식

$P_1(x_1, y_1, z_2)$을 지나고 주어진 벡터

$$\vec{n} = (A, B, C)$$

에 수직인 평면을 생각하여 보자. 점 $P(x, y, z)$가 평면 위에 있을 필요충분조건은 벡터 $\overrightarrow{P_1P}$와 $\vec{n}$이 수직인 것이다.

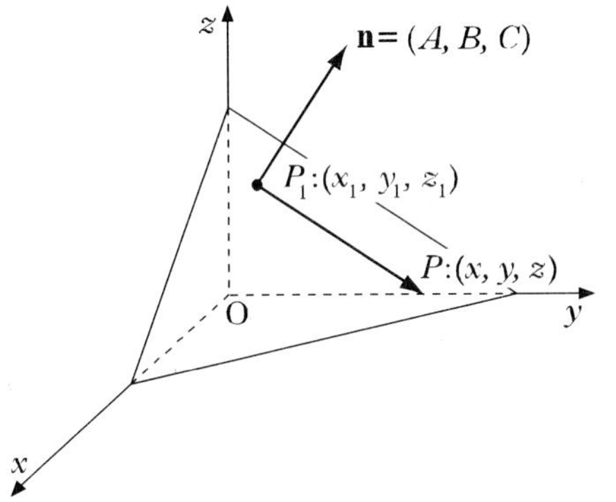

그림 10.13 주어진 벡터와 수직인 평면의 방정식

$\overrightarrow{P_1P}$와 $\vec{n}$이 수직이 되려면 두 벡터의 내적이 0이어야 한다. 즉,

$$\vec{n} \cdot \overrightarrow{P_1P} = 0$$

따라서

$$(A, B, C) \cdot (x - x_1, y - y_1, z - z_1) = 0$$

을 정리하면 다음의 평면의 방정식을 얻는다.

$$A(x - x_1) + B(y - y_1) + C(z - z_1) = 0$$

위 식을 정리하면

$$Ax + By + Cz = Ax_1 + By_1 + Cz_1$$

또는

$$Zx + By + Cz = D, \text{ 단, } D = Ax_1 + By_1 + Cz_1$$

로 표현된다. 역으로 위와 같은 일차방정식을 만족하는 점 $P(x, y, z)$들의 집합은 공간에서 $\vec{n} = (A, B, C)$에 수직인 평면을 이룬다.

예 3 $P_1(1, 2, 3)$을 지나고 벡터 $\vec{n}=(3, 1, 2)$에 수직인 평면의 방정식을 구하라.

풀이 구하는 평면의 방정식은 $3x+1y+2z=1\cdot3+2\cdot1+3\cdot2$에서 $3x+y+2z=11$이다.

(4) 공간에서 세 점을 지나는 평면의 방정식

세 점 $P_1(x_1, y_1, z_1)$, $P_2(x_2, y_2, z_2)$, $P_3(x_3, y_3, z_3)$를 지나는 평면의 방정식은 P_1을 지나고 $\overrightarrow{P_1P_2}\times\overrightarrow{P_1P_3}$와 수직이다.

예 4 세 점 $P_1(1, 0, 1)$, $P_2(0, 1, 2)$, $P_3(1, 3, 0)$을 지나는 평면의 방정식을 구하라.

풀이 $\overrightarrow{P_1P_2}\times\overrightarrow{P_1P_3}=\begin{vmatrix}-\vec{i} & \vec{j} & \vec{k}\\ -1 & 1 & 1\\ 0 & 3 & -1\end{vmatrix}=(-4, -1, -3)$

이므로 구하는 평면의 방정식은

$$-4x-y-3z=(-4)\cdot1+(-1)\cdot0+(-3)\cdot1=-7$$

따라서 $4x+y+3z=7$이다.

(5) 한 직선과 한 점을 포함하는 평면의 방정식

한 직선 l과 한 점 P_1를 포함하는 평면의 방정식은 직선 위에 임의의 두 점 P_2와 P_3를 잡고 P_1, P_2, P_3를 지나는 평면의 방정식과 똑같다.

예 5 직선 $x=t$, $y=1+2t$, $z=2-2t$와 한 점 $P_1(1, 0, 1)$을 지나는 평면의 방정식을 구하라.

풀이 직선위에 임의의 두 점을 $t=0$일 때와 $t=1$일 때를 잡으면 $P_2(0, 1, 2)$, $P_3(1, 3, 0)$을 얻는다. $\overrightarrow{P_1P_2}\times\overrightarrow{P_1P_3}=(-4, -1, -3)$이므로 구하는 평면의 방정식은 $4x+y+3z=7$이다.

10.4.1 예제

1. $\vec{v}=(3,\ -1,\ 4)$에 평행하고 $P(2,\ -9,\ 5)$를 지나는 직선의 방정식을 구하고 $xz-$평면과 만나는 점의 좌표를 구하여라.

풀이 구하는 직선의 방정식은

$$\frac{x-2}{3}=\frac{y+9}{-1}=\frac{z-5}{4}$$

또는

$$x=2+3t,\ y=-9-t,\ z=5+4t$$

이다. 또한 이 직선이 $xz-$평면과 만나는 점은

$$y=-9-t=0$$

으로부터 $t=-9$이므로

$$(-25,\ 0,\ -31)$$

이다.

2. $\vec{v}=(0,\ 2,\ 3)$에 평행하고 $P(2,\ -9,\ 5)$를 지나는 직선에 대한 매개방정식과 대칭방정식을 구하여라.

풀이 구하는 매개방정식은

$$x=2+0\cdot t,\ y=-9+2t,\ z=5+3t$$

즉,

$$x=2,\ y=-9+2t,\ z=5+3t$$

가 된다. 여기서 t가 $t=0$부터 $t=1$까지 증가할 때, 위 식에서 $(x,\ y,\ z)$는

$$t=0;(2,\ -9+2\cdot 0,\ 5+3\cdot 0)=(2,\ -9,\ 5)$$

로부터

$$t=1;(2,\ -9+2\cdot 1,\ 5+3\cdot 1)=(2,\ -7\ ,8)$$

까지 선분을 그린다. 여기에서 t를 소거하면 대칭방정식은

$$x=2,\ \frac{y+9}{2}=\frac{z-5}{3}$$

이 된다.

3. 벡터 $\vec{n}=(5,\ 2,\ -1)$에 수직이고 $P(-3,\ 0,\ 7)$을 지나는 평면의 방정식을 구하여라.

풀이 구하는 평면의 방정식

$$Ax+By+Cz=D,\ D=Ax_1+By_1+Cz_1$$

에서 $D=5(-3)+2\cdot 0-1\cdot 7=-22$

가 되어 이 평면의 방정식은 다음과 같다.

$$5x+2y-z=22$$

4. 점 $P(2,\ -3,\ 4)$와 평면 $x+2y+2z=13$ 사이의 거리 d를 구하여라.

풀이 벡터 $\vec{n}=(1,\ 2,\ 2)$는 주어진 평면에 수직하며 직선

$$l;\ x=2+t,\ y=-3+2t,\ z=2t$$

는 P를 지나며 $\vec{n}$과 평행하다. 그러므로, l은 평면에 수직이다. l과 평면과의 만나는 점을 구하면

$$(2+t)+2(-3+2t)+2(4+2t)+13$$

에서 $l=1$이며 따라서 $t=1$일 때 l은 평면과 만난다.

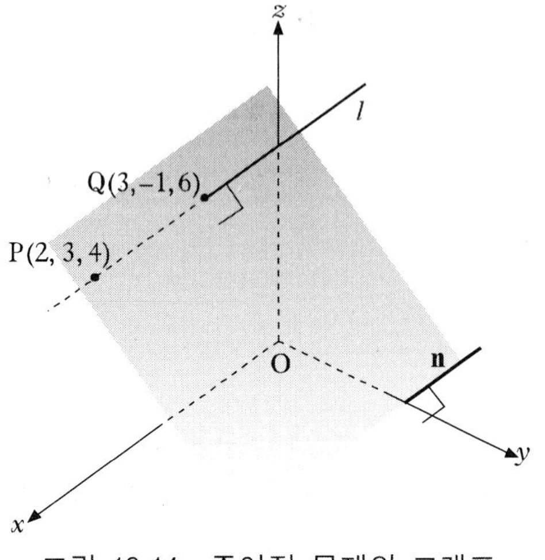

그림 10.14 주어진 문제의 그래프

직선이 평면과 만나는 점 Q는

$$Q(x,\ y,\ z)=(2+1,\ -3+2,\ 4+2)=(3,\ -1,\ 6)$$

따라서 $P(2,\ -3,\ 4)$와 $Q(3,\ -1,\ 6)$ 사이의 거리는

$$\sqrt{(2-3)^2+(-3+1)^2+(4-6)^2}=\sqrt{9}=3$$

이다.

10.4.2 실습문제

1. 직선 $\frac{x-1}{2}=\frac{y+1}{-1}=\frac{z}{3}$와 평면 $3x+2y-z=5$가 만나는 점 P의 좌표를 구하여라.

2. $A(1,\ 2,\ -1)$과 $B(-1,\ 0,\ 1)$을 잇는 직선의 방정식을 구하여라.

3. 평면 $3x+7y-5z=21$에 수직이고 점 $P(2,\ 4,\ 5)$를 지나는 직선의 방정식을 구하여라.

4. 점 $(1,\ -1,\ 3)$을 지나고 평면 $3x+y+z=7$과 평행하는 평면을 구하여라.

10.4.3 Homework

1. 두 벡터 $4i+2j-k$와 $5i-j+k$로 결정되는 평면에 평행하고 벡터 $(-3,\ 2,\ 5)$에 수직인 벡터를 구하여라.

2. 점 $(2,\ -4,\ 1)$을 지나고 직선

$$\frac{x-1}{3}=\frac{y+2}{1}=\frac{z+5}{2}$$

와 수직으로 만나는 직선의 방정식을 구하여라.

3. 평면 $3x+4y-z+6+0$에 평행하고, $xy-$평면 상에 있는 단위 위치벡터를 구하여라.

10.5 세 벡터 또는 그 이상의 곱

(1) 스칼라 3중적

$\vec{a}$, $\vec{b}$, $\vec{c}$를 3차원 공간의 세 벡터라고 할 때

$$\vec{a}\cdot(\vec{b}\times\vec{c})$$

를 벡터 a, b와 c의 **스칼라 3중적**(scalar triple product)이라고 부른다.

만일 $a=(a_1,\ a_2,\ a_3)$, $b=(b_1,\ b_2,\ b_3)$, $c=(c_1,\ c_2,\ c_3)$라고 하면

$$\vec{a}\cdot(\vec{b}\times\vec{c})=\vec{a}\cdot\left[\begin{vmatrix} b_2 & b_3 \\ c_2 & c_3 \end{vmatrix}\vec{i}-\begin{vmatrix} b_1 & b_3 \\ c_1 & c_3 \end{vmatrix}\vec{j}+\begin{vmatrix} b_1 & b_2 \\ c_1 & c_2 \end{vmatrix}\vec{k}\right]$$

$$=a_1\begin{vmatrix} b_2 & b_3 \\ c_2 & c_3 \end{vmatrix}-a_2\begin{vmatrix} b_1 & b_3 \\ c_1 & c_3 \end{vmatrix}+a_3\begin{vmatrix} b_1 & b_2 \\ c_1 & c_2 \end{vmatrix}$$

$$=\begin{vmatrix} a_1 & a_2 & a_3 \\ b_1 & b_2 & b_3 \\ c_1 & c_2 & c_3 \end{vmatrix}$$

과 같이 계산할 수 있다.

예 1 세 벡터 $\vec{a}=(1,\ 2,\ 3)$, $\vec{b}=(1,\ 0,\ 1)$, $\vec{c}=(0,\ 1,\ 2)$의 스칼라 삼중적을 구하라.

풀이 $\vec{a}\cdot(\vec{b}\times\vec{c})=(1,\ 2,\ 3)\cdot(-1,\ -2,\ 1)=-1-4+3=-6$

(2) 스칼라 3중적의 기하학적 의미

스칼라 3중적의 기하학적 의미는 벡터 $\vec{a}$, $\vec{b}$, $\vec{c}$에 의하여 결정되는 평행육면체를 생각함으로써 알 수 있다.

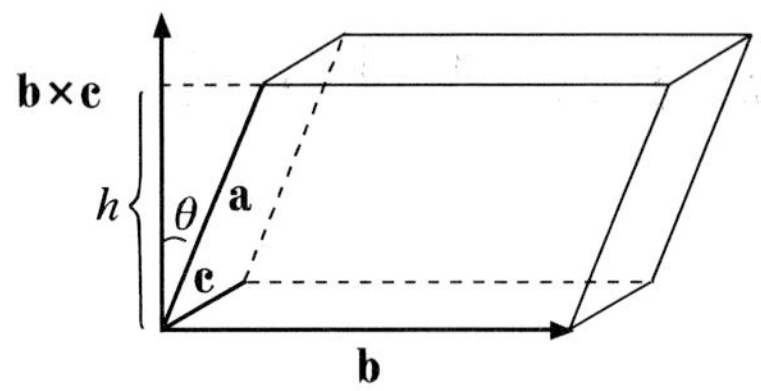

그림 10.15 스칼라 3중적의 기하학적 의미

위 그림에서 평행사변형인 밑면의 넓이는 $A=|\vec{b}\times\vec{c}|$이다. θ를 $\vec{a}$와 $\vec{b}\times\vec{c}$ 사이의 각이라고 하면 평행육면체의 높이는 $h=|\vec{a}||\cos\theta|$이다. $\theta>\dfrac{\pi}{2}$인 경우에는 $\cos\theta$ 대신에 $|\cos\theta|$를 이용해야 한다. 따라서 평행육면체의 부피는

$$V=Ah=|\vec{b}\times\vec{c}||\vec{a}||\cos\theta|=|\vec{a}\cdot(\vec{b}\times\vec{c})|$$

예 2 세 벡터 $\vec{a}=(1,\ 2,\ 3)$, $\vec{b}=(1,\ 0,\ 1)$, $\vec{c}=(0,\ 1,\ 2)$에의 결정되는 평행육면체의 체적을 구하라.

풀이 구하는 체적은 $|\vec{a}\cdot(\vec{b}\times\vec{c})|$이므로

$$|\vec{a}\cdot(\vec{b}\times\vec{c})|=|(1,\ 2,\ 3)\cdot(-1,\ -2,\ 1)|-|-6|=6$$

이다.

만약 c와 $\vec{a}\times\vec{b}$가 $\vec{a}$와 $\vec{b}$ 결정되는 평면의 같은 쪽에 있다면, 스칼라 3중적은 양이 될 것이다. 그러나 그 반대라면 $(\vec{a}\times\vec{b})\cdot\vec{c}$는 음이 된다.

평행육면체의 밑변으로서 $\vec{b}$와 $\vec{c}$에 의해 결정되는 평면과 $\vec{c}$와 $\vec{a}$에 의해 결정되는 평면을 생각한다면

$$(\vec{a}\times\vec{b})\cdot\vec{c}=(\vec{b}\times\vec{c})\cdot\vec{a}=(\vec{c}\times\vec{a})\cdot\vec{b}$$

임을 알 수 있다. 한편 벡터의 내적은 교환법칙이 성립하므로

$$(\vec{b}\times\vec{c})\cdot\vec{a}=\vec{a}\cdot(\vec{b}\times\vec{c})$$

스칼라 2중적에서 $\cdot$와 $\times$는 서로 바뀔 수 있다.

(3) 벡터 3중적

$\vec{a}, \vec{b}, \vec{c}$가 임의의 세 벡터일 때

$$(\vec{a}\times\vec{b})\times\vec{c}=(\vec{a}\cdot\vec{c})\vec{b}-(\vec{b}\cdot\vec{c})\vec{a}$$

가 성립한다.

$\vec{a}, \vec{b}, \vec{c}$를 공간 내의 세 벡터라 할 때 $(\vec{a}\times\vec{b})\times\vec{c}$ 또는 $\vec{a}\times(\overrightarrow{\vec{b}\times\vec{c}})$를 벡터 3중적 (vector triple product)이라고 하며, 일반적으로 $(\vec{a}\times\vec{b})\times\vec{c}$와 $\vec{a}\times(\vec{b}\times\vec{c})$는 같지 않다.

$$(\vec{b}\times\vec{c})\times\vec{a}=(\vec{b}\cdot\vec{a})\vec{c}-(\vec{c}\cdot\vec{a})\vec{b}$$

가 되고 $(\vec{a}\times\vec{b})\times\vec{c}=-(\vec{b}\times\vec{c})\times\vec{a}$이므로

$$\vec{a}\times(\vec{b}\times\vec{c})=(\vec{a}\cdot\vec{c})\vec{b}-(\vec{a}\cdot\vec{b})\vec{c}$$

가 됨을 알 수 있다.

10.5.1 예제

1. 스칼라 3중적을 이용하여, 벡터 $\vec{a}=(1,\ 4,\ -7)$, $\vec{b}=(2,\ -1,\ 4)$와 $\vec{c}=(0,\ -9,\ 18)$가 같은 평면 위에 놓여 있음을 보여라.

풀이 주어진 벡터의 스칼라 3중적을 계산하면

$$\vec{a}\cdot(\vec{b}\times\vec{c})=\begin{vmatrix}1 & 4 & -7\\ 2 & -1 & 4\\ 0 & -9 & 18\end{vmatrix}$$

$$=1\begin{vmatrix}-1 & 4\\ -9 & 18\end{vmatrix}-4\begin{vmatrix}2 & 4\\ 0 & 18\end{vmatrix}-7\begin{vmatrix}2 & -1\\ 0 & -9\end{vmatrix}$$

$$=1(18)-4(36)-7(-18)=0$$

그러므로, $\vec{a}$, $\vec{b}$, $\vec{c}$에 의하여 결정되는 평행육면체의 부피는 0이며 이것은 $\vec{a}$, $\vec{b}$, $\vec{c}$가 같은 평면 위에 놓여 있음을 의미한다.

2. 주어진 벡터 $\vec{a}=(1,\ -1,\ 2)$, $\vec{b}=(2,\ 1,\ 1)$, $\vec{c}=(1,\ 2,\ -1)$를 사용하여

$$(\vec{a}\times\vec{b})\times\vec{c}=(\vec{a}\cdot\vec{c})\vec{b}-(\vec{b}\cdot\vec{c})\vec{a}$$

가 성립됨을 계산하여라.

풀이 $\vec{a}\cdot\vec{c}=-3$, $\vec{b}\cdot\vec{c}=3$이므로

$$(\vec{a}\cdot\vec{c})\vec{b}-(\vec{b}\cdot\vec{c})\vec{a}=-3\vec{b}-3\vec{a}=(-9,\ 0,\ -9)$$

이고,

$$\vec{a}\times\vec{b}=\begin{vmatrix}\vec{i} & \vec{j} & \vec{k}\\ 1 & -1 & 2\\ 2 & 1 & 1\end{vmatrix}=-3i+3j+3k$$

이므로

$$(\vec{a}\times\vec{b})\times\vec{c}=\begin{vmatrix}\vec{i} & \vec{j} & \vec{k}\\ -3 & 3 & 3\\ 1 & 2 & -1\end{vmatrix}=-9\vec{i}-9\vec{k}=(-9,\ 0,\ -9)$$

가 된다.

10.5.2 실습문제

1. $\vec{a}=(4,\ -8,\ 1)$, $\vec{b}=(2,\ 1,\ -2)$, $\vec{c}=(3,\ -4,\ 12)$**라고 하자.**

1) $(\vec{a}\cdot\vec{b})\vec{c}$와 $a(b\cdot c)$를 구하여라.

2) $\vec{a}$, $\vec{b}$, $\vec{c}$를 모서리로 하는 상자의 부피를 구하여라.

3) $(\vec{a}\times\vec{b})\times\vec{c}$와 $\vec{a}\times(\vec{b}\times\vec{c})$를 구하여라.

2. $P(1,\ 1,\ 1)$, $Q(2,\ 0,\ 3)$, $R(4,\ 1,\ 7)$, $S(3,\ -1,\ 0)$**일 때 이웃하는 세 변이** PQ, PR**와** PS**인 평행육면체의 체적을 구하여라.**

3. 4점 $(1,\ 0,\ 1)\cdot(2,\ 4,\ 6)\cdot(3,\ -1,\ 2)$**와** $(6,\ 2,\ 8)$**이 한 평면에 존재함을 보여라.**

4. $(\vec{a}\times\vec{b})\cdot(\vec{c}\times\vec{d})=\begin{vmatrix}\vec{a}\cdot\vec{c} & \vec{b}\cdot\vec{c}\\ \vec{a}\cdot\vec{d} & \vec{b}\cdot\vec{d}\end{vmatrix}$**임을 보여라.**

10.5.3 Homework

1. 임의의 벡터 a에 대하여

$$\vec{a}=\frac{1}{2}[\vec{i}\times(\vec{a}\times\vec{i})+\vec{j}\times(\vec{a}\times\vec{i})+\vec{k}\times(\vec{a}\times\vec{k})]$$

가 성립함을 보여라.

2. $(\vec{a}\times\vec{b})\times(\vec{c}\times\vec{d})$를 $\alpha\vec{c}+\beta\vec{d}(\alpha,\ \beta$는 실수)의 꼴로 나타내어라.

3. 1) 점 P는 점 Q, R와 S를 지나는 평면 위에 있지 않다. P에서 평면까지의 거리 d는 $\vec{a}=\overrightarrow{QR}$, $\vec{b}=\overrightarrow{QS}$, $\vec{c}=\overrightarrow{QP}$일 때

$$d=\frac{|\vec{a}\cdot(becb\times\vec{c})|}{|\vec{a}\times\vec{b}|}$$

임을 보여라.

2) 1)의 공식을 이용하여, 점 $P(2,\ 1,\ 4)$에서 점 $Q(1,\ 0,\ 0)$, $R(0,\ 2,\ 0)$과 $S(0,\ 0,\ 3)$을 지나는 평면까지의 거리를 구하여라.

10.6 벡터함수와 미분법

지금부터 벡터를 표현할 때 $\vec{a}$ 대신 굵은 고딕체인 $\mathbf{a}$로 나타낸다.

(1) 벡터함수

- 정의역이 **실수의 부분집합이고, 그 치역이 벡터의 집합인 함수를** 벡터를 값으로 갖는 함수 또는 **벡터함수**(vector function)라고 한다.
- 우리가 가장 관심을 가지는 벡터함수는 함수 값이 3차원 벡터인 것이다. 벡터함수 $r(t)$는 실변수함수들을 이용하여

$$\mathbf{r}(t) = (f(t),\ g(t),\ h(t))$$

와 같이 나타내며, $f(t)$, $g(t)$, $h(t)$를 벡터함수 $r(t)$의 성분함수(component function)라고 한다.

예 1 $\mathbf{r}(t) = (t^3,\ \ln(3-t),\ \sqrt{t})$이면 성분함수는

$$f(t) = t^3,\ g(t) = \ln(3-t),\ h(t) = \sqrt{t}$$

이다. 관례에 따라 $\mathbf{r}$의 정의역은 $\mathbf{r}(t)$를 표현하는 식이 정의되는 t의 모든 집합으로 이루어진다. 표현식 t^3, $\ln(3-t)$와 $\sqrt{t}$는 모두 $3-t>0$과 $t \geq 0$일 때 정의된다. 따라서 $\mathbf{r}$의 정의역은 구각 [0, 3]이다.

- 공간에서 벡터는 시작점과 끝점으로 결정된다. 일반적으로 벡터는 공간에서 시작점과 끝점이 자유롭게 위치할 수 있다. 그러나 실제로 벡터의 성질을 연구할 때는 벡터가 작용하는 한 점에서만 생각하는 것이 편리하다. 따라서 이론적으로 벡터를 다룰 때는 시작점을 원점 $O(0,\ 0,\ 0)$으로 정하여, 벡터를 표현할 때 끝점만으로 나타낸다.
- 이와 같이 시작점이 공간의 원점 O인 벡터를 위치벡터(position vector)라고 한다. 따라서 $\mathbf{a} = (a_1,\ a_2,\ a_3)$이 위치벡터라고 하면, $\mathbf{a}$를 나타내는 유향선분의 종점은 $(a_1,\ a_2,\ a_3)$이 된다.

• 만일 $\boldsymbol{r}(t)$가 위치벡터이면 끝점 $(f(t),\ g(t),\ h(t))$는, t가 정의역에서 변함에 따라, 하나의 공간곡선(space curve)위를 움직이게 되며(그림 10.16), 이 곡선은 t를 매개변수로 하는 매개방정식

$$x = f(t),\ \ y = g(t),\ \ z = h(t)$$

로 주어진다.

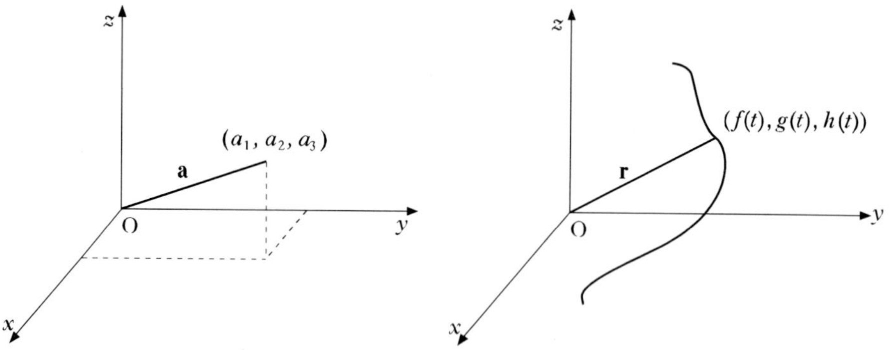

그림 10.16 벡터함수의 그래프

(2) 벡터함수의 미분

정의 10.5

t가 t_0에 한없이 가까이 갈 때 벡터함수

$$\boldsymbol{r}(t) = (f(t),\ g(t),\ h(t))$$

의 극한은, 우변의 세 극한이 존재할 경우

$$\lim_{t\to t_0}\boldsymbol{r}(t) = (\lim_{t\to t_0} f(t),\ \lim_{t\to t_0}(t),\ \lim_{t\to t_0} h(t))$$

으로 정의한다.

예 2 $\boldsymbol{r}(t) = (1+t^3)\boldsymbol{i} + te^{-1}\boldsymbol{j} + \dfrac{\sin t}{t}\boldsymbol{k}$일 때, $\lim_{t\to 0}\boldsymbol{r}(t)$를 구하여라.

$$\lim_{t\to 0}\boldsymbol{r}(t) = \left[\lim_{t\to 0}(1+t^3)\right]\boldsymbol{i} + \left[\lim_{t\to 0} te^{-t}\right]\boldsymbol{j} + \left[\lim_{t\to 0}\frac{\sin t}{t}\right]\boldsymbol{k}$$

$$= \boldsymbol{i} + \boldsymbol{k}$$

정의 10.6

t_0에서 벡터함수 $\boldsymbol{r}$이 정의되어 있고 $\lim_{t \to 0} \boldsymbol{r}(t)$가 존재하여

$$\lim_{t \to 0} \boldsymbol{r}(t) = \boldsymbol{r}_0$$

가 되면 $\boldsymbol{r}$은 t_0에서 연속이라고 한다.

정의 10.7

벡터함수 $\boldsymbol{r}$의 도함수 $\boldsymbol{r}'$는

$$\boldsymbol{r}'(t) = \lim_{\Delta t \to 0} \frac{r(t+\Delta t) - r(t)}{\Delta t}$$

로 정의되는 벡터함수이다.

- 만일 $\boldsymbol{r}(t) = (f(t),\ g(t),\ h(t))$이고 $f,\ g,\ h$가 미분가능한 함수이면 $\boldsymbol{r}(t)$ 역시 미분가능이고, 극한의 정의로부터 $\boldsymbol{r}'(t) = (f'(t),\ g'(t),\ h'(t))$임을 알 수 있다.

(3) 접선벡터

$\boldsymbol{r}'(t_0)$가 존재하고 $\boldsymbol{r}'(t_0) \neq 0$이면 벡터 $\boldsymbol{r}'(t)$를 $t = t_0$인 점에서의 **접선벡터**(tangent vector)라고 부르고, 특히

$$\boldsymbol{T}(t_0) = \frac{\boldsymbol{r}'(t_0)}{|\boldsymbol{r}'(t_0)|}$$

를 **단위접선벡터**(unit tangent vector)라고 한다.

예 3 벡터함수 $r(t) = (t,\ 2t,\ 3t^2)$일 때 점(1, 2, 3)에서 단위 접선벡터를 구하라.

풀이 $\boldsymbol{r}'(t) = (1,\ 2,\ 6t)$이므로 $\boldsymbol{r}'(1) = (1,\ 2,\ 6)$이다. 따라서 단위접선벡터는 $\dfrac{(1,\ 2,\ 6)}{|(1,\ 2,\ 6)|} = \dfrac{1}{\sqrt{41}}(1,\ 2,\ 6)$이다.

(4) 벡터함수 미분의 성질

정리 10.3 Theorem

$\mathbf{u}$와 $\mathbf{v}$를 미분가능한 벡터함수, c를 스칼라, 그리고 f를 실변수함수라고 하면 다음이 성립한다.

1) $\dfrac{d}{dt}[\mathbf{u}(t)+\mathbf{v}(t)] = \mathbf{u}'(t)+\mathbf{v}'(t)$

2) $\dfrac{d}{dt}[c\mathbf{u}(t)] = c\mathbf{u}'(t)$

3) $\dfrac{d}{dt}[f(t)\mathbf{u}(t)] = f'(t)\mathbf{u}(t)+f(t)\mathbf{u}'(t)$

4) $\dfrac{d}{dt}[\mathbf{u}(t)\cdot\mathbf{v}(t)] = \mathbf{u}'(t)\cdot\mathbf{v}(t)+\mathbf{u}(t)\cdot\mathbf{v}'(t)$

5) $\dfrac{d}{dt}[\mathbf{u}(t)\times\mathbf{v}(t)] = \mathbf{u}'(t)\times\mathbf{v}(t)+\mathbf{u}(t)\times\mathbf{v}'(t)$

6) $\dfrac{d}{dt}[\mathbf{u}(f(t))] = f'(t)\mathbf{u}'(f(t))$(연쇄법칙)

예 4 $f(t)=2t^2$이고 $v(t)=(t,\ 2t^2,\ 3t^3)$일 때 다음을 구하라.

1) $f(t)v(t)$

2) $\dfrac{d}{dt}(f(t)v(t))$

3) $f'(t)v(t)+f(t)v'(t)$

풀이 1) $f(t)u(t)=2t^2(t,\ 2t^2,\ 3t^3)=(2t^3,\ 4t^4,\ 6t^5)$

2) $\dfrac{d}{dt}(f(t)u(t))=(6t^2,\ 16t^3,\ 30t^4)$

3) $f'(t)=4t,\ u'(t)=(1,\ 4t,\ 9t^2)$이므로

$$f'(t)u(t)+f(t)u'(t)=4t(t,\ 2t^2,\ 3t^3)+2t^2(1,\ 4t,\ pt^2)$$

$$=(6t^2,\ 16t^3,\ 30t^4)$$

10.6.1 예제

1. 벡터방정식이

$$r(t) = 2\cos t\boldsymbol{i} + \sin t\boldsymbol{j} + t\boldsymbol{k}$$

인 곡선을 그려라.

풀이 이 곡선의 매개 방정식은

$$x = 2\cos t,\ y = \sin t,\ z = t$$

이다. $\left(\frac{x}{2}\right)^2 + y^2 = \cos^2 t + \sin^2 t = 1$이므로, 주어진 곡선은 타원주면 $\frac{x^2}{4} + y^2 = 1$ 위에 놓여 있다. $z = t$이므로, 이 곡선은 t가 증가하면 주면을 따라 위쪽으로 선회한다. 이 곡선의 그래프는 아래 그림과 같으며 이 곡선을 나선이라고 부른다.

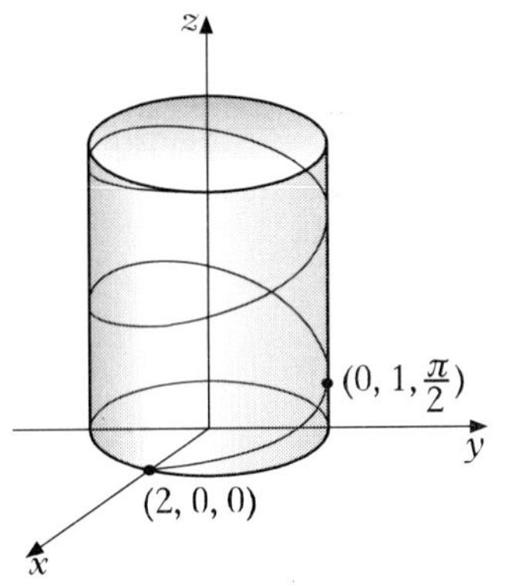

그림 10.17 나선

2. 1) $\boldsymbol{r}(t) = (1+t^3)\boldsymbol{i} + te^{-1}\boldsymbol{j} + \sin 2t\boldsymbol{k}$의 도함수를 구하여라.

2) $t = 0$인 점에서의 단위접선벡터를 구하여라.

풀이 1) 식 (3)에 의하여

$$\boldsymbol{r}'(t) = 3t^2\boldsymbol{i} + (1-t)e^{-t}\boldsymbol{j} + 2\cos 2t\boldsymbol{k}$$

2) $\boldsymbol{r}(0) = \boldsymbol{i}$이고 $\boldsymbol{r}'(0) = \boldsymbol{j} + 2\boldsymbol{k}$이므로, 점(1, 0, 0)에서의 단위접선벡터는

$$T(0)=\frac{\boldsymbol{r}'(0)}{|\boldsymbol{r}'(0)|}=\frac{\boldsymbol{j}+2\boldsymbol{k}}{\sqrt{1+4}}=\frac{1}{\sqrt{5}}\boldsymbol{j}+\frac{2}{\sqrt{5}}\boldsymbol{k}$$

이다.

3. $|r(t)|=c$(상수)이면, $r'(t)$는 모든 t에 대하여 $r(t)$와 직교함을 보여라.

풀이 $\boldsymbol{r}(t)\cdot\boldsymbol{r}(t)=|\boldsymbol{r}(t)|^2=c^2$

이고, c^2이 상수이므로, 벡터함수의 성질(d)에 의하여

$$0=\frac{d}{dt}[\boldsymbol{r}(t)\cdot\boldsymbol{r}(t)]=\boldsymbol{r}'(t)\cdot\boldsymbol{r}(t)+\boldsymbol{r}(t)\cdot\boldsymbol{r}'(t)=2\boldsymbol{r}'(t)\cdot\boldsymbol{r}(t)$$

따라서 $\boldsymbol{r}'(t)\cdot\boldsymbol{r}(t)=0$이고, 이것은 $\boldsymbol{r}'(t)$가 $\boldsymbol{r}(t)$에 직교한다는 것을 말해 준다. 기하학적으로, 이 결과는 한 곡선이 구면 위에 놓여 있으면, 접선벡터 $\boldsymbol{r}'(t)$는 언제나 위치벡터 $\boldsymbol{r}(t)$에 수직임을 말해 준다.

4. $r(t)=2\cos t\boldsymbol{i}+2\sin t\boldsymbol{j}+t\boldsymbol{k}$일 때 $r'(t)$, $|r'(t)|$를 구하여라.

풀이 $\boldsymbol{r}'(t)=-2\sin t\boldsymbol{i}+2\cos t\boldsymbol{j}+\boldsymbol{k}$

$$\boldsymbol{r}'(t)=-2\cos t\boldsymbol{i}-2\sin t\boldsymbol{j}$$

이다. 따라서 각각의 크기는 다음과 같다.

$$|\boldsymbol{r}'(t)|=\sqrt{(-2\sin t)^2+(2\cos t)^2+1^2}=\sqrt{5}$$

$$|\boldsymbol{r}'(t)|=\sqrt{(-2\cos t)^2+(-2\sin t)^2}=2$$

5. $u=t\boldsymbol{i}+2t^2\boldsymbol{k}$, $v=t^3\boldsymbol{j}+t\boldsymbol{k}$일 때 $(u\times u)'$을 구하여라.

풀이 $(\boldsymbol{u}\times\boldsymbol{v})'=\boldsymbol{u}'\times\boldsymbol{v}+\boldsymbol{u}\times\boldsymbol{v}'$

$\boldsymbol{u}'=\boldsymbol{i}+4t\boldsymbol{k}$

$\boldsymbol{v}'=3t^2\boldsymbol{j}+\boldsymbol{k}$

이므로

$$(\boldsymbol{u}\times\boldsymbol{v})' = (\boldsymbol{i}+4t\boldsymbol{k})\times(t^3\boldsymbol{j}+t\boldsymbol{k}) + (t\boldsymbol{i}+2t^2\boldsymbol{k}\times(3t^2\boldsymbol{j}+\boldsymbol{k}$$

$$= \begin{vmatrix} \boldsymbol{i} & \boldsymbol{j} & \boldsymbol{k} \\ 1 & 0 & 4t \\ 0 & t^3 & t \end{vmatrix} + \begin{vmatrix} \boldsymbol{i} & \boldsymbol{j} & \boldsymbol{k} \\ t & 0 & 2t^2 \\ 0 & 3t^2 & 1 \end{vmatrix}$$

$$= (-4t^4\boldsymbol{i} - t\boldsymbol{j} + t^3\boldsymbol{k}) + (-6t^4\boldsymbol{i} - t\boldsymbol{j} + 3t^3\boldsymbol{k})$$

$$= -10t^4\boldsymbol{i} - 2t\boldsymbol{j} + 4t^3\boldsymbol{k}$$

이다.

6. $\frac{d}{dt}[\boldsymbol{u}(t)\cdot\boldsymbol{v}(t)] = \boldsymbol{u}'(t)\cdot\boldsymbol{v}(t)+\boldsymbol{u}(t)\cdot\boldsymbol{v}'(t)$임을 증명하여라.

풀이 $\boldsymbol{u}(t) = (f_1(t),\ g_1(t),\ h_1(t)),\ \boldsymbol{v}(t) = (f_2(t),\ g_2(t),\ h_2(t))$
라고 하면 다음이 성립한다.

$$\frac{d}{dt}(\boldsymbol{u}(t)\cdot\boldsymbol{v}(t)) = \frac{d}{dt}[f_1(t)f_2(t)+g_1(t)g_2(t)+h_1(t)h_2(t)]$$

$$= [f'_1(t)f_2(t)+g'_1(t)g_2(t)+h'_1(t)h_2(t)]$$

$$+ [f_1(t)f'_2(t)+g_1(t)g'_2(t)+h_1(t)h'_2(t)]$$

$$= \boldsymbol{u}'(t)\cdot\boldsymbol{v}(t)+\boldsymbol{u}(t)\cdot\boldsymbol{v}'(t)$$

10.6.2 실습문제

1. 다음과 같이 주어진 벡터함수의 정의역과 도함수를 구하여라.

1) $\boldsymbol{r}(t)=(t^2-4,\ \sqrt{t-4},\ \sqrt{6-t}$

2) $\boldsymbol{r}(t)=\boldsymbol{i}+t\boldsymbol{j}+t^2\boldsymbol{k}$

2. 다음과 같은 벡터함수를 주어진 곡선을 그려라.

1) $\boldsymbol{r}(t)=(t,\ -t,\ 2t)$

2) $\boldsymbol{r}(t)=(\sin t,\ 3,\ \cos t)$

3. 다음을 구하여라.

1) t가 -2에서 3까지 변할 때 벡터함수 $\boldsymbol{r}(t)=t\boldsymbol{i}+\frac{1}{2}t^2\boldsymbol{j}+\frac{1}{3}t^3\boldsymbol{k}$의 종점의 궤적

2) 문제 1)에서 $t=2$일 때의 접선방향의 벡터

3) $t=0$에서 $t=2\pi$ 사이의 벡터함수 $\boldsymbol{r}(t)=2\cos t\boldsymbol{i}+3\sin t\boldsymbol{j}+t\boldsymbol{k}$의 종점의 궤적

4) 문제 3)에서 $t=\frac{1}{6}\pi$일 때의 접선벡터

10.6.3 Homework

1. $r(t)=i+\tan t j+\sec t k$로 주어진 벡터함수의 정의역과 도함수를 구하여라.

2. 다음과 같은 벡터함수를 주어진 곡선을 그려라.

   1) $r(t)=(t^4+1)i+tk$

   2) $r(t)=\sin t i+\sin t j+\sqrt{2}\cos t k$

3. $r(t)=(2t,\ 3t^2,\ 4t^3)$에서 $t=1$에서의 단위접선벡터를 구하여라.

4. r이 미분 가능한 t의 벡터함수일 때 $\frac{d}{dt}|r(t)|$를 구하여라.

5. $\frac{d}{dt}[u(t)\cdot v(t)\times w(t)]$의 식을 구하여라.

10.7 호의 길이와 곡률

(1) 호의 길이

평면에서 매개방정식 $x=f(t)$, $y=g(t)(a \le t \le b)$로 주어지는 평면곡선에서 $t=a$부터 $t=b$까지 호의 길이 L은

$$L=\int_a^b \sqrt{f'(t)^2+g'(t)^2}\,dt$$

이다. 이 때 곡선의 방정식을 벡터방정식 $\boldsymbol{r}(t)=(f(t),\ g(t))$으로 생각하면, $\boldsymbol{r}(t)$는 2차원의 벡터함수이므로, $t=a$부터 $t=b$까지 호의 길이는

$$L=\int_a^b |\boldsymbol{r}'(t)|dt$$

로 표시된다.

공간에서 곡선은 매개변수방정식

$$x=f(t),\ y=g(t),\ z=h(t)$$

로 주어지거나, 벡터함수

$$\boldsymbol{r}(t)=(f(t),\ g(t),\ h(t))$$

로 표현된다. $\boldsymbol{r}(t)$가 a와 b를 포함하는 구간에서 미분이 가능하다면 $t=a$부터 $t=b$까지 호의 길이는 평면의 경우와 마찬가지로

$$L=\int_a^b |\boldsymbol{r}'(t)|dt$$

$$=\int_a^b \sqrt{f'(t)^2+g'(t)^2+h'(t)^2}\,dt$$

로 주어진다.

$y=f(x)$로 주어졌을 때 함수 $y=f(x)$가 폐구간 $[a,\ b]$에서 연속인 1계 도함수 $f'(x)$를 갖는다고 하자. 그러면 이 구간에서 곡선의 길이는 다음과 같이 된다.

$$L=\int_a^b \sqrt{1+y'2}\,dx$$

L을 구간 $[a,\ b]$에서 함수 $y=f(x)$의 곡선의 길이라고 정의한다.

예 1 1) $y=x$로 주어진 직선에서 $x=0$에서 $x=1$까지의 길이를 구하여라.

2) $y=x^2$으로 주어진 직선에서 $x=0$에서 $x=1$까지의 길이를 구하여라.

풀이 1) $y=x$는 $\mathbf{r}(t)=(t,\ t)(t=0$에서 $t=1$까지)으로 주어지므로 구하는 길이는

$$\int_0^1 |\mathbf{r}'(t)|dt=\int_0^1 \sqrt{1^2+1^2}\,dt=\sqrt{2}$$

2) $y=x^2$은 $\mathbf{r}(t)=(t,\ t^2)$으로 주어지므로 구하는 길이는

$$\int_0^1 |\mathbf{r}'(t)|dt=\int_0^1 \sqrt{1^2+(2t)^2}\,dt=\int_0^1 \sqrt{1+4t^2}\,dt$$

$$=\frac{1}{2}\int_1^{\sqrt{2}} \sqrt{1+x^2}\,dt$$

$$=\left[\frac{x\sqrt{1+x^2}}{2}+\frac{1}{2}\ln(\sqrt{1+x^2}+x\right]_0^{\sqrt{2}}$$

$$=\frac{\sqrt{6}}{2}+\ln(\sqrt{3}+\sqrt{2})$$

특히 $\mathbf{r}'(t)$가 $[a,\ b]$에서 연속이면 $a\le t\le b$인 임의의 t에 대하여 그의 호의 길이 함수 $S(t)$는 $S(t)=\int_a^t |\mathbf{r}'(s)|ds$로 나타낸다.

또한 $S(t)$는 t에 관하여 미분 가능한 함수이고, $S'(t)=|\mathbf{r}'(t)|$를 얻게 된다.

예 2 곡선 $y=x^2-\frac{\ln x}{8}$에 대하여 점 $P_0(1,\ 1)$를 시점으로 하여 호의 길이 함수 $S(x)$를 구하여라.

풀이 $f(x)=x^2-\frac{\ln x}{8}$라 놓자. 단 $x>0$. 그러면 $f'(x)=2x-\frac{1}{8x}$이 되어

$$S(x)=\int_1^x |\mathbf{r}'(s)|ds=\int_1^x \sqrt{1+f(s)'^2}\,ds=\int_1^x \sqrt{\left(2s+\frac{1}{8s}\right)^2}\,ds$$

$$=\int_1^x 2s+\frac{1}{8s}ds=\left[s^2+\frac{1}{8}\ln s\right]_1^x=x^2+\frac{1}{8}\ln x-1$$

(2) 곡률

$\boldsymbol{r}(t)$가 미분 가능한 벡터함수이고 $\boldsymbol{r}'(t) \neq 0$이면 단위접선벡터는

$$\boldsymbol{T}(t) = \frac{\boldsymbol{r}'(t)}{|\boldsymbol{r}'(t)|}$$

로 표현된다는 것을 앞 절에서 다루었다. 이 때 $\boldsymbol{T}(t)$의 방향은 곡선 $C=\boldsymbol{r}(t)$가 어느 한 점에서 순간적으로 움직이려는 방향을 나타낸다.

공간 곡선의 어느 한 점에서 곡선이 얼마나 빠르게 방향을 바꾸는가를 나타내려면, 호의 길이 S에 대한 단위 접선벡터 $T(t)$의 변화율로 표현하는 것이 간편하다. 이 변화율을 곡선의 곡률이라고 하며

$$\kappa(t) = \left|\frac{dT}{dS}\right|$$

로 나타낸다.

곡률을 매개변수 t로 나타내 보자. 연쇄법칙을 이용하면

$$\frac{dT}{dt} = \frac{dT}{dS} \cdot \frac{dS}{dt} \text{이고, } \left|\frac{dT}{dS}\right| = \left|\frac{dT/dt}{dS/dt}\right|$$

이므로

$$\kappa(t) = \frac{|T'(t)|}{|r'(t)|}$$

를 얻을 수 있다.

일반적으로 곡선이 휘어지는 정도가 크면 큰 곡률을 가지고, 곡선의 변화가 완만하면 작은 곡률을 가진다.

정리 10.4 *Theorem*

벡터함수 r로 주어진 곡선의 곡률은

$$\kappa(t) = \frac{|r'(t) \times r''(t)|}{|r'(t)|^3}$$

이다.

(3) 단위 법선벡터와 종법선벡터

단위접선벡터 $T(t)$는 크기가 1로서 일정하므로 $T'(t)$는 $T(t)$와 수직하게 된다. 여기서 $T(t)$ 방향으로 단위벡터 즉,

$$N(t)=\frac{T'(t)}{|T'(t)|}$$

를 **단위 법선벡터**(principal unit normal vector)라고 한다.

또한

$$B(t)=T(t)\times N(t)$$

로 정의되는 벡터 $B(t)$는 **종법선벡터**(binormal vector)라고 한다. 이 벡터 T와 N에 모두 수직인 단위벡터이다.

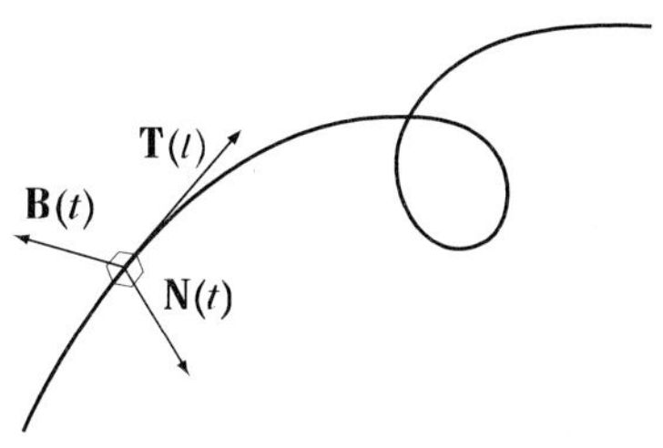

그림 10.18 단위 법선벡터와 종법선벡터

(4) 비틀림(torsion)

$\tau=-\dfrac{dk}{ds}\cdot N$을 비틀림 또는 열률이라 한다.

이것은

$$\tau(t)=\frac{\begin{vmatrix} x' & y' & z' \\ x'' & y'' & z'' \\ x''' & y''' & z''' \end{vmatrix}}{|r'(t)\times r''(t)^2|}$$

으로 계산한다.

여기서 $x' = \frac{dx}{dt}$, $x'' = \frac{dx^2}{dt^2}$, $x''' = \frac{dx^3}{dt^3}$을 의미한다.

예 2 $r(t) = (a\cos t)\boldsymbol{i} + (a\sin T)\boldsymbol{j} + bt\boldsymbol{k}$, $(a,\ b \geq 0,\ a^2 + b^2 \neq 0)$일 때 곡률과 비틀림을 구하여라.

풀이 $r'(t) = (-a\sin t)\boldsymbol{i} + (a\cos t)\boldsymbol{j} + b\boldsymbol{k}$

$$r''(t) = (-a\cos t)\boldsymbol{i} + (-a\sin t)\boldsymbol{j}$$

$$r'(t) \times r''(t) = \begin{vmatrix} \boldsymbol{i} & \boldsymbol{j} & \boldsymbol{k} \\ -a\sin t & a\cos t & b \\ -a\cos t & -ab\cos t & 0 \end{vmatrix}$$

$$= (ab\sin t)\boldsymbol{i} + (-ab\cos t)\boldsymbol{j} + a^2\boldsymbol{k}$$

따라서 곡률

$$\kappa = \frac{\|\boldsymbol{r}'(t) \times \boldsymbol{r}''(t)\|}{|\boldsymbol{r}'(t)|^3} = \frac{\sqrt{a^2b^2 + a^4}}{(a^2 + b^2)^{\frac{3}{2}}} = \frac{a\sqrt{a^2 + b^2}}{(a^2 + b^2)^{\frac{3}{2}}} = \frac{a}{a^2 + b^2}$$

따라서 비틀림

$$\tau = \frac{\begin{vmatrix} -a\sin t & a\cos t & b \\ -a\cos t & -a\sin t & 0 \\ a\sin t & -a\cos t & 0 \end{vmatrix}}{(a\sqrt{a^2 + b^2})^2} = \frac{b(a^2\cos^2 t + a^2\sin^2 t)}{a^2(a^2 + b^2)}$$

$$= \frac{b}{a^2 + b^2}$$

10.7.1 예제

1. **벡터방정식이 $r(t)=\cos t i+\sin t j+tk$인 원형나선 위의 점 (1, 0, 0)에서 (1, 0, 2π) 까지의 호의 길이와 $t=0$으로부터의 길이함수를 구하여라.**

풀이 $r'(t)=-\sin t i+\cos t j+k$이므로

$$|r'(t)|=\sqrt{(-\sin t)^2+\cos^2 t+1}=\sqrt{2}$$

를 얻는다. $(1,\ 0,\ 0)$에서 $(1,\ 0,\ 2\pi)$까지의 호는 구간 $0\le t\le 2\pi$의 매개변수에 의하여 기술되므로, 호의 길이 공식으로부터

$$L=\int_0^{2\pi}|r'(t)|dt=\int_0^{2\pi}\sqrt{2}\,dt=2\sqrt{2}\pi$$

를 얻는다. 또한 호의 길이함수 $S(t)$는 다음과 같다.

$$S(t)=\int_0^t|r'(s)|ds=\sqrt{2}\,t$$

2. **반지름이 a인 원의 곡률은 $\frac{1}{a}$임을 보여라.**

풀이 중심이 원점에 있는 원의 매개변수표현은

$$r(t)=a\cos t i+a\sin t j$$

이다. 따라서 $r'(t)=-a\sin t i+a\cos t j$이고 $|r'(t)|=a$이므로

$$T(t)=\frac{r'(t)}{|r'(t)|}=-\sin t i+\cos t j$$

이고,

$$T'(t)=-\cos t i-\sin t j$$

이다. 이것으로부터 $|T'(t)|=1$이므로 식 (5)를 이용하면

$$\kappa(t)=\frac{|T'(t)|}{|r'(t)|}=\frac{1}{a}$$

를 얻는다.

3. 벡터함수 r로 주어진 곡선의 곡률은

$$\kappa(t)=\frac{|\boldsymbol{r}'(t)\times\boldsymbol{r}''(t)|}{|\boldsymbol{r}'(t)|^3}$$

임을 보여라.

풀이 $T=\frac{\boldsymbol{r}'}{|\boldsymbol{r}'|}$이고, $|\boldsymbol{r}'|=\frac{dS}{dt}$이므로

$$\boldsymbol{r}'=|\boldsymbol{r}'|T=\frac{dS}{dt}T$$

이다. 따라서 곱의 미분법에 의하여

$$\boldsymbol{r}''=\frac{d^2S}{dt^2}T+\frac{dS}{dt}T'$$

이다. 여기에서 $T\times T=0$이라는 사실을 이용하면,

$$\boldsymbol{r}'\times\boldsymbol{r}''=\left(\frac{dS}{dt}\right)^2(T\times T)$$

이다. 이제 모든 t에 대하여 $|T(t)|=1$이므로 §10.6의 예제 4에 의하여 T와 T'은 직교한다. 따라서

$$|\boldsymbol{r}'\times\boldsymbol{r}''|=\left(\frac{dS}{dt}\right)^2|T\times T'|=\left(\frac{dS}{dt}\right)^2|T||T'|=\left(\frac{dS}{dt}\right)^2|T|$$

이고 따라서

$$|T'|=\frac{|r'\times r''|}{(dS/dt)^2}=\frac{|r'\times r''|}{|r'|^2}$$

이고,

$$\kappa=\frac{|T'|}{|r'|}=\frac{|r'\times r''|}{|r'|^3}$$

이다.

4. 원점 $(0,\ 0,\ 0)$에서 곡선 $r(t)=(t,\ t^2,\ t^3)$로 주어진 곡선의 곡률을 구하여라.

풀이 먼저 필요한 성분들을 계산한다.

$$\boldsymbol{r}'(t)=(1,\ 2t,\ 3t^2)$$

$$\boldsymbol{r}''(t)=(0,\ 2,\ 6t)$$

$$|\boldsymbol{r}'(t)|=\sqrt{1+4t^2+9t^4}$$

$$\boldsymbol{r}'(t)\times\boldsymbol{r}''(t)=\begin{vmatrix}\boldsymbol{i} & \boldsymbol{j} & \boldsymbol{k}\\ 1 & 2t & 3t^2\\ 0 & 2 & 6t\end{vmatrix}=6t^2\boldsymbol{i}-6t\boldsymbol{j}+2\boldsymbol{k}$$

$$|\boldsymbol{r}'(t)\times\boldsymbol{r}''(t)|=\sqrt{36t^4+36t^2+4}=2\sqrt{1+9^2t+1}$$

이제 곡률을 구하는 식으로부터

$$\kappa(t)=\frac{|\boldsymbol{r}'(t)\times\boldsymbol{r}''(t)|}{|\boldsymbol{r}'(t)|^3}=\frac{2\sqrt{1+9^2t+9t^4}}{(1+4t^2+9t^4)^{\frac{3}{2}}}$$

이 얻어지고, 원점에서의 곡률은 $\kappa=(0)=2$이다.

5. 원형나선

$$\boldsymbol{r}(t)=\cos t\boldsymbol{i}+\sin t\boldsymbol{j}+t\boldsymbol{k}$$

에 대한 단위법선벡터와 종법선벡터를 구하여라.

풀이 $\boldsymbol{r}'(t)=-\sin t\boldsymbol{i}+\cos t\boldsymbol{j}+\boldsymbol{k}\ |\boldsymbol{r}'(t)|=\sqrt{2}$

$$\boldsymbol{T}(t)=\frac{\boldsymbol{r}'(t)}{|\boldsymbol{r}'(t)|}=\frac{1}{\sqrt{2}}(-\sin t\boldsymbol{i}-\cos t\boldsymbol{j}+\boldsymbol{k})$$

$$\boldsymbol{T}'(t)=\frac{1}{\sqrt{2}}(\cos t\boldsymbol{i}-\sin t\boldsymbol{j})\qquad |\boldsymbol{T}'(t)|=\frac{1}{\sqrt{2}}$$

$$\boldsymbol{N}(t)=\frac{\boldsymbol{T}'(t)}{|\boldsymbol{T}'(t)|}=-\cos t\boldsymbol{i}-\sin t\boldsymbol{j}=(-\cos t,\ -\sin t,\ 0)$$

이것은 나선 위의 한 점에서의 법선벡터가 수평벡터로서, z-축을 가리키고 있음을 보여준다. 종법선벡터는 다음과 같다.

$$\boldsymbol{B}(t)=\boldsymbol{T}(t)\times\boldsymbol{N}(t)=\frac{1}{\sqrt{2}}\begin{vmatrix}\boldsymbol{i} & \boldsymbol{j} & \boldsymbol{k}\\ -\sin t & \cos t & 1\\ -\cos t & -\sin t & 0\end{vmatrix}=\frac{1}{\sqrt{2}}(\sin t-\cos t,\ 1)$$

10.7.2 실습문제

1. 다음 주어진 곡선의 길이를 구하여라.
   1) $\boldsymbol{r}(t) = (2t,\ 3\sin t,\ 3\cos t),\ a \le t \le b$
   2) $\boldsymbol{r}(t) = (6t^3,\ 3t^2,\ 1),\ 0 \le t \le 3$

2. 주어진 곡선 $r(t) = (1+2t,\ 3+t,\ -5t)$에서 $t=0$에서부터의 호의 길이 함수를 구하여라.

3. 다음 주어진 곡선위의 임의의 점에서의 곡률을 구하여라.
   1) $x = t,\ y = t^2,\ z = t^3$
   2) $x = t^2 - 1,\ y = 2t+3,\ z = t^2 - 4t$

4. $y = x^3$으로 주어진 함수의 곡률을 구하여라.

5. 주어진 점에서의 벡터 T, N, 그리고 B를 구하여라.
   1) $\boldsymbol{r}(t) = \left(t^2,\ \frac{2}{3}t^3,\ t\right),\quad t = 1$
   2) $\boldsymbol{r}(t) = (e^t,\ e^t\sin t,\ e^t\cos t),\quad t = 0$

10.7.3 Homework

1. 주어진 곡선 $r(t) = (e^t \sin t,\ e^t \cos t,\ e^t),\ 1 \le t \le 5$의 길이를 구하여라.

2. 주어진 곡선 $r(t) = (\cos^3 t,\ \sin^3 t,\ \cos^2 t)$에서 $t = 0$에서부터의 호의 길이함수를 구하여라.

3. 다음에 주어진 곡선위의 임의의 점에서의 곡률을 구하여라.

   1) $\boldsymbol{r}(t) = \sin 3t\boldsymbol{i} + \cos 3t\boldsymbol{j} + t\boldsymbol{k}$

   2) $x = e^t,\ y = e^{-t},\ z = 2t$

4. $y = \sqrt{x}$ 으로 주어진 함수의 곡률을 구하여라.

5. 주어진 점에서의 벡터 T, N, 그리고 B를 구하여라.

   1) $\boldsymbol{r}(t) = (2e^{-t},\ \sin t,\ -2\cos t),\ t = 0$

   2) $\boldsymbol{r}(t) = (t,\ t^2,\ t^3),\ t = 1$

10.8 2차 곡면

공간에서 일반적으로 변수 x, y, z를 갖는 방정식

$$F(x,\ y,\ z)=0$$

을 만족하는 점 $P(x,\ y,\ z)$들의 집합은 한 곡면을 이룬다.

곡면 중에서 가장 간단한 것은 $Ax+By+Cz+D=0$인 형태의 평면의 방정식이다.

(1) 주면과 모선

거의 평면처럼 간단한 곡면으로서, 한 직선이 어떤 고정된 직선에 평행하면서 주어진 곡선을 따라 움직일 때 생기는 곡면을 **주면**(cylinder)이라고 하며, 주면에 놓여 있으면서 일정한 규칙으로 움직이는 직선을 **모선**이라고 부른다.

일반적으로 두 개의 변수만으로 표현되는 방정식은 주면을 나타낸다. 즉 $F(x,\ y)=0$로 주어지는 곡면은 z-축에 평행한 직선들로 이루어진 주면이다. 이 경우 모선은 z-축에 평행한 직선들이다.

예 1 포물주면 $-x^2+y=0$은, xy-평면에서 곡선 $y=x^2$을 따라 움직이는 z-축에 평행한 직선에 의해 생성된다.

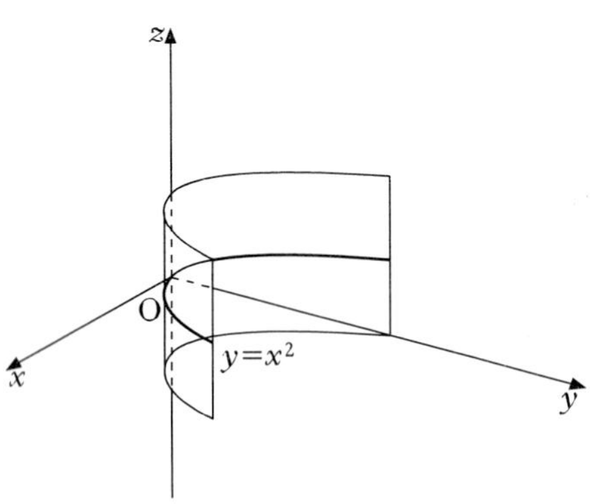

그림 10.19 포물주면

예 2 곡면 $y^2 + 4z^2 = 4$는 x축에 평행한 모선을 갖는 타원주면이다. 이 곡면을 yz-평면에 정사영시키면 $y^2 + 4z^2 = 4$인 타원이다.

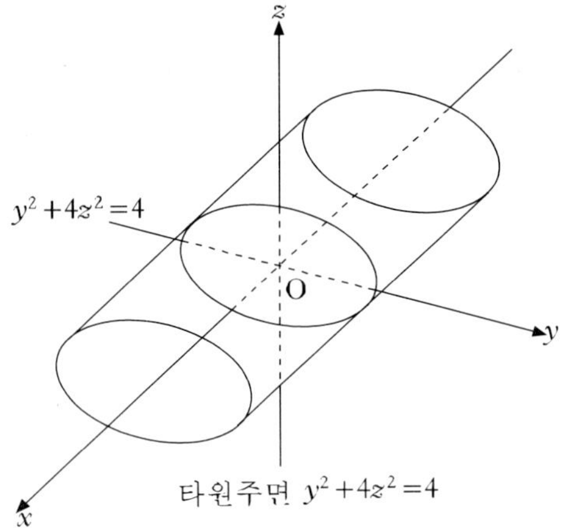

그림 10.20 타원주면과 모선

(2) 다양한 형태의 2차곡면

변수 x, y, z들의 관계식이 이차방정식인 곡면을 2차곡면(quadratic surface)이라고 한다. 세 변수 x, y, z에 관한 이차방정식의 가장 일반적인 형태는

$$Ax^2 + By^2 + Cz^2 + Dxy + Eyz + Fxz + Gx + Hy + Iz + J = 0$$

이지만 적절하게 평행이동과 회전이동을 하면 다음의 두 가지 형태로 바꾸는 것이 가능하다.

$$Ax^2 + By^2 + Cz^2 + D = 0 \quad \text{또는} \quad Ax^2 + By^2 + Cz^2 = 0$$

곡면의 성질과 그래프를 알고자 할 때에는, x, y, z의 범위, 절편, 단면 등과 원점, 좌표축 또는 좌표평면 등에 관한 대칭성을 관찰해야 한다.

예 3 타원면(ellipsoid)

$$\frac{x^2}{a^2} + \frac{y^2}{b^2} + \frac{z^2}{c^2} = 1$$

은 $(\pm a, 0, 0)$, $(0, \pm b, 0)$, $(0, 0, \pm c)$를 지니며 직육면체

$|x| \le a$, $|y| \le b$, $|z| \le c$

내부에 있다. 타원면의 방정식은 x, y, z의 짝수제곱만으로 이루어져 있으므로 이 곡면은 각각의 좌표평면에 대해서 대칭이다. 그리고 각 좌표평면들에 의해 절단된 단면들은 타원이다. 예를 들면, $z=0$일 때

$$\frac{x^2}{a^2}+\frac{y^2}{b^2}=1$$

이다. 평면 $z=z_1$, $|z_1|<c$에 의해 절단된 면은 타원

$$\frac{x^2}{a^2A}+\frac{y^2}{b^2A}=1,\ (1-\frac{z^2}{c^2}=A)$$

으로서 z-축 상에 중심을 가지며 준축 $a\sqrt{A}$와 $b\sqrt{A}$를 가진다.

세 개의 준축 a, b, c 중 두 개가 같을 때, 구면은 회전타원체이고, 세 개의 축이 모두 같을 때는 구가 된다.

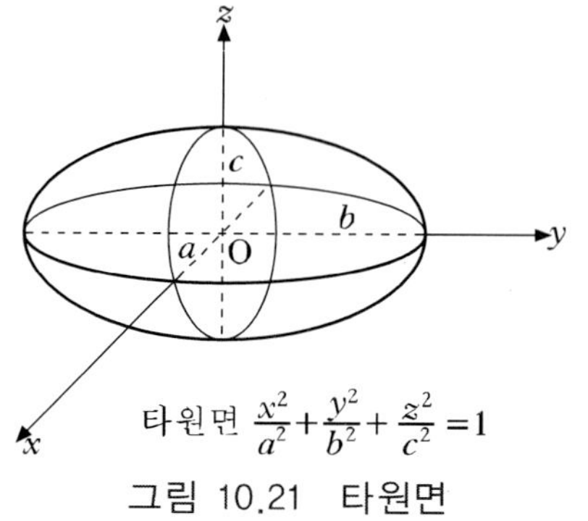

그림 10.21 타원면

예 4 타원포물면(elliptic parabola)

$$\frac{x^2}{a^2}+\frac{y^2}{b^2}=z$$

는 xz-평면과 yz-평면으로 자른 단면은 $y=0$, $x=0$을 대입하면

$$z=\frac{x^2}{a^2},\ z=\frac{y^2}{b^2}$$

또한 방정식에서 이 곡면은 $z \geq 0$인 부분에서만 나타남을 알 수 있다. z-축에 수직인 평면 $z = z_1$으로 자른 단면은 방정식이

$$\frac{x^2}{(a\sqrt{z_1})^2} + \frac{y^2}{(b\sqrt{z_1})^2} = 1$$

인 타원이 된다. 특히 $a = b$이면 이 포물면을 원형포물면 또는 회전포물면이라고 한다.

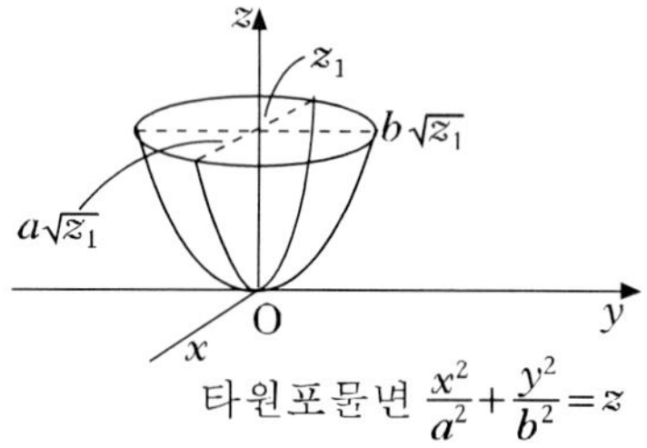

그림 10.22 타원 포물면

예 5 추면(elliptic cone)

$$\frac{x^2}{a^2} + \frac{y^2}{b^2} = z^2$$

는 세 개의 좌표평면둘레에 관해 대칭이다. 평면 $z = 0$는 단 한 점 (0, 0, 0)에서 곡면을 자른다. 편면 $x = 0$에 의한 단면은

$$x = 0, \ \frac{y}{b} = \pm z$$

이고 평면 $y = 0$에 의한 단면은

$$y = 0, \ \frac{x}{a} = \pm z$$

이다. 평면 $z = z_1 > 0$에 의해 잘려지는 단면은 z-축상에 중심을 가지고 위의 두 직선상에 꼭지점을 가지는 타원이 된다.

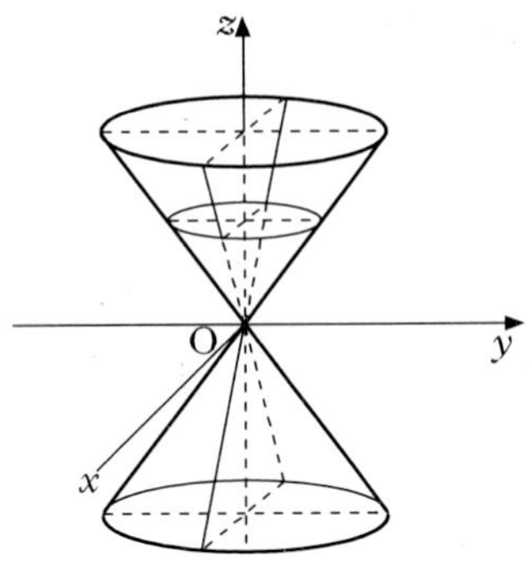

추면 $\frac{x^2}{a^2}+\frac{y^2}{b^2}=z$

그림 10.23 추면

예 6 단엽쌍곡면(hyperboloid of one sheet)

$$\frac{x^2}{a^2}+\frac{y^2}{b^2}-\frac{z^2}{c^2}=1$$

은 세 개의 좌표평면 각각에 대해 대칭이다. 좌표평면들에 의해 절단된 면들은

$$x=0 : \text{쌍곡선} \qquad \frac{y^2}{b^2}-\frac{z^2}{c^2}=1$$

$$y=0 : \text{쌍곡선} \qquad \frac{x^2}{a^2}-\frac{z^2}{c^2}=1$$

$$z=0 : \text{쌍곡선} \qquad \frac{x^2}{a^2}+\frac{y^2}{b^2}=1$$

이다. 평면 $z=z_1$은 중심이 z-축 상에 있고 위의 쌍곡선들 상에서 꼭지점을 가지는 타원 내의 곡면을 자른다. 이 곡면은 곡면 상의 임의의 점에 따른 점으로 곡면을 벗어남 없이 움직일 수 있다는 의미에서 연결되어 있다. 이러한 이유 때문에 단엽쌍곡면이라고 부른다.

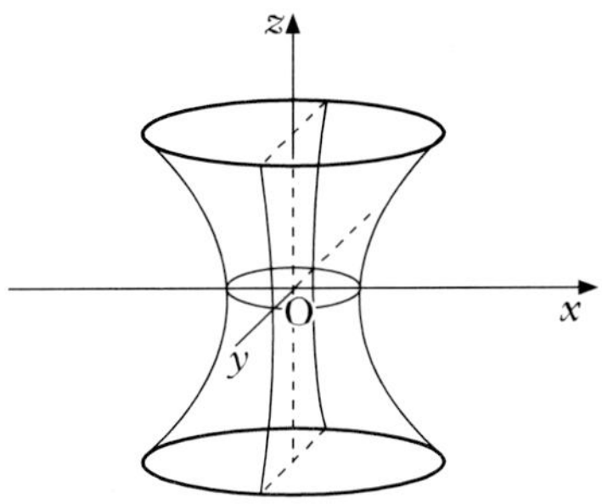

단엽쌍곡면 $\frac{x^2}{a^2}+\frac{y^2}{b^2}+\frac{z^2}{c^2}=1$

그림 10.24 단엽쌍곡면

예 7 이엽쌍곡면(hyperboloid of two sheets)

$$\frac{z^2}{c^2}-\frac{x^2}{a^2}-\frac{y^2}{b^2}=1$$

은 모든 좌표평면에 관하여 대칭이다.

방정식에서 $\frac{z^2}{c^2}=1+\frac{x^2}{a^2}+\frac{y^2}{b^2}\geq 1$이므로 $|z|\geq c$이다.

쌍곡면 각 단면들은

yz-평면에서 $\frac{z^2}{c^2}-\frac{y^2}{b^2}=1$, xz-평면에서 $\frac{z^2}{c^2}-\frac{x^2}{a^2}=1$

이다. 이 곡면은 $z=c$ 평면 위와 $z=-c$평면 아래로 분리되어 있다.

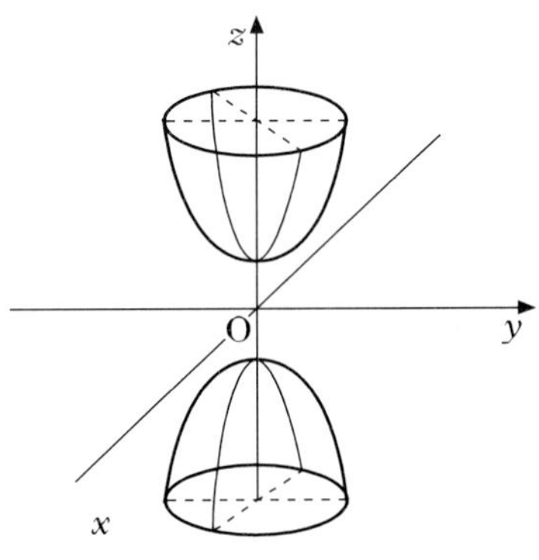

이엽쌍곡면 $\frac{z^2}{c^2}-\frac{x^2}{a^2}-\frac{y^2}{b^2}=1$

그림 10.25 이엽쌍곡면

예 8 쌍곡포물면(elliptic paraboloid)

$$\frac{y^2}{b^2} - \frac{x^2}{a^2} = cz$$

는 yz-평면, xz-평면들에 관해 대칭이다. 이들 평면에 의한 단면들은 각각

$$y^2 = b^2 cz, \; x = -d^2 cz$$

인 포물선들이다. 그러나 평면 $z = z_1$에 의한 절단면은

$$\frac{y^2}{b^2} - \frac{x^2}{a^2} = cz_1$$

인 쌍곡선이다. 만약 $z_1 \geq 0$이면 이 쌍곡선의 초점은 y-축에 평행하게 있고 $z_1 < 0$이면 x-축과 평행하게 놓인다.

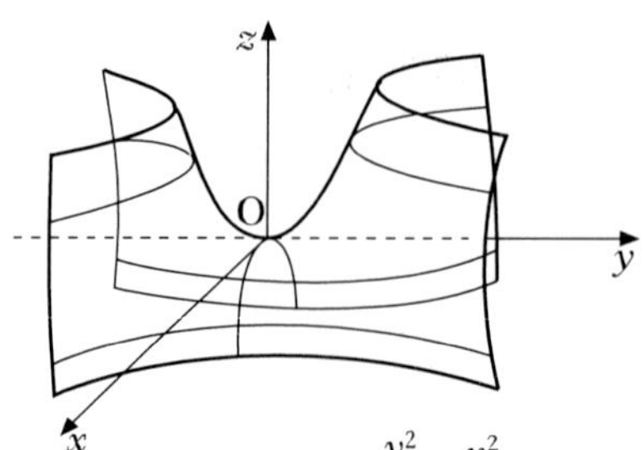

쌍곡포물면 $\frac{y^2}{b^2} - \frac{x^2}{a^2} = cz$

그림 10.26 쌍곡포물면

위의 그림 10.26에서와 같이 이 곡면은 원점 가까이에서 말의 안장과 같은 모양이다. 즉, yz-평면을 따라 움직이면 원점은 최소로 보이나 xz-평면을 따르면 최대로 보인다. 이러한 점을 쌍곡포물면의 **안장점**(saddle point) 또는 **최대 · 최소점**이라고 한다.

10.8.1 예제

1. 곡면 $4x^2 - y^2 + 2z^2 + 4 = 0$을 설명하고 그래프를 그려라.

풀이 방정식을 -4로 나누어서, 표준형

$$-x^2 + \frac{y^2}{4} - \frac{z^2}{2} = 1$$

로 바꾼다. 이 방정식을 이엽쌍곡면의 표준식과 비교하면, 이 경우에 쌍곡면의 축이 y-축이라는 차이만 있을 뿐, 이것이 이엽쌍곡면을 나타냄을 알 수 있다. xy-와 yz-평면 위의 자취는 쌍곡선

$$-x^2 + \frac{y^2}{4} = 1,\ z = 0 \text{과 } \frac{y^2}{4} - \frac{z^2}{2} = 1,\ x = 0$$

이다. xz-평면 위에는 자취가 없으나, $|k| > 2$인 수직면 $y = k$ 위의 자취는 타원

$$x^2 + \frac{z^2}{2} = \frac{k^2}{4} - 1, \qquad y = k$$

이고, 이것은

$$\frac{x^2}{\frac{k^2}{4} - 1} + \frac{z^2}{2\left(\frac{k^2}{4} - 1\right)} = 1, \qquad y = k$$

와 같이 쓸 수 있다. 이들 자취는 아래 그림과 같다.

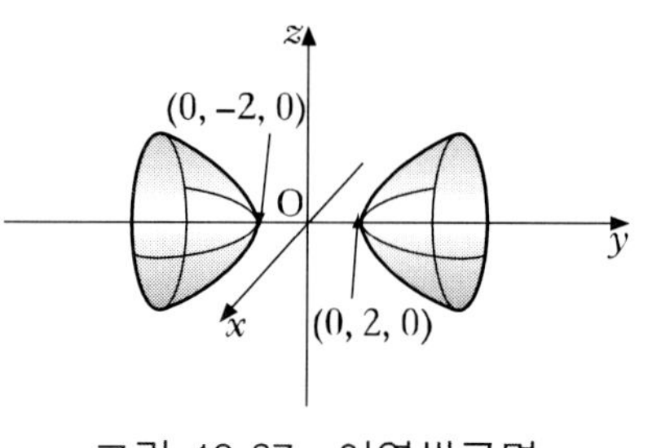

그림 10.27 이엽쌍곡면

2. 다음 각 방정식의 그래프의 명칭을 말하여라.

1) $4x^2 + 4y^2 - 25z^2 + 100 = 0$

2) $y^2 + z^2 - 12y = 0$

3) $9x^2 + 4z^2 - 36y = 0$

풀이 1) 이 방정식의 양변을 -100으로 나눈 다음 정리하면

$$-\frac{x^2}{25} - \frac{y^2}{25} + \frac{z^2}{4} = 1$$

이므로 이엽쌍곡면이다.

2) x-축에 평행한 주면이다. 이 방정식은

$(x-z)(x+z) = 0$에서 $x = z,\ x = -z$

이므로 방정식의 그래프는 두 평면으로 이루어진다.

3) 양변을 36으로 나누어 정리하면

$$\frac{x^2}{4} + \frac{z^2}{9} = y$$

이므로 타원 포물면이다.

10.8.2 실습문제

1. 다음 방정식의 그래프를 그리고 그 이름을 말하여라.

   1) $\sqrt{y} + \sqrt{z} = a$

   2) $x^2 + 4y^2 + z^2 = 0$

   3) $9x^2 + y^2 - z^2 - 2y + 2z = 0$

2. $1 \le z \le 2$에 대하여 곡면 $z = \sqrt{x^2 + y^2}$, $x^2 + y^2 = 1$로 둘러 싸인 영역을 그려라.

10.8.3 Homework

1. 다음 방정식의 그래프를 그리고 그 이름을 말하여라.

   1) $2(x+y)=x^2+y^2$

   2) $4x^2-y^2+z^2+8x+8z+24=0$

2. 포물면 $y=x^2$을 y-축에 관하여 회전하여 얻어지는 곡면의 방정식을 구하여라.

3. 점 $(-1,\ 0,\ 0)$과 평면 $x=1$로부터 같은 거리에 있는 모든 점들로 이루어진 곡면의 방정식을 구하고 이 곡면의 이름을 말하여라.

Chapter 11 편도함수

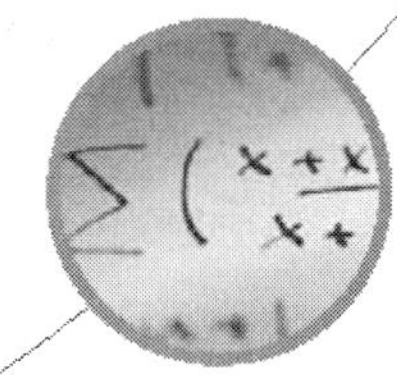

지금까지는 $y=f(x)$ 또는 $F(x,\ y)=0$와 같이 한 개의 독립변수 x에 의해 종속변수 y가 결정되는 일변수함수의 미적분을 다루어 왔고, 이 함수들의 그래프는 평면에 그려진다. 이제 독립변수가 $x,\ y$로 2개이고 종속변수가 z인, $z=f(x,\ y)$ 또는 $F(x,\ y,\ z)=0$ 형태의 2변수 함수를 생각해 보자. 2변수함수의 그래프는 공간에서 곡면을 이룬다. 이 장에서 우리는 이들 곡면의 그래프와 편미분, 그리고 이를 이용한 다변수함수의 최대최소치 문제, 방향도함수 등을 다룬다.

11.1 다변수 함수

(1) 곡면을 표현하는 2변수 함수

정의 11.1

1) f가 집합 A에서 집합 B로 대응하는 함수일 때, 정의역 A가 2개의 독립변수 $(x,\ y)$들의 순서쌍으로 표시되면 f를 **2변수함수**(function of two variables)라고 한다.
2) f의 **치역**은 $\{f(x,\ y)\in B\,|\,(x,\ y)\in A\}$이다. 함수 $z=f(x,\ y)$가 정의역의 언급이 없이 표현되면 $x,\ y$가 정의될 수 있는 가장 큰 영역을 정의역으로 택하기로 한다.
3) $z=f(x,\ y)$의 그래프는 실수의 3순서쌍들의 집합
$$G=\{(x,\ y,\ z)|(x,\ y)\in A,\ z=f(x,\ y)\}$$
이며 공간의 한 곡면을 나타낸다.
4) 같은 방법으로 **3변수함수**, $\cdots$, n**변수함수** 등을 정의할 수 있으며 2변수함수 이상인 함수를 **다변수함수**(function of several variables)라고 한다.

예 1 반지름이 r, 높이가 h인 원통형 깡통의 부피는

$$V=f(r,\ h)=\pi r^2 h$$

로 표시된다. 여기서 r과 h의 값은 서로 독립적으로 주어지고 r과 h의 값에 대응하여 V의 값도 하나가 결정된다. 이러한 경우에 f를 r과 h의 2 변수함수, r과 h를 이 함수의 독립변수, V를 이 함수의 종속변수라고 한다. 2변수함수에 관한 이론은 일반적으로 다변함수로 확장할 수 있으므로 앞으로는 주로 2변수함수에 대하여 논의하기로 한다.

예 2 $f(x,\ y) = 12 - 3x - 2y$일 때, $f(1,\ 2)$의 값을 구하고 그래프의 개형을 그려라.

풀이 $f(x,\ y) = 12 - 3 \cdot 1 - 2 \cdot 2 = 5$가 된다. 그래프의 개형을 그리기 위하여 다음을 구하자.

$f(0,\ 0) = 12$이다. $f(x,\ y) = 0$이고 $x = 0$일 때, $y = 6$이 된다.

$f(x,\ y) = 0$이고, $y = 0$일 때 $x = 4$이다. 즉 (0, 0, 12), (0, 6, 0), (4, 0, 0)을 지나는 평면이 된다.

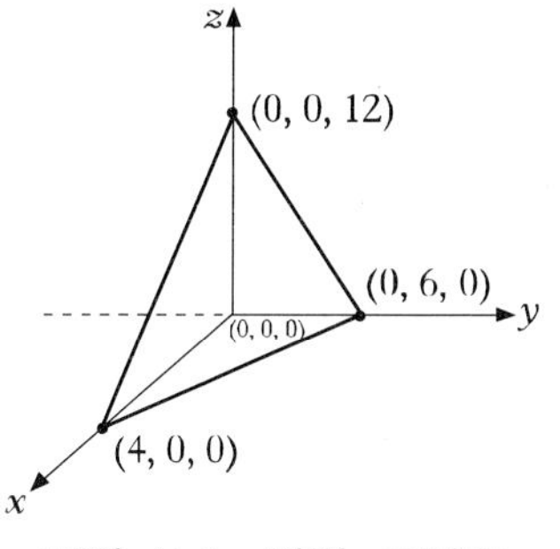

그림 11.1 평면 그래프

예 3 $f(x,\ y) = \sqrt{9 - x^2 - y^2}$의 정의역과 치역을 구하고 그래프를 그려라.

풀이 함수 f의 정의역은 $9 - x^2 - y^2 \geq 0$인 x와 y의 범위가 된다. 따라서 정의역은

$$\{(x,\ y) | x^2 + y^2 \leq 9\}$$

이다.

$z = f(x,\ y) = \sqrt{9 - x^2 - y^2}$에서 양변을 제곱하여 전개하면

$$x^2 + y^2 + z^2 = 9 \quad (\text{단, } z \geq 0)$$

이다. 따라서 그래프는 아래의 그림과 같이 구의 상반부를 나타내며 치역은 [0, 3]이다.

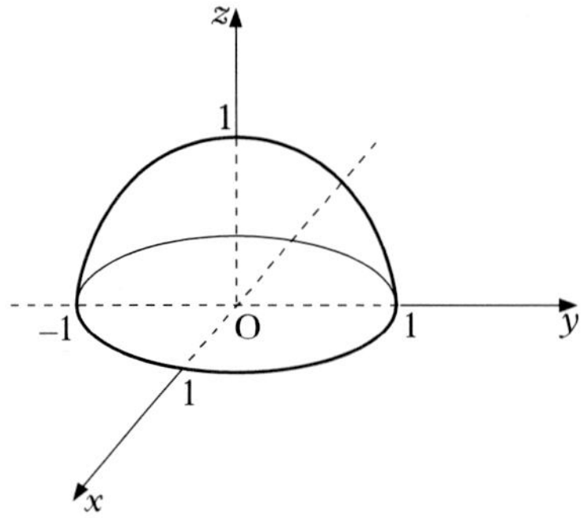

그림 11.2 반구 그래프

(2) 등고선

정의 11.2

> 곡면 $z=f(x, y)$를 xy-평면에 평행한 평면 $z=k$(k는 상수)로 잘랐을 때 생기는 공간곡선을 xy-평면에 투영시키면 하나의 평면곡선을 얻게 된다. 이러한 곡선을 등고선이라고 한다.

예 4 2변수 함수

$$z=10-x^2-y^2,\ z\geq 0$$

의 그래프는 포물면을 나타내며, 이 곡면을 평면 $z=7$로 잘랐을 때 얻어지는 등고선은 xy-평면 위의 곡선 $x^2+y^2=3$이다. 아래 그림의 오른쪽 그림은 몇 개의 값에 대한 등고선을 보여주고 있다.

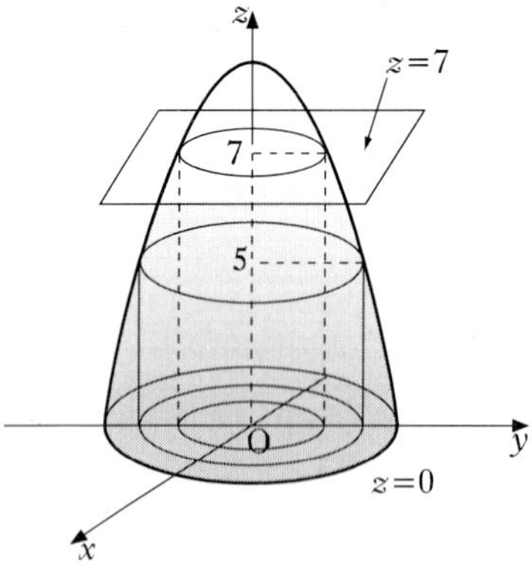

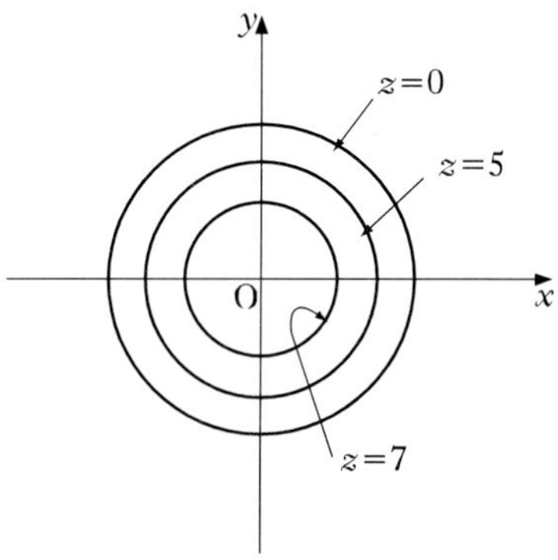

그림 11.3 포물면의 등고선

예 5 함수 $f(x,\ y) = y^2 - x^2$이 주어졌을 때 $f(x,\ y) = 0,\ 1$일 때 각각의 경우 등고선을 그려라.

풀이 등고선 $0 = y^2 - x^2$, 또는 $0 = (y-x)(y+x)$는 두 직선 $y - x = 0$와 $y + x = 0$으로 나누어진다. 등고선 $y^2 - x^2 = 1$은 등고선 $y^2 - x^2 = -1$에서와 같이 쌍곡선이다. 이들 등고선을 그리면 아래 그림과 같다.

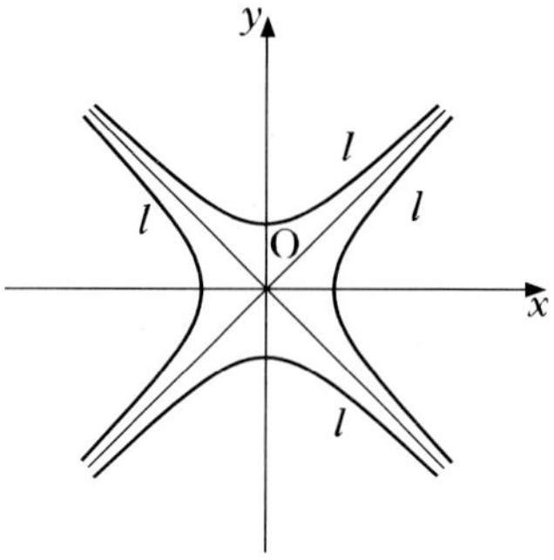

그림 11.4 쌍곡포물면의 등고선

11.1.1 예제

1. $f(x,\ y) = \dfrac{1}{3}\sqrt{36 - 9x^2 - 4y^2}$ **의 정의역과 치역을 구하고 그래프를 그려라.**

풀이 함수 f의 정의역은

$$A = \{(x,\ y) | 36 - 9x^2 - 4y^2 \geq 0\}$$

이고 치역은 $R = \{z : 0 \leq z \leq 2\}$이다. 그래프는 타원면의 상반부를 나타낸다. 즉

$$z = \frac{1}{3}\sqrt{36 - 9x^2 - 4y^2} \geq 0$$

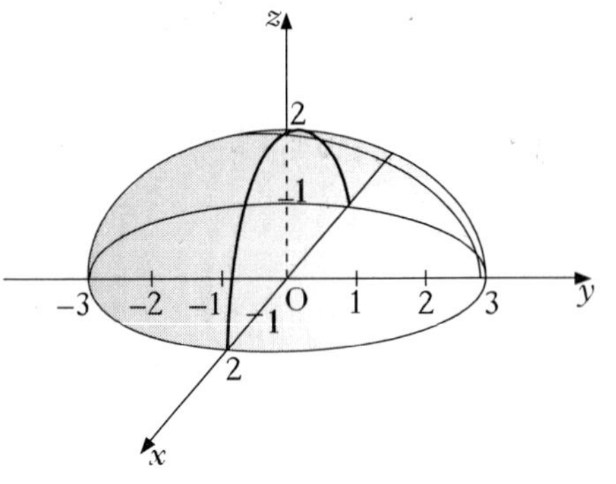

그림 11.5 반구

2. $f(x,\ y) = 2x^2 + 3y^2$ **의 그래프를 그려라.**

풀이 $z = f(x,\ y) = 2x^2 + 3y^3$에서

1) $z = 0$이면, $x = y = 0$

2) $z = 1$이면, $2x^2 + 3y^2 = 1$(타원)

3) $x = 0$이면, $z = 3y^2$(포물선)

4) $y = 0$이면, $z = 2x^2$(포물선)

따라서 함수 f의 그래프는 아래의 그림과 같다.

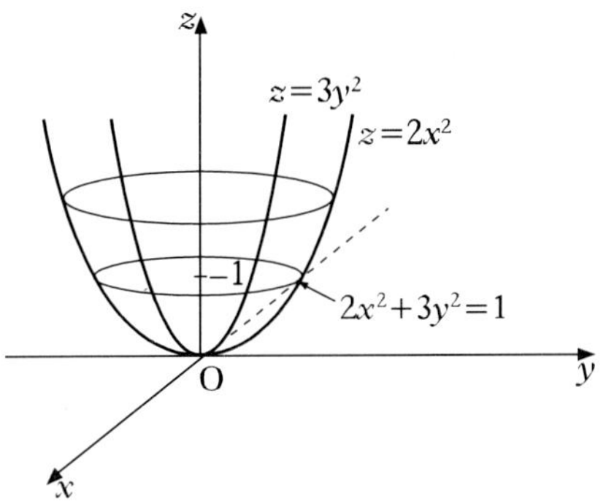

그림 11.6 포물면

4. $f(x,\ y)=x+y^2$**일 때** $f(x,\ y)=-1,\ 0,\ 1,\ 2,\ 3$**에서 등고선을 각각 그려라.**

풀이 $x+y^2=k$라고 하면 x절편이 k인 포물선을 이룬다. 따라서 등고선은 아래 그림과 같다.

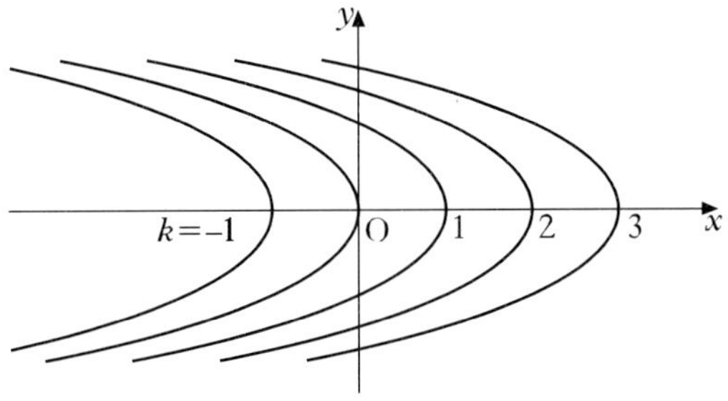

그림 11.7 등고선

5. $f(x,\ y)=\sqrt{9-x^2-y^2}$ **에서** $f(x,\ y)=0,\ 1,\ 2,\ 3$**일 때 각각의 경우 등고선을 그려라.**

풀이 $\sqrt{9-x^2-y^2}=k$ 또는 $x^2+y^2=9-k^2$이다. 이것은 중심(0, 0), 반지름 $\sqrt{9-k^2}$ 인 원을 나타낸다. $k=0,\ 1,\ 2,\ 3$일 때 등고선은 아래 그림과 같다.

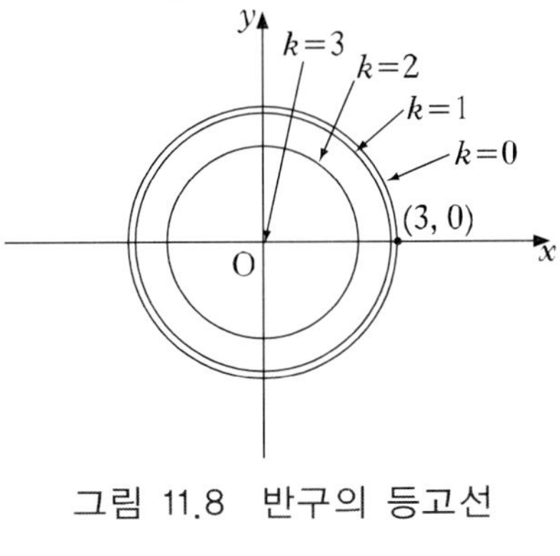

그림 11.8 반구의 등고선

11.1.2 실습문제

1. $f(x, y, z) = x\sin y\cos z$일 때 $f\left(2, \frac{\pi}{3}, \frac{\pi}{6}\right)$와 $f(x, y+x, y)$을 구하여라.

2. 다음 함수의 정의역과 치역을 구하고 그래프를 그려라.

1) $f(x, y) = \sqrt{x-y}$

2) $f(x, y) = 1-x-y$

3. 다음 함수들에서 몇 개의 등고선을 그려라.

1) $f(x, y) = x - \cos y$

2) $f(x, y) = \sqrt{x+y}$

11.1.3 Homework

1. 다음 함수의 정의역과 치역을 구하고 그래프를 그려라.

1) $f(x, y) = \ln(x^2 - y^2)$

2) $f(x, y) = \sin^{-1}(x+y)$

2. 다음 함수들에서 몇 개의 등고선을 그려라.

1) $f(x, y) = x^2 - y^2\cos y$

2) $f(x, y) = \frac{x}{y}$

11.2 2변수 함수의 극한과 연속

(1) 2변수 함수의 극한값

정의 11.3

> 함수 $f(x, y)$에서 (x, y)가 $(x, y) \neq (a, b)$이면서 (a, b)로 한없이 가까이 간다고 할 때, $f(x, y)$의 값이 L로 가까이 가면 L을 점 (a, b)에서 $f(x, y)$의 극한값(limit)이라고 하고
>
> $$\lim_{\substack{x \to a \\ y \to b}} (x, y) = L \quad \text{또는} \quad \lim_{(x,\, y) \to (a,\, b)} f(x, y) = L$$
>
> 로 표시한다.

평면에서 (x, y)가 (a, b)로 가까이 가는 방법은 무수히 많으며, 가까이 가는 경로에 따라 $f(x, y)$가 가까이 가는 값이 다르면 (a, b)에서 f의 극한값은 존재하지 않는다. 다시 말해서 $\lim_{(x,\, y) \to (a,\, b)} f(x, y) = L$이라는 것은 (x, y)가 어떠한 경로를 통해서 (a, b)로 가까이 가더라도 일정한 극한값 L을 갖는다는 의미다.

예 1 $f(x, y) = \sqrt{16 - x^2 - y^2}$ 의 정의역을 구하고 그래프를 그린 다음 $(0, 0)$에서 극한값을 구하여라.

풀이 이 함수의 정의역은 $D = \{(x, y) | x^2 + y^2 \leq 16\}$이고, 그 그래프는 그림 11.9와 같다.

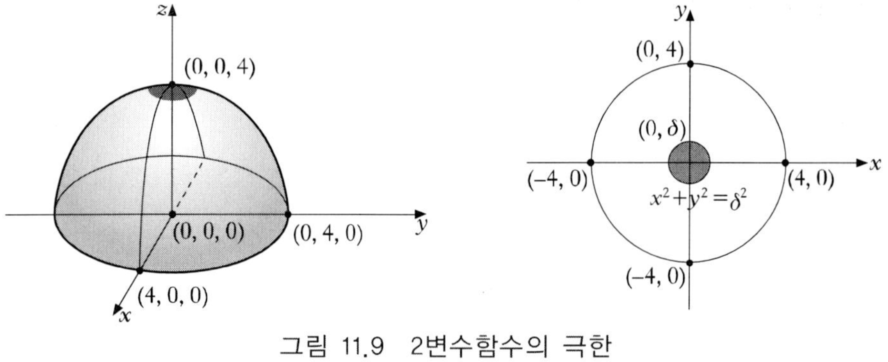

그림 11.9 2변수함수의 극한

점 (x, y)가 원점에 가까워지면, x와 y는 0에 가까워진다. 그러므로 $f(x, y)$는 4에 접근한다. 따라서

$$\lim_{(x,\ y)\to(0,\ 0)} \sqrt{16-x^2-y^2}=4$$

참고로, 만약 점 (x, y)가 작은 원 $x^2+y^2<\delta^2$안에 위치한다면,

$$f(x,\ y)=\sqrt{16-(x^2+y^2)}>\sqrt{16-\delta^2}$$

그러므로 $(0, 0)$을 중심으로 가지는 충분히 작은 원 안에서 (x, y)를 취함으로써 함수 $f(x, y)$의 값을 4에 가까워지게 할 수 있다.

(2) 2변수 함수의 연속

정의 11.4

함수 $z=f(x, y)$의 정의역에 있는 임의의 점 (a, b)에 대하여 $f(a, b)$가 존재하고 또한 $\lim\limits_{\substack{x\to a\\ y\to b}} f(x, y)$가 존재하며

$$\lim_{\substack{x\to a\\ y\to b}} f(x,\ y)=f(a,\ b)$$

가 성립하면 $f(x, y)$는 (a, b)에서 **연속**(continuous)이라고 한다.

1변수함수에서와 마찬가지로 연속함수들의 합, 차, 곱 그리고 몫(분모$\neq$0) 등은 연속함수이며, 또한 연속함수들의 합성함수도 연속이다.

예 2 $f(x, y)=x^2y^3-x^3y^2+3x+2y$는 모든 점에서 연속임을 보여라.

풀이 $f(x, y)$는 연속함수들의 곱과 뺄셈 덧셈으로 이루어져 있으므로 연속이다.

예 3 $f(x, y)=\dfrac{x+y}{x-y}$는 $(0, 0)$에서 극한값을 갖지 않는다.

풀이 점 (x, y)가 x축을 따라 $(0, 0)$에 접근하면

$$\lim_{(x, y)\to(0, 0)} \frac{x+y}{x-y} = \lim_{(x, y)\to(0, 0)} \frac{x}{x} = 1$$

이고, y축을 따라 $(0, 0)$에 접근하면

$$\lim_{(x, y)\to(0, 0)} \frac{x+y}{x-y} = \lim_{(x, y)\to(0, 0)} \frac{y}{-y} = -1$$

이므로 경로에 따라 접근하는 값이 달라진다. 따라서 극한값이 존재하지 않는다.

11.2.1 예제

1. $f(x, y) = \sqrt{25 - x^2 - y^2}$ **의** $(1, 1)$**에서 극한값을 구하여라.**

풀이 $\lim_{\substack{x \to 1 \\ y \to 1}} f(x, y) = \lim_{\substack{x \to 1 \\ y \to 1}} \sqrt{25 - x^2 - y^2} = \sqrt{23}$

2. $f(x, y) = \dfrac{x^2 - y^2}{x^2 + y^2}$**에서** $\lim_{(x, y) \to (0, 0)} f(x, y)$**의 존재성을 조사하여 보아라.**

풀이 1) 점 (x, y)가 x축을 따라 $(0, 0)$에 가까워지면

$$\lim_{\substack{x \to 0 \\ y \to 0}} \frac{x^2 - y^2}{x_2 + y^2} = \lim_{x \to 0} \frac{x^2}{x^2} = 1$$

2) 점 (x, y)가 y축을 따라 $(0, 0)$에 가까워지면

$$\lim_{\substack{x \to 0 \\ y \to 0}} \frac{x^2 - y^2}{x_2 + y^2} = \lim_{x \to 0} \frac{y^2}{y^2} = -1$$

이다. 그러므로 $f(x, y)$는 $(0, 0)$으로 접근하는 경로에 따라 두 개 이상의 접근하는 값을 가지고 있어서 극한값은 존재하지 않는다.

3. $f(x, y) = \dfrac{xy}{2x^2 + 3y^2}$**은** $(0, 0)$**에서 극한값을 갖지 않음을 보여라.**

풀이 1) (x, y)를 $y = x$인 직선을 따라 $(0, 0)$로 가까이 가면

$$\lim_{\substack{x \to 0 \\ y = x}} f(x, y) = \lim_{\substack{x \to 0 \\ y = x}} \frac{x \cdot y}{2x^2 + 3y^2} = \frac{1}{5}$$

2) (x, y)를 $y = 2x$인 직선을 따라 $(0, 0)$로 가까이 가면

$$\lim_{\substack{x \to 0 \\ y = 2x}} f(x, y) = \lim_{\substack{x \to 0 \\ y = 2x}} \frac{x \cdot x}{2x^2 + 4(2x)^2} = \frac{4}{19}$$

따라서 $\lim_{\substack{x \to 0 \\ y \to 0}} f(x, y)$는 존재하지 않는다.

4. **함수 f가**

$$f(x,\ y)=\begin{cases}\dfrac{x^2-y^2}{x^2+y^2}, & (x,\ y)\neq(0,\ 0)\\ 0, & (x,\ y)=(0,\ 0)\end{cases}$$

으로 정의되었을 때 f는 $(0,\ 0)$에서 불연속이고 그 밖의 모든 점에서는 연속임을 보여라.

풀이 점 $(x,\ y)$가 x축을 따라 원점에 가까워진다면 $y=0$이므로

$$\lim_{\substack{x\to0\\ y=0}}f(x,\ y)=\lim_{\substack{x\to0\\ y=0}}\frac{x^2}{x^2}=1$$

그러나 점 $(x,\ y)$가 y축을 따라 원점에 접근하면 $x=0$이므로

$$\lim_{\substack{x\to0\\ y=0}}f(x,\ y)=\lim_{\substack{x\to0\\ y=0}}\frac{-y^2}{y^2}=-1$$

따라서 $(0,\ 0)$에서 극한값이 존재하지 않는다. 그래서 $(0,\ 0)$에서 연속이 아니다.

5. **$f(x,\ y)=\ln(x^2+y^2-4)$이 연속이 되는 영역을 찾아라.**

풀이 $g(x,\ y)=x^2+y^2-4$라고 놓으면 $g(x,\ y)$는 모든 영역에서 연속인 함수가 된다. $h(t)=\ln t$라고 하면 h는 $t>0$일 때 연속함수가 된다. 이제

$$f(x,\ y)=h(g(x,\ y))=\ln(x^2+y^2-4)$$

이므로 $f(x,\ y)$는

$$D=\{(x,\ y)|x^2+y^2-4>0\}=\{(x,\ y)|x^2+y^2>4\}$$

에서 연속인 함수가 된다.

11.2.2 실습문제

1. 다음의 극한값을 구하여라.

1) $\lim\limits_{\substack{x\to 1 \\ y\to 1}} \dfrac{x^2-y^2}{x+y}$

2) $\lim\limits_{\substack{x\to 1 \\ y\to 2}} \dfrac{x^2}{\sqrt{y}}$

2. 다음 함수가 연속이 되는 최대영역을 찾아라.

1) $f(x,\ y)=\dfrac{x^2+y^2+1}{x^2+y^2-1}$

2) $f(x,\ y)=\begin{cases} \dfrac{xy}{x^2+y^2}, & (x,\ y)\neq(0,\ 0) \\ 0, & (x,\ y)=(0,\ 0) \end{cases}$

3) $f(x,\ y)=\begin{cases} \dfrac{e^y \sin x}{x}, & (x\neq 0) \\ e^y, & (x=0) \end{cases}$

3. $f(x,\ y,\ z)=\begin{cases} \dfrac{x+y+z)^t}{x^2+y^2+z^2}, & (x,\ y,\ z)\neq(0,\ 0,\ 0) \\ 0, & (x,\ y,\ z)=(0,\ 0,\ 0) \end{cases}$

일 때 $f(x,\ y,\ z)$가 R^3의 모든 점에서 연속이 되도록 t값을 결정하여라.

11.2.3 Homework

1. 다음의 극한값을 구하여라.

   1) $\lim\limits_{\substack{x \to \frac{1}{2} \\ y \to 2}} \cos \sqrt[3]{xy-1}$

   2) $\lim\limits_{\substack{x \to \pi \\ y \to \pi}} x \sin \frac{x-y}{4}$

2. 다음 함수가 연속이 되는 최대영역을 찾아라.

   1) $f(x,\ y,\ z) = x \ln(yz)$

   2) $f(x,\ y) = \sqrt{x+y} - \sqrt{x-y}$

11.3 편도함수

(1) 편미분과 편도함수

$f(x, y)$가 2변수함수라고 하자. 여기서 y를 일정한 값 b로 고정시키고 $g(x)=f(x, b)$라고 하면, g는 x만의 1변수함수이다. 이때

$$g'(a)=\lim_{t\to 0}\frac{g(a+t)-g(a)}{t}=\lim_{t\to 0}\frac{f(a+t, b)-f(a, b)}{t}$$

이 존재하면 $g'(a)$를 $f_x(a, b)$, $\dfrac{\partial f(a, b)}{\partial x}$ 등으로 표시한다.

마찬가지로 함수 $f(x, y)$에서 x의 값을 $x=a$로 고정시키면 $h(y)=f(a, y)$는 y만의 1변수 함수가 된다. 이 y만의 함수가 $y=b$에서의 미분계수

$$h'(b)=\lim_{h\to 0}\frac{h(b+t)-h(b)}{t}=\lim_{t\to 0}\frac{f(a+t, b)-f(a, b)}{t}$$

가 존재하면 $h'(b)$를 $f_y(a, b)$, $\dfrac{\partial f(a, b)}{\partial y}$ 등으로 표시한다.

정의 11.5

> $\dfrac{\partial f(a, b)}{\partial x}$를 점 (a, b)에서 x에 관한 f의 **편미분계수**(partial derivative with respect to x at (a, b))라고 하며, $f(x, y)$는 x에 관하여 (a, b)에서 **편미분가능**(partial differentiable)하다고 한다. 마찬가지로 $\dfrac{\partial f(a, b)}{\partial y}$는 y에 관한 f의 **편미분계수**라고 한다.

정의 11.6

함수 $f(x, y)$가 x에 관하여 편미분 가능한 모든 점 (x, y)에 대하여 편미분계수 $f_x(x, y)$를 대응시키는 함수를 $f(x, y)$의 x에 관한 **편도함수**(partial derivative)라고 하고

$$f_x,\ \frac{\partial f}{\partial x},\ f_x(x, y) \text{ 또는 } D_x f(x, y)$$

로 나타낸다. 같은 방법으로 $f(x, y)$의 y에 관한 편도함수를

$$f_y,\ \frac{\partial f}{\partial y},\ f_y(x, y) \text{ 또는 } D_y f(x, y)$$

로 표시한다. 각각의 편도함수를 구하는 것을 **편미분한다**고 한다.

따라서 $f(x, y)$의 x에 관한 편도함수를 구하는 경우에는 y를 상수로 보고 미분하고 또 y에 관한 편도함수를 구할 때는 x를 상수로 취급하여 미분하면 된다.

예 1 $f(x, y) = x + xy + y^2$일 때 $f_x(1, 0)$과 $f_y(1, 2)$를 구하여라.

풀이 $f_x(x, y) = 1 + y$, $f_y(x, y) = x + 2y$이므로
$f_x(1, 0) = 1$, $f_y(1, 2) = 1 + 4 = 5$이다.

(2) 편미분의 기하학적 의미

$z = f(x, y)$의 그래프를 다음 그림에서의 곡면이라고 하자. 지금 곡면의 한 점 $P_1(a, b)$를 정할 때 함수 $g(x) = f(x, b)$의 그래프는 곡면의 y축에 수직인 평면 $y = b$와의 교선이 된다.

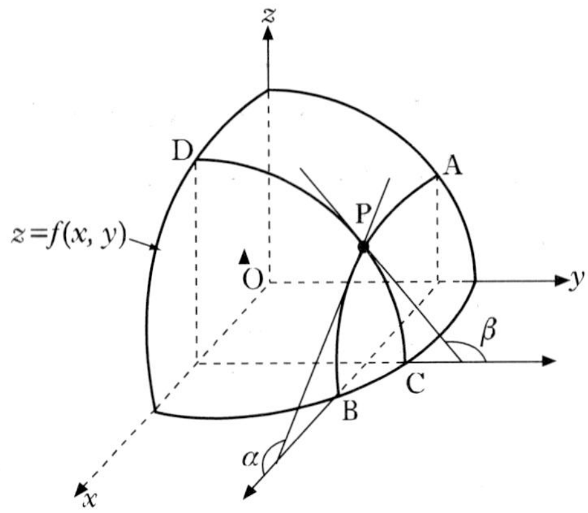

그림 11.10 편미분의 기하학적 의미

$z=f(x,\ y)$에서 함수 $f(a,\ y)$의 그래프는 곡면과 x축에 수직인 평면 $x=a$와의 교선이다. 그런데

$$f_x(a,\ b)=\lim_{\Delta x\to 0}\frac{f(a+\Delta x,\ b)-f(a,\ b)}{\Delta x}$$

$$f_y(a,\ b)=\lim_{\Delta y\to 0}\frac{f(a,\ b+\Delta y)-f(a,\ b)}{\Delta y}$$

이므로

$f_x(a,\ b)=\tan\alpha$=점 P에서 곡선 APB의 기울기

$f_y(a,\ b)=\tan\beta$=점 P에서 곡선 CPD의 기울기

가 된다. 따라서 $f_x(a,\ b)$는 $(a,\ b)$점에서 곡면 $z=f(x,\ y)$의 x축 방향으로의 기울기를 나타내며 $f_y(a,\ b)$는 $(a,\ b)$점에서 곡면 $z=f(x,\ y)$의 y축 방향으로의 기울기를 나타낸다.

(3) 2계 편도함수

$z=f(x,\ y)$의 편도함수 f_x와 f_y는 또한 x와 y의 함수이므로 또 다시 그들의 편도함수 $(f_x)_x$, $(f_x)_y$, $(f_y)_x$, $(f_y)_y$를 생각할 수 있다. 이것들은 f의 2계 편도함수(second partial derivatives)라고 하며 다음의 표기 방법을 사용한다.

$$(f_x)_x = f_{xx} = \frac{\partial}{\partial x}\left(\frac{\partial f}{\partial x}\right) = \frac{\partial^2 f}{\partial x^2} = \frac{\partial^2 z}{\partial x^2}$$

$$(f_x)_y = f_{xy} = \frac{\partial}{\partial y}\left(\frac{\partial f}{\partial x}\right) = \frac{\partial^2 f}{\partial y \partial x} = \frac{\partial^2 z}{\partial y \partial x}$$

$$(f_y)_x = f_{yx} = \frac{\partial}{\partial x}\left(\frac{\partial f}{\partial y}\right) = \frac{\partial^2 f}{\partial x \partial y} = \frac{\partial^2 z}{\partial x \partial y}$$

$$(f_y)_y = f_{yy} = \frac{\partial}{\partial y}\left(\frac{\partial f}{\partial y}\right) = \frac{\partial^2 f}{\partial y^2} = \frac{\partial^2 z}{\partial y^2}$$

f_{xy}는 우선 x에 관하여 편미분하고, 다시 y에 관하여 미분하는 것이고, 반면에 f_{yx}는 반대 순서로 계산한다.

예 2 $f(x, y) = x + xy + y^2$일 때 f_x, f_{xy}, f_y, f_{yx}를 각각 구하여라.

풀이 $f_x(x, y) = 1 + y$, $f_{xy}(x, y) = 1$

$f_y(x, y) = x + 2y$, $f_{yx}(x, y) = 1$

(4) 다변수 함수의 편미분

편도함수는 셋 또는 그 이상의 변수에 대한 함수에 대해서도 정의된다. 예를 들어 $w = f(x, y, z)$가 주어졌을 때 x에 관한 편도함수는

$$f_x(x, y, z) = \lim_{h \to 0} \frac{f(x+h, y, z) - f(x, y, z)}{h}$$

으로 정의한다. 이것은 $f_x(x, y, z)$는 y와 z를 상수로 하고, $f(x, y, z)$를 x에 관하여 미분함으로써 구하여진다.

일반적으로 n 변수함수 $u = f(x_1, x_2, \cdots, x_n)$가 주어지면, 이것의 i번째 변수 x_i에 관한 편도함수는

$$\frac{\partial u}{\partial x_i} = \lim_{h \to 0} \frac{f(x_1, \cdots, x_{i-1}, x_i + h, x_{i+1}, \cdots, x_n) - f(x_1, \cdots, x_i, \cdots, x_n)}{h}$$

으로 정의하고

$$\frac{\partial u}{\partial x_i} = \frac{\partial f}{\partial x_i} = fx_i = Dx_i f$$

로 표기한다.

f, f_x, f_y, f_{xy}, f_{yx}가 모두 연속함수일 때 2계 편도함수는 편미분을 구하는 순서와 관계 없다는 것을 끌레로(A. Clairant)가 발견했다.

정리 11.1 *Theorem*

> 함수 $z = f(x, y)$가 연속함수이고, 편도함수 f_x, f_y, f_{xy} 그리고 f_{yx}가 모두 연속함수이면 $f_{xy}(x, y) = f_{yx}(x, y)$이다.

예 3 $f(x, y) = x\cos y$일 때 f_{xy}와 f_{yx}를 구하여라.

풀이 $f_x(x, y) = \cos y$, $f_{xy}(x, y) = -\sin y$

$f_y(x, y) = -x\sin y$, $f_{yx}(x, y) = -\sin y$

11.3.1 예제

1. $f(x,\ y)=2x^2y-3xy^2$**일 때** $(1,\ 2)$**와** $(2,\ 1)$**에서의 미분계수** $f_x(1,\ 2)$**와** $f_y(2,\ 1)$**을 각각 구하여라.**

풀이 주어진 함수 f에서 y를 상수로 보고 x에 관해서 편미분하면 x에 관한 편도함수

$$\frac{\partial f}{\partial x}=f_x=4xy-3y^2$$

을 얻는다. 마찬가지로 x를 상수로 보고 y에 관하여 편미분하면 y에 관한 편도함수

$$\frac{\partial f}{\partial y}=f_y=2x^2-6xy$$

을 얻는다. 따라서

$$f_x(1,\ 2)=4\cdot 1\cdot 2-3\cdot 2^2=-4$$

$$f_y(2,\ 4)=2\cdot 2^2-6\cdot 2\cdot 1=-4$$

2. $z=e^{-2y}\cos(x+y)$**의** $\dfrac{\partial z}{\partial x}$**와** $\dfrac{\partial z}{\partial y}$**를 구하여라.**

풀이 y를 상수로 취급하여 미분하면

$$\frac{\partial z}{\partial x}=-e^{2y}\sin(x+y)$$

x를 상수로 취급하여 미분하면

$$\frac{\partial z}{\partial y}=-e^{-2y}\sin(x+y)-2e^{-2y}\cos(x+y)$$

$$=-e^{-2y}\{\sin(x+y)+2\cos(x+y)\}$$

3. $f(x, y)=|x+y|$로 정의된 함수는 점 $(0, 0)$에서 x 및 y에 관하여 편미분 가능하지 않음을 보여라.

풀이 $\lim_{h\to 0}\frac{f(0+h, 0)-f(0, 0)}{h}=\lim_{h\to 0}\frac{|h|}{h}$

이므로 (0, 0)에서 극한값이 존재하지 않는다. 따라서 주어진 함수 f는 (0, 0)에서 x에 관하여 편미분 가능하지 않다. 마찬가지로 f는 (0, 0)에서 y에 관하여 편미분 가능하지 않다.

4. $f(x, y)=\cos\left(\frac{x}{1-y}\right)$일 때 $\frac{\partial f}{\partial x}$와 $\frac{\partial f}{\partial y}$를 구하여라.

풀이 일변수함수에 관한 합성함수미분법을 사용하면

$$\frac{\partial f}{\partial x}=-\sin\left(\frac{x}{1-y}\right)\frac{\partial}{\partial x}\left(\frac{x}{1-y}\right)=-\sin\left(\frac{x}{1-y}\right)\cdot\frac{1}{1-y}$$

$$\frac{\partial f}{\partial y}=-\sin\left(\frac{x}{1-y}\right)\frac{\partial}{\partial y}\left(\frac{x}{1-y}\right)=-\sin\left(\frac{x}{1-y}\right)\cdot\frac{x}{(1-y)^2}$$

5. $f(x, y)=x\cos y+ye^x$ 일 때 $\frac{\partial f}{\partial x}$, $\frac{\partial^2 f}{\partial y\partial x}$, $\frac{\partial f}{\partial y}$, $\frac{\partial^2 f}{\partial x\partial y}$, $\frac{\partial^2 f}{\partial x^2}$, $\frac{\partial^2 f}{\partial y^2}$ 들을 각각 구하여라.

풀이 $\frac{\partial f}{\partial x}=\cos y+ye^x$가 되고 다시 편미분 하면

$$\frac{\partial}{\partial y}\left(\frac{\partial f}{\partial x}\right)=-\sin y+e^x=\frac{\partial^2 f}{\partial y\partial x}$$

$$\frac{\partial}{\partial x}\left(\frac{\partial f}{\partial x}\right)=ye^x=\frac{\partial^2 f}{\partial x^2}$$

가 된다.

$$\frac{\partial f}{\partial y}=-x\sin y+e^x$$

가 되고 다시 편미분하여

$$\frac{\partial}{\partial x}\left(\frac{\partial f}{\partial y}\right)=-\sin y+e^x=\frac{\partial^2 f}{\partial x\partial y}$$

$$\frac{\partial}{\partial y}\left(\frac{\partial f}{\partial y}\right)=-x\cos y=\frac{\partial^2 f}{\partial y^2}$$

가 된다.

6. $f(x, y, z)=\cos(3x+yz)$**일 때** f_{xyz}**를 구하여라.**

풀이 $f_x(x, y, z)=-3\sin(3x+yz)$

$f_{xy}(x, y, z)=-3z\cos(3x+yz)$

$f_{xyz}(x, y, z)=-3\cos(3x+yz)+3zy\sin(3x+yz)$

7. $f(x, y)=\begin{cases} \dfrac{xy}{x^2+y^2}, & (x, y)\neq(0, 0) \\ 0, & (x, y)=(0, 0) \end{cases}$ **일 때** $f_x(0, 0)=0$, $f_y(0, 0)=0$**임을 보여라.**

풀이 $f_h(0, 0)=\lim_{h\to 0}\dfrac{f(h, 0)-(0, 0)}{h}=\lim_{h\to 0}\dfrac{0-0}{h}=0$

$$f_y(0, 0)=\lim_{h\to 0}\frac{f(0, h)-f(0, 0)}{h}=\lim_{h\to 0}\frac{0-0}{h}=0$$

8. $f(x, y)=\begin{cases} \dfrac{xy(x^2-y^2)}{x^2+y^2}, & (x, y)\neq(0, 0) \\ 0, & (x, y)=(0, 0) \end{cases}$ **일 때** $f_{xy}(0, 0)\neq f_{yz}(0, 0)$**임을 보여라.**

풀이 $(x, y)\neq(0, 0)$일 때

$$f_x(x, y)=y\left\{\frac{x^2-y^2}{x^2+y^2}+\frac{4x^2y^2}{(x^2+y^2)^2}\right]$$

$$f_y(x, y)=x\left[\frac{x^2-y^2}{x^2+y^2}+\frac{4x^2y^2}{(x^2+y^2)^2}\right]$$

이므로 $f_x(0, y)=-y$, $f_y(x, 0)=x$가 되고,

$(x, y)=(0, 0)$일 때

$$f_x(0, 0)=\lim_{h\to 0}\frac{f(h, 0)-f(0, 0)}{h}=0$$

$$f_y(0, 0)=\lim_{h\to 0}\frac{f(0, h)-f(0, 0)}{h}=0$$

가 되어 $f_{xy}(0, 0)$은 다음과 같다.

$$f_{xy}(0, 0)=\lim_{h\to 0}\frac{f_x(0, h)-f_x(0, 0)}{h}=\frac{-h}{h}=-1$$

$$f_{yz}(0, 0)=\lim_{h\to 0}\frac{f_y(h, 0)-f_y(0, 0)}{h}=\lim_{h\to 0}\frac{h}{h}=1$$

11.3.2 실습문제

1. $f(x, y) = xe^{-y} + 3y$일 때 $f_y(1, 0)$을 구하여라.

2. $f(x, y) = \int_x^y \ln(\sin t)dt$에서 $f_x(x, y)$와 $f_y(x, y)$를 구하여라.

3. $f(x, y) = \tan^{-1}(y^2x)$일 때 $f_x(\sqrt{5}, -2)$와 $f_y(\sqrt{5}, -2)$를 구하여라.

4. $f(x, y) = x^2\tan^{-1}\frac{y}{x} - y^2\tan^{-1}\frac{x}{y}$일 때 $\frac{\partial^2 f}{\partial x \partial y}$를 구하여라.

11.3.3 Homework

1. $f(x, y, z) = xyz$일 때 $f_y(0, 1, 2)$를 구하여라.

2. $f(x, y) = \int_x^y e^{\cos t} dt$에서 $f_x(x, y)$와 $f_y(x, y)$를 구하여라.

3. $f(x, y) = \sin^2 x \cos y$일 때 $f_{xy}(x, y) = f_{yx}(x, y)$가 성립함을 보여라.

11.4 연쇄 법칙과 음함수의 미분법

(1) 연쇄법칙으로 편미분하기

함수 $z=f(x, y)$에서 변수 x, y가 각각 또 다른 변수 t의 함수로서 주어질 때 함수 f는 t의 1변수함수가 되므로 f의 도함수 $\frac{df}{dt}$를 생각할 수 있다. 이 때 함수 f에 $x=x(t)$, $y=y(t)$를 대입하여 직접 t에 관하여 미분하여 $\frac{df}{dt}$를 구할 수 있으나 이 방법은 대부분 복잡하다. 이와 같은 경우에 연쇄법칙의 정리가 필요하다.

정리 11.2 *Theorem*

> $z=f(x, y)$의 편도함수 f_x, f_y는 연속이며, $x=g(t)$, $y=h(t)$로 주어진, t에 관하여 미분가능한 함수라고 하자. 그러면 z는 t의 미분가능한 함수이며
>
> $$\frac{dz}{dt}=\frac{\partial z dx}{\partial x dt}+\frac{\partial z dy}{\partial y dt}$$

예 4 $z=x+y^2$이고 $x=t$, $y=1+t^2$일 때 $\frac{dz}{dt}$를 구하여라.

풀이 $$\frac{dz}{dt}=\frac{\partial z}{\partial x}\frac{dx}{dt}+\frac{\partial z}{\partial y}\frac{dy}{dt}$$
$$=(1)(1)+(2y)(2t)=1+2(1+t^2)\cdot 2t=1+4t+4t^3$$

함수 $z=f(x, y)$에서 변수 x, y가 각각 또 다른 변수 s, t의 함수이면, 즉 $x=u(s, t)$, $y=v(s, t)$이면, 함수 f는 s와 t의 함수가 된다. 따라서 f의 s와 t에 관한 편도함수 $\frac{\partial f}{\partial s}$와 $\frac{\partial f}{\partial t}$를 생각할 수 있고, 연쇄법칙에 관한 다음의 정리들을 사용하면 이 편도함수를 쉽게 구할 수 있다.

정리 11.3 *Theorem*

$z=f(x, y)$는 연속인 편도함수 $\frac{\partial z}{\partial x}$, $\frac{\partial z}{\partial y}$를 가지며, $x=u(s, t)$, $y=v(s, t)$는 s와 t의 편미분 가능한 함수라고 하자. 그러면 z는 s와 t의 2변수함수이고 다음이 성립한다.

$$\frac{\partial z}{\partial s}=\frac{\partial z}{\partial x}\frac{\partial x}{\partial s}+\frac{\partial z}{\partial y}\frac{\partial y}{\partial s}$$

$$\frac{\partial z}{\partial t}=\frac{\partial z}{\partial x}\frac{\partial x}{\partial t}+\frac{\partial z}{\partial y}\frac{\partial y}{\partial t}$$

$w=f(x, y, z)$가 연속인 1계 편도함수를 가지며 또 x, y 및 z가 각각 s와 t의 연속함수이고 1계 편도함수를 가지면 다음이 성립한다.

$$\frac{\partial f}{\partial s}=\frac{\partial f}{\partial x}\frac{\partial x}{\partial s}+\frac{\partial f}{\partial y}\frac{\partial y}{\partial s}+\frac{\partial f}{\partial z}\frac{\partial z}{\partial s}$$

$$\frac{\partial f}{\partial t}=\frac{\partial f}{\partial x}\frac{\partial x}{\partial t}+\frac{\partial f}{\partial y}\frac{\partial y}{\partial t}+\frac{\partial f}{\partial z}\frac{\partial z}{\partial t}$$

$z=f(x, y)$, $y=g(x)$으로 주어지면 $z=f(x, g(x))$이므로 f는 x만의 1변수함수가 된다. 따라서

$$\frac{dz}{dx}=\frac{\partial f}{\partial x}\frac{\partial x}{\partial x}+\frac{\partial f}{\partial y}\frac{\partial y}{\partial x}$$

이 성립하여 다음이 성립한다.

$$\frac{dz}{dx}=\frac{\partial f}{\partial x}+\frac{\partial f}{\partial y}\frac{\partial y}{\partial x}$$

마찬가지로 $u=f(x, y, z)$, $y=g(x)$, $z=h(x)$으로 주어지면 $u=f(x, g(x), h(x))$이므로 u는 x만의 1변수함수가 된다. 위와 같은 방법으로

$$\frac{du}{dx}=\frac{\partial f}{\partial x}+\frac{\partial f}{\partial y}\frac{dy}{dx}+\frac{\partial f}{\partial z}\frac{dz}{dx}$$

를 얻는다.

예 5 $u=2xy,\ x=se^t,\ y=s\cdot \sin t$일 때 $\frac{\partial z}{\partial s},\ \frac{\partial z}{\partial t}$를 각각 구하여라.

풀이 $\frac{\partial u}{\partial x}=2y,\ \frac{\partial u}{\partial y}=2x,\ \frac{\partial x}{\partial s}=e^t,\ \frac{\partial y}{\partial s}=\sin t,\ \frac{\partial x}{\partial t}=se^t,\ \frac{\partial y}{\partial t}=s\cdot\cos t$

이므로

$$\frac{\partial z}{\partial s}=2y\cdot e^t+2x\cdot \sin t=2s\cdot\sin t\cdot e^t+2s\cdot e^t\cdot \sin t$$

$$=4s\cdot e^t\cdot\sin t$$

$$\frac{\partial z}{\partial t}=2y\cdot se^t+2x\cdot s\cdot\cos t$$

$$=2s\cdot\sin t\cdot se^t+2se^t\cdot s\cos t$$

$$=2s^2e^t\sin t+2s^2e^t\cos t$$

(2) 음함수의 미분법

연쇄법칙 공식은 우리가 앞에서 취급한 음함수의 미분법에 이용될 수 있다. 함수 $y=f(x)$가 $F(x,\ y)=0$과 같이 음함수로 정의되어 있으면,

$$\frac{dF}{dx}=\frac{\partial F}{\partial x}+\frac{\partial F dy}{\partial y dx}$$

이므로

$$0=\frac{\partial F}{\partial x}+\frac{\partial F\cdot dy}{\partial y\cdot dx}$$

를 얻는다.

즉, $\frac{\partial F}{\partial y}\neq 0$에 대하여 다음의 음함수 미분법이 성립한다.

$$\frac{dy}{dx}=-\frac{\frac{\partial F}{\partial x}}{\frac{\partial F}{\partial y}}$$

같은 방법으로 방정식 $F(x,\ y,\ z)=0$ 같이 z를 x와 y의 음함수로 정의한다면 다

음의 음함수 미분법이 성립한다.

$$\frac{\partial z}{\partial x}=-\frac{\dfrac{\partial F}{\partial x}}{\dfrac{\partial F}{\partial z}},\quad \frac{\partial z}{\partial y}=-\frac{\dfrac{\partial F}{\partial y}}{\dfrac{\partial F}{\partial z}}$$

예 6 $x^2-y^2=1$에서 $\dfrac{dy}{dx}$를 구하여라.

풀이 $F(x,\ y)=x^2-y^2-1=0$이라 하면

$\dfrac{\partial F}{\partial x}=2x,\quad \dfrac{\partial F}{\partial y}=-2y$이므로 음함수 미분법에 의하여

$$\frac{dy}{dx}=-\frac{\dfrac{\partial F}{\partial x}}{\dfrac{\partial F}{\partial y}}=-\frac{2x}{-2y}=\frac{x}{y}$$

11.4.1 예제

1. $z=3x-y^2$ **이고** $x=t,\ y=2t^2+t$ **일 때** $\frac{dz}{dt}$ **를 구하여라.**

풀이 연쇄법칙에 의하여 $\frac{dz}{dt}=\frac{\partial z dx}{\partial x dt}+\frac{\partial z dy}{\partial y dt}$ 를 이용하자.

$$\frac{\partial z}{\partial x}=3,\ \frac{\partial z}{\partial y}=-2y,\ \frac{dx}{dt=1,}\ \frac{dy}{dt}=4t+1$$

이므로

$$\begin{aligned}\frac{dt}{dt}&=3\cdot 1+(-2y)\cdot(4t+1)\\&=3-2(t^2+t)(4t+1)\\&=-16t^3-12t^2-t+3\end{aligned}$$

2. $f(x,\ y,\ z)=x^2+y^2+z^2,\ x=t^2,\ y=t+1,\ z=2t$ **일 때** $\frac{df}{dt}$ **를 구하여라.**

풀이 $\frac{\partial f}{\partial x}=2x,\ \frac{\partial f}{\partial y}=2y,\ \frac{\partial f}{\partial z}=2z,\ \frac{dx}{dt}=2t,\ \frac{dy}{dt}=1,\ \frac{dz}{dt}=2$

이므로 연쇄 법칙에 의하여

$$\begin{aligned}\frac{df}{dt}&=2x\cdot 2t+2y\cdot 1+2z\cdot 2\\&=4t^3+2(t+1)+8t\end{aligned}$$

3. $f(x,\ y) = xy$이고 $x = t^4,\ y = \sqrt{t}$ 로 주어졌을 때 $\frac{df}{dt}$를 구하여라.

풀이 $\frac{df}{dt} = \frac{\partial f dx}{\partial x dt} + \frac{\partial z dy}{\partial y dt} = y4t^3 + x \cdot \frac{1}{2\sqrt{t}} = \frac{9t^3}{2\sqrt{t}}$

4. $f(x,\ y,\ z) = xy + z$이고 $x = \cos t,\ y = \sin t,\ z = t$일 때 $\frac{df}{dt}$를 t에 관한 함수로 나타내어라.

풀이 $\frac{df}{dt} = \frac{\partial f dx}{\partial x dt} + \frac{\partial f dy}{\partial y dt} + \frac{\partial f dz}{\partial z dt}$

$= y(-\sin t) + x(\cos t) + 1(1)$

$= -\sin^2 t + \cos^2 t + 1$

$= 1 + \cos 2t$

5. $z = e^{xy},\ x = 3s + 2t,\ y = 4s - 2t$ 로 주어졌을 때, $\frac{\partial z}{\partial s}$와 $\frac{\partial z}{\partial t}$를 구하여라.

풀이 $z = e^{xy},\ \frac{\partial z}{\partial y} = xe^{xy},\ \frac{\partial x}{\partial s} = 3,\ \frac{\partial y}{\partial s} = 4,\ \frac{\partial x}{\partial t} = 2,\ \frac{\partial y}{\partial t} = -2$

이므로

$$\frac{\partial z}{\partial s} = \frac{\partial z \partial x}{\partial x \partial s} + \frac{\partial z \partial y}{\partial y \partial s}$$

$$= ye^{xy} \cdot 2 + xe^{xy}(-2) = (2y - 2x)e^{xy}$$

$$\frac{dz}{dt} = \frac{\partial z \partial y}{\partial y \partial t} + \frac{\partial z \partial y}{\partial y \partial t}$$

$$= ye^{xy} \cdot 2 + xe^{xy}(-2) = (2y - 2x)e^{xy}$$

6. $z=f(x,\ y)=4x-y^2,\ y=2x^2+x$ **일 때** $\dfrac{dz}{dx}$ **를 구하여라.**

풀이 $\dfrac{\partial f}{\partial x}=4,\ \dfrac{\partial f}{\partial y}=-2,\ \dfrac{\partial y}{\partial x}=4x+1$이므로

$$\begin{aligned}\frac{dz}{dx}&=\frac{\partial f}{\partial x}+\frac{\partial f dy}{\partial y dx}\\&=4+(-2y)(4x+1)\\&=4-2(2x^2+x)(4x+1)\end{aligned}$$

7. $x^2+y^2-2xy=0$**에서** $\dfrac{dy}{dx}$ **를 구하여라.**

풀이 $F(x,\ y)=x^2+y^2-2xy=0$이라고 하면

$$\frac{\partial F}{\partial x}=2x-2y,\ \frac{\partial F}{\partial y}=2y-2x$$

이므로 음함수 미분법에 의하여

$$\frac{dy}{dx}=-\frac{2x-2y}{2y-2x}=1$$

8. $F(x,\ y,\ z)=x^3e^{y+z}-y\sin(x-z)=0$**에서** $\dfrac{\partial z}{\partial x}$ **와** $\dfrac{\partial z}{\partial y}$ **를 구하여라.**

풀이 $\dfrac{\partial F}{\partial x}=3x^2e^{y+z}-y\cos(x-z)$

$$\frac{\partial F}{\partial y}=x^3e^{y+z}-\sin(x-z)$$

$$\frac{\partial F}{\partial z}=x^3e^{y+z}+y\cos(x-z)$$

따라서 음함수 미분법에 의하여 다음을 얻는다.

$$\frac{\partial z}{\partial x}=-\frac{3x^2e^{y+z}-y\cos(x-z)}{x^3e^{y+z}+y\cos(x-z)}$$

$$\frac{\partial z}{\partial y}=-\frac{x^3e^{y+z}-\sin(x-z)}{x^3e^{y+z}+y\cos(x-z)}$$

11.4.2 실습문제

1. $f(x,\ y)=xy^2$이고 $x=2\cos t,\ y=\sin t$일 때 $\dfrac{df}{dt}$를 구하여라.

2. $z=f(t)$이고 $t=\dfrac{x+y}{xy}$일 때

$$x^2\frac{\partial z}{\partial x}=y^2\frac{\partial z}{\partial y}$$

임을 보여라.

3. $f(x,\ y)=x^2(\ln x-\ln y)$일 때

1) 모든 $k>0$에 대하여 $f(kx,\ ky)=k^2f(x,\ y)$임을 보여라.

2) $xf_x+yf_y=2f$임을 보여라.

3) $f_x(kx,\ ky)=kf_x(x,\ y)$임을 보여라.

4. $F(u,\ v)=e^{u^2+v^2},\ u=x\sin y,\ v=y\sin x$일 때 $\dfrac{\partial F}{\partial x}=\dfrac{\partial F}{\partial y}$를 구하여라.

11.4.3 Homework

1. $f(x,\ y) = x^3 + y^3$이고 $x = 2r + e^s,\ y = \ln s$일 때 $\dfrac{\partial f}{\partial r}$를 구하여라.

2. $F(u,\ v) = ve^{-u},\ u = \tan^{-1}(xyz),\ v = \ln(xy + yz)$일 때 $\dfrac{\partial F}{\partial x},\ \dfrac{\partial F}{\partial y},\ \dfrac{\partial F}{\partial z}$를 구하여라.

3. $F(x,\ ,y\ ,z) = \tan^{-1}\left(\dfrac{xy}{z}\right),\ x = \ln t,\ y = t^2,\ z = t$일 때 $\dfrac{\partial F}{\partial t}$를 구하여라.

4. $xy - z^2 + 2xyz = 0$일 때 $\dfrac{\partial z}{\partial x},\ \dfrac{\partial z}{\partial y}$를 구하여라.

5. $e^y \sec xz - \tan^{-1}(x + y + z) = 0$일 때 $\dfrac{\partial z}{\partial x},\ \dfrac{\partial z}{\partial y}$를 구하여라.

11.5 접평면과 접평면의 법선, 전미분

(1) 접평면의 방정식

정리 11.4 *Theorem*

> 공간에서, 곡면 $z=f(x,\ y)$ 위의 점 $P(x_0,\ y_0,\ z_0)$에서 접평면의 방정식은
>
> $$z-z_0=f_x(x_0,\ y_0)(x-x_0)+f_x(x_0,\ y_0)(y-y_0)$$
>
> 또는 $F(x,\ y,\ z)=f(x,\ y)-z=0$으로 변환하여
>
> $$\nabla F(x_0,\ z_0,\ y_0)\cdot(x-x_0,\ y-y_0,\ z-z_0)=0$$
>
> 이다.

곡면 $z=f(x,\ y)$ 위의 점 $P(x_0,\ y_0,\ z_0)$에서 접평면의 방정식을 구해 보자. C_1과 C_2는 곡면을 평면 $y=y_0$, $x=x_0$로 각각 잘랐을 때 생기는 곡면 위의 곡선이라고 하자. T_1과 T_2를 $P(x_0,\ y_0)$ 점에서 각각 x축과 y축에 평행한 접선이라고 하면 점 P에서 접평면은 T_1과 T_2를 포함하는 평면으로 정의한다.

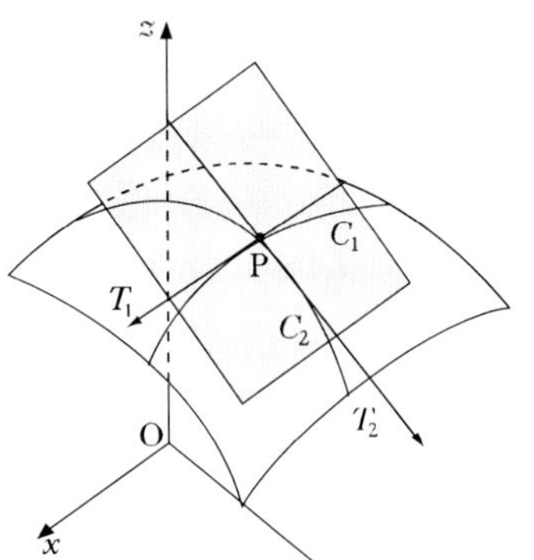

그림 11.11 접평면

일반적으로 점 $P(x_0, y_0, z_0)$를 지나는 평면의 방정식은

$$A(x-x_0)+B(y-y_0)+C(z-z_0)=0$$

의 형태로 주어진다. 여기서 $a=\frac{-A}{C}$, $b=\frac{-B}{C}$라고 놓으면

$$z-z_0=a(x-x_0)+b(y-y_0)$$

이다. 이 방정식에서 $y=y_0$이고 xz 평면에 평행한 평면으로 자른 단면은

$$z-z_0=a(x-x_0)$$

인 곡선이다. 이 곡선의 기울기는 접선 T_1의 기울기인 $f_x(x_0, y_0)$이다. 마찬가지로 $x=x_0$이고 yz 평면에 평행한 평면으로 자른 단면은

$$z-z_0=b(y-y_0)$$

인 곡선이고, 기울기는 접선 T_2의 기울기인 $f_y(x_0, y_0)$이다. 따라서 접평면의 방정식은

$$z-z_0=f_x(x_0, y_0)(x-x_0)+f_x(x_0, y_0)(y-y_0)$$

이다.

예 7 점(0, 0, 1)에서 곡면 $x^2+y^2+z^2=1$의 접평면을 구하여라.

풀이 $F(x, y, z)=x^2+y^2+z^2-1$이라 하자.

그러면 $F_x(x, y, z)=2x$, $F_{y(x,} y, z)=2y$, $F_z(x, y, z)=2z$이다.

$F_x(0, 0, 1)=0$, $F_y(0, 0, 1)=0$, $F_z(0, 0, 1)=2$이므로

$\nabla F(0, 0, 1)=(0, 0, 2)$

따라서 접평면의 방정식은

$0\cdot(x-0)+0\cdot(y-0)+2\cdot(z-1)=0$에서

$z=1$이 된다.

다른 방법으로 접평면 방정식을 구해보자. 주어진 곡면 $z=f(x, y)$는

$$F(x, y, z)=f(x, y)-z=0$$

으로 표시할 수 있다.

곡면 위를 움직이는 임의의 매개 변수 방정식

$$x = x(t),\ y = y(t),\ z = z(t)$$

를 잡자. 매개변수로 표시되는 곡선 r을

$$r(t) = (x(t),\ y(t),\ z(t))$$

으로 표시하면 $\dfrac{dr}{dt}$는 곡선의 접선 벡터이고

$$\frac{dr}{dt} = \left(\frac{dx(t)}{dt},\ \frac{dy(t)}{dt},\ \frac{dz(t)}{dt}\right)$$

이다. 한편 $F(x,\ y,\ z) = 0$에서 양변을 t에 관하여 미분하면 연쇄법칙에 의하여

$$\frac{dF}{dt} = \frac{\partial F dx}{\partial x dt} + \frac{\partial F dy}{\partial y dt} + \frac{\partial F dz}{\partial z dt} = 0 \tag{1}$$

를 얻는다.

이제 $\nabla F = \left(\dfrac{\partial F}{\partial x},\ \dfrac{\partial F}{\partial y},\ \dfrac{\partial F}{\partial z}\right)$라고 놓으면 (여기서 ∇F는 "그래디언트 F" 혹은 델F 라고 읽는다) 위의 식(1)은

$$\nabla F \cdot \frac{dr}{dt} = 0$$

으로 표시할 수 있다. 이것은 곡선의 접선벡터와 ∇F가 수직이 됨을 의미한다.

따라서 접평면에 있는 임의의 점 $(x,\ y,\ z)$를 잡으면 벡터$(x - x_0,\ y - y_0,\ z - z_0)$는 접평면 위에 놓이는 벡터이고

$$\nabla F(x_0,\ y_0,\ z_0) \cdot (x - x_0,\ y - y_0,\ z - z_0) = 0$$

이 된다. 이것을 풀어 쓰면

$$F_x(x_0,\ y_0,\ z_0)(x - x_0) + F_y(x_0,\ y_0,\ z_0)(y - y_0) + F_y(x_0,\ y_0,\ z_0)(z - z_0) = 0$$

이고,

$$F_x(x_0,\ y_0,\ z_0) = f_x(x_0,\ y_0)$$

$$F_y(x_0,\ y_0,\ z_0) = f_y(x_0,\ y_0)$$

$$F_z(x_0,\ y_0,\ z_0) = -1$$

이므로 접평면에 있는 모든 점 $P(x,\ y,\ z)$들은 다음과 같은 방정식

$$f_x(x_0,\ z_0)(x - x_0) + f_y(x_0,\ y_0)(y - y_0) - (z - z_0) = 0$$

을 만족한다. 즉, 접평면의 방정식은

$$z - z_0 = f_x(x_0,\ z_0)(x - x_0) + f_y(x_0,\ y_0)(y - x_0)$$

이다.

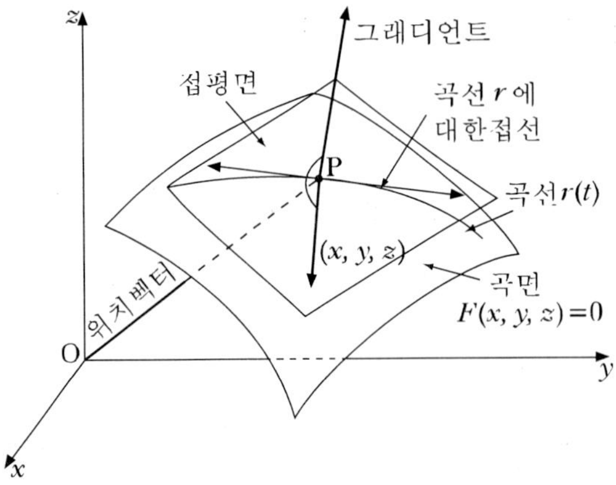

그림 11.12 접평면과 법선

(2) 곡면의 법선 방정식

곡면 $z = f(x,\ y)$ 위의 점 $P(x_0,\ y_0,\ z_0)$에서 접평면에 수직인 법선의 방정식은

$$x = x_0 + tF_x(x_0,\ y_0,\ z_0)$$
$$y = y_0 + tF_y(x_0,\ y_0,\ z_0)$$
$$z = z_0 + tF_z(x_0,\ y_0,\ z_0)$$

즉,

$$\frac{x - x_0}{F_x(x_0,\ y_0,\ z_0)} = \frac{y - y_0}{F_y(x_0,\ y_0,\ z_0)} = \frac{z - z_0}{F_z(x_0,\ y_0,\ z_0)}$$

이다.

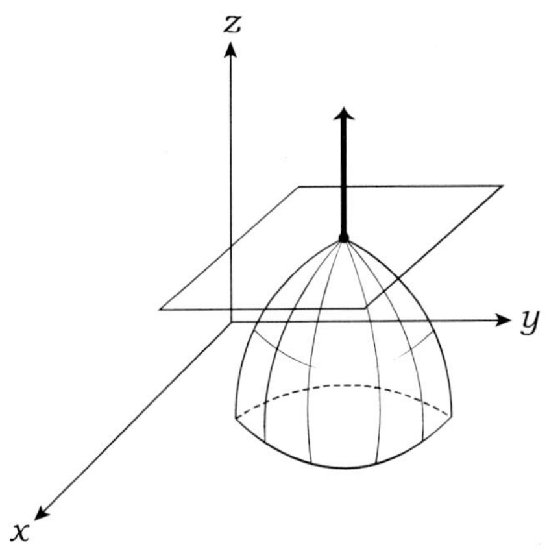

그림 11.13 곡면의 법선벡터

예 8 곡면 $x^2+y^2+z^2=1$ 위의 점 (0, 0, 1)에서 접평면에 수직인 법선방정식을 구하여라.

풀이 $x_0=y_0=0,\ F_x(0,\ 0,\ 1)=F_y(0,\ 0,\ 1)=0$이고 $F_z(0,0,1)=2$이므로 $z=1+2t$가 된다.

(3) 전미분

정의 11.7

$z=f(x,\ y)$로 정의된 2변수 함수 f가 연속인 1계 편도함수들을 갖는다고 하자.

1) 두 독립변수 x와 y의 미분을 각각 x의 증분 Δx와 y의 증분 Δy로 정의하고 각각 $dx,\ dy$로 나타낸다. 즉

$$dx=\Delta x,\ dy=\Delta y$$

2) 점 $(x,\ y)$에서 z의 전미분(total differential)을

$$dz=f_x(x,\ y)dx+f_y(x,\ y)dy$$

로 정의한다.

(4) 전미분의 기하학적 의미

$z=f(x,\ y)$에서 $x,\ y$의 증분을 각각 $\Delta x,\ \Delta y$라고 할 때 z에 대응하는 증분 Δz는 다음과 같다.

$$\Delta z=f(x+\Delta x,\ y+\Delta y)-f(x,\ y)$$

그러면

$$\Delta z=f(x+\Delta x,\ y+\Delta y)-f(x,\ y+\Delta y)+f(x,\ y+\Delta y)-f(x,\ y)$$

이므로 $z=f(x,\ y)$가 연속인 편도함수를 가졌다고 하면 평균값 정리에 의하여

$$\Delta z=f_x(x+\theta_1\Delta x,\ y+\Delta y)\Delta x+f_y(x,\ y+\theta_2\Delta y)\Delta y$$

가 되고 $f_x,\ f_y$는 연속 함수이므로 $\Delta x,\ \Delta y$를 충분히 작게 잡으면,

$$\Delta z\approx\frac{\partial z}{\partial x}\Delta x+\frac{\partial z}{\partial y}\Delta y$$

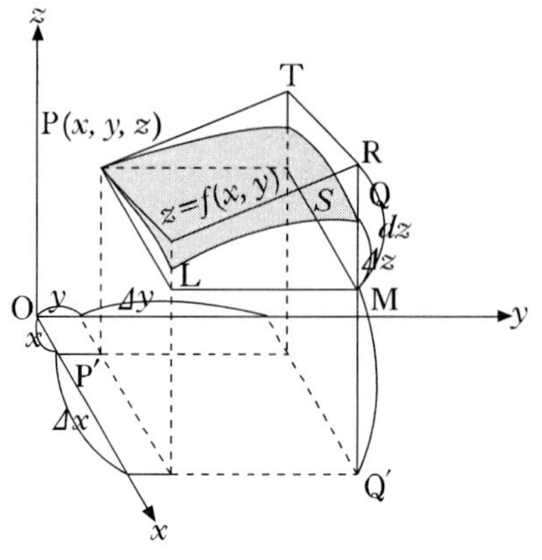

그림 11.14 전미분의 기하학적 의미

예 9 $z=x+y^2$에서 $x=0,\ y=1,\ \Delta x=0.1,\ \Delta y=0.2$일 때 Δz와 dz를 구하여라.

풀이 $\Delta z=(x+\Delta x)+(y+\Delta y)^2=0.1+(1+0.2)^2=1.54$

$\dfrac{dz}{dx}=1,\ \dfrac{dz}{dy}=2y$이므로

$$dz=\frac{dz}{dx}\cdot\Delta x+\frac{dz}{dy}\cdot 2y=(1)\cdot(0.1)+(2)\cdot(1)\cdot(0.2)=0.5$$

11.5.1 예제

1. 점 $(1,\ 1,\ 1)$에서 곡면 $x^2+xyz-z^3=1$의 접평면과 법선을 구하여라.

풀이 $F(x,\ y,\ z)=x^2+xyz-z^3-1$이라고 하자 그러면

$$F_x(x,\ y,\ z)=2x+yz, \qquad F_x(1,\ 1,\ 1)=3$$

$$F_y(x,\ y,\ z)=xz, \qquad F_y(1,\ 1,\ 1)=1$$

$$F_z(x,\ y,\ z)=xy-3z^2, \qquad F_z(1,\ 1,\ 1)=-2$$

$$\nabla F(1,\ 1,\ 1)=(3,\ 1,\ -2)$$

따라서 평면의 방정식은

$$3(x-1)+(y-1)-2(z-1)=0$$

이 된다. 간단히 하여

$$3x+y-2z=2$$

곡면에 수직인 법선의 방정식은

$$x=1+3t,\ y+1+t,\ z=1-2t$$

에서

$$\frac{x-1}{3}=\frac{y-1}{1}=\frac{z-1}{-2}$$

2. 점 $(1,\ 2,\ 4)$에서 곡면 $z=f(x,\ y)=9-x^2-y^2$의 접평면과 법선의 방정식을 구하여라.

풀이 곡면의 그래프는 아래와 같다.

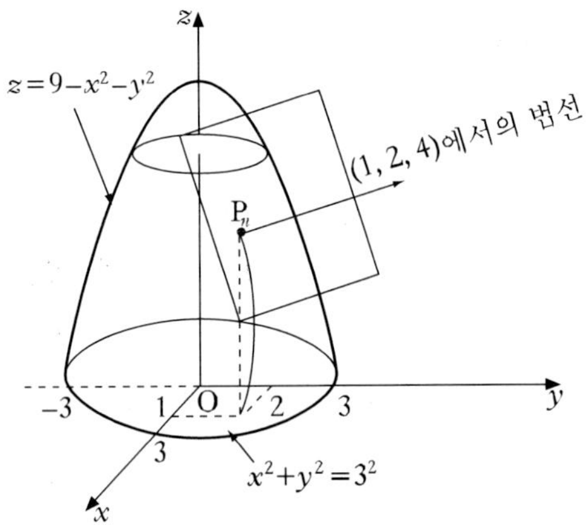

그림 11.15 곡면과 접평면

여기서

$$F(x,\ y,\ z) = 0 - x^2 - y^2 - z$$

라고 놓으면

$$F_x(x,\ y,\ z) = -2x, \qquad F_x(1,\ 2,\ 4) = -2$$

$$F_y(x,\ y,\ z) = -2y, \qquad F_y(1,\ 2,\ 4) = -4$$

$$F_z(x,\ y,\ z) = -1, \qquad F_z(1,\ 2,\ 4) = -1$$

$$\nabla F(1,\ 2,\ 4) = (-2,\ -4,\ -1)$$

따라서 접평면의 방정식은

$$(-2)(x-1) + (-4)(y-2) + (-1)(z-4) = 0$$

에서

$$2x + 2y + z = 14$$

이고 법선의 방정식은

$$x = 1 - 2t,\ y = 2 - 4t,\ z = 4 - t$$

에서

$$\frac{x-1}{2} = \frac{y-2}{4} = z - 4$$

이다.

3. $z=\sqrt{x^2+y^2}$ **에서 전미분** dz**를 구하여라.**

풀이 $\dfrac{\partial z}{\partial x}=\dfrac{x}{\sqrt{x^2+y^2}}$, $\dfrac{\partial z}{\partial y}=\dfrac{y}{\sqrt{x^2+y^2}}$

이므로

$$dz=\frac{\partial z}{\partial x}dx+\frac{\partial z}{\partial y}dy$$

$$=\frac{x}{\sqrt{x^2+y^2}}dx+\frac{y}{\sqrt{x^2+y^2}}dy$$

4. $f(x,\ y)=x^2y^3$ **에서** $x=2,\ y=1,\ \triangle x=0.1,\ \triangle y=0.05$ **일 때** $\triangle f$**와** df**를 계산하여라.**

풀이 $\triangle f=f(x+\triangle x,\ y+\triangle y)-f(x,\ y)$

$=f(2+0.1,\ 1+0.05)-f(2,\ 1)$

$=(2.1)^2(1.05)^2-2^2\cdot 1^2$

$=1.10512625$

$f_x(x,\ y)=2xy^3$, $f_{y(x,}\ y)=3x^2y^2$이므로

$df=f_x(2,\ 1)\triangle x+f_y(2,\ 1)\triangle y$

$=2\cdot 2\cdot 1^3\cdot(0.1)+3\cdot 2^2\cdot 1^2\cdot(0.05)$

$=0.4+0.6=1$

11.5.2 실습문제

1. 다음 주어진 점에서 접평면과 법선을 구하여라.

   1) $x^2+y^2+z^2=4,\ (1,\ 1,\ \sqrt{2})$

   2) $z=\dfrac{x}{\sqrt{x^2+y^2}},\ (3,\ -4,\ \dfrac{3}{5})$

   3) $z-\ln(x^2+y^2)=0,\ (1,\ 0,\ 0)$

2. 다음에서 전미분 dz를 구하여라.

   1) $z=\tan^{-1}\dfrac{y}{x}$

   2) $z=\sqrt{x^2-y^2}$

3. 삼각형의 두 변과 그 사이각이 $6°,\ 8°,\ 30°$에서 각각 $6.1°,\ 8.1°,\ 29°$로 변했을 때 전미분을 이용하여 면적의 변화량의 근사값을 구하여라.

11.5.3 Homework

1. 다음 주어진 점에서 접평면과 법선을 구하여라.

   1) $x^2 = 12y$, $(6,\ 3,\ 3)$

   2) $z = e^x \ln y$, $(3,\ 1,\ 0)$

2. 다음에서 전미분 dz를 구하여라.

   1) $z = \sin^{-1}\dfrac{y}{x}$

   2) $z = x^{\sin y}$

3. $(x,\ y) = \sqrt{9 - x^2 - y^2}$ 위의 점 $(1, 2, 2)$에서 y축과 나란히 접선을 그렸을 경우 그 접선의 기울기를 구하여라.

11.6 방향도함수와 그래디언트(기울기 벡터)

(1) 그래디언트

$z=f(x, y)$의 편도함수가 (x_0, y_0)에서 정의되면 (x_0, y_0)에서 f의 **그래디언트** (gradient, 기울기 벡터)를 $\nabla f(x_0, y_0)$로 표시하고

$$\nabla f(x_0, y_0)=\left(\frac{\partial f(x_0, y_0)}{\partial x}, \frac{\partial f(x_0, y_0)}{\partial y}\right)=f_x(x_0, y_0)\mathbf{i}+f_y(x_0, y_0)\mathbf{j}$$

로 정의한다. 여기서 $\mathbf{i}=(1, 0)$, $\mathbf{j}=(0, 1)$인 단위벡터이다.

예 1 $f(x, y)=\sqrt{x^2+y^2-1}$일 때 $(1, 1)$에서 f의 그래디언트를 구하여라.

풀이 $\nabla f(x, y)=\left(\frac{x}{\sqrt{x^2+y^2-1}}, \frac{y}{\sqrt{x^2+y^2-1}}\right)$이므로

$f(1, 1)=(1, 1)$

(2) 방향도함수

2변수함수 $z=f(x, y)$에서 $f_x(x, y)$와 $f_y(x, y)$는 각각 x축과 y축에 평행한 접선의 기울기를 나타낸다.

$\mathbf{u}=(a_1, a_2)$가 $xy-$평면 위에 있는 단위벡터라고 하자. 즉

$$\mathbf{u}=a_1\mathbf{i}+a_2\mathbf{j}=(a_1, a_2), \quad \sqrt{a_1^2+a_2^2}=1$$

이때, (x_0, y_0)에서 $\mathbf{u}$방향으로의 접선 기울기는

$$\lim_{h\to 0}\frac{f((x_0, y_0)+h\mathbf{u})-f(x_0, y_0)}{h}=\lim_{h\to 0}\frac{f(x_0+ha_1, y_0+hb_1)-f(x_0, y_0)}{h}$$

이다.

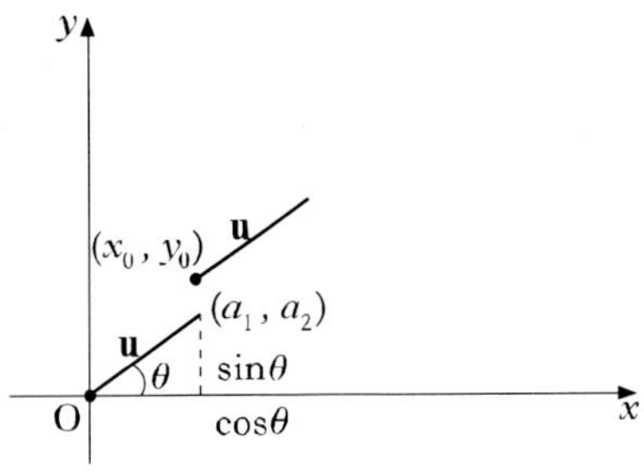

그림 11.16 임의 방향의 단위벡터

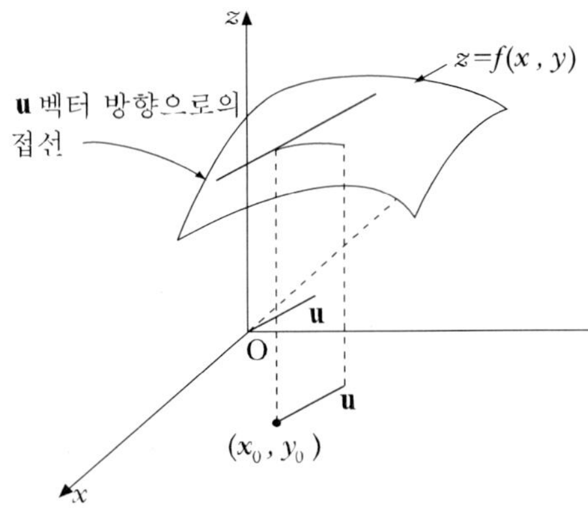

그림 11.17 방향도함수

정의 11.8

1) $\mathbf{u}=(a_1,\ a_2)$가 $xy-$평면상의 단위벡터라고 하자. $(x,\ y)$에서 u방향으로의 방향도함수(directional derivative) $D_{\mathbf{u}}f(x,\ y)$를

$$D_{\mathbf{u}}f(x,\ y)=\lim_{h\to 0}\frac{f((x,\ y+h\mathbf{u})-f(x,\ y)}{h}$$

$$\lim_{h\to 0}\frac{f((x+ha_1,\ y+ha_2)-f(x,\ y)}{h}$$

으로 정의한다. (단, 극한값이 존재하는 경우에 정의된다.)

2) 단위벡터 $\mathbf{u}=(a,\ b,\ c)$ 방향으로 $(x,\ y,\ z)$에서 f의 방향도함수(directional dervative)는, 다음의 극한이 존재한다면,

$$D_{\mathbf{u}}f(x,\ y,\ z)=\lim_{h\to 0}\frac{f(x+ha,\ y+hb,\ z+hc)-f(x,\ y,\ z)}{h}$$

와 같이 정의한다.

예 2 u가 x축의 양의 방향으로 각도 θ를 이루는 단위벡터이면 $\mathbf{u}=(\cos\theta, \sin\theta)$ 이므로 (x, y)에서 $\mathbf{u}$방향으로의 방향도함수는

$$D_{\mathbf{u}}f(x, y)=\lim_{h\to 0}\frac{f(x+h\cos\theta, y+h\sin\theta)-f(x, y)}{h}$$

으로 표시된다.

(3) 방향도함수와 그래디언트의 관계

정리 11.5 *Theorem*

1) $z=f(x, y)$가 점(x_0, y_0)에서 연속인 편도함수를 갖고 $\mathbf{u}=(\mathrm{u}_1, \mathrm{u}_2)$가 단위벡터라면 $\mathbf{u}$방향으로의 방향도함수 $D_{\mathbf{u}}f(x_0, y_0)$는 다음과 같다.

$$\begin{aligned} D_{\mathbf{u}}f(x_0, y_0) &= \mathbf{u}\cdot\nabla f(x_0, y_0) \\ &= u_1f_x(x_0, y_0)+u_2f_y(x_0, y_0) \end{aligned}$$

2) $z=f(x, y, z)$가 점(x_0, y_0, z_0)에서 연속인 편도함수를 갖고 $\mathbf{u}=(\mathrm{u}_1, \mathrm{u}_2, \mathrm{u}_3)$가 단위벡터라면 $\mathbf{u}$방향으로의 방향도함수$D_{\mathbf{u}}f(x_0, y_0, z_0)$는 다음과 같다.

$$\begin{aligned} D_{\mathbf{u}}f(x_0, y_0, z_0) &= \mathbf{u}\cdot\nabla f(x_0, y_0, z_0) \\ &= \mathrm{u}_1f_x(x_0, y_0, z_0)+\mathrm{u}_2f_y(x_0, y_0, z_0)+\mathrm{u}_3f_z(x_0, y_0, z_0) \end{aligned}$$

정리 11.6.2에서 벡터내적으로 표시되는 방향도함수는

$$\begin{aligned} D_{\mathbf{u}}f(x, y) &= \mathbf{u}\cdot\triangle f(x, y) \\ &= |\mathbf{u}||\nabla f(x, y)|\cos\theta \\ &= |\nabla f(x, y)|\cos\theta \end{aligned}$$

이므로 $\theta=0$일 때 $D_{\mathbf{u}}f(x, y)$는 최대값이 되고 $\theta=\pi$일 때 $D_{\mathbf{u}}f(x, y)$는 최소가 된다.

예 3 $f(x, y)=x+2y^2$일 때 $a=\mathrm{i}+2\mathrm{j}$ 방향으로의 방향도함수를 구하여라.

1) 위 정리를 이용하여 방향도함수를 구하여라.

풀이 $\mathrm{u}=\frac{a}{|a|}=\frac{1}{\sqrt{5}}\mathrm{i}+\frac{2}{\sqrt{5}}\mathrm{j}$

$$f_x(x, y)=1 \ f_x(x, y)=4y \ \nabla f=(1, 4y)$$

따라서 구하는 방향도함수는

$$D_{\mathrm{u}}f(x, y)=\mathrm{u}\cdot\nabla f(x, y)=\frac{1}{\sqrt{5}}+\frac{8y}{\sqrt{5}}$$

2) 정의에 의하여 방향도함수를 구하여라.

풀이 a방향으로의 단위벡터는 $\mathrm{u}=\left(\frac{1}{\sqrt{5}}, \frac{2}{\sqrt{5}}\right)$이므로

(x, y)에서 $\left(\frac{1}{\sqrt{5}}, \frac{2}{\sqrt{5}}\right)$로 향하는 방향도함수는

$$D_{\mathrm{u}}f(x, y)=\lim_{h\to 0}\frac{f(x+ha_1, y+ha_2)-f(x, y)}{h}$$

$$=\lim_{h\to 0}\frac{f\left(x+h\cdot\frac{1}{\sqrt{5}}, y+h\cdot\frac{2}{\sqrt{5}}\right)-f(x, y)}{h}$$

$$=\lim_{h\to 0}\frac{x+\frac{1}{\sqrt{5}}h+2\left(y+\frac{2}{\sqrt{5}h}\right)^2-(x+2y^2)}{h}$$

$$=\lim_{h\to 0}\frac{\frac{1}{\sqrt{5}}h+\frac{8y}{\sqrt{5}}h+\frac{8}{5}h^2}{h}=\frac{1}{\sqrt{5}}+\frac{8y}{\sqrt{5}}$$

11.6.1 예제

1. $f(x, y) = 3x^2 - y^2 + 4x$ **에서 단위벡터** u**가**

$$\mathrm{u} = \left(\frac{\sqrt{3}}{2}, \frac{1}{2}\right) = \frac{\sqrt{3}}{2}\mathrm{i} + \frac{1}{2}\mathrm{j}$$

일 때 u**방향으로의 방향도 함수** $D_{\mathrm{u}}f(x, y)$**를 구하여라.**

풀이 $D_{\mathrm{u}}f(x, y) = \lim_{h\to 0}\dfrac{f((x, y) + h\mathrm{u}) - f(x, y)}{h}$

$$= \lim_{h\to 0}\frac{f\left(x + \frac{\sqrt{3}}{2}h, y + \frac{1}{2}h\right) - f(x, y)}{h}$$

$$= \lim_{h\to 0}\frac{3\left(x + \frac{\sqrt{3}}{2}h\right)^2 - \left(y + \frac{1}{2}h\right)^2 - (3x^2 - y^2 + 4x)}{h}$$

$$= 3\sqrt{3}x - y + 2\sqrt{3}$$

별해 $D_{\mathrm{u}}f(x, y) = \mathrm{u}_1 f_x(x, y) + \mathrm{u}_2 f_y(x, y)$의 성질을 써서 방향도함수를 구하면

$$D_{\mathrm{u}}f(x, y) = \frac{\sqrt{3}}{2}(6x + 4) + \frac{1}{2}(-2y)$$

$$= 3\sqrt{3}x - y + 2\sqrt{3}$$

2. $f(x, y) = 3x^2 - y^2 + 5x$ **일 때** $(0, 1)$**에서** f**의 그래디언트** $\nabla f(0, 1)$**를 구하여라.**

풀이 $\nabla f(x, y) = \left(\dfrac{\partial f(x, y)}{\partial x}, \dfrac{\partial f(x, y)}{\partial y}\right)$

$$= (6x + 5, -2y)$$

따라서

$$\nabla f(0, 1) = (5, -2)$$

이다.

3. $f(x, y)=x^2-xy^2$ **의 방향도함수를 벡터**

$$a=(2,\ -3)=2\mathrm{i}-3\mathrm{j}$$

의 방향으로 점 $(1, 1)$**에서 구하여라.**

풀이 $|a|=\sqrt{2^2+(-3)^2}=\sqrt{13}$. 따라서 a 방향으로 단위벡터 u는

$$\mathrm{u}=\frac{a}{|a|}=\left(\frac{2}{\sqrt{13}},\ \frac{-3}{\sqrt{13}}\right)$$

(1, 1)에서 f의 편도함수는

$$f_x(x,\ y)=3x^2-y^2,\quad f_x(1,\ 1)=2$$

$$f_y(x,\ y)=-2xy,\qquad f_y(1,\ 1)=-2$$

(1, 1)에서 f의 그래디언트는

$$\nabla f(x,\ y)=(f_x,\ f_y)$$

$$\nabla f(1,\ 1)=(2,\ -2)$$

이므로 따라서 a방향으로 (1, 1)에서 방향도함수는

$$D_{\mathrm{u}}f(1,\ 1)=\mathrm{u}\cdot\nabla f(1,\ 1)$$

$$=\left(\frac{2}{\sqrt{13}},\ \frac{-3}{\sqrt{13}}\right)\cdot(2,\ -2)$$

$$=\frac{4}{\sqrt{13}}+\frac{6}{\sqrt{13}}$$

$$=\frac{10}{\sqrt{13}}$$

4. $f(x, y) = x^3 - 3xy + 4y^2$ **이고 단위벡터** $\mathbf{u}$**와 양의** x**축과 이루는 각** θ**가** $\theta = \frac{\pi}{6}$ **일 때** $D_{\mathbf{u}}f(0, 1)$ **값은 얼마인가?**

풀이 $D_{\mathbf{u}}f(x, y) = f_x(x, y)\cos\frac{\pi}{6} + f_y(x, y)\sin\frac{\pi}{6}$

$$= (3x^2 - 3y)\frac{\sqrt{3}}{2} + (-3x + 8y)\frac{1}{2}$$

$$= \frac{1}{2}[3\sqrt{3}x^2 - 3x + (8 - 3\sqrt{3})y]$$

그러므로

$$D_{\mathbf{u}}f(0, 1) = \frac{1}{2}[3\sqrt{3}(1)^2 - 3(1) + (8 - 3\sqrt{3})(2)] = \frac{13 - 3\sqrt{3}}{2}$$

5. $f(x, y, z) = x\sin yz$ **일 때**

1) f의 기울기벡터를 구하여라.

2) $\mathbf{v} = \mathbf{i} + 2\mathbf{j} - \mathbf{k}$ 방향으로 (1, 3, 0)에서의 f의 방향도함수를 구하여라.

풀이 1) $\nabla f(x, y, z) = (f_x(x, y, z), f_y(x, y, z), f_z(x, y, z))$

$$= (\sin yz, xz\cos yz, xy\cos yz)$$

2) (1, 3, 0)에서 $\nabla f(1, 3, 0) = (0, 0, 3)$이다. $\mathbf{v} = \mathbf{i} + 2\mathbf{j} - \mathbf{k}$ 방향으로 단위벡터는

$$\mathbf{u} = \frac{1}{\sqrt{6}}\mathbf{i} + \frac{2}{\sqrt{6}}\mathbf{j} + \frac{1}{\sqrt{6}}\mathbf{k}$$

이므로

$$D_{\mathbf{u}}f(1, 3, 0) = \nabla f(1, 3, 0) \cdot \mathbf{u}$$

$$= 3\mathbf{k} \cdot \left(\frac{1}{\sqrt{6}}\mathbf{i} + \frac{2}{\sqrt{6}}\mathbf{j} - \frac{1}{\sqrt{6}}\mathbf{k}\right)$$

$$= 3\left(-\frac{1}{\sqrt{6}}\right) = -\sqrt{\frac{3}{2}}$$

6. 1) $f(x,\ y) = xe^y$라고 하자. $A(2,\ 0)$에서 $B\left(\frac{1}{2},\ 2\right)$ 방향으로, 점 $A(2,\ 0)$에서 f의 방향도함수를 구하여라.

2) 어떤 방향에서 f가 최대 방향도함수를 갖게 될지 결정하여라.

풀이 1) 기울기벡터를 계산하면

$$\nabla f(x,\ y) = (f_x,\ f_y) = (e^y,\ xe^y)$$

$$\nabla f(2,\ 0) = (1,\ 2)$$

$\overrightarrow{AB} = \left(-\frac{3}{2},\ 2\right)$의 방향으로 단위벡터는 $\mathbf{u} = \left(-\frac{3}{5},\ \frac{4}{5}\right)$이고, A부터 B방향으로, f의 변화율은

$$D_{\mathbf{u}}f(2,\ 0) = \nabla f(2,\ 0) \cdot \mathbf{u} = (1,\ 2) \cdot \left(-\frac{3}{5},\ \frac{4}{5}\right)$$

$$= 1\left(-\frac{3}{5}\right) + 2\left(\frac{4}{5}\right) = 1$$

2) 따라서 기울기벡터 $\nabla f(2,\ 0) = (1,\ 2)$의 방향에서 f가 가장 빨리 증가한다. 최대변화율은

$$|\nabla f(2,\ 0)| = |(1,\ 2)| = \sqrt{5}$$

이다.

7. 어떤 벌레가 쌍곡포물면 $z = y^2 - x^2$의 그래프 위의 점 $(1, 1, 0)$에 놓여 있다고 하자. 이 벌레가 어느 방향으로 가면 가장 경사진 곳으로 올라가게 되겠는가?

풀이 $f(x,\ y) = y^2 - x^2$에서

$$f_x(x,\ y) = -2x,\ f_x(1,\ 1) = -2$$

$$f_y(x,\ y) = 2y,\ f_y(1,\ 1) = 2$$

$$\nabla f(1,\ 1) = (f_x(1,\ 1),\ f_y(1,\ 1)) = (-2,\ 2)$$

$D_{\mathbf{u}}f(1,\ 1) = |\nabla f(1,\ 1)|\cos\theta$에서 $\theta = 0$일 때 최대값 $|\nabla f(1,\ 1)|$이 되고 $\theta = 0$은 $\nabla f(1,\ 1)$과의 각이므로 $\nabla f(1,\ 1)$방향이다. 따라서 $(1, 1, 0)$에서 벡터 $(-2,\ 2)$ 방향으로 움직일 때 가장 경사진 곳으로 올라가게 된다.

8. 방향도함수와 그래디언트와의 관계 $D_{\mathbf{u}}f(x_0,\ y_0)=\mathbf{u}\cdot\nabla f(x_0,\ y_0)$를 증명하라.

풀이 $(x_0,\ y_0)$를 지나고 $\mathbf{u}$와 나란히 직선의 방정식은

$$x(t)=x_0+ta_1,\ y(t)=y_0+ta_2$$

로 주어진다. 그리고 방향도 함수

$$D_{\mathbf{u}}(x_0\ y_0)=\lim_{h\to 0}\frac{f(x_0+ha_1,\ y_0+ha_2)-f(x_0,\ y_0)}{h}$$

이고

$$\frac{df(x_0,\ y_0)}{dt}=\lim_{h\to 0}\frac{f(x(0+h),\ y(0+h),\ f(x(0),\ y(0))}{h}$$

$$=\lim_{h\to 0}\frac{f(x_0+ha_1,\ y_0+ha_2)-f(x_0,\ y_0)}{h}$$

이므로

$$\frac{df(x_0,\ y_0)}{dt}=D_{\mathbf{u}}f(x_0,\ y_0)$$

여기서 $z=f(x,\ y)=f(x(t),\ y(t))$이므로 합성함수 미분법에 의하여

$$\frac{df}{dt}=\frac{\partial f dx}{\partial x dt}+\frac{\partial f dy}{\partial y dt}$$

$$=\frac{\partial f}{\partial x}a_1+\frac{\partial f}{\partial y}a_2$$

따라서

$$D_{\mathbf{u}}f(x_0,\ y_0)=\frac{df}{dt}(x_0,\ y_0)$$

$$=a_1\frac{\partial f(x_0,\ y_0)}{\partial x}+a_2\frac{\partial f(x_0,\ y_0)}{\partial y}$$

$$=\mathbf{u}\cdot\nabla f(x_0,\ y_0)$$

11.6.2 실습문제

1. 다음에서 벡터 a 방향으로 점 P_0에서의 f의 방향도함수를 구하여라.

   1) $f(x,\ y) = e^2\sin\pi y,\quad P_0(0,\ 1),\quad \mathbf{a} = 4\mathrm{i} + 4\mathrm{j}$

   2) $f(x,\ y) = x\tan^{-1}\dfrac{y}{x},\quad P_0(1,\ 1)\quad \mathbf{a} = 2\mathrm{i} - \mathrm{j}$

2. $\nabla\left(\dfrac{f}{g}\right) = \dfrac{g\nabla f - f\nabla g}{g^2}$ 를 증명하여라.

11.6.3 Homework

1. 다음에서 벡터 a방향으로 점 P_0에서의 f의 방향도함수를 구하여라.

   1) $f(x,\ y) = e^x\cos yz,\quad P_0(0,\ 0,\ 0),\quad \mathbf{a} = 2\mathrm{i} + \mathrm{j} - 2\mathrm{k}$

   2) $f(x,\ y) = \ln\sqrt{x^2 + y^2 + z^2},\quad P_0(3,\ 4,\ 12),\quad \mathbf{a} = 3\mathrm{i} + 6\mathrm{j} - 2\mathrm{k}$

2. 산의 표면의 방정식이 $z = 9 - x^2 - 4y^2$으로 주어졌다고 하자. 단 x축은 동향, y축은 북향이다. 여기서 등산가가 점 $(1, 1, 4)$에 위치하여 있을 때 다음을 구하여라.

   1) 경사가 가장 급한방향

   2) 등산가가 북동쪽으로 하산할 경우 어떤 기울기로 하산하겠는가?

11.7 곡면의 극대, 극소, 최대, 최소

(1) 곡면의 극대, 극소와 최대, 최소

정의 11.9

1) 함수 $z=f(x, y)$의 그래프 위의 한 점 $(a, b, f(a, b))$에서, 중심을 (a, b)로 하는 어떤 원판 안의 모든 점 (x, y)에 대하여 즉, 적당한 실수 $\delta>0$에 대하여 $0<\sqrt{h^2+k^2}<\delta$인 모든 h, k에 대하여 $f(a+h, b+k)<f(a, b)$일 때 $f(x, y)$는 (a, b)에서 **극대**가 된다고 하고 $f(a, b)$를 **극대값**(relative maximum value)이라고 한다.
2) 마찬가지로, $f(a+h, b+k)>f(a, b)$일 때 $f(x, y)$는 (a, b)에서 **극소**가 된다고 하고 $f(a, b)$를 **극소값**(relative minimum value)이라고 한다.
3) 또한 f의 정의역의 모든 점 (x, y)에서 $f(x, y)\le f(a, b)$를 만족하면 f는 (a, b)에서 **최대값**(maximum value)을 갖는다고 하고 $f(x, y)\ge f(a, b)$를 만족하면 f는 (a, b)에서 **최소값**(minimum value)을 갖는다고 말한다.

극대 혹은 극소점에서는 x, y 각 방향의 접선의 기울기가 0이므로

$$f_x(a, b)=0$$
$$f_y(a, b)=0$$

을 만족한다. 따라서 $z=f(x, y)$가 연속인 경우에 f의 극값은 다음 경우에서 일어날 수 있다.

① f에 관한 영역의 경계점들
② $f_x(a, b)=0$, $f_y(a, b)=0$인 점 (a, b)들
③ f_x나 f_y가 존재하지 않는 점들

$f_x(a, b)=0$, $f_y(a, b)=0$이거나 이러한 편도함수들 중 하나가 존재하지 않는 점 (a, b)를 **임계점**(critical point)이라고 부른다.

(2) 곡면의 극대, 극소, 최대, 최소의 판정법

다음 정리는 일변수함수에서와 같이 극대, 극소를 판정하기 위해 편미분계수를 사용하는 방법을 설명한다. 증명은 생략한다.

정리 11.6 Theorem

$z=f(x, y)$가 연속인 편도함수를 갖는 영역내에서

$$f_x(a, b)=f_y(a, b)=0$$

이라고 하자.

$$D=f_{xx}(a, b)f_{yy}(a, b)-(f_{xy}(a, b))^2$$

일 때 다음이 성립한다.

① $D>0$이고 $f_{xx}(a, b)>0$이면 (a, b)에서 극소값을 갖는다.

② $D>0$이고 $f_{xx}(a, b)<0$이면 (a, b)에서 극대값을 갖는다.

③ $D<0$이면 (a, b)에서 극값이 아니다.(이때 안장점(saddle point)이라고 부름)

④ $D=0$이면 극대, 극소가 되는 경우도 있고 안되는 경우도 있다. 즉, 판정불능이다.

예 1 포물면 $f(x, y)=4-x^2-y^2$의 극대, 극소점을 찾아라.

풀이 $f_x(x, y)=-2x$, $f_y(x, y)=-2y$이므로 두 편미분 계수가 0인 점은 (0, 0)이다. 이 점에서 극대, 극소를 판정하기 위해 위의 정리를 사용한다.

$$f_{xx}(x,\ y) = -2, \quad f_{yy}(x,\ y) = -2, \quad f_{xx}(x,\ y) = 0$$

이므로

$$D = f_{xx}(0,\ 0)f_{y}(0,\ 0) - f_{xy}(0,\ 0)^2$$

$$= (-2)(-2) - 0^2 = 4 > 0$$

이다. 따라서 포물면 $f(x,\ y) = 4 - x^2 - y^2$는 (0, 0)에서 극대값 $f(0,\ 0) = 4$를 갖는다.

11.7.1 예제

1. $f(x,\ y)=x^2+y^2$**의 임계점을 구하고 극대, 극소를 판정하여라.**

풀이 함수의 정의역은 모든 xy평면이다. $f_x=2x$와 $f_y=2y$는 어디에서나 존재한다.

$$f_x=2x=0,\ f_y=2y=0$$

라고 하면, $x=0,\ y=0$이다. 따라서 (0, 0)이 임계점이 된다.

$$f_{xx}(0,\ 0)=2,\quad f_{yy}(0,\ 0)=2,\quad f_{xy}(0,\ 0)=0$$

$$f_{xx}(0,\ 0)f_{yy}(0,\ 0)-(f_{xy}(0,\ 0))^2=2\cdot 2-(0)^2=4>0$$

따라서 (0, 0)에서 극소값 0을 갖는다.

2. $f(x,\ y)=xy-x^2-y^2-2x+4$**의 임계점을 구하고 극대, 극소를 판정하여라.**

풀이 함수의 정의역은 모든 xy 평면이고

$$f_x=y-2x-2=0$$

$$f_y=x-2y-2=0$$

에서

$$x=y=-2$$

따라서 임계점은 $(-2,\ -2)$가 되고

$$f_{xx}=-2,\quad f_{yy}=-2,\quad f_{xy}=1$$

$$f_{xx}f_{yy}-{f_{xy}}^2=(-2)(-2)-(1)^2=4-1=3$$

따라서 $f_{xx}<0$과 $f_{xx}f_{yy}-{f_{xy}}^2>0$에서

$$f(-2,\ -2)=8$$

은 극대 값, 즉 $(-2,\ 2)$에서 극대값 8을 갖는다.

3. 점 $(1,\ 0,\ -2)$와 평면 $x+2y+z=4$ 사이의 최소거리를 구하여라.

풀이 임의의 점 $(x,\ y,\ z)$에서 점 $(1,\ 0,\ -2)$에 이르는 거리는

$$d=\sqrt{(x-1)^2+y^2+(z+2)^2}$$

으로 주어진다.

그러나 $(x,\ y,\ z)$가 평면 $x+2y+z=4$ 위에 있다면, $z=4-x-2y$이고,

$$d=\sqrt{(x-1)^2+y^2+(6-x-2y)^2}$$

을 얻는다. d를 간단히 하면,

$$d^2=(x-1)^2+y^2+(6-x-2y)^2$$

$f(x,\ y)$의 최소값이 되는 $(x,\ y)$ 점에서 d^2이 최소가 되므로

$$f_x=2(x-1)-2(6-x-2y)=4x+4y-14=0$$

$$f_y=2y-4(6-x-2y)=4x+10y-24=0$$

에서 유일한 임계점 $\left(\frac{11}{6},\ \frac{5}{3}\right)$을 얻는다. $f_{xx}=4,\quad f_{xy}=4,\quad f_{yy}=10$이므로

$$D=f_{xx}f+yy-(f_{xy})^2=24>0$$

이므로 $f_{xx}>0$일 때 f는 $\left(\frac{11}{6},\ \frac{5}{3}\right)$에서 극소값을 갖는다. 그리고 극소값이 최소값이 된다.

$x=\frac{11}{6},\quad y=\frac{5}{3}$일 때

$$d=\sqrt{(x-1)^2+y^2+(6-x-2y)^2}$$

$$=\sqrt{\left(\frac{5}{6}\right)^2+\left(\frac{5}{3}\right)^2+\left(\frac{5}{6}\right)^2}$$

$$=\frac{5\sqrt{6}}{6}$$

이므로 점 $(1,\ 0,\ -2)$에서 주어진 평면 $x+2y+z=4$까지의 최단 거리는 $\frac{5\sqrt{6}}{6}$이다.

4. 뚜껑이 없는 직육면체형 상자를 12㎡ 넓이의 판지로 만들려고 한다. 이 상자의 체적의 최대값을 구하여라.

풀이 길이, 폭, 높이를 x, y, z라고 하자.

그러면 상자의 체적 V는

$$V = xyz$$

으로 주어진다.

상자의 네 옆면과 바닥면의 넓이가 $2xz+2yz+xy=12$이므로 V는 x와 y의 이변함수로 표현된다.

x에 관하여 이 식을 풀면 $z=\dfrac{(12-xy)}{[2(x+y)]}$이므로, V에 대한 표현은

$$V = xy\frac{12-xy}{2(x+y)} = \frac{12xy-x^2y^2}{2(x+y)}$$

이다.

편도함수를 계산하면

$$\frac{\partial V}{\partial x} = \frac{y^2(12-2xy-x^2)}{2(x+y)^2}, \quad \frac{\partial V}{\partial y} = \frac{x^2(12-2xy-y^2)}{2(x+y)^2}$$

이다.

만약 V가 최대이면, $\dfrac{\partial V}{\partial x} = \dfrac{\partial V}{\partial y} = 0$이므로

$$12-2xy-x^2=0 \quad 12-2xy-y^2=0$$

을 풀면 $x^2=y^2$이고 $x=y$이다. $x>0$, $y>0$이므로 두 식 중 하나에 $x=y$를 대입하면 $12-3x^2=0$을 얻으며 이것으로부터

$$x=2,\ y=2,\ z=\frac{(12-2\cdot 2)}{[2(2+2)]}=1$$

을 얻는다.

이계도함수 판정법에 의해서, $V=2\cdot 2\cdot 1=4\text{m}^3$가 최대값이다.

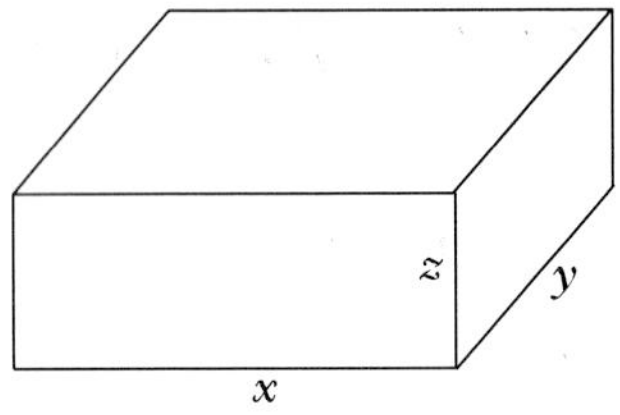

그림 11.20 최대체적

5. $f(x,\ y) = (\sqrt{x^2 + y^2 - 1})^2$**의 임계점을 구하고 극대, 극소를 판정하여라.**

풀이 함수의 정의역은 전평면이고,

$$f_x(x,\ y) = 2(\sqrt{x^2 + y^2} - 1)\frac{x}{\sqrt{x^2 + y^2}}$$

$$f_y(x,\ y) = 2(\sqrt{x^{+y^2}} - 1)\frac{y}{\sqrt{x^2 + y^2}}$$

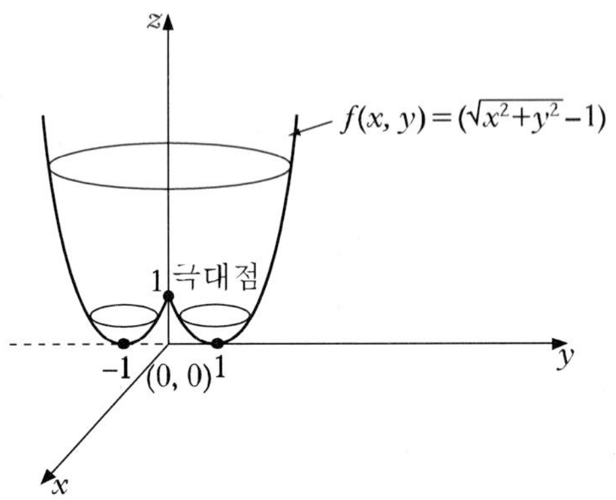

그림 11.21 임계점

$f_x(x,\ y) = f_y(x,\ y) = 0$이라고 하면

$$x(\sqrt{x^2 + y^2} - 1) = 0,\ y(\sqrt{x^2 + y^2} - 1) = 0$$

만일 $\sqrt{x^2 + y^2} - 1 = 0$이라고 하면 $x^2 + y^2 = 1$, 이 때 $f(x,\ y) = 0$이고 xy 평면 위의 중심이 0이고 반지름이 1인 모든 점에서 $f(x,\ y) = 0$이므로 극대, 극소가 될 수 없다.

이제 $\sqrt{x^2+y^2}-1 \neq 0$라고 하자. f_x, f_y는 (0, 0)를 제외한 모든 곳에서 편미분 가능하고 $\sqrt{x^2+y^2}-1 \neq 0$이면 $f_y=0$인 점은 없다.

$x=0$, $y=0$라고 하면 $0<\sqrt{h^2+h^2}<1$인 모든 h, k에 대하여

$$f(0+h,\ 0+k)-f(0,\ 0)=(\sqrt{h^2+h^2}-1)^2-1<0$$

따라서 임계점은 $(-1,\ 0)$, $(0,\ 0)$, $(1,\ 0)$이 되고 극대값은 $(0,\ 0)$에서 $f(0,\ 0)=1$을 갖는다.

11.7.2 실습문제

1. 다음 함수의 임계점을 구하고 극대, 극소를 판정하여라.
   1) $f(x,\ y)=x^2+2xy$
   2) $f(x,\ y)x\sin y$

2. 원점과 곡면 $z^2=x^2y+4$ 사이의 최소거리를 구하여라.

3. $\dfrac{x^2}{a^2}+\dfrac{y^2}{b^2}=1$에 내접하는 3각형 중에서 면적이 최대가 되는 3각형의 면적을 구하여라.

4. 부피가 일정한 직육면체 중에서 겉넓이가 최소가 되는 직육면체의 규격을 구하여라.

11.7.3 Homework

1. 다음 함수의 임계점을 구하고 극대, 극소를 판정하여라.

   1) $f(x,\ y) = x^2 + y^2 - \ln(x^2 + y^2)$

   2) $f(x,\ y) = e^x \cos y$

2. 일정한 둘레를 갖는 3각형 중에서 면적이 최대인 것을 구하여라.

3. $x + y + z = 100$일 때 xyz의 최대값을 구하여라.

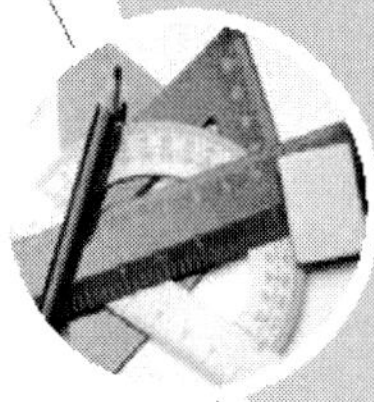

Chapter 12 중적분

일변수 함수에서의 적분을 다변수함수로 확장한 것을 중적분이라고 한다. 이 장에서는 주로 이중적분의 정의와 반복적분을 다루고, 반복적분을 이용한 중적분의 계산법을 다룬다.

12.1 중적분

(1) 중적분의 개념

2변수 함수의 중적분은 1변수 함수의 정적분을 확장한 개념이다.

구간 $[a, b]$에서 정의된 1변수 함수 $y=f(x)$의 정적분 $\int_a^b f(x)$는, 구간을 분할한 소구간의 길이 $\triangle x_i$와 함수값 $f(x_i)$에 의해 결정되는 값 $\lim_{\triangle x_i \to 0} \sum \triangle x_i f(x_i)$으로 정의하였다.

2변수 함수 $z=f(x, y)$의 중적분은 1변수 함수와 마찬가지로 정의역 R을 분할한 소영역 $\triangle A_i$의 넓이와 함수값 $f(x_i, y_i)$을 곱한 값들의 합에 의해 정의한다. 우선 1변수함수의 정적분과 비교하기 위해, 2변수함수의 중적분을 간단하게 정의하면 다음과 같다.

정의 12.1

정의역 평면에서 두 함수 $y=\varphi_1(x)$, $y=\varphi_2(x)$와 수직선 $x=a$, $x=b$로 둘러싸인 평면상의 영역 R에서, 2변수 함수 $z=f(x, y)$의 중적분은

$$\iint_R f(x, y) = \lim_{\triangle A_i \to 0} \sum \triangle A_i f(x_1, y_i)$$

으로 정의한다.

중적분을 명확하게 정의하려면 약간의 준비가 필요하다.

두 함수 $y=\varphi_1(x)$와 $y=\varphi_2(x)$가 구간 $[a, b]$에서 연속이며 또한 구간에서 $\varphi_1(x) \le \varphi_2(x)$라 하자. 이 때 위 두 함수의 그래프와 수직선 $x=a$, $x=b$로 둘러싸인 평면상의 영역 R을 집합으로 표시하면

$$R=\{(x,\ y)|a \le x \le b,\ \varphi_1(x) \le y \le \varphi_2(x)\}$$

이다. 영역 R이 그림 12.1에서와 같이 좌표축에 평행한 직선들에 의하여 유한개의 작은 직사각형들로 분할되었다고 하자. 이 때 이들 사각형들 중에서 영역 R의 내부에 있던지 또는 경계선과 만나는 것들을 각각

$$A_1,\ A_2,\ \cdots,\ A_n$$

이라고 하면 $A_1,\ A_2,\ \cdots,\ A_n$을 R의 한 분할(partition)이라고 하고 P로 나타낸다.

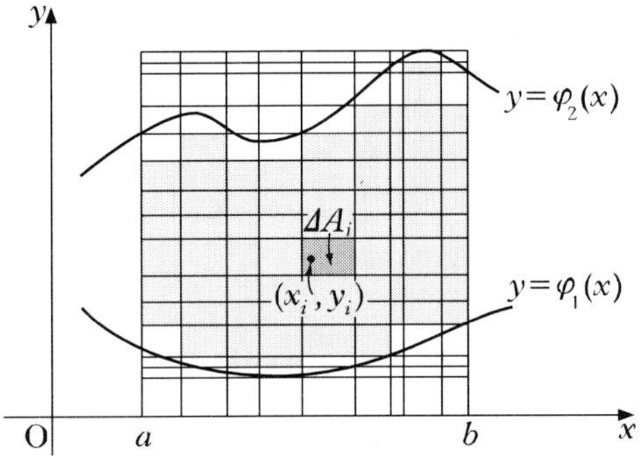

그림 12.1 면적의 분할

$A_1,\ A_2,\ \cdots,\ A_n$들의 각 직사각형들의 면적을 각각

$$\Delta A_1,\ \Delta A_2,\ \cdots,\ \Delta A_n$$

이라고 하자. 이들 직사각형의 면적들 $\Delta A_i (i=1,\ 2,\ \cdots,\ n)$ 중에서 가장 큰 면적을 분할 P의 노음(norm)이라고 하고 이를 $\|P\|$로 나타낸다.

2변수 함수 $f(x,\ y)$가 연속이라고 하자. 각 작은 사각형 A_i에서 임의로 한 점 $(x_i,\ y_i)$를 택한 다음에 다음과 같이 주어지는 합

$$\sum_{i=1}^{n} f(x_1,\ y_i)\Delta A_i$$

를 분할 P에 대한 함수 f의 리만합(Riemann sum)이라고 한다.

정의 12.2

영역 R에서 정의된 연속인 함수 $z=f(x,\ y)$의 **중적분**(double integral)은, 위의 리만합에서 $\|P\|$가 0에 가까워지도록 P를 더욱 세분시켜 나갈 때의 극한값으로 정의한다. 즉,

$$\iint_R f(x,\ y)dxdy = \lim_{\|P\| \to 0} \sum_{i=1}^{n} f(x_i,\ y_i)\triangle A_i$$

f가 연속함수일 때 리만합의 극한값이 언제나 존재한다는 것은 고등수학에서 증명한다.

구간에서 양의 값을 가지는 1변수 함수의 정적분이 평면에서 영역의 면적을 나타내는 것과 같이, 영역 R에서 양의 값을 갖는 2변수 함수의 중적분은 공간에서 입체의 체적을 나타낸다.

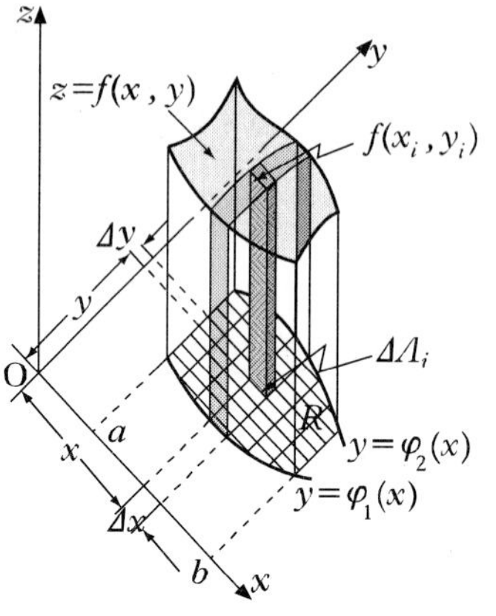

그림 12.2 체적의 분할

위의 이중적분의 정의를 구간 $[c,\ d]$에서 연속인 두 곡선 $x=\psi_1(y)$, $x=\psi_2(y)$ $(\psi_1(y) \le \psi_2(y))$와 두 직선 $y=c$, $y=d$로 둘러싸인 영역 R, 즉

$$R=\{(x,\ y)|\psi_1(y) \le x \le \psi_2(y),\ c \le y \le d\}$$

에 대해서도 생각할 수 있다. 위에서 언급한 두 영역 (1)과 (2)를 구별하기 위해서 각각 R_I형 또는 R_{II}형으로 표시하기로 한다.

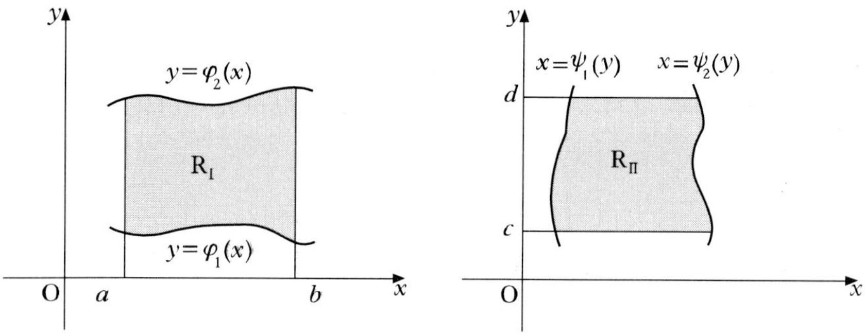

그림 12.3 영역의 형태1

예 1 두 곡선 $y^2 = x$와 $y = x^3$으로 둘러싸인 영역 R은 R_I 또는 R_{II}로 생각할 수 있다. 즉

$$R = R_I = \{(x,\ y) | 0 \leq x \leq 1,\ x^3 \leq y \leq \sqrt{x}\}$$

또는

$$R = R_{II} = \left\{(x,\ y) | y^2 \leq x \leq y^{\frac{1}{3}},\ 0 \leq y \leq 1\right\}$$

이다.

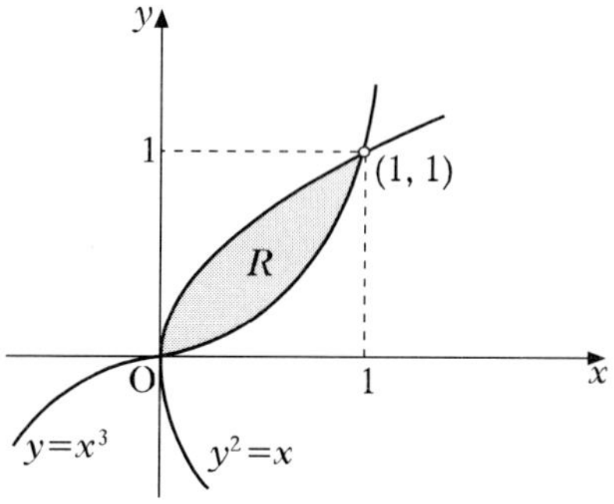

그림 12.4 영역의 형태

앞으로 첨자 없이 xy-평면에서의 영역 R이라고 하면 R_I형이던가 R_{II}형이던가 또는 R_I 또는 R_{II}형의 영역의 합집합으로 표현되는 영역을 의미하기도 한다.

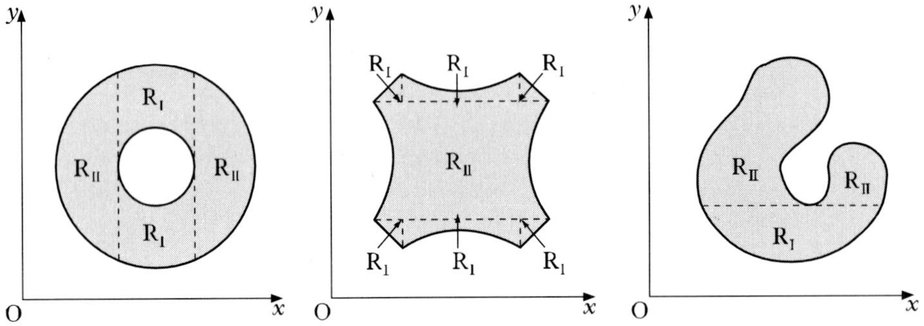

그림 12.5 다양한 영역의 형태

(2) 중적분의 성질

정리 12.1 *Theorem*

1) $\iint_R kf(x,\ y)dxdy = k\iint_R f(x,\ y)dxdy$(단, k는 상수)

2) $\iint_R \{f(x,\ y)+g(x,\ y)\}dxdy = \iint_R f(x,\ y)dxdy + \iint_R g(x,\ y)dxdy$

3) 영역 R안의 모든 점 $(x,\ y)$에 대하여 $f(x,\ y) \le g(x,\ y)$라면

$$\iint_R f(x,\ y)dxdy \le \iint_R g(x,\ y)dxdy$$

4) 영역 R가 중첩되지 않는 두 영역 R'과 R''의 합집합이면,

$$\iint_R f(x,\ y)dxdy = \iint_{R'} f(x,\ y)dxdy + \iint_{R''} f(x,\ y)dxdy$$

(3) 반복적분에 의한 중적분의 계산방법

이중적분의 값을 정의에 의하여 구한다는 것은 매우 어려운 일이다. 그러나 일변수함수의 정적분이 미적분학의 기본정리에 의하여 쉽게 구할 수 있듯이, 이중적분은 반복적분이라는 방법에 의하여 쉽게 구할 수 있다.

정리 12.2 *Theorem*

함수 f가 영역 R에서 연속인 함수라고 하자. 이 때 정의역이

1) $R_I = \{(x,\ y) | a \le x \le b,\ g_1(x) \le y \le g_2(x)\}$이면,

$$\iint_R f(x,\ y)dxdy = \int_a^b \int_{g_1(x)}^{g_2(x)} f(x,\ y)dydx = \int_a^b \left[\int_{g_1(x)}^{g_2(x)} f(x,\ y)dy \right] dx$$

2) $R_{II} = \{(x,\ y) | h_1(y) \le y \le h_2(y),\ c \le y \le d\}$이면

$$\iint_R f(x,\ y)dxdy = \int_a^b \int_{h_1(y)}^{h_2(y)} f(x,\ y)dydx = \int_c^d \left[\int_{h_1(y)}^{h_2(y)} f(x,\ y)dx \right] dy$$

예 2 $R_I = \{(x,\ y) | 0 \le x \le 1,\ 0 \le y \le 2\}$일 때 $\iint_R xdxdy$를 구하여라.

풀이

$$\iint_R xdxdy = \int_0^2 \int_0^1 xdxdy = \int_0^2 \left[\frac{x^2}{2} \right]_0^1 dy$$

$$= \int_0^2 \frac{1}{2} dy = \left[\frac{1}{2} y \right]_0^2 = 1$$

(4) 반복적분의 기하학적 의미-도형의 체적

편도함수를 생각할 때와 같이 두 변수 $x,\ y$ 중에서 y를 $y = \overline{y}(\overline{y} \in [c,\ d])$로 고정시키고, 곡면 $z = f(x,\ y)$를 평면 $y = \overline{y}$로 잘랐을 때의 단면의 면적을 $A(\overline{y})$라고 하면

$$A(\overline{y}) = \int_{\psi_1(\overline{y})}^{\psi_2(\overline{y})} f(x,\ y)dx$$

이다. 따라서 반복적분은

$$\int_c^d \int_{\psi_1(y)}^{\psi_2(y)} f(x,\ y)dxdy = \int_c^d \left(\int_{\psi_1(y)}^{\psi_2(y)} f(x,\ y)dx \right) dy$$

$$= \int_c^d A(y)dy$$

$$= \lim_{\|P\| \to 0} \sum_{i=1}^{n} A(y_i) \triangle y_i$$

가 된다. 그런데, $A(y_i)\Delta y_i$는 수직면의 면적이 $A(\overline{y_i}) = \int_{\psi_1(\overline{y})}^{\psi_2(\overline{y})} f(x,\ y_i)dx$이고, 두께가 Δy_i인 수직평판의 체적을 나타내므로 이러한 n개의 수직평판의 체적을 합하면 $\|P\|$가 충분히 작다고 할 때 영역 R과 곡면 $z=f(x,\ y)$ 사이의 입체의 체적의 근사값이 된다. 따라서 반복적분은 주어진 입체의 체적과 같다.

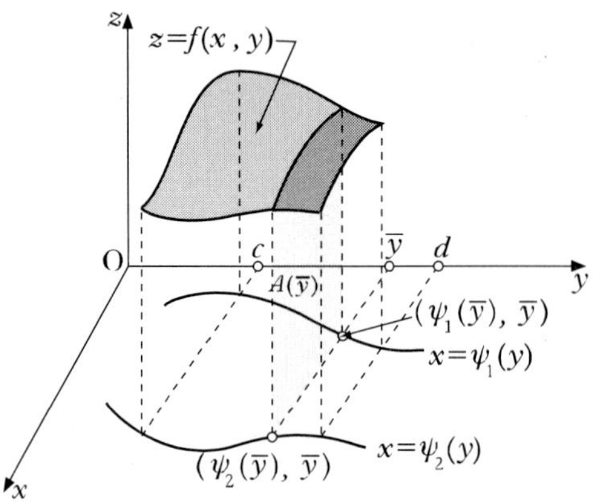

그림 12.6 반복적분의 기하학적 의미

(5) 중적분에 의한 면적 계산

R이 xy-평면에서의 영역일 때 $\iint_R dxdy$는 밑면이 R이고 높이가 1인 기둥면의 체적으로 생각할 수 있으며 이 때 높이가 1이므로 이 이중적분의 값은 영역 k의 면적과 같게 된다. 즉

$$R\text{의 면적} = \iint_R dxdy$$

이다.

R이 R_I형의 영역인 경우에

$$\iint_R dxdy = \int_a^b \int_{g_1(x)}^{g_2(x)} dxdy = \int_a^b (g_2(x) - g_1(x))dx$$

이므로 이는 R의 면적이 된다.

R이 R_{II}형의 영역인 경우에는

$$\iint_R dxdy = \int_c^d \int_{h_1(y)}^{h_2(y)} dxdy = \int_c^d (h_2(y) - h_1(y))dy$$

이므로 이는 R의 면적이 된다.

예 3 $y = x$와 $y = x^2$으로 둘러싸인 부분의 면적을 이중적분으로 계산하여라.

풀이 구하는 영역은 아래 그림과 같다.

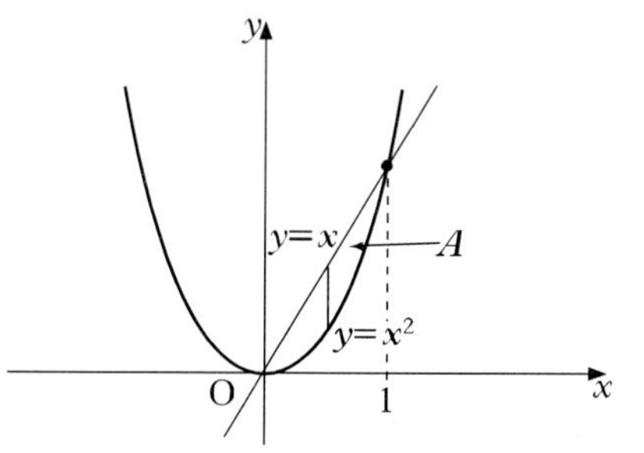

그림 12.7 그래프의 영역

따라서 구하는 면적 A는

$$A = \int_0^1 \int_{x_2}^{x} dydx$$

$$= \int_0^1 (x - x^2)dx$$

$$= \left[\frac{x^2}{2} - \frac{x^3}{3} \right]_{x=0}^{x=1} = \frac{1}{6}$$

12.1.1 예제

1. $\int_0^1 \int_0^2 x dy dx$을 계산하여라.

풀이 $\int_0^1 \int_0^2 x dy dx = \int_0^1 [xy]_{y=0}^{y=2} dx$

$= \int_0^1 2x dx$

$= [x^2]_{x=0}^{x=1} = 1$

2. $\int_0^1 \int_0^x (3-x-y) dy dx$를 계산하여라.

풀이 $\int_0^x (3-x-y) dy$에서 적분변수가 y이므로 x는 상수취급을 받는다. 따라서

$$\int_0^1 \int_0^x (3-x-y) dy dx = \int_0^1 \left[3y - xy - \frac{y2}{2}\right]_{y=0}^{y=x} dx$$

$$= \int_0^1 \left(3x - \frac{3x^2}{2}\right) dx$$

$$= \left[\frac{3x^2}{2} - \frac{x^2}{2}\right]_{x=0}^{x=1} = 1$$

3. R**과 포물선들** $y=2x^2$, $y=1+x^2$**에 의해 둘러싸인 영역이라고 할 때** $\iint_R (x+2y)dxdy$**를 구하여라.**

풀이 그림 12.8에서처럼, 쌍곡선의 교점의 x좌표는 $2x^2=1+x^2$, 즉 $x=\pm 1$이다. 따라서 영역 R은 다음과 같이 표현되므로 R_I형의 영역이 된다.

$$R=\{(x,\ y)| -1 \le x \le 1,\ 2x^2 \le y \le 1+x^2\}$$

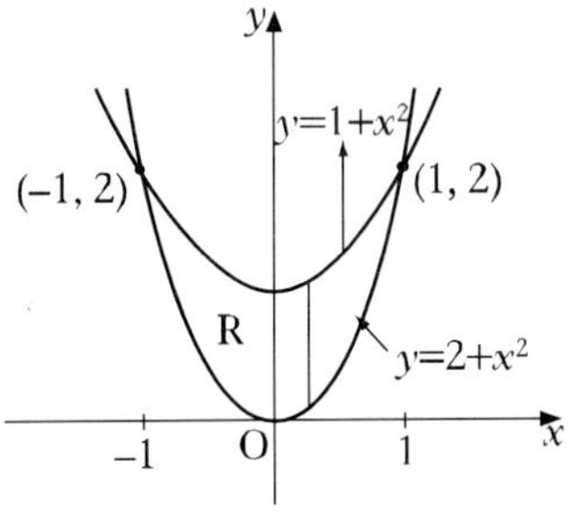

그림 12.8 주어진 문제의 영역

따라서 정리에 의하여

$$\begin{aligned}\iint_R (x+2y)dxdy &= \int_{-1}^{1}\int_{2x^2}^{1+x^2}(x+2y)dydx \\ &= \int_{-1}^{1}\left[xy+y^2\right]_{y=2x^2}^{y=1+x^2}dx \\ &= \int_{-1}^{1}(-3x^4-x^3+2x^2+x+1)dx \\ &= \left[-3\frac{x^5}{5}-\frac{x^4}{4}+2\frac{x^3}{3}+\frac{x^2}{2}+x\right]_{-1}^{1} \\ &= \frac{32}{15}\end{aligned}$$

4. 포물선 $z = x^2 + y^2$ 아래, 직선 $y = 2x$ 와 포물선 $y = x^2$ 에 의해 둘러싸인 xy−평면에 의영역 R 위에 있는 도형의 체적을 구하여라.

풀이 그림 12.9로부터, R은 형태 R_I인 영역임을 알 수 있다. 즉,

$R = \{(x,\ y)|0 \le x \le 2,\ x^2 \le y \le 2x\}$

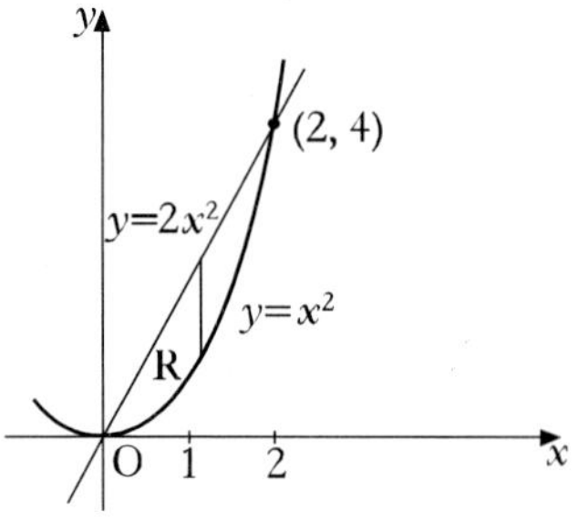

그림 12.9 R_I형태의 영역

따라서 구하는 체적 V는

$$V = \iint_R (x^2 + y^2)dxdy = \int_0^2 \int_{x^2}^{2x} (x^2 + y^2)dydx$$

$$= \int_0^2 \left[x^2 y + \frac{y^3}{3}\right]_{y=2x^2}^{y=2x} dx = \int_0^2 \left[x^2(2x) + \frac{(2x)^3}{3} - x^2y^2 - \frac{(x^2)^3}{3}\right] dx$$

$$= \int_0^2 \left(-\frac{x^6}{3} - x^4 + \frac{14x^3}{3}\right)dx = \left[-\frac{x^7}{21} - \frac{x^5}{5} + \frac{7x^4}{6}\right]_0^2 = \frac{216}{35}$$

별해 그림 12.10로부터, R은 R_{II}인 영역으로 쓸 수 있다. 즉,

$$R = \left\{(x,\ y)|0 \le y \le 4,\ \frac{y}{2} \le x \le \sqrt{y}\right\}$$

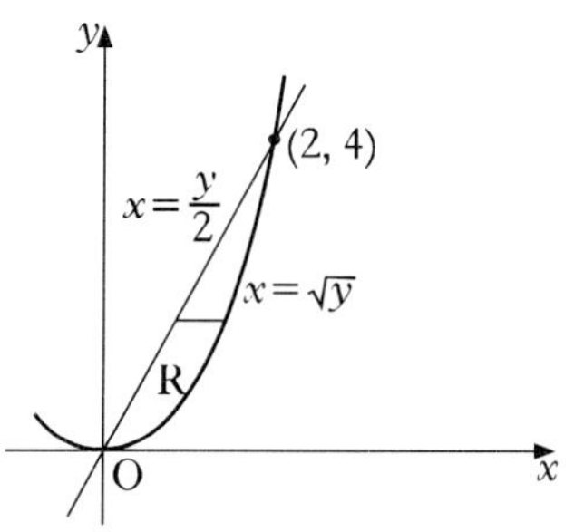

그림 12.10 R_{II}형태의 영역

따라서 체적 V는

$$V=\iint_R (x^2+y^2)dA=\int_0^4\int_{\frac{y}{2}}^{\sqrt{y}}(x^2+y^2)dxdy$$

$$=\int_0^4\left[\frac{x^3}{3}+y^2x\right\}_{x=\frac{x}{2}}^{x=\sqrt{y}}dy=\int_0^4\left[\frac{y^{3/2}}{3}+y^{5/2}-\frac{y^3}{24}-\frac{y^3}{2}\right]dy$$

$$=\left[\frac{2}{25}y^{5/2}+\frac{2}{7}y^{7/2}-\frac{13}{96}y^4\right]_0^4$$

$$=\frac{216}{35}$$

5. $y=x^2$과 $y=x+2$에 의하여 둘러싸인 부분의 면적을 중적분으로 구하여라.

풀이 구하는 면적 A는

$$A=\int_{-1}^{2}\int_{x^2}^{x+2}dydx$$

$$=\int_{-1}^{2}(x+2-x^2)dx$$

$$=\frac{9}{2}$$

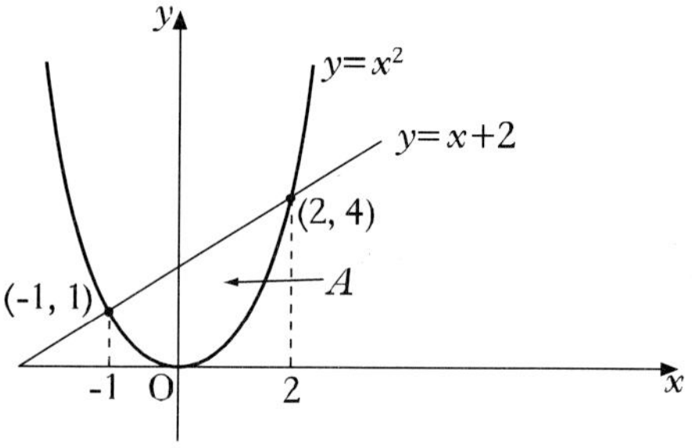

그림 12.11 구하는 면적의 영역

12.1.2 실습문제

1. 다음 이중적분값을 구하여라.

1) $\int_0^{-1}\int_0^3 x^4 dydx$

2) $\int_0^{\frac{1}{4}\pi}\int_{\sqrt{2}}^{\sqrt{2}\cos\theta} rdrd\theta$

2. 지정된 영역 S 위에서 다음 적분을 구하여라.

1) $\iint_S xydxdy \quad (S: y=x^2,\ y=1)$

2) $\iint_S \frac{y}{x}dxdy \quad (S: y=x,\ y=2x,\ x=1,\ x=2)$

3. 다음에서 적분순서를 바꾸어라.

$$\int_0^{\pi}\int_0^{\pi}\frac{\sin y}{y}dydx$$

4. 다음 문제에서 주어진 곡선과 직선으로 둘러싸인 부분의 면적을 중적분으로 계산하여라.

1) x축, $y=e^x$, $x=0$, $x=1$

2) y축, $y=4x$, $y=8$

12.1.3 Homework

1. 다음 이중적분값을 구하여라.

1) $\int_0^1 \int_y^{y^2} dxdy$

2) $\int_0^4 \int_{-y}^{y^2} xydxdy$

3) $\int_{-1}^3 \int_0^{3y} (x^2+y^2)dxdy$

4) $\int_1^2 \int_0^{5y} y^2 e^{xy} dxdy$

2. 지정된 영역 S 위에서 다음 적분을 구하여라.

1) $\iint_S (x^2+y^2)dxdy \quad (S: \frac{x^2}{a^2}+\frac{y^2}{b^2} \le 1)$

2) $\iint_S (xy^2+1)dxdy \quad (S: 0 \le x \le 2,\ \frac{x}{2} \le y \le \sqrt{\frac{x}{2}})$

3. 다음에서 적분순서를 바꾸어라.

$$\int_0^a \int_{\sqrt{a^2-x^2}}^{x+2a} f(x,\ y)dydx$$

4. 좌표평면과 $z=6-2x-3y$에 의하여 둘러싸인 사면체의 체적을 구하여라.

5. 평면 $z=\frac{1}{3}x+\frac{2}{3}y+2$와 좌표평면에 의하여 둘러싸인 입체의 체적을 구하여라.

6. 제1공간 내에서 곡면 $9x^2+4y^2=36$과 평면 $9x+4y-6z=0$으로 둘러싸인 입체의 체적을 구하여라.

7. 다음 문제에서 주어진 곡선과 직선으로 둘러싸인 부분의 면적을 중적분으로 계산하여라.

1) $y=\sqrt{4-x^2}$, $x=\pm 2$, $y=-2$

2) $x=y-y^2$, $x+y=0$

12.2 극좌표평면위에서 이중적분

극좌표 평면에서 R을 구간 $[\alpha, \beta]$에서 연속인 두 곡선

$$r = h_1(\theta),\ r = h_2(\theta)(h_1(\theta) \le h_2(\theta))$$

와 두 직선 $\theta = \alpha,\ \theta = \beta(\alpha < \beta)$로 둘러싸인 영역을 집합으로 표시하면

$$R = \{(r,\ \theta) | h_1(\theta) \le r \le h_2(\theta),\ \alpha \le \theta \le \beta\}$$

이다.

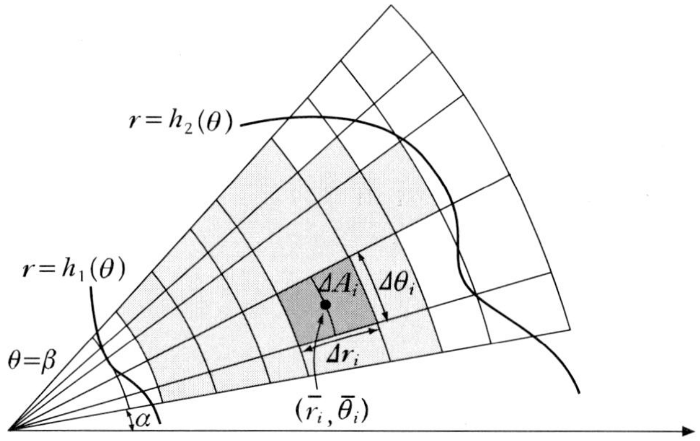

그림 12.12 극좌표평면에서의 면적

위의 영역 R이 그림 12.12에서 보는 바와 같이 원점을 중심으로 하는 동심원들과 원점을 지나는 직선들에 의하여 유한개의 부분영역들로 분할되었을 때 이들 부분영역 중에서 영역 R의 내부 또는 경계선을 놓인 것들을 $A_1,\ A_2,\ \cdots,\ A_n$으로 표시하였을 경우에 이 n개의 직사각형 $A_1,\ A_2,\ \cdots,\ A_n$들의 집합을 영역 R의 **극분할**(polar partition)이라고 하고, P로 나타낸다.

R의 극분할 $A_1,\ A_2,\ \cdots,\ A_n$들의 집합에서 각 A_i의 면적을 $\triangle A_i$라고 할 때 $\triangle A_i$ 중 가장 큰 수를 P의 노음이라고 하고 이를 $\|P\|$로 나타낸다.

극분할 P의 각 부분영역 $A_i(i = 1,\ 2,\ \cdots,\ n)$의 면적 $\triangle A_i$는

$$\Delta A_i = \frac{1}{2}(r_i + \Delta r_i)^2 \Delta\theta_i - \frac{1}{2}r_i^2 \Delta\theta_i = (r_i + \frac{1}{2}\Delta r_i)\Delta r_i \Delta\theta_i$$

이므로 $r_i + \frac{1}{2}\Delta r_i = \overline{r_i}$로 놓으면

$$\Delta A_i = \overline{r_i}\Delta r_i \Delta\theta_i$$

로 표현된다.

함수 f가 영역 R에서 연속이라고 하고, 점 $(\overline{r_i},\ \overline{\theta_i})$를 부분영역 A_i에서 임의로 선택한 점이라고 할 때, 합

$$\sum_{i=1}^{n}(\overline{r_i},\ \overline{\theta_i})\overline{r_i}\Delta r_i \Delta\theta_i$$

는 $\|P\|\to 0$이 되도록 P를 세분해 가면 일정한 값에 수렴한다(증명은 생략한다). 이 일정한 값을 영역 R에 대한 함수 f의 이중적분(double integral)이라고 하고,

$$\iint_R f(r,\ \theta)rdrd\theta = \lim_{\|P\|\to 0}\sum_{i=1}^{n}f(\overline{r_i},\ \overline{\theta_i})\overline{r_i},\ \Delta r_i \Delta\theta_i$$

으로 나타낸다.

위 중적분은 반복적분으로 계산된다.

$$\iint_R f(r,\ \theta)rdrd\theta = \int_{\alpha}^{\beta}\int_{h_1(\theta)}^{h_2(\theta)} f(r,\ \theta)rdrd\theta$$

여기서 $f(x,\ y)=1$이라면 이 때 영역 R의 면적을 얻을 수 있다.

정리 12.3 *Theorem*

> 영역 R을 극좌표평면에서의 영역이라고 하자. 그러면
>
> $$R\text{의 면적} = \iint_R rdrd\theta$$
>
> 이다.

특히 이변수함수 $f(x,\ y)$가 영역 R에서 연속이고 또 R에 극좌표 영역으로 표시될 수 있을 때에는

$$\iint_R f(x,\ y)dxdy = \iint_R f(r\cos\theta,\ r\sin\theta)rdrd\theta$$

가 성립한다.

예 1 극좌표 평면위에서 이중적분을 이용하여 반경이 t인 원의 면적을 구하여라.

풀이 원은 $R = \{(r,\ \theta)|0 \le r \le t,\ 0 \le \theta \le 2\pi\}$으로 표시됨으로
원의 면적은

$$\iint_R rdrd\theta = \int_0^{2\pi}\int_0^t rdrd\theta$$

$$= \int_0^{2\pi}\left[\frac{r^2}{2}\right]_0^t d\theta$$

$$= \int_0^{2\pi}\frac{t^2}{2}d\theta = \left[\frac{t^2}{2}\theta\right]_0^{2\pi} = \pi t^2$$

12.2.1 예제

1. 함수 $f(r,\ \theta)=kr$(k는 상수)이 곡선 $r=a(1+\cos\theta)$으로 둘러싸인 영역 R에서 정의되었을 때

$$\iint_R f(r,\ \theta)rdrd\theta$$

을 구하여라.

풀이 영역 R은

$R=\{(r,\ \theta)|0\le r\le a(1+\cos\theta),\ 0\le\theta\le 2\pi\}$

로 나타낼 수 있다.

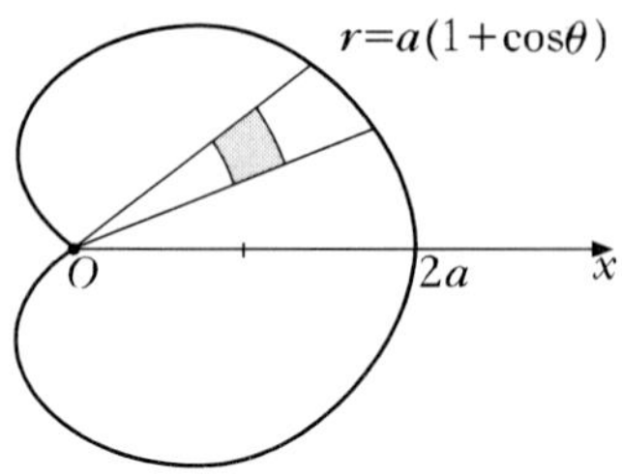

그림 12.13 주어진 문제의 영역

따라서 구하는 중적분은

$$\iint_R f(r,\ \theta)rdrd\theta=\iint_R kr^2drd\theta=2k\int_0^{2\pi}\int_0^{a(1+\cos\theta)}r^2drd\theta$$

$$=\frac{ka^3}{3}\int_0^{2\pi}(1+\cos\theta)^3d\theta=\frac{5\pi ka^3}{3}$$

이다.

2. 4엽장미 $r = \cos 2\theta$에 대해 한 호가 둘러싼 내부 D의 면적을 구하여라.

풀이 그림 12.14로부터

$$D = \left\{(r,\ \theta) | -\frac{\pi}{4} \le \theta \le \frac{\pi}{4},\ 0 \le r \le \cos 2\theta\right\}$$

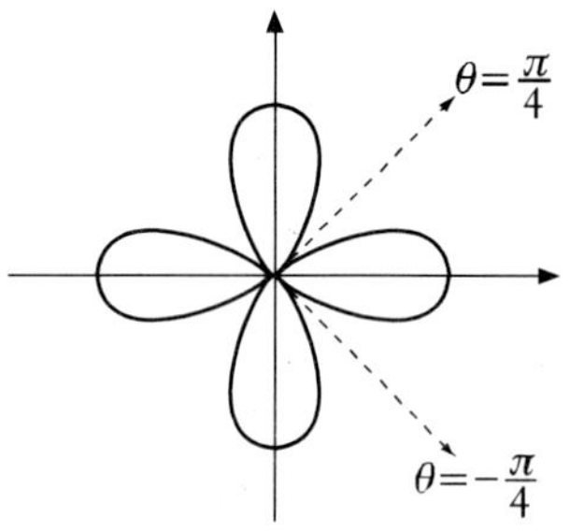

그림 12.14 주어진 문제의 영역

그래서 영역 내부의 면적 $A(D)$는

$$A(D) = \int_{-\pi/4}^{\pi/4} \int_0^{\cos 2\theta} r dr d\theta$$

$$= \int_{-\pi/4}^{\pi/4} \left[\frac{1}{2} r^2\right]_0^{\cos 2\theta} d\theta = \frac{1}{2} \int_{-\pi/4}^{\pi/4} \cos^2 2\theta d\theta$$

$$= \frac{1}{4} \int_{-\pi/4}^{\pi/4} (1 + \cos 4\theta) d\theta = \frac{1}{4}\left[\theta + \frac{1}{4} sin 4\theta\right]_{-\pi/4}^{\pi/4} = \frac{\pi}{8}$$

이다.

3. R**가 원** $x^2+y^2=1$**과** $x^2+y^2=4$**에 의해 둘러싸인 위쪽 평면에 영역일 때** $\iint_R (3x+4y^2)dxdy$**를 계산하여라.**

풀이 아래 그림에서 $R=\{(x,\ \theta)|1 \le r \le 2,\ 0 \le \theta \le \pi\}$이다.

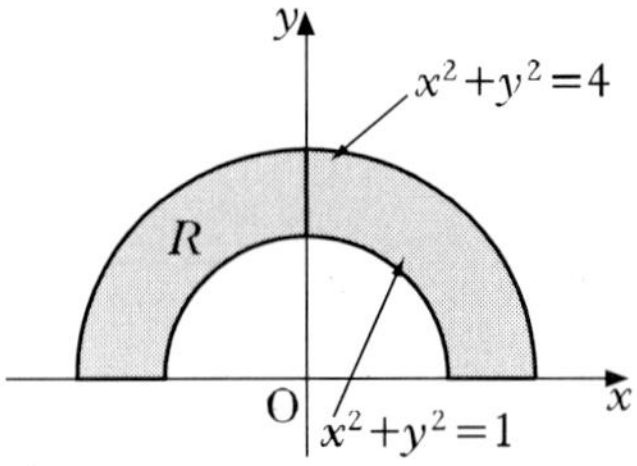

그림 12.15 주어진 문제의 영역

따라서 위 식에 의하여,

$$\iint_R (3x+4y^2)dxdy = \int_0^{\pi}\int_1^2 (3rcos\theta + 4r^2 + \sin^2\theta)rdrd\theta$$

$$= \int_0^{\pi}\int_1^2 (3r^2\cos\theta + 4r^3\sin^2\theta)rdrd\theta$$

$$= \int_0^{\pi} [r^3\cos\theta + r^4\sin^2\theta]_{r=1}^{r=2} d\theta$$

$$= \int_0^{\pi} (7\cos\theta + 15\sin^2\theta)d\theta$$

$$= \int_0^{\pi} \left[7\cos\theta + \frac{5}{2}(1-\cos 2\theta)\right] d\theta$$

$$= 7\sin\theta + \frac{15\theta}{2} - \frac{15}{4}sin2\theta\Big]_0^{\pi} = \frac{15\pi}{2}$$

이다.

12.2.2 실습문제

1. $\theta = \dfrac{1}{6}\pi$와 $r = \sin 2\theta$로 둘러싸인 영역중에서 작은 영역의 면적을 구하여라.

2. 두 동심원 $r = 2$와 $r = 4$로 둘러싸인 영역의 면적을 극좌표를 사용하여 구하여라.

3. 다음의 적분을 극좌표에서의 이중적분으로 바꾸어서 계산하여라.

   1) $\displaystyle\int_{-a}^{a}\int_{-\sqrt{a^2-x^2}}^{\sqrt{a^2-x^2}} dydx$

   2) $\displaystyle\int_{0}^{3}\int_{0}^{\sqrt{3}} \frac{1}{\sqrt{x^2+y^2}} dydx$

4. 포물면 $z = x^2 + y^2$의 아래에 있고 원판 $x^2 + y^2 \le 9$의 위에 있는 입체의 부피를 극좌표를 써서 구하여라.

12.2.3 Homework

1. 4엽장미 $r = a\sin 2\theta$로 둘러싸인 면적을 구하여라.

2. 3엽장미 $r = a\sin 3\theta$로 둘러싸인 면적을 구하여라.

3. 다음의 적분을 극좌표에서의 이중적분으로 바꾸어서 계산하여라.

$$\int_0^2 \int_0^{\sqrt{2x - x^2}} \sqrt{x^2 + y^2}\, dy dx$$

4. 극좌표를 써서 주어진 입체의 부피를 구하여라.

   1) 두 포물면 $z = 3x^2 + 3y^2$과 $z = 4 - x^2 - y^2$으로 둘러싸인 입체

   2) 반지름이 a인 구

12.3 3중적분

(1) 3중적분의 개념-체적

이중적분의 개념은 그대로 삼변수함수의 경우로 확장된다.

평면에서 R을 R_I형인 영역이라고 하고, 두 함수 θ_1과 θ_2가 영역 R에서 연속이며 R에서 $\theta_1(x, y) \le \theta_2(x, y)$이라고 하자. 그리고 공간에서 S를 평면 $x=a$, $x=b$와 기둥면 $y=\varphi_1(x)$, $y=\varphi_2(x)$와 곡면 $z=\theta_1(x, y)$, $z=\theta_2(x, y)$로 둘러싸인 영역이라고 하자. 이것을 집합으로 표시하면 다음과 같다.

$S=\{(x, y, z)|a \le x \le b,\ \varphi_1(x) \le y \le \varphi_2(x),\ \theta_1(x, y) \le z \le \theta_2(x, y)\}$

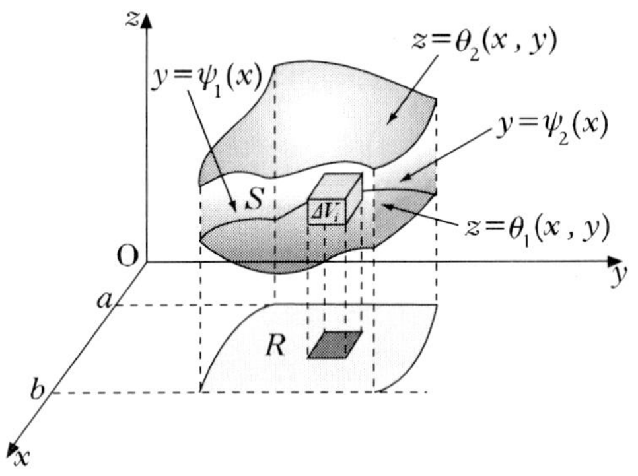

그림 12.16 체적분할

영역 S가 각 좌표평면에 평행한 평면들에 의하여 유한개의 작은 육면체들로 분할되었을 때, 이들 육면체 중에서 영역 S의 내부 또는 경계면에 놓인 것들을 $V_1, V_2, \cdots, V_n$으로 표시하자. 이 때 이러한 n개의 육면체 $V_1, V_2, \cdots, V_n$들의 집합을 영역 S의 분할이라고 한다.

영역 S가 분할 $V_1, V_2, \cdots, V_n$에서 각 육면체의 체적을 ΔV_i라고 하자. 그러면 이 분할의 노음 $\|P\|$는 각 ΔV_i, $i=1, 2, \cdots, n$들 중 가장 큰 값으로 정의한다.

3변수함수 f가 영역 S에서 연속이라고 하고, 점 (x_i, y_i, z_i)를 직육면체 V_i 내의 임의의 점이라고 할 때 합

$$\sum_{i=1}^{n} f(x_i, y_i, z_i)\Delta V_i$$

를 만든다. 여기서 S의 분할을 $\|P\| \to 0$이 되도록 세분해 가면 위의 합은 S의 분할방법과 점 (x_i, y_i, z_i)의 선택방법에 상관없이 일정한 값에 수렴하게 한다. 이 일정한 값을 영역 S에 대한 f의 삼중적분(triple integral)이라고 하고

$$\iiint_S f(x, y, z)dxdydz = \lim_{\|P\| \to 0} \sum_{i=1}^{n} f(x_i, y)\Delta x_i \Delta y_i \Delta z_i$$

로 나타낸다.

삼중적분을 계산할 때는 이중적분 때와 마찬가지로 다음과 같이 반복적분으로 바꾸어 할 수 있다.

$$\iiint_S f(x, y, z)dxdydz = \int_a^b \int_{\varphi_1(x)}^{\varphi_2(x)} \int_{\theta_1(x, y)}^{\theta_2(x, y)} f(x, y, z)dzdydx$$

$$= \int_a^b \left[\int_{\varphi_1(x)}^{\varphi_2(x)} \left\{ \int_{\theta_1(x, y)}^{\theta_2(x, y)} f(x, y, z)dz \right\} dy \right] dx$$

특히 f가 S에서 $f(x, y, z) = 1$이라면 S에 대한 f의 삼중적분

$$\iiint_S dxdydz$$

는 영역 S의 체적과 같게 된다.

정리 12.4 *Theorem*

> S를 공간에서의 영역이라고 하자. 그러면
>
> $$S\text{의 체적} = \iiint_S dxdydz$$
>
> 이다.

공간에서 영역 S가

$$S=\{(x,\ y,\ z)|\theta_1(y,\ z)\le x\le\theta_2(y,\ z),\ a\le y\le b,\ \varphi_1(y)\le z\le\varphi_2(y)\}$$

로 정의되었을 경우, 이 S에 대한 f의 삼중적분은

$$\iiint_S f(x,\ y,\ z)dxdydz=\int_a^b\int_{\varphi_1(y)}^{\varphi_2(y)}\int_{\theta_1(y,\ z)}^{\theta_2(y,\ z)}f(x,\ y,\ z)dxdzdy$$

로 된다.

예 1 반경이 a인 구의 체적을 직교좌표에 의한 3중적분으로 구하여라.

풀이 $S=\{(x,\ y,\ z)|0\le a\le x,\ 0\le y\le\sqrt{a^2-x^2},$
$0\le z\le\sqrt{a^2-x^2-y^2}\}$
라 하면 구하는 구의 체적은

$$8\iiint_S dzdydx=8\int_0^a\int_0^{\sqrt{a^2-x^2}}\int_0^{\sqrt{a^2-x^2-y^2}}dzdydx$$

$$=8\int_0^a\int_0^{\sqrt{a^2-x^2}}\sqrt{a^2-x^2-y^2}\,dydx$$

$$=8\int_0^{\frac{\pi}{2}}\int_0^a\sqrt{a^2-r^2}\,rdrd\theta$$

$$=8\int_0^{\frac{\pi}{2}}\left[-\frac{1}{3}(a^2-r^2)^{\frac{3}{2}}\right]_0^a d\theta$$

$$=\frac{8}{3}\int_0^{\frac{\pi}{2}}a^3d\theta=\frac{4}{3}\pi a^3$$

(2) 원기둥좌표를 이용한 3중적분

공간에서의 입체영역 S에 대칭축이 존재하는 경우에 S에 대한 삼중적분은 그 대칭축을 z축으로 하는 원기둥좌표(cylindrical coordinate)를 이용하면 쉽게 적분계산을 할 수 있다.

원기둥좌표계는 xy-평면의 극좌표계와 직교좌표계의 z-축으로 이루어진다. 공간에서 점 P의 원기둥 좌표가 (r, θ, z)라면 (r, θ)는 점 P를 xy-평면으로 사영시킨 점의 극좌표이고 z는 P를 z-축에 사영시켰을 때의 직교좌표계에서의 z-좌표이다.

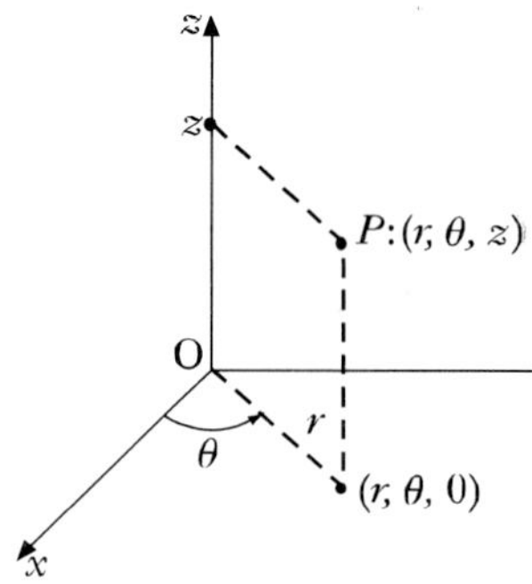

그림 12.17 원기둥 좌표

원기둥좌표와 직교좌표 사이에는

$$x = r\cos\theta,\ y = r\sin\theta$$

의 관계식이 성립하게 된다.

원기둥좌표에서의 입체영역 S를 원기둥면 $r = a_1$, $r = a_2$와 평면 $\theta = b_1$, $\theta = b_2$, $z = c_1$, $z = c_2$로 둘러싸인 영역과 같은 모양의 작은 입체들로 분할 하였을 때, 이들 작은입체들 중에서 영역 S의 내부 또는 경계면에 놓인 것들을 V_1, V_2, $\cdots$, V_n으로 표시하자. 이 때, n개의 부분영역들의 집합을 기둥면분할(cylindrical partition)이라고 하고, 이 작은 입체들의 부피를 ΔV_i라고 하자. 이 분할의 노음 $\|P\|$는 ΔV_i들 중 가장 큰 부피로 정의한다.

V_i의 체적 ΔV_i는 밑면의 면적 $\overline{r_i}\Delta r_i \Delta\theta_i$와 높이 Δz_i를 곱한 것이다. 즉,

$$\Delta V_i = \overline{r_i}\Delta r_i \Delta\theta_i \Delta z_i,\ \text{단}\ \overline{r_i} = r_i + \frac{1}{2}\Delta r_i$$

이다.

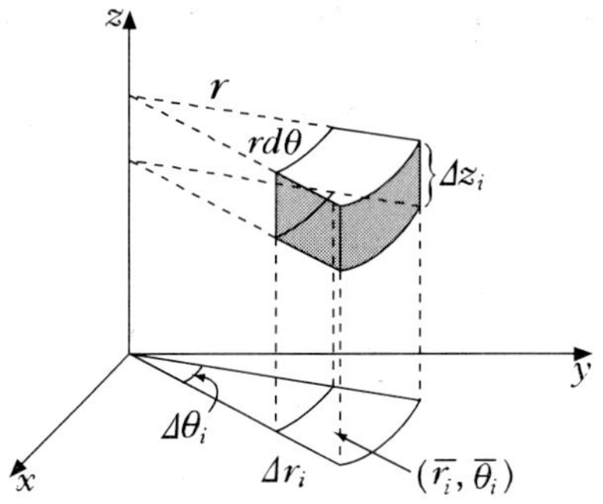

그림 12.18 기둥면 분할

3변수함수 $f(r, \theta, z)$가 입체영역 S에서 연속이라고 하고, 점 $(r_i^*, \theta_i^*, z_i^*)$를 부분영역 V_i에서 택한 한 점이라고 할 때, 합

$$\sum_{i=1}^{n} f(r_i^*, \theta_i^*, z_i^*)\overline{r_i}\Delta r_i \Delta\theta_i \Delta z_i$$

는 $\|P\| \to 0$이면 점 $(r_i^*, \theta_i^*, z_i^*)$의 선택 방법에 상관없이 일정한 값에 수렴한다(증명은 생략한다). 이 일정한 값을 f의 영역 S에 대한 원기둥좌표에서의 삼중적분이라고 하고

$$\iiint_s f(r, \theta, z) r dr d\theta dz = \lim_{\|P\| \to 0} \sum_{i=1}^{n} f(r_i, \theta_i, z_i) r_i \Delta r_i \Delta\theta_i \Delta z_i$$

로 표시한다.

위의 삼중적분을 반복적으로 나타내어 보자. 두 함수 $\varphi_1(\theta)$와 $\varphi_2(\theta)$가 구간 $[\alpha, \beta]$에서 연속이고 $\varphi_1(\theta) \le \varphi_2(\theta)$라고 하고, 또 두 함수 $\theta_1(r, \theta)$와 $\theta_2(r, \theta)$가 극좌표 평면에서의 네 평면곡선 $r = \varphi_1(\theta)$, $r = \varphi_2(\theta)$, $\theta = \alpha$, $\theta = \beta$로 둘러싸인 영역 R에서 연속이고, $\theta_1(r, \theta) \le \theta_2(r, \theta)$라고 하자. 원기둥좌표에서의 영역 S가 두 기둥면 $r = \varphi_1(\theta)$, $r = \varphi_2(\theta)$와 평면 $\theta = \alpha$, $\theta = \beta$, 그리고 두 곡면 $z = \theta_1(r, \theta)$, $z = \theta_2(r, \theta)$로 둘러싸인 입체라고 하면 3중적분은 다음과 같은 반복적분으로 표시된다.

$$\iiint_s f(r, \theta, z) r dr d\theta dz = \int_{\alpha}^{\beta} \int_{\varphi_1}^{\varphi_2} \int_{\theta_1(r, \theta)}^{\theta_2(r, \theta)} r f(r, \theta, z) dz dr d\theta$$

예 2 반경이 a인 구의 체적을 원기둥좌표를 이용한 3중적분으로 구하여라.

풀이 구 안의 점으로서 1사분면 안에 있는 임의의 점 r, θ, z는 다음으로 표시된다.

$$S = \left\{(r,\ \theta,\ z) | 0 \le z \le \sqrt{a^2 - r^2},\ 0 \le r \le a,\ 0 \le \theta \le \frac{\pi}{2}\right\}$$

따라서 구하는 구의 체적은

$$8\iiint_S r dz dr d\theta = 8\int_0^{\frac{\pi}{2}}\int_0^a\int_0^{\sqrt{a^2-r^2}} dz dr d\theta$$

$$= \frac{4}{3}\pi a^3$$

(3) 구면좌표를 이용한 3중적분

공간에서의 입체영역 S가 점대칭이라면 S에 대한 삼중적분은 그 대칭점을 원점으로 하는 구면좌표(shperical coordinate)를 이용하여 쉽게 계산할 수 있다.

구면좌표계에서는 공간상의 점 P의 좌표가 $(\rho,\ \theta,\ \phi)$로 표현되는데 이 때 ρ는 원점과 P점간의 거리, θ는 점 P를 극좌표평면에 사영시켰을 때의 극각, 그리고 ϕ는 z축과 직선 OP사이의 방향각을 나타낸다.

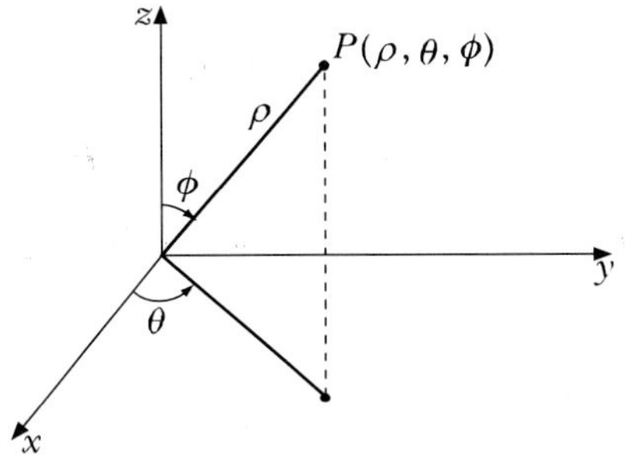

그림 12.19 구면 좌표

따라서 구면좌표와 직교좌표와의 관계는 다음과 같다.

$$x = \rho\sin\phi\cos\theta$$

$$y = \rho\sin\phi\sin\theta$$

$$z = \rho\cos\phi$$

구면좌표에서의 영역 S를 구면 $\rho = a_1$, $\rho = a_2$와 평면 $\theta = b_1$, $\theta = b_2$. 그리고 원뿔면 $\phi = c_1$, $\phi = c_2$로 둘러싸인 영역과 같은 모양의 부분영역으로 분할했을 때 그 부분영역 중의 하나는 그림 12.22와 같게 된다.

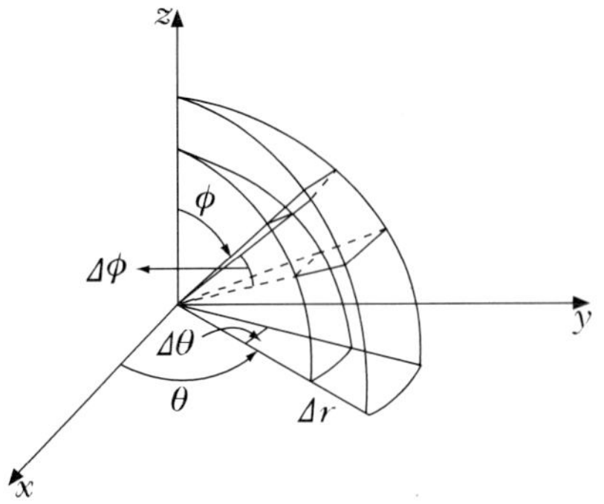

그림 12.20 구면 분할

이 부분영역의 체적은 $\rho^2\sin\varphi\Delta\rho\Delta\theta\Delta\phi$와 근사하므로 영역 S에 대한 연속함수 f의 삼중적분은

$$\iiint_x f(\rho,\ \theta,\ \varphi)\rho^2\sin\phi d\rho d\theta d\phi$$

로 주어짐을 알 수 있다. 이 삼중적분은 원기둥좌표에서와 같이 반복적분을 써서 계산할 수 있다.

예 3 반경이 a인 구의 체적을 구면좌표를 이용한 3중적분으로 구하여라.

풀이 $S = \{(\rho,\ \theta,\ \phi) | 0 \le \rho \le a,\ 0 \le \theta \le 2\pi,\ 0 \le \phi \le \pi\}$

구하는 체적은

$$\iiint_s \rho^2 \sin\phi d\rho d\theta d\phi = \int_0^{\pi}\int_0^{2\pi}\int_0^{a} \rho^2 \sin\phi d\rho d\theta d\phi$$

$$= \int_0^{\pi}\int_0^{2\pi} \frac{a^3}{3} sin\phi d\theta d\phi$$

$$= \int_0^{\pi} \frac{2\pi}{3} a^3 \sin\phi d\phi$$

$$= \frac{2\pi}{3} a^3 [-\cos\phi]_0^{\pi}$$

$$= \frac{4\pi}{3} a^3$$

12.3.1 예제

1. $\int_0^1\int_0^1\int_1^2 x^2yzdxdydz$을 계산하여라.

풀이 $$\int_0^1\int_0^1\int_1^2 x^2yzdxdydz = \int_0^1\int_0^1\left[\frac{1}{3}x^3yz\right]_{y=1}^{x=2}dydz$$

$$= \int_0^1\int_0^1 \frac{7}{3}yzdydz$$

$$= \frac{7}{3}\int_0^1\left[\frac{1}{2}y^2z\right]_{y=0}^{y=1}dz$$

$$= \frac{7}{3}\int_0^1 \frac{1}{2}zdz$$

$$= \frac{7}{6}\left[\frac{z^2}{2}\right]_0^1 = \frac{7}{12}$$

2. E가 평면들 $x=0,\ y=0,\ z=0$ 그리고 $x+y+z=1$에 의해 결정된 사면체인 경우 $\iiint_E zdV$를 계산하여라.

풀이

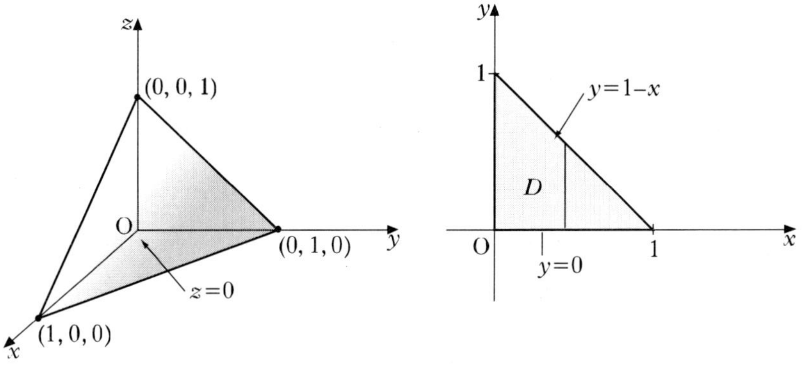

그림 12.21

그림 12.21에서,

$$\iiint_E z\,dxdydz = \int_0^1 \int_0^{1-x} \int_0^{z-x-y} z\,dzdydx$$

$$= \int_0^1 \int_0^{1-x} \left[\frac{z^2}{2} \right]_{z=0}^{z=1-x-y} dydx$$

$$= \frac{1}{2} \int_0^1 \int_0^{1-x} (1-x-y)^2 dydx$$

$$= \frac{1}{2} \int_0^1 \left[-\frac{(1-x-y)^3}{3} \right]_{y=0}^{y=1-x} dx$$

$$= \frac{1}{6} \int_0^1 (1-x)^3 dx = \frac{1}{24}$$

3. 제1공간 내에서 두 타원포물면 $x^2+4y^2=4z$와 $x^2+4y^2=48-8z$로 둘러싸인 영역 S의 체적을 구하여라.

풀이 삼중적분 $\iiint_S dxdydz$를 반복적분으로 계산하기 위하여 먼저 변수 z에 대한 적분구간을 구하면 위 끝은 $(48-x^2-4y^2)/8$이고, 아래 끝은 $(x^2+4y^2)/4$이다. 다음으로 나머지 변수 x와 y에 대한 적분구간을 구하기 위하여 영역 S를 xy평면에 투영하여 평면에서의 영역 R을 얻는다. R은 제1사분면 내에서의 타원 $x^2+4y^2=16$으로 둘러싸인 영역이 된다. 따라서 변수 x의 적분구간의 위 끝은 $\sqrt{16-4y^2}$이고, 아래 끝은 0이다. 그리고 변수 y의 적분구간의 위끝은 2, 아래끝은 0이 된다.

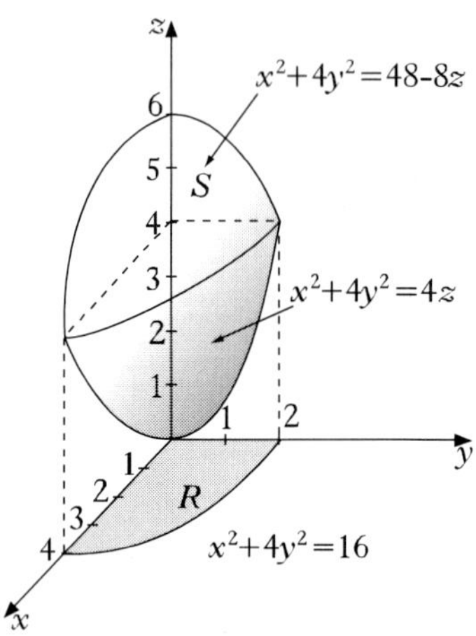

그림 12.22 중적분 구간

따라서 구하는 체적은

$$\iiint_s dxdydz = \int_0^4 \int_0^{\frac{1}{2}\sqrt{16-x^2}} \int_{\frac{1}{4}(x^2+4y^2)}^{\frac{1}{8}(48-x^2-4y^2)} dzdydx$$

$$= \int_0^4 \int_0^{\frac{1}{2}\sqrt{16-x^2}} \left\{\frac{1}{8}(48-3x^2-12y^2)\right\}dydx$$

$$= \int_0^4 2(176-11x^2)\sqrt{16-x^2}\,dx$$

$$= 6\pi$$

4. 예제1 위쪽은 포물면 $z=4-x^2-y^2$, 아래쪽은 $z=0$, 측면은 $y=0$과 원기둥면 $x^2+y^2=2x$로 둘러싸인 부분에 체적을 구하여라.

풀이 원기둥좌표에서의 주어진 포물면은 $z=4-r^2$로 표시되고, 원기둥면은 $r=2\cos\theta$로 표시된다. 영역 S를 극좌표평면에 투영시키면 평면영역

$$R=\left\{(r,\ \theta)\middle|0 \le r \le 2\cos\theta,\ 0 \le \theta \le \frac{\pi}{2}\right\}$$

를 얻고 입체영역 S는

$$S=\left\{(r,\ \theta,\ z)\middle|0 \le r \le 2\cos\theta,\ 0 \le \theta \le \frac{\Pi}{2,}\ 0 \le z \le 4-r^2\right\}$$

로 표현된다.

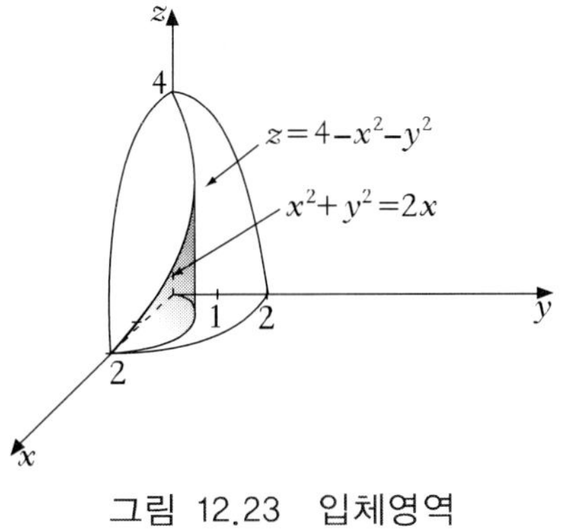

그림 12.23 입체영역

따라서 구하는 입체영역 S의 체적은 다음과 같다.

$$V=\int_0^{\frac{\Pi}{2}}\int_0^{2\cos\theta}\int_0^{4-r^2} rdzdrd\theta$$

$$=\int_0^{\frac{\Pi}{2}}\int_0^{2\cos\theta} r(4-r^2)drd\theta$$

$$=\int_0^{\frac{\Pi}{2}}\left\{2r^2-\frac{1}{4}r^4\right\}_{r=0}^{r=2\cos\theta} d\theta$$

$$=\int_0^{\frac{\Pi}{2}}(8\cos^2\theta-4\cos^2\theta)d\theta=\frac{5}{4}\pi$$

5. 영역 B가 $B=\{(x,\ y,\ z)|x^2+y^2+z^2\le 1\}$로 주어졌을 때

$$\iiint_B e^{(x^{2-y^2-z^2})^{3/2}}dxdydz$$

를 계산하여라.

풀이 구면좌표를 사용하여,

$B=\{(\rho,\ \theta,\ \phi)|0\le\rho\le 1,\ 0\le\theta\le 2\pi,\ 0\le\phi\le\pi\}$

$x^2+y^2+z^3=\rho^2$

임을 알 수 있다. 따라서 구하는 삼중적분은 다음과 같다.

$$\iiint_B e^{(x^{2-y^2-z^2})^{3/2}}dxdydz=\int_0^{\pi}\int_0^{2\pi}\int_0^1 e^{(\rho^2)^{3/2}}\rho^2\sin\phi d\rho d\theta d\phi$$

$$=4\frac{\pi}{3}(e-1)$$

12.3.2 실습문제

1. 다음을 계산하여라.

1) $\int_1^2 \int_2^3 \int_3^4 ydzdydx$ 2) $\int_0^7 \int_0^{2z} \int_y^{z-1} dxdydz$

2. 다음 문제에서 주어진 영역 S에 대한 삼중적분을 계산하여라.

1) $\iiint_s (x+2y-3z)dxdydz;$

$S=\{(x,\ y,\ z)|0 \le x \le \sqrt{4-y^2},\ 0 \le y \le 2,\ 0 \le z \le 3\}$

2) $\iiint_s xyzdxdydz;$

$S=\left\{(x,\ y,\ z)|0 \le x \le 1,\ 0 \le y \le 3,\ 0 \le z \le \frac{1}{6}(12-3x-2y)\right\}$

3. 삼중적분을 이용하여 다음 곡면들에 의하여 둘러싸인 입체의 체적을 구하여라.

1) $z=5-x^2$, $z=4x^2$과 평면 $y=0$, $x+y=1$로 둘러싸인 부분의 체적

2) $z=x^2+y^2$과 평면 $x=y$, $x=2$, $y=0$, $z=0$으로 둘러싸인 부분의 체적

4. 다음 문제에서 주어진 영역을 그려보고 삼중적분을 이용하여 그 체적을 구하여라.

1) 포물기둥면 $y=x^3+2$와 세 평면 $y=4$, $z=0$ 및 $3y-4z=0$으로 둘러싸인 영역

2) 포물면 $9x^2+y^2-9z=0$과 평면 $z=4$로 둘러싸인 영역

5. 원기둥좌표를 이용하여 원포물면 $x^2+y^2+z-4=0$과 평면 $z=0$으로 둘러싸인 영역의 체적을 구하여라.

6. 구면좌표를 이용하여 제1공간 내에서 원뿔면 $x^2+y^2-z^2=0$과 구면 $x^2+y^2+z^2=4$로 둘러싸인 영역의 체적을 구하여라.

12.3.3 Homework

1. $\int_0^{\pi}\int_{\sin z}^{0}\int_0^{2yz}\sin\frac{x}{y}dxdydz$을 계산하여라.

2. 다음 문제에서 주어진 영역 S에 대한 삼중적분을 계산하여라.

1) $\iiint_s (x^2+y^2+z^2)dxdydz;$

$$S=\left\{(x,\ y,\ z)\middle|0\le x\le\sqrt{y},\ 0\le y\le 4,\ 0\le z\le\frac{3}{2}x\right\}$$

2) $\iiint_s (x^{1/2}+y^{1/2}z^{1/2})dxdydz;$

$$S=\{(x,\ y,\ z)|0\le x\le y^2,\ 0\le y\le\sqrt{z},\ 0\le z\le 1\}$$

3. 삼중적분을 이용하여 아래는 $z=0$과 윗면 $z=4-x^2-y^2$으로 둘러싸인 부분의 체적을 구하여라.

4. 곡면 $z=4x^2y$와 네 평면 $x=y,\ x=0,\ y=2$ 및 $z=0$으로 둘러싸인 영역의 체적을 구하여라.

5. 원기둥좌표를 이용하여 반지름이 3인 구의 내부와 밑변의 반지름이 2인 직원기둥면의 외부로 둘러싸인 입체의 체적을 구하여라. 여기서 원기둥면의 대칭축은 구의 중심을 지난다.

6. 구면좌표를 이용하여 원뿔면 $x^2+y^2-z^2=0$과 원기둥면 $x^2+y^2=4$로 둘러싸인 영역의 체적을 구하여라.

찾아보기

| ㅁ |

| ㅂ |

| ㅅ |

ㅣㅇㅣ

ㅣㅈㅣ

ㅣㅊㅣ

ㅌ

ㅍ

ㅎ

기타

미분적분학

2010년 2월 25일 1판 1쇄 발행
2013년 3월 5일 1판 2쇄 발행

저 자 / 구기식 · 이영환 · 전태일 · 최병문
발행자 / 오판근
발행처 / 교우사

주 소 / 서울 동대문구 제기2동 148-19
전 화 / 925-2861(代), 편집부 / 925-2825
팩 스 / 925-2860

E-mail / kyowoo@kyowoo.co.kr
http://www.kyowoo.co.kr

등록 / 1994. 3. 24 제6-0256호

ISBN 978-89-8172-844-1 (93410)

값 28,000 원